よくわかる

電磁気学の基礎

川村康文／編著
眞砂卓史・林壮一・笠原健司／著

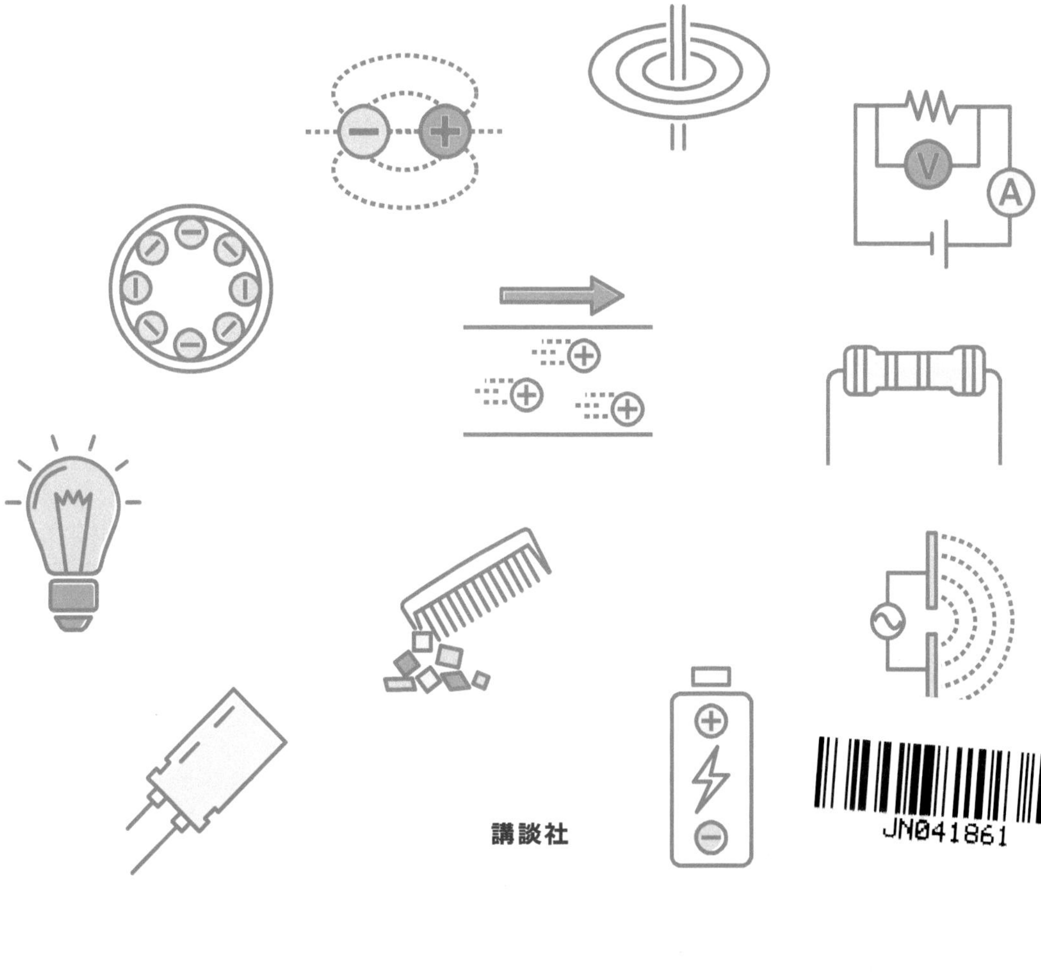

講談社

はじめに

いよいよ電磁気学を学ぶという段階になって，みなさんのなかにはわくわくとしている方も多いと思います。電磁気学は，物理学のなかでも力学とならんで，その骨格を支える重要な学問です。しかし，なかなかそのわくわく感が持続せず，気が付けば何を学んでいるのかがわからない！となってしまう方が多いのも電磁気学です。どうすれば電磁気学をいきいきわくわくと学んでいけるでしょうか？

電磁気学を学ぶ上で，多くの方にふりかかってくる難題が数式の難しさだと思います。気が付けば，物理現象を追っているというより，数式の世界を彷徨って出口が見えないという感覚に陥る方が多いのも事実です。

ところでみなさん，電磁気学を作り上げてきた歴史上の人物について，どんな人を知っているでしょうか？　エジソンだという方もいるかと思います。また，電流の単位からアンペール，電圧の単位からボルタ，抵抗の単位からオームだという方もいることでしょう。なかには，ファラデーだという方もいるかもしれませんね。ファラデーは，まさに電磁気学における巨匠のひとりといえるでしょう。彼には，電気力線の提案や電磁誘導の法則の発見など，素晴らしい研究業績があります。しかし，彼の伝記をひもといてみるとわかりますが，彼は貧しい家に生まれ，印刷工場で活字を拾う仕事をしていました。活字を拾いながら，ときどき物理学の論文を読み，その内容に魅了されていったといいます。あるときデイヴィーにみいだされて助手となり，その後素晴らしい物理学者へと自ら歩んでいきます。みなさんも，最初，たとえ数式が少し苦手でも，ファラデーのように楽しく電磁気学の世界に飛び込んで下さい。

そして，本書で電磁気学を学び続けることできっと数式も徐々に克服できることでしょう。数式にも強くなれば，マクスウェルがつくりあげたマクスウェル方程式の世界から広く電磁学を俯瞰することもできることと思います。

またずっと昔から，電磁気学を学ぶのに，実験を経験することは大切だといわれ続けています。著者らの全員も確かにそうだと認めています。電磁気学がわからなくなってきて，もうあきらめそうになったときにでも，はっとする楽しい実験を体験することで，やっぱり物理って面白い！と思い返し，電磁気学を学び続けようと思うことも多くの先輩方が経験していることです。是非，いろいろな電磁気学実験を探し出して楽しんでみて下さい。

私たち著者グループが願っているのは，強敵といわれる電磁気学を，その基礎的なレベルに関しては，少しでも多くの学生のみなさんに学び取ってもらうことです。

是非，本書を片手に，電磁気学に関して苦手意識をもつことなく，楽しく学んで頂ければ幸いです。最後まで読み切り，電磁気学の基礎をマスターして下さい。そしてその後は，発展的な内容にチャレンジして下さい。

川村　康文

本書は，大学 1 年次～ 2 年次向けの電磁気学の教科書として執筆した。電磁気学の教科書は非常に多く，微分積分をあまり使わない内容のものから，ベクトル解析を駆使した専門的なものまで，多種多様な本が出版されている。しかし，微分積分を適切に使いながら，難しくなりすぎない初学者向けの教科書は意外に少ない。そこで本書は，微分積分をきちんと用いた上で，現象の意味が理解しやすい積分形の表記を基本として，電磁気学の全体像が俯瞰できるような構成とした。また「発展」として，微分形のマクスウェル方程式と電磁ポテンシャルを用いたマクスウェル方程式の導出まで行った。さらに微分形を詳しく学びたい読者は，他の良書を使っていただきたい。

本書の執筆にあたり，次の点を留意した。

○ 式の成り立ちや考え方がわかるように，歴史的背景を解説した。
○ 第 14 章以外，すべて積分形の記述で解説した。
○ 多くの図を用い，物理的イメージを描きやすくした。
○ 典型的な例題を網羅し，考える道筋を明らかにするような解説を心がけた。
○ 演習問題は，本文や例題を補完しながら理解が深まるような問題を厳選した。
○ 本文が冗長にならないように，かつ計算過程でつまずかないように，追加情報や式変形については側注の補足をふんだんに用いた。

本書は 15 章で構成されているが，例題や演習問題の計算まで習熟するためには，半期ですべて終えるのは難しいであろう。また，学部学科によっては全てを網羅する必要もない。特に電気回路については，同内容の講義が別にあれば電磁気学で扱わなくてもよい。

半期構成：① I~ IV 部（マクスウェル方程式まで）「電磁場の基礎」の位置づけなら，III 部（静電場・静磁場）までとするのもよい。

2 半期構成：① I~III 部（静電場・電流と抵抗・静磁場）
② IV~VI 部（時間変化する電磁場・マクスウェル方程式・電磁波）
14 章は省略可。15 章の電気回路は必要に応じて。

3 半期構成：① I~II 部（静電場・電流と抵抗）
誘電体（12 章）や RC 回路（15 章）を含めるのもよい。
② III~IV 部（静磁場・時間変化する電磁場・マクスウェル方程式）
磁性体（12 章）や RL 回路（15 章）を含めるのもよい。
③ V~VI 部（物質中の電磁気学・電磁波・微分形（・電気回路）等）
微分形については他書等も併用。

本書によって，学生諸君が電磁気学の基礎をきちんと身につけられれば，それに勝る喜びはない。最後に本書の執筆の機会を与えて下さった川村康文先生，また執筆を支えていただいた講談社の大塚記央氏に心から感謝申し上げる。

眞砂　卓史

第I部 静電場

第1章 電気の歴史

我々の日常生活では様々な電化製品があふれており，電気は必要不可欠なものである。しかし，人類がこのように電気を身近に使うようになってから，まだ100年余りしか経っていない。電磁気現象がどのように発見され，先人達がどのように学問として発展させてきたかを知っておくことは，これから電磁気学を学ぶにあたってよい道標となるであろう。ここでは，まず電気の歴史について概観しておこう。

1.1 電気の歴史

1.1.1 古代

古代ギリシャの哲学者★は，琥珀をこすると麦わらや羽毛を引きつけることに気づいていた。これはよく知られている「静電気」の現象であり，冬の乾燥した日に金属製のドアを触ろうとしたときにバチッとなる放電現象も，物体にたまった静電気のためである。電気を表す electoric という英語の語源は，ギリシャ語の琥珀 $\eta\lambda\epsilon\kappa\tau\rho o\nu$（アルファベットに直すと elektron）に由来している。このように静電気は非常に古くから知られていたが，この現象が学問の対象となるには，長い時を待つ必要があった。

★ 補足
哲学者の名前はタレスといい，紀元前600年頃といわれている。
Thales, BC 624 頃～546 頃

1.1.2 17世紀～18世紀

1600年（16世紀最後の年）に，イギリスのギルバート★は，摩擦で物を引きつける現象は琥珀だけに限らないことを発見した。そして，物を摩擦すると吸引する性質を持つ物質（電気性物質）と，そうでない物質（非電気性物質）の2種類の物質があり，電気性物質は摩擦により電気を帯びる，すなわち帯電するとした。その後，物を摩擦することによって帯電させ，その電気的作用が調べられるようになっていくが，この「電気」が物体を通じて伝わるとは考えられていなかった。1729年にイギリスのグレイ★が，静電気の実験で，帯電した電気が金属を通して逃げることを発見し，物質には電気を導く「導体」と，そうでない「不導体」があることが認識された。1733年にフランスのデュフェ★が，ガラスも蝋（ろう）も摩擦によって帯電するが，別の電気が生じると主張し，「こする材料により2種類の電気（ガラス性電気と樹脂性電気）がある」として2流体説を唱えた。また，同種の電気間には斥力が，異種の電気間には引力がはたらくことを指摘した。1750年にアメリカのフランクリン★は，「電気には過剰な状態と不足の状態があり，これらを正電気と負電気とする」という1流体説を唱え，これまでに発見されてきた現象を見事に説明した。さらに，この電気は摩擦によって物体から物体へ移動するだけで，生成したり消滅したりしないと結論した（これは現在の電荷保存則である）。これまでの

★ 補足
William Gilbert, 1544～1603
エリザベス女王の侍医であった。

★ 補足
Stephan Gray, 1666～1736

★ 補足
Charles François de Cisternay du Fay, 1698～1739

★ 補足
Benjamin Franklin, 1706～1790
たこあげの実験（1752年）で稲妻が電気の放電現象をあることを確かめたことで有名である。

説明からわかるように，これらはすべて定性的な研究である。当時，力学がすでに数式化され，定量的な議論ができるまでに発展していたことに比べると，電気的現象は非常にとらえにくい現象であったことがわかる★。

定量的な研究のさきがけとなったのは，1785年にフランスのクーロン★によって発見された2つの電荷間にはたらく力の法則である。クーロンは，静電気力をねじればかりを使って精密に測定し，帯電した2つの小球の間にはたらく電気力は，2つの小球間の距離の2乗に反比例することを確かめた。その電気力の大きさを式で表すと，電気量 q_1，q_2 の電荷が，距離 r だけ離れていたとき，次のように与えられる。

$$F = k\frac{|q_1||q_2|}{r^2} \tag{1.1}$$

電荷には正と負の2種類が存在し，符号が同じときは斥力，異なるときは引力が作用する。これが，2.1節で解説するクーロンの法則である★。

★ 補足
フランクリンはデュフェの2流体説については知らなかったらしい。また，フランクリンによる1流体説の考え方は，1747年に友人に宛てた手紙の中にすでにあったといわれている。また，ここで決めた正負が後世に引き継がれた結果，電子は負電荷を持つこととなり，電流の流れる向きが電子と逆になってしまった。

★ 補足
Charles-Augustin de Coulomb, 1736〜1806

★ 補足
逆2乗の法則は，実は1773年にイギリスのキャベンディッシュ（H. Cavendish, 1731〜1810）が，2つの同心金属製球殻を用いた実験装置により，クーロンよりも高い実験精度で確かめていた。しかし発表しなかったため，この結果がマクスウェルに発見されるまで，約100年間誰にも知られなかった。
ここで得られた逆2乗の法則のべき乗「2」は，実験値であることに注意しよう。現在ではその不確かさは，2×10^{-9} 以下であることが確かめられている。

1.1.3 19世紀以降

18世紀の終わりに，イタリアのボルタ★が異種金属の接触によって電気が発生すること（ボルタの電堆（でんたい））を発見し，その後，最初の電池となるボルタの電池が発明され、持続的に電流を流せるようになった。電池の発明は電気現象の研究を促進し，1820年のエルステッドが電流よる磁気作用の発見後，ビオ，サバール，アンペール，ファラデーらの活躍よって，電流と磁気に関する研究が著しく進んだ。そして，19世紀後半にマクスウェル方程式が発表され，ここに電磁気学の基礎が固まることになる★。

★ 補足
Alessandro Giuseppe Antonio Anastasio Volta, 1745〜1827

★ 補足
これらは第6章の磁気の歴史の中で，改めて触れることにしたい。

このように，先人達の多くの試行錯誤と努力により，多くの式が提案され，そしてそれらが整理・統合され，現在の電磁気学の学問体系が整った。一般的な講義では時間的な都合もあり，確立された式（公式）をいかに正しく適用するかに重点が置かれてしまうが，そもそも式は人類が自然現象を理解するために「作ってきた」ものである。それら背景もふまえて，どのように生まれた式なのか，どのような状況で使える式なのか，式の意味を理解した上で使えるようになってほしい。そして，電磁気学の学問体系の見事さを感じ取ってほしいと思う。

1.2 電荷

静電気は，物質に含まれている電荷が，1つの物体から他方へ移動したために電気的中性が破れ，我々が認識できる形で表に出てきた電気的性質である。したがって，電気を考える上でまず電荷の概念を整理しておくことは非常に重要である。フランクリンの時代は，電荷量は連続的であると考えられていた。現在では，「電荷のもと」は，電子であることがわかっている。電子は決まった電気量の電荷を持っており，電荷の移動はこの整数倍で変化するため，とびとびの値に変化する。電子が持つ電気量のことを素電荷（電気素量）とよび，その大きさ e は 1.60×10^{-19} C である★。

★ 補足
このように物理量が連続的でなく，とびとびの値をとる場合，その物理量は量子化されているという。
$e = 1.602176634 \times 10^{-19}$ C
2019年のSI単位系の改定により，定義値となった。
C（クーロン）は電気量の単位

ここで，改めて電荷の性質について，整理しておこう。

○　電荷には正と負がある。

○　正負の電荷を等量持つ物体は電気的に中性であり，正負の電荷量がつりあっていない物体は帯電しているという。

○　電荷は移動してもその総量は変わらない（電荷保存則）。

○　同符号の電荷間には斥力，異符号の電荷間には引力がはたらく。

○　電荷は素電荷（$e = 1.60 \times 10^{-19}$ C）の整数倍に量子化されている。

1.3 導体と絶縁体

電磁気学では，物質をその電気的な性質から導体と絶縁体（誘電体ともいう）に分類する★。

★ 補足
物性物理学では，半導体が非常に重要であり，現代社会にも不可欠であるが，電磁気学としては，電気が流れるか流れないかの違いが重要である。

導体とは，物質中の一部の電子が原子の束縛から逃れ，物質の中を自由に動くことができる物質であり，電気伝導性が大きい。このように自由に動ける電子を自由電子もしくは伝導電子とよぶ。導体は一般的には金属といわれることが多く，銅，アルミニウム，金などは代表的な導体である。

一方，絶縁体とは，ほとんどすべての電子が原子に束縛され，電子が物質の中を動くことのできない物質で，電気伝導性はほとんどない。例として，ガラス，ゴム，プラスチックなどがある。静電気で見られるような帯電現象では，物質間を移動するのは電子であり，正電荷を持つ原子核は動かないことに注意しよう。すなわち，負に帯電するのは電子が過剰に蓄積されたときであり，正に帯電するのは電子が不足しているときである。

この他に，導体と絶縁体の中間ぐらいの電気伝導性を持つ物質 —半導体— がある★。半導体は物質的な分類としては絶縁体に近いが，可視光領域あたりの光や室温程度の温度で，電子の原子からの束縛が切れ，自由電子が発生する。このため，半導体でも物質中を自由に動ける伝導電子が存在しているが，その数は導体に比べて非常に少ない。このようにもともと存在している電子が少ないので，半導体を構成する元素以外の元素（不純物）を少し混ぜることにより（ドーピング），人間が半導中の伝導電子の量を調節することが可能である。また，逆に電子を少し不足させることができる不純物を導入することによって，正の電荷が流れているような特性も作り出すことができる★。このドーピング技術によって，様々な電気伝導特性を持つ半導体が作製可能となった。これらの異なる特性を持つ半導体を組み合わせることによって，トランジスタやダイオード等，様々な半導体デバイスの開発へとつながった。我々が現在手にしているPCやスマートフォンは，半導体なくしては生まれていない。

★ 補足
半導体と絶縁体のバンド構造の特徴は同じである。違いはバンドギャップ（禁制帯）の大きさで，大きい物質が絶縁体となる。

★ 補足
この正電荷は，電子の不足した孔に相当するものであり，正孔（ホール：Hole）とよばれる。

主な電流の担い手（キャリア）として，電子が流れる半導体を n 型半導体，正孔が流れる半導体を p 型半導体という。

代表的な半導体として，シリコン（Si）やガリウムヒ素（GaAs）等が挙げられる。Si は，PC に使われている演算処理装置やメモリの他，太陽光パネル等に，GaAs 等の化合物半導体★は，高速通信素子や発光ダイオード，半導体レーザー，受光素子，磁気センサー等に応用されている。半導体の詳細については，物性物理学を学んでもらいたい。

★ 補足
2 種類以上の元素で構成された半導体を化合物半導体という。組み合わせの自由度が高いため，非常に多くの種類がある。

第Ⅰ部　静電場

第2章　電場と電位

この章では，2 つの電荷間にはたらく静電気力を記述するクーロンの法則からはじめ，電場の概念を導入する。そして，電荷と電場の間には重要な関係—ガウスの法則—が成り立ち，対称性の良い系ではこの法則を用いることで簡便に電場分布が求められることを学ぶ。このガウスの法則は，電磁気学の基本方程式であるマクスウェル方程式の 1 つとなっている。さらに静電気力が保存力であることから，単位電荷あたりの位置エネルギー，すなわち電位（ポテンシャル）を導入し，電位は電場の積分によって，電場は電位の微分によって求められることを示す。

2.1 クーロンの法則

クーロンの法則とは，2 つの電荷同士の間にはたらく静電気力を定式化したものであり，1785 年にフランスのクーロンによって発見された。同符号の電荷間には斥力が，異符号の電荷間には引力がはたらく。この力をクーロン力という。電荷 q，Q が，距離 r だけ離れているとすると，その力の大きさは，k を定数として

$$F = k\frac{|q||Q|}{r^2} \tag{2.1}$$

のように与えられる。電荷の単位は，SI 単位系で〔C〕（クーロン）である。SI 単位系は現在国際的に標準となっている単位系であり，本書では SI 単位系で記述する。電磁気学の単位は，歴史的にいくつかの単位系が使われてきたため，昔の文献を読む際には単位系に注意する必要がある。例えば，(2.1) 式の k は，cgs 単位系では 1 とされていたが★，MKSA 単位系を定める際に有理化という手続きを採用して $k = \dfrac{1}{4\pi\varepsilon_0}$ とされ，これは現在の SI 単位系にも引き継がれている★。ここで ε_0 は真空の誘電率とよばれ，$\varepsilon_0 = 8.854 \cdots \times 10^{-12}\ \mathrm{C^2/Nm^2}$ である★。真空の誘電率を用いて，改めてクーロンの法則を書くと，

$$F = \frac{1}{4\pi\varepsilon_0}\frac{|q||Q|}{r^2} \tag{2.2}$$

となる。この式の形からわかるように，万有引力の式と同様，距離に関する逆 2 乗の法則になっている。

★ 補足
cgs 単位系には，何の量を基礎に置くかで，さらにいくつかの種類がある。しかし，いずれも $k = 1$ である。

★ 補足
有理化により，マクスウェル方程式の係数がすべて 1 となり，その代わりに，クーロンの法則やビオ・サバールの法則に $1/4\pi$ が現れることとなった。

★ 補足
真空の誘電率
$\varepsilon_0 = 8.8541878128 \times 10^{-12}\ \mathrm{C^2/Nm^2}$
単位は〔F/m〕とも書く。2019 年の SI 単位系の改定により，定義値ではなく，測定値となった。

(2.2) 式では力の「大きさ」を示しているが，力は「向き」も持つベクトル量であるので，クーロンの法則をベクトル形式で表現しよう。

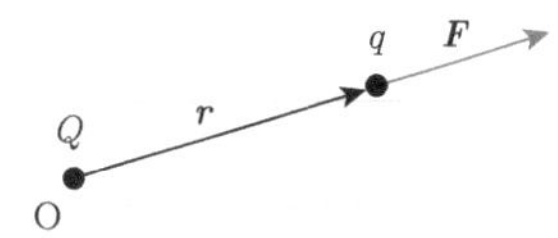

図 2.1

原点に電荷 Q があり，そこから位置ベクトル $\boldsymbol{r}$ のところに電荷 q をおいた場合を考える（図 2.1）。このとき q が受けるクーロン力 $\boldsymbol{F}$ は，

$$\boldsymbol{F} = \frac{1}{4\pi\varepsilon_0}\frac{qQ}{r^2}\frac{\boldsymbol{r}}{|\boldsymbol{r}|} = \frac{1}{4\pi\varepsilon_0}\frac{qQ}{r^2}\frac{\boldsymbol{r}}{r} \tag{2.3}$$

と表される。ここで $|\boldsymbol{r}| = r$ とした。$\dfrac{\boldsymbol{r}}{r}$ は，位置ベクトルをその大きさで割っているので，大きさ 1 のベクトル，すなわち $\boldsymbol{r}$ 向きの単位ベクトルを表している★。そのため，力の大きさは，(2.3) 式の係数部分の絶対値となる。係数部分を (2.2) 式と比べてみると，q，Q から絶対値の記号がはずれていることがわかるだろう。この符号によって力の向きも正しく記述される。q，Q が同符号であれば，$\boldsymbol{F}$ は $\boldsymbol{r}$ と同じ向き，すなわち反発する向きとなり，異符号であれば，$\boldsymbol{r}$ の逆向きで引き合う向きを表すことになる。

★ 補足
太字はベクトル，同じ文字の細字はそのスカラーを表す。
単位ベクトルは，大きさ 1 のベクトルであり，向きを表すだけで，大きさには影響しない。

さらに，電荷が原点におかれていない一般的な場合について，クーロンの法則を記述すると，次のようになる。

クーロンの法則（Coulomb's law）

原点 O から，電荷 q，Q の位置に向けた位置ベクトルをそれぞれ $\boldsymbol{r}$，$\boldsymbol{R}$ とすると $\boldsymbol{r}$ の位置にある q が Q から受けるクーロン力 $\boldsymbol{F}(\boldsymbol{r})$ は次のように与えられる（図 2.2）。

$$\boldsymbol{F}(r) = \frac{1}{4\pi\varepsilon_0}\frac{qQ}{|\boldsymbol{r}-\boldsymbol{R}|^2}\frac{\boldsymbol{r}-\boldsymbol{R}}{|\boldsymbol{r}-\boldsymbol{R}|} \tag{2.4}$$

ここで $\boldsymbol{r}-\boldsymbol{R}$ は Q から q に向かうベクトルであり，$\dfrac{\boldsymbol{r}-\boldsymbol{R}}{|\boldsymbol{r}-\boldsymbol{R}|}$ はその単位ベクトルを表している★。

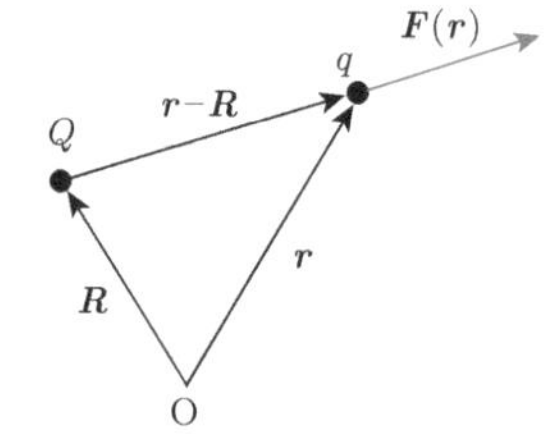

図 2.2

★ 補足
(2.3) 式の $\boldsymbol{r}$ が，$\boldsymbol{r}-\boldsymbol{R}$ に相当している。

このように表されるクーロン力は，万有引力の場合と同様に，重ね合わせの原理にしたがう。N 個の電荷があるとき，クーロンの法則による相互作用はその電荷対ごとに独立にはたらき，合計の力はそれらのベクトル和で与えられる（図 2.3）。したがって，N 個の電荷があり，そのうち n 番目の電荷にはたらく力は，他の電荷によるクーロン力の足し合わせであり，

$$\begin{aligned}\boldsymbol{F}_{n\ \mathrm{total}} &= \boldsymbol{F}_{1\to n} + \boldsymbol{F}_{2\to n} + \cdots + \boldsymbol{F}_{n-1\to n} + \boldsymbol{F}_{n+1\to n} + \cdots + \boldsymbol{F}_{N\to n} \\ &= \sum_{\substack{i=1 \\ (i\neq n)}}^{N} \boldsymbol{F}_{i\to n} \\ &= \sum_{\substack{i=1 \\ (i\neq n)}}^{N} \frac{1}{4\pi\varepsilon_0}\frac{q_n q_i}{|\boldsymbol{r}_n-\boldsymbol{r}_i|^2}\frac{\boldsymbol{r}_n-\boldsymbol{r}_i}{|\boldsymbol{r}_n-\boldsymbol{r}_i|}\end{aligned} \tag{2.5}$$

のように表される。

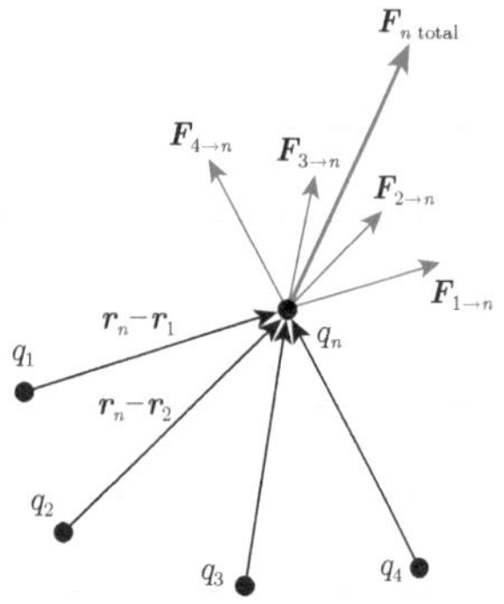

図 2.3

例題 2.1　クーロン力

図 2.4 のように，真空中で同じ質量 1.0 g を持つ 2 つの小球に，同じ電荷量 q を与えて，長さ 20 cm の糸をつけてつり下げたところ，両方の糸は 10 度ずつ傾いてつりあった。重力加速度を $\boldsymbol{g} = 9.8\ \mathrm{m/s^2}$，真空の誘電率を $\varepsilon_0 = 8.85 \times 10^{-12}\ \mathrm{C^2/Nm^2}$ として，小球が持つ電荷量 q を求めよ。

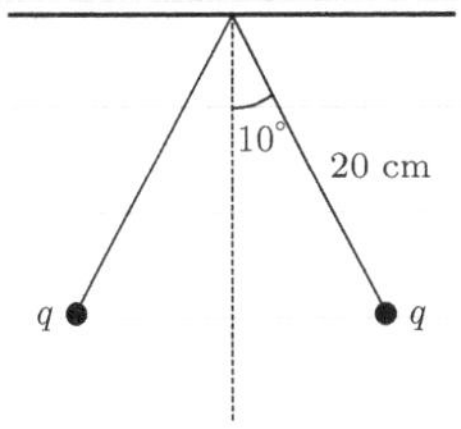

図 2.4

解説 & 解答

質量 $m = 1.0 \times 10^{-3}\ \mathrm{kg}$，糸の長さ $L = 20 \times 10^{-2}\ \mathrm{m}$，糸の角度 $\theta = 10°$，糸の張力の大きさを T とおく（図 2.5）。小球間の距離は $2L\sin\theta$ なので，クーロン力の大きさは

$$F = \frac{1}{4\pi\varepsilon_0}\frac{q^2}{(2L\sin\theta)^2} \qquad ①$$

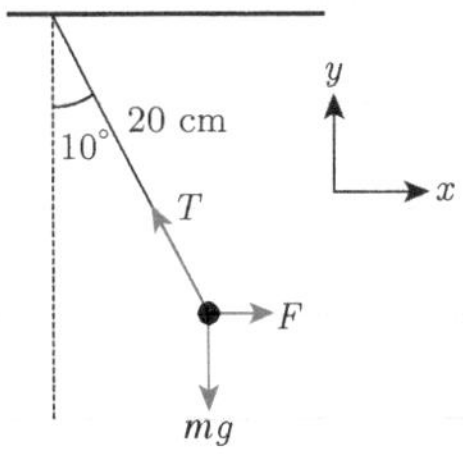

図 2.5

と表される。図のように，水平右向きを x 軸，鉛直上向きを y 軸にとって，右側の小球について運動方程式をたてると，

x 方向：　$m\ddot{x} = F - T\sin\theta$　②

y 方向：　$m\ddot{y} = T\cos\theta - mg$　③

つりあっているので $\ddot{x} = \ddot{y} = 0$ として★，②，③から T を消去し，①の F を用いて q について整理すると，

$$q = \sqrt{4\pi\varepsilon_0 (2L\sin\theta)^2 mg\tan\theta}$$
$$= \sqrt{4\pi\cdot(8.85\times10^{-12})\cdot(2\cdot20\times10^{-2}\cdot\sin10°)^2\cdot(1.0\times10^{-3})\cdot9.8\cdot\tan10°}$$
$$= 3.0\times10^{-8}\ \mathrm{C}$$

■

★ 補足
「つりあい」も運動方程式から出発するようにしよう（「よくわかる力学の基礎」を参照）。

コラム：遠隔作用と近接作用

古代では，物体に力がはたらくのは接触によってのみと考えられていた（古代に重力の概念はなかったので，落下運動と力は結びついていなかった）。したがって，他の物体と接触のない天体が運動するのは神秘的なものであった。これに対して，17 世紀にニュートンは万有引力の法則を発表し，天体の運動もこの力によるものであるとした。万有引力は，何もない空間を隔てて，力が瞬間的に直接作用する力と考えたのである。これが，遠隔作用という考え方である。力を媒介するものが何もなく，空間を飛び越して力が作用するという考え方は，当初はなかなか受け入れられなかった。しかし，100 年も経つとこの考え方も浸透し，18 世紀にクーロン力が発見されたときは，遠隔作用による力の一種と理解された。

ではクーロン力を考えるとき，片方の電荷の位置を急激に変えたら，もう一方にかかる力はどうなるであろうか？瞬間的に影響が及ぶのか，少し時間差が生じるのか？遠隔作用であれば瞬間的に伝わるが，有限の時間がかかるのであれば，何か媒介にして空間を伝わりその影響が作用していると考えられる。後者のように力が空間を伝わって作用するという考え方を近接作用という。

近接作用の考え方はファラデー★によって提唱された。近接作用では，空間に何らかの媒体が存在し，それが力を伝えると考える。ファラデーは電荷のまわりにゴムひものような線をイメージして，力線（電気力線）という概念を提唱した（電気力線について 2.2.2 節参照）★。電荷からはゴムひもが伸びていて，異符号の電荷同士はゴムひもでつなげられる。そして，ゴムひもが縮むときには引力が，ゴムひもが押し合うときには斥力が生じると考えたのである。ここではゴムひもが力を伝える媒体の役割をしている。これにより，これまでに観測されてきた現象をうまく説明することができた。さらに，このときに生じる力にはマクスウェルによってマクスウェルの応力という形で数学的にも裏付けられた★。現在では，力を媒介するのは，仮想的な媒体ではなく，「場」によるものとされている。「場」とは，空間のゆがみのようなものであり，そのゆがんだ空間に物体がおかれると，物体にはゆがみに応じた力がはたらくと考える。例えば，ある電荷が存在すると，そのまわりに空間がゆがんだ状態，すなわち電場が生まれ，そこに別の電荷をおけばその電荷は電場から力を受ける，と考えるのである（図 2.6）。そして，時間的に変動する場では，その場のゆがみの変化が伝搬するのに時間がかかるため，その影響は瞬間的には作用しない。

現在の電磁気学では，場の概念を導入することにより，電磁気現象を包括的に説明できるようになった。また，時間変動する電場や磁場，電磁波なども理解できるようになった。近年，重力波が実験的に検出され，万有引力についても，「重力場のゆがみが伝搬する」という近接作用の考え方が正しいことが実証されている。

★ 補足
Michael Faraday, 1791～1867

★ 補足
未知の媒体が空間に存在するという考えは，光の粒子説と波動説の論争でもあった。波動説では，波が伝搬するには，仮想媒質（エーテル）が空間に満たされていると考えられたが，電磁波の発見からこの仮説は消えてしまった。

★ 補足
ファラデーの力線の考え方が現在も残っているのは，その直観的なわかりやすさと，数学的な裏付けのおかげであろう。しかし，「場」の概念が確立した現代では，マクスウェルの応力の理論の役割はすでに終えたと考えられる。

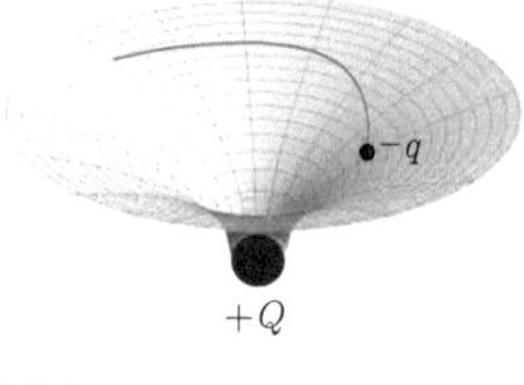

図 2.6
電場のイメージ：$+Q$ の電荷によって電場が生じている。その空間においた電荷は電場に応じた力を受ける。

2.2 電場と電気力線

2.2.1 電場

クーロン力は，当初は離れている電荷同士が直接力を及ぼしているという遠隔作用と考えられていた。クーロン力の式の形を見ても，「距離の2乗に反比例し，2つの電気量に比例した力が生じる」ことを表しているだけで，電荷間に何かが存在しているということは読み取れない（読み取れるのは2つの電荷の位置関係は距離だけである）。一方，近接作用の立場では，電荷が存在していることで電場が生じ，そこにたまたま他の電荷がおかれると，それに力がはたらくと考える。現在では，近接作用の考え方が正しいことがわかっているため，場の概念を導入してクーロンの法則を解釈し直してみよう。

位置 $\boldsymbol{R}$ に電荷 Q をおいたときを考える（図2.7）。位置 $\boldsymbol{r}$ において電荷 q にはたらく力を記述するために，次のようにクーロンの法則を2つの式に分ける。

$$\boldsymbol{F} = q\boldsymbol{E}(\boldsymbol{r}) \tag{2.6}$$

$$\boldsymbol{E}(\boldsymbol{r}) = \frac{1}{4\pi\varepsilon_0}\frac{Q}{|\boldsymbol{r}-\boldsymbol{R}|^2}\frac{\boldsymbol{r}-\boldsymbol{R}}{|\boldsymbol{r}-\boldsymbol{R}|} \tag{2.7}$$

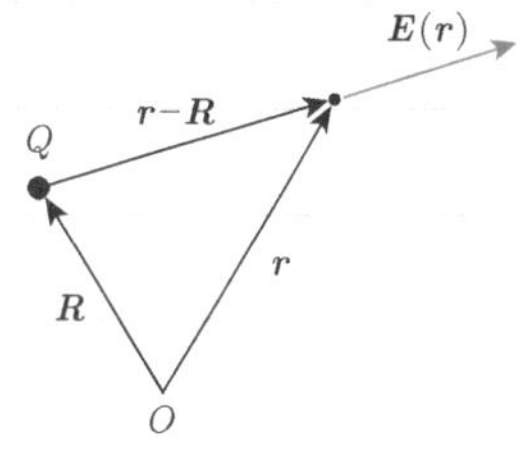

図2.7

ここで，$\boldsymbol{E}(\boldsymbol{r})$ は $\boldsymbol{r}$ の位置における電場とよばれる量である。このように書くと，Q によって真空中において空間全体に電場が生じており（この時点では q は存在していなくてよい），ある場所 $\boldsymbol{r}$ に q がおかれることによって，q に力が作用するということが明確になる。

(2.7) 式では，空間の任意の場所 $\boldsymbol{r}$ において，ベクトル $\boldsymbol{E}(\boldsymbol{r})$ が決められることを示している。すなわち，$\boldsymbol{E}(\boldsymbol{r})$ は空間全体に広がっており，位置の関数のベクトルである。このため $\boldsymbol{E}(\boldsymbol{r})$ は次のように定義される。

電場 $E(r)$ の定義

空間内の位置 $\boldsymbol{r}$ に，十分電気量の小さな電荷 q（試験電荷という）をおき，その電荷が力 $\boldsymbol{F}(\boldsymbol{r})$ を受けたとき，その位置における電場は，次の式で与えられる。

$$\boldsymbol{E}(\boldsymbol{r}) = \frac{1}{q}\boldsymbol{F}(\boldsymbol{r}) \tag{2.8}$$

電場の単位は，力〔N〕を電荷〔C〕で割った〔N/C〕となる★。

★ 補足
この定義で決まる電場には，試験電荷 q 自身の作る電場の影響は含まれないことに注意しよう。そのため，q は「十分電気量の小さな電荷」としている。

電場の単位は，他の形にも書き換えられ，実用的には V/m のほうが多く使われる。こちらついては，2.4.2 節で触れる。

また，これによりクーロンの法則から，

点電荷の作る電場 $E(r)$

空間内の位置 $\boldsymbol{R}$ にある電荷 Q が，位置 $\boldsymbol{r}$ に作る電場は，

$$\boldsymbol{E}(\boldsymbol{r}) = \frac{1}{4\pi\varepsilon_0}\frac{Q}{|\boldsymbol{r}-\boldsymbol{R}|^2}\frac{\boldsymbol{r}-\boldsymbol{R}}{|\boldsymbol{r}-\boldsymbol{R}|} \tag{2.9}$$

で与えられる★。

★ 補足
点電荷の作る電場の式は，実験的に求めたクーロンの法則から得られた。現在では，これもマクスウェル方程式の解として得ることができる。

ここで $\boldsymbol{E}(\boldsymbol{r})$ が時間的に変化しないときを，特に**静電場**という。電場の分布は，図 2.8 のように各点を始点とした矢印で表され，このような場を**ベクトル場**とよぶ。ベクトル場は何かが流れているようなイメージを与え，正電荷から電場がわき出し，負電荷に電場が吸い込まれる，といった表現もよくされる。流体力学における「流速の場」もベクトル場であり，この場合はまさに流れを表している。しかし，電場の場合は，矢印の向きに何かが流れているわけではないことに注意しよう。

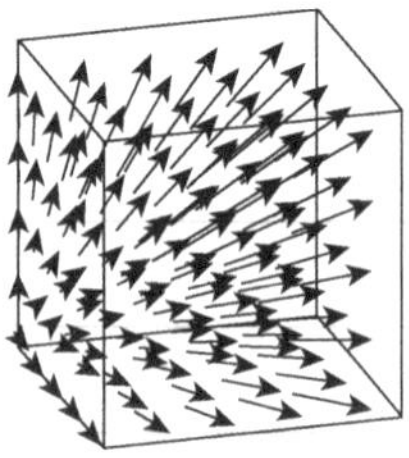

図 2.8
ベクトル場のイメージ

ベクトル場は，「位置の関数であるベクトル」で表す分布であるが，「位置の関数であるスカラー」で表される分布もある。例えば，部屋の温度は各位置において温度を測定でき，その温度分布を表すことができる。このようなスカラー量で表される分布のことを**スカラー場**とよぶ。電磁気学では，2.4 節で扱う**電位**がスカラー場の一例である。

上記では，1 つの電荷が作る電場について考えたが，複数の電荷による電場（合成電場）を求めよう。クーロン力は，(2.5) 式のように重ね合わせの原理にしたがう。電場はクーロン力を試験電荷で割ったもので与えられるため，同様に電場も重ね合わせの原理が成り立つことになる。

N 個の電荷があり，そのうち n 番目の電荷を試験電荷 q と考えれば，q にはたらく力 $\boldsymbol{F}_{\text{total}}$ は (2.5) 式より，

$$\begin{aligned}\boldsymbol{F}_{\text{total}} &= \boldsymbol{F}_{1\to n} + \boldsymbol{F}_{2\to n} + \cdots + \boldsymbol{F}_{n-1\to n} + \boldsymbol{F}_{n+1\to n} + \cdots + \boldsymbol{F}_{N\to n} \\ &= \sum_{\substack{i=1 \\ (i\neq n)}}^{N} \boldsymbol{F}_{i\to n}\end{aligned}$$

と表せる。したがって，試験電荷の位置における合成電場 $\boldsymbol{E}_{\text{total}}$ は（図 2.9），両辺を q で割って，

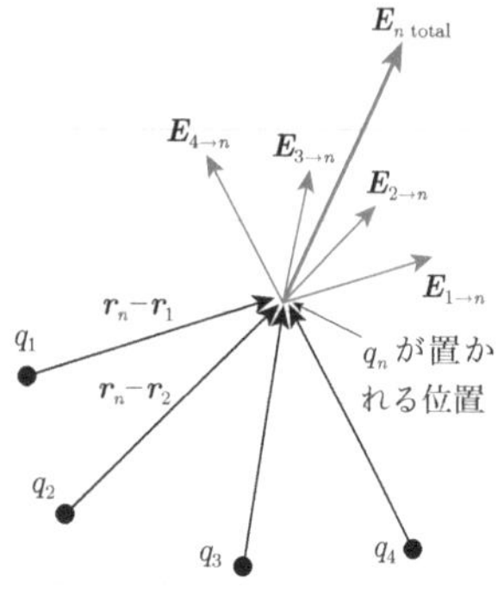

図 2.9

$$\begin{aligned}\boldsymbol{E}_{\text{total}} &= \frac{\boldsymbol{F}_{1\to n}}{q} + \frac{\boldsymbol{F}_{2\to n}}{q} + \cdots + \frac{\boldsymbol{F}_{n-1\to n}}{q} + \frac{\boldsymbol{F}_{n+1\to n}}{q} + \cdots + \frac{\boldsymbol{F}_{N\to n}}{q} \\ &= \boldsymbol{E}_{1\to n} + \boldsymbol{E}_{2\to n} + \cdots + \boldsymbol{E}_{n-1\to n} + \boldsymbol{E}_{n+1\to n} + \cdots + \boldsymbol{E}_{N\to n} \\ &= \sum_{\substack{i=1 \\ (i\neq n)}}^{N} \boldsymbol{E}_{i\to n} \qquad (2.10) \\ &= \sum_{\substack{i=1 \\ (i\neq n)}}^{N} \frac{1}{4\pi\varepsilon_0}\frac{Q_i}{|\boldsymbol{r}_n-\boldsymbol{r}_i|^2}\frac{\boldsymbol{r}_n-\boldsymbol{r}_i}{|\boldsymbol{r}_n-\boldsymbol{r}_i|}\end{aligned}$$

のようにベクトル和として得られる。

例題 2.2　電場の重ね合わせ（電気双極子）

図 2.10 のように，真空中に $+q$ を $(0,\ 0,\ \dfrac{l}{2})$，$-q$ を $(0,\ 0,\ -\dfrac{l}{2})$ におく。これらが，点 $\mathrm{P}(0,\ 0,\ z)$ に作る電場を求めよ。また，l に比べて z が十分大きいとき，どのように近似されるか。

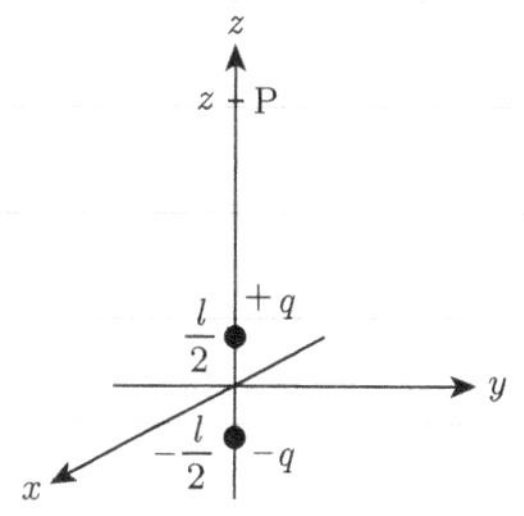

図 2.10

解説＆解答

$+q$ が P に作る電場 E_+ は，

$$E_+ = \frac{1}{4\pi\varepsilon_0}\frac{q}{\left(z-\dfrac{l}{2}\right)^2} \qquad ①$$

$-q$ が P に作る電場 E_- は，

$$E_- = \frac{1}{4\pi\varepsilon_0}\frac{-q}{\left(z+\dfrac{l}{2}\right)^2} \qquad ②$$

これらの電場の向きは，z 軸上では z 軸に平行なので，P における合成電場は，これらを足し合わせて，

$$E = E_+ + E_- = \frac{1}{4\pi\varepsilon_0}\left(\frac{q}{\left(z-\dfrac{l}{2}\right)^2} - \frac{q}{\left(z+\dfrac{l}{2}\right)^2}\right) \qquad ③$$

となる。l に比べて z が十分大きいとき，分母の z をくくりだして $x = \dfrac{l}{z}$ を作り，$x \ll 1$ のとき $(1 + x)^n \approx 1 + nx$ となる近似★を用いて

$$= \frac{q}{4\pi\varepsilon_0 z^2}\left(\left(1-\frac{l}{2z}\right)^{-2} - \left(1+\frac{l}{2z}\right)^{-2}\right)$$

$$\approx \frac{q}{4\pi\varepsilon_0 z^2}\left(\left(1+\frac{l}{z}\right) - \left(1-\frac{l}{z}\right)\right)$$

$$= \frac{ql}{2\pi\varepsilon_0 z^3} \qquad ④$$

★ 補足
この近似法は常套手段なので，いつでも使えるように覚えておくとよい。

このように，符号の異なる一対の点電荷のことを**電気双極子**という★。電気双極子による電場は，$\dfrac{1}{r^2}$ ではなく $\dfrac{1}{r^3}$ に比例していることに注意しよう。異符号の電荷による電場の重ね合わせになっているので，遠方ではお互いの電場を打ち消し合っており，距離の増加にともない電場が急速に小さくなることがわかる。■

★ 補足
電気双極子については例題 2.5，2.17 でも触れる。

多くの電荷による電場

これまでは，1 個〜数個程度の複数の電荷が作る電場を考えてきた。それでは，数えられないくらい非常に多くの電荷があり，連続的に分布しているような場合はどうすればよいだろうか。連続的な分布では，それぞれの個々の電荷ではなく，空間の電荷密度を用いたほうが便利である。電荷

★ 補足
全電荷 $\boldsymbol{Q}$ が体積 $\boldsymbol{V}$ の中に一様に分布するときの電荷密度は，

$$\rho = \frac{Q}{V}$$

全電荷 $\boldsymbol{Q}$ が面積 $\boldsymbol{S}$ の中に一様に分布するときの面電荷密度は，

$$\sigma = \frac{Q}{S}$$

全電荷 $\boldsymbol{Q}$ が長さ l の中に一様に分布するときの線電荷密度は，

$$\lambda = \frac{Q}{l}$$

である。

積分で，線（長さ）を表すときは s（小文字），面積を表すときは S（大文字）を使うことが多い。s と S は形も同じなので，書き分けに注意しよう。
本によっては，面積は $\boldsymbol{A}$ を使うこともある（Area の頭文字）。

密度は，電荷分布の形状によって，3次元分布であれば単位体積あたりの密度（体積密度もしくは単に密度）ρ，2次元分布であれば単位面積あたりの密度（面密度）σ，1次元分布であれば単位長さあたりの密度（線密度）λ を用いればよい★。これらの電荷による電場を求めるには，まず電荷が分布している領域を小さな要素（微小領域）に分割する。微小領域（1次元分布：微小長さ ds，2次元分布：微小面積 dS，3次元分布：微小体積 dV）における微小電荷 dq は，電荷密度に微小領域をかけることによって得られ，それぞれ，

$$dq = \begin{cases} \lambda ds \ (1\text{次元分部の場合} \quad \lambda\text{：線電荷密度}) \\ \sigma dS \ (2\text{次元分部の場合} \quad \sigma\text{：面電荷密度}) \\ \rho dV \ (3\text{次元分部の場合} \quad \rho\text{：電荷密度}\quad) \end{cases}$$

のように表される。したがって，$\boldsymbol{R}$ の位置にある微小電荷 dq が，$\boldsymbol{r}$ の位置に作る微小電場 $d\boldsymbol{E}$ は（図2.11），

$$d\boldsymbol{E}(\boldsymbol{r}) = \frac{1}{4\pi\varepsilon_0 |\boldsymbol{r}-\boldsymbol{R}|^2} \frac{\boldsymbol{r}-\boldsymbol{R}}{|\boldsymbol{r}-\boldsymbol{R}|} dq \tag{2.11}$$

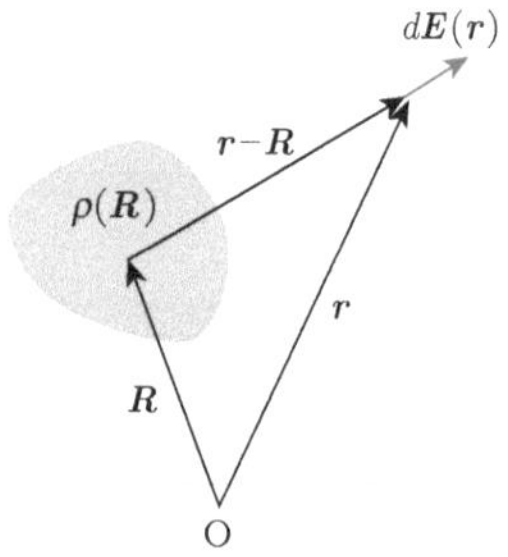

図 2.11

となり，全体の電場 $\boldsymbol{E}$ はこれら微小電場のベクトル和をとり，

$$\boldsymbol{E}(\boldsymbol{r}) = \int d\boldsymbol{E}(\boldsymbol{r}) = \int \frac{1}{4\pi\varepsilon_0 |\boldsymbol{r}-\boldsymbol{R}|^2} \frac{\boldsymbol{r}-\boldsymbol{R}}{|\boldsymbol{r}-\boldsymbol{R}|} dq \tag{2.12}$$

となる。ここで，$\boldsymbol{E}$ は上記の適切な dq を代入して空間で積分することによって求められる。最も一般的な3次元の場合で表すと，

電場 $E(r)$ の重ね合わせ

位置 $\boldsymbol{R}$ にある電荷密度 $\rho(\boldsymbol{R})$ が位置 $\boldsymbol{r}$ に作る電場 $\boldsymbol{E}(\boldsymbol{r})$ は，

$$\boldsymbol{E}(\boldsymbol{r}) = \frac{1}{4\pi\varepsilon_0} \iiint \frac{\rho(\boldsymbol{R})}{|\boldsymbol{r}-\boldsymbol{R}|^2} \frac{\boldsymbol{r}-\boldsymbol{R}}{|\boldsymbol{r}-\boldsymbol{R}|} dV \ ^{\star} \tag{2.13}$$

★ 補足
3次元の積分では3方向に積分するので $\iiint$ とした。本によっては略して $\int$ とだけ書いている場合もある。

例題 2.3　直線状に分布する電荷による電場

真空中で，z 軸にそって電荷が線密度 λ で無限に長く分布している。z 軸から距離 R だけ離れた点 P における電場を求めよ。

解説＆解答

位置 z における微小領域 dz にある微小電荷は $dq = \lambda dz$ である。対称性から，電場は z 軸に垂直な方向に放射状（外向きが正）に広がっていると考えられるので，点 P を x 軸上の点 $(R, 0, 0)$ としても一般性は失われない（図2.12）。微小電荷 dq から P までの距離 r は $r = \sqrt{R^2+z^2}$ であることから，点 P での微小電場の大きさ dE は，

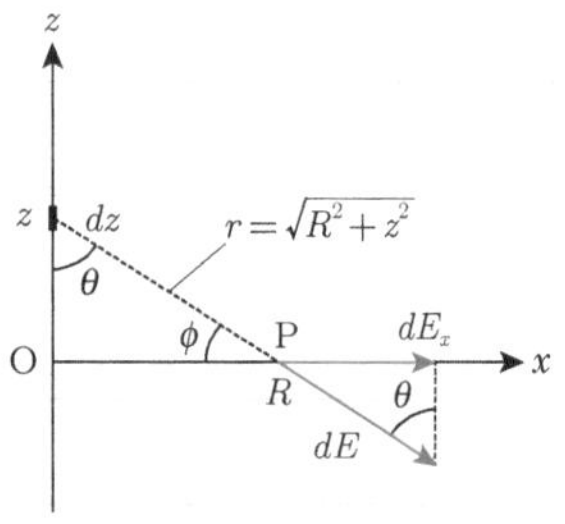

図 2.12

$$dE = \frac{1}{4\pi\varepsilon_0 r^2} dq = \frac{1}{4\pi\varepsilon_0 \left(R^2+z^2\right)} \lambda dz \qquad ①$$

微小電場 dE の z 成分は，z 軸にそってすべて足し合わせると，対称性から打ち消し合うので，足し合わせる電場は x 成分のみを考えればよい。Pにおける電場の x 成分 dE_x は，図の θ を用いて

$$dE_x = \frac{1}{4\pi\varepsilon_0(R^2+z^2)}\lambda dz \cdot \sin\theta$$

$$= \frac{1}{4\pi\varepsilon_0(R^2+z^2)}\frac{R}{\sqrt{R^2+z^2}}\lambda dz^{\star}$$

$$= \frac{R}{4\pi\varepsilon_0(R^2+z^2)^{\frac{3}{2}}}\lambda dz \qquad ②$$

である。全体の電場 E は，これを z 軸にそって $-\infty$ から ∞ まで足し合わせればよい（積分する）。

$$E = \int_{-\infty}^{\infty} dE_x = \int_{-\infty}^{\infty} \frac{R}{4\pi\varepsilon_0(R^2+z^2)^{\frac{3}{2}}}\lambda\, dz \qquad ③$$

ここで，$z = R\tan\phi$ とおいて置換積分することにより，★

$$E = \frac{\lambda}{4\pi\varepsilon_0 R}\int_{-\frac{\pi}{2}}^{\frac{\pi}{2}} \cos\phi\, d\phi = \frac{\lambda}{2\pi\varepsilon_0 R} \qquad ④$$

となる。■

★ 補足
図において

$$\sin\theta = \frac{R}{\sqrt{R^2+z^2}}$$

★ 補足
この置換積分の ϕ は，図の ϕ に対応している。
$z = R\tan\phi$ とおくと，

$$dz = \frac{R}{\cos^2\phi}d\phi$$

積分範囲は
$-\infty < z < \infty$ から，$-\frac{\pi}{2} < \phi < \frac{\pi}{2}$
に変わる。
また，三角関数公式から

$$1+\tan^2\phi = \frac{1}{\cos^2\phi}$$

を用いた。

例題 2.4　円板上に分布する電荷による電場

真空中で半径 R のプラスチック円板が一様に帯電しており，その全電荷は Q である。円板の中心軸上（z 軸とする）で円板から距離が $z\,(z>0)$ 離れた点Pにおける電場を求めよ。

解説＆解答

電荷は円板上に均一に帯電しているので，その面電荷密度 σ は，

$$\sigma = \frac{Q}{\pi R^2} \qquad ①$$

である。

電場を求めるにあたり，まず円板をどのように分割すれば積分しやすいか考えよう（図2.13）。電場の大きさは距離で決まるので，Pから距離が同じところを考えると，円板上では円環状になる（電場の向きは異なっているが，大きさは同じである）。そこで，半径 r，半径方向の幅が dr の円環状の帯（リング）をさらに微小長さ ds に分割して考えると，中心に対して対称の位置にある微小な長さの部分が点Pに作る電場は，z 方向は同じであるが，水平方向は逆向きになるので，水平方向は打ち消し合うことがわかるであろう。したがって，微小長さ ds が作る電場の z 成分をリング一周にわたって積分すると，半径 r のリングによる電場が求まる。さらに，このリングによる電場の寄与を，$r = 0$ から R まですべて足し合わせることによって，円板全体から生じる点Pでの電場が求まる。

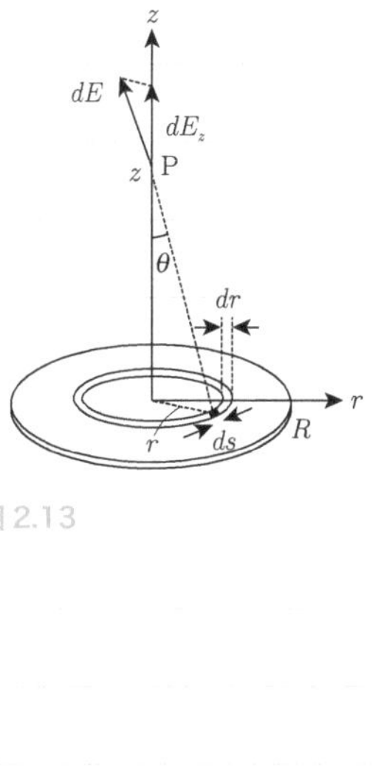

図2.13

この考えを数式にするため，まず図2.13のような半径 r，幅 dr，微小長さ ds にある電荷が作る微小電場を考えよう。幅 dr，長さ ds は非常に

小さいのでこの微小領域は長方形と考えてよく，微小面積 dS は $dS = dsdr$ と書ける。したがって，この微小領域にある電荷は，面電荷密度 σ を用いて，

$$dq = \sigma dS = \sigma dsdr \qquad ②$$

と表され，この電荷による P での微小電場は，

$$dE = \frac{1}{4\pi\varepsilon_0(r^2+z^2)}dq = \frac{\sigma}{4\pi\varepsilon_0(r^2+z^2)}dsdr \qquad ③$$

となる。この電場 dE の z 成分 dE_z は，

$$\begin{aligned} dE_z &= \frac{\sigma}{4\pi\varepsilon_0(r^2+z^2)}dsdr\cdot\cos\theta \quad ^\star \\ &= \frac{\sigma}{4\pi\varepsilon_0(r^2+z^2)}\frac{z}{\sqrt{r^2+z^2}}dsdr \\ &= \frac{\sigma z}{4\pi\varepsilon_0(r^2+z^2)^{\frac{3}{2}}}dsdr \qquad ④ \end{aligned}$$

★ 補足
図において

$$\cos\theta = \frac{z}{\sqrt{r^2+z^2}}$$

θ の位置に注意すること。

である。これをリングにそって一周積分（積分範囲は $0 \leqq s \leqq 2\pi r^\star$）し，さらに半径方向に積分（積分範囲は $0 \leqq r \leqq R$）すれば，円板上のすべての電荷による寄与を足し合わせることができる。

★ 補足
リングの一周の長さは，$2\pi r$

$$\begin{aligned} E &= \int_0^R\left(\int_0^{2\pi r}\frac{\sigma z}{4\pi\varepsilon_0(r^2+z^2)^{\frac{3}{2}}}ds\right)dr \\ &= \int_0^R\frac{2\pi r\sigma z}{4\pi\varepsilon_0(r^2+z^2)^{\frac{3}{2}}}dr \\ &= \frac{\sigma z}{4\varepsilon_0}\int_0^R\frac{2r}{(r^2+z^2)^{\frac{3}{2}}}dr \qquad ⑤ \end{aligned}$$

ここで，$x = r^2 + z^2$ とおいて置換積分することにより，★

$$\begin{aligned} E &= \frac{\sigma z}{4\varepsilon_0}\int_{z^2}^{R^2+z^2}\frac{1}{x^{\frac{3}{2}}}dx = \frac{\sigma z}{4\varepsilon_0}\int_{z^2}^{R^2+z^2}x^{-\frac{3}{2}}dx \\ &= \frac{\sigma z}{4\varepsilon_0}\left[-2x^{-\frac{1}{2}}\right]_{z^2}^{R^2+z^2} \\ &= \frac{\sigma}{2\varepsilon_0}\left(1-\frac{z}{\sqrt{R^2+z^2}}\right) \qquad ⑥ \end{aligned}$$

★ 補足
今回は r に関する積分であることに注意しよう。前問と似ているが，分子にも r があるので，$r = z\tan\theta$ とおいてもうまくいかない。

$x = r^2 + z^2$ とおくと，$dx = 2rdr$ となり，分子の r も消すことができる。
積分範囲は
$0 \leqq r \leqq R$ から，$z^2 \leqq x \leqq R^2 + z^2$
に変わる。

$$\int x^n\,dx = \frac{1}{n+1}x^{n+1}$$

である。

が得られる。電場の向きは，$\sigma > 0$ のときは面から遠ざかる向き，$\sigma < 0$ のときは面に近づく向きになる。①より，σ を Q を用いて表せば，

$$E = \frac{1}{2\varepsilon_0}\frac{Q}{\pi R^2}\left(1-\frac{z}{\sqrt{R^2+z^2}}\right)$$

である。

また，⑥式において，$z \to \infty$ とすると，第 2 項は 1 に近づくので，電場は 0 となる。一方，有限の z において $R \to \infty$ とすると，第 2 項は 0 に近づくので，

$$E = \frac{\sigma}{2\varepsilon_0} \qquad ⑦$$

となる。これは無限に広い平板に一様に広く広がった電荷が作る電場にな

る。この場合，電場は z に依存しないことに注意しよう。■

2.2.2 電気力線

電気力線の概念はファラデーによって導入された★。現在では，電気力線自体は実在しているとは考えないが，電場のベクトル場の様子を連続的な線で表しているため，よく用いられている。これにより，電場の様子を目に見える形で表現することができる。

★ 補足
電気力線の由来は，遠隔作用と近接作用のコラム（p.12）にまとめた。興味のある諸君はそちらも読んでもらいたい。

電気力線の特徴として，

- ○ 正電荷から放射状に外向きに広がり，負電荷の場合は逆に内向きとなる。したがって，電気力線は正電荷から出て，負電荷へ向かう。
- ○ 電気力線が途中で分岐したり，交差したりすることはない。
- ○ 電場が強いところほど，電気力線は密になる。

そして，電場と電気力線の関係は，次のように定義される。

- ○ 電場の向きは，その点における電気力線の接線の向きとなっている。
- ○ 電場の大きさは，電気力線に垂直な面の上での電気力線の面密度（単位面積あたりの本数）に比例する。

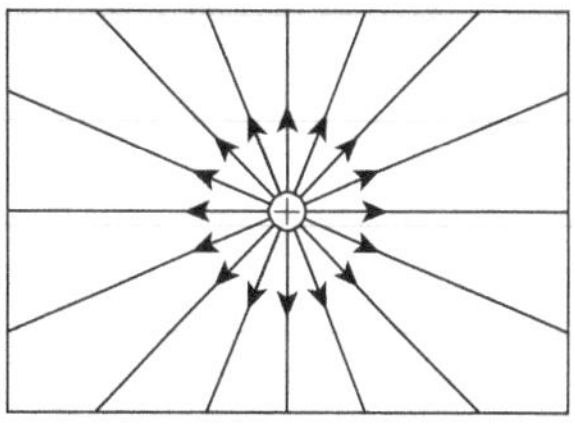

図 2.14
正電荷 1 個から出る電気力線。
図に書き込んである電気力線の数は適当である。「電気力線の本数」は概念的なものであり，整数とも限らないので，図で正確な本数を書けるものではない。

図 2.14 は正電荷が 1 個ある場合の電気力線の様子を示している。正電荷なので，そこから出る電気力線は外向きとなっている。また，電荷から遠ざかるにつれて，電気力線は広がり，粗になる，すなわち単位面積あたりの本数が減っていることがわかる。これは電荷から遠ざかるにつれて電場が小さくなることを示している。

例題 2.5 電気力線

[1] 大きさが等しい 2 つの正電荷が並んでいる。このときの電気力線の概略図を書け。

[2] 大きさが等しい正負の電荷が並んでいる。このときの電気力線の概略図を書け。

解説＆解答

[1]

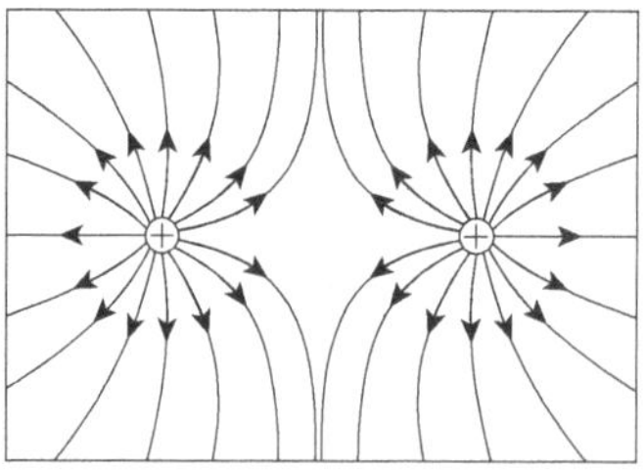

いずれの電荷も正なので，電気力線は電荷から外側に向かう。電気力線は交差することはできないので，お互いに避け合うように曲がる。電気力線は，横方向に押す力がはたらくと考えるので，電荷同士には反発力がはたらく。

[2]

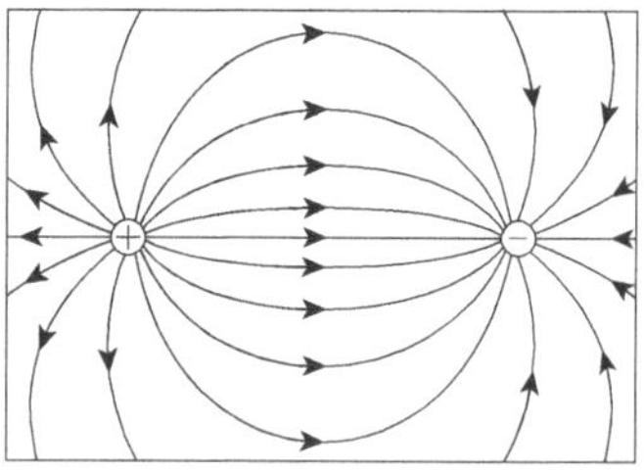

電気力線は正の電荷から負の電荷へ向かう。電気力線にそって引き合う力がはたらくと考えるので，電荷同士には引力がはたらく。このような符号の異なる一対の点電荷のことを**電気双極子**という。■

2.3 ガウスの法則

2.3.1 電場に関するガウスの法則

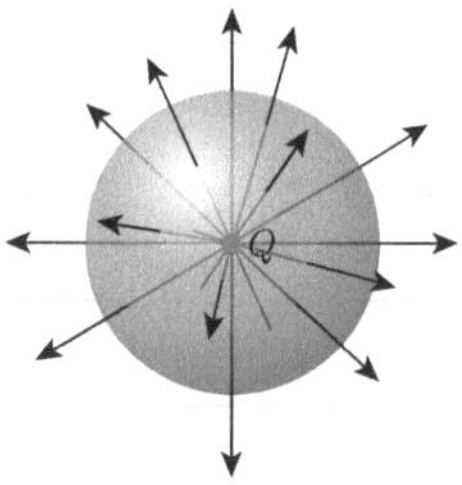

図 2.15

前節で，電気力線と電場の関係について文章で説明した。これをもう少し数学的に考えてみよう。例として，電荷 Q の点電荷が原点にあるときを考える（図 2.15）。電場は電荷のまわりに放射状に広がっており，N 本の電気力線が出ているものとする。この電荷をある閉曲面（簡単のため球面）で囲むことを考えよう。電荷から距離 r の球面の表面積は $4\pi r^2$ であるので，球面上を貫く単位面積あたりの電気力線の本数 n は，

$$n = \frac{N}{4\pi r^2} \tag{2.14}$$

である。一方，電荷から距離 r の球面上の電場の大きさは，クーロンの法則より

$$E(r) = \frac{Q}{4\pi\varepsilon_0 r^2} \tag{2.15}$$

である。「電場の大きさ $E(r)$ は，電気力線に垂直な面の上での電気力線の面密度（単位面積あたりの本数 n）に比例する」のであるが，SI 単位系ではこの比例係数は 1 とする。したがって，電気力線の面密度と電場の大きさは等しい。$n = E(r)$ とすることにより，球面を貫く電気力線の本数は

$$\frac{N}{4\pi r^2} = \frac{Q}{4\pi\varepsilon_0 r^2}$$

$$\therefore N = \frac{Q}{\varepsilon_0} \tag{2.16}$$

となる。このように，電気力線の本数 N は r によらない。今回は閉曲面

として球面を考えたが，後でわかるように閉曲面はきれいな球面である必要はない。すなわち，閉曲面を貫く電気力線の本数は，閉曲面の形や大きさによらず，閉曲面内の電荷量に比例するのである。これは，電気力線が分岐したり，電荷以外のところからわき出したり吸い込まれたりすることはないこととも合致する。

この関係を，数式できちんと表したものが，**電場に関するガウスの法則**である。ここで少し数学的準備をしておこう。

内積（スカラー積）：

2つのベクトル $\boldsymbol{A}$ と $\boldsymbol{B}$ があるとき，それぞれのベクトルの大きさを A，B を，$\boldsymbol{A}$ と $\boldsymbol{B}$ のなす角を θ とすると（図 2.16），その内積は

$$\boldsymbol{A}\cdot\boldsymbol{B} = AB\cos\theta$$

で与えられる。

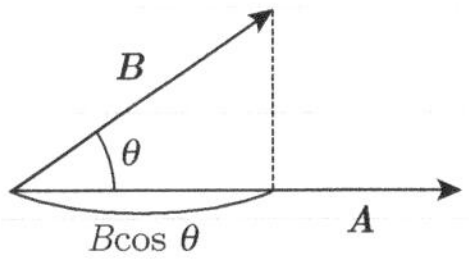

図 2.16

図形的に考えた場合，$\boldsymbol{A}$ ベクトルの長さと，$\boldsymbol{B}$ ベクトルを $\boldsymbol{A}$ ベクトルに射影した長さ $B\cos\theta$ の積となっている。

成分表示では，$\boldsymbol{A}$，$\boldsymbol{B}$ のベクトルの成分を

$$\boldsymbol{A} = \begin{pmatrix} a_x \\ a_y \\ a_z \end{pmatrix},\ \boldsymbol{B} = \begin{pmatrix} b_x \\ b_y \\ b_z \end{pmatrix}$$

とおくと，$\boldsymbol{A}\cdot\boldsymbol{B} = a_x b_x + a_y b_y + a_z b_z$ となる。

面積ベクトル：

ある面積 S を持つ平面に対して，向きがこの平面に垂直（法線方向），大きさがその面積に等しいベクトル $\boldsymbol{S}$（図 2.17）。ベクトルの向きによって，平面の向き（表・裏）の情報も与えることができる。

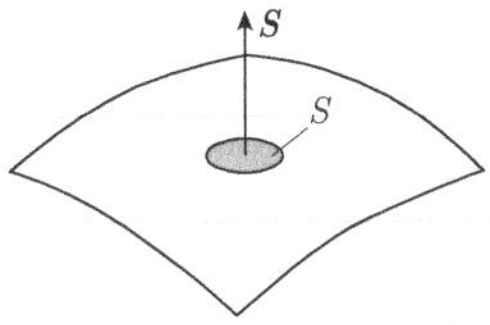

図 2.17

ここでは，ある閉曲面で囲まれた領域に出入りする電場の大きさを求めたい。電場はベクトル量なので，ベクトル場の面積分という計算が必要になる。

まず，ある閉曲面上の微小な曲面の領域を考えよう。この微小領域の面積ベクトルを $\Delta\boldsymbol{S}$ とし，$\Delta\boldsymbol{S}$ の向きは，閉曲面の外側に向かっているとする★。また，非常に微小な領域なので，曲面といっても平面と考えてよい。この微小領域における電場を $\boldsymbol{E}$ とする。これも微小な領域を考えているので，この領域内では $\boldsymbol{E}$ は一定と考える。ここで，$\boldsymbol{E}$ は電気力線の面密度と等しいことを思い出そう。したがって，この微小領域を貫く電気力線の本数は，

$$\boldsymbol{E}\cdot\Delta\boldsymbol{S} \tag{2.17}$$

という内積（$\boldsymbol{E}$ の法線成分と微小領域の面積の積）で表される。内積なので，$\boldsymbol{E}$ の向きと $\Delta\boldsymbol{S}$ の向きが同じであれば（$\boldsymbol{E}$ が閉曲面から外側へ向かっ

★ 補足
面積ベクトル $\boldsymbol{S}$ は，方向成分を表す平面の単位法線ベクトル $\boldsymbol{n}$ と，面積の大きさ S を用いて，
$\boldsymbol{S} = S\boldsymbol{n}$
と書くこともある。

ていれば）正，逆であれば（$\boldsymbol{E}$ が閉曲面から内側へ向かっていれば）負となり，電気力線の出入りも符号で区別できる。また，$\boldsymbol{E}$ の向きが面にそった方向であれば，$\boldsymbol{E}\cdot\Delta\boldsymbol{S}=0$ となり，電気力線は面を貫いていないことになる。

閉曲面で囲まれた領域に出入りする電場を求めるためには，これを閉曲面の全体にわたって足し合わせればよい。今回考えているこの仮想的な閉曲面のことを**ガウス面**という。ガウス面はどのような形にとってもよい。微小領域の面積 $\Delta\boldsymbol{S}$ を極限まで小さくすれば，$\Delta\boldsymbol{S}\to d\boldsymbol{S}$ となるため，(2.17) 式の合計は

$$\iint_{\text{閉曲面}} \boldsymbol{E}\cdot d\boldsymbol{S} \tag{2.18}$$

のように面積分で表される★。

これがガウス面の内部にある電荷量 Q に比例するため，SI 単位系では，(2.18) 式に ε_0 をかけたものが Q に等しいとする。ここで Q はガウス面に囲まれたすべての正と負の電荷の代数和であり，正味の電荷量である。電荷が離散的ではなく連続的に分布している場合，Q を求めるには閉曲面内の空間を分割して，それぞれの微小空間にある電荷を足し合わせると考える。場所 $\boldsymbol{r}$ における電荷密度を $\rho(\boldsymbol{r})$，そこでの微小体積を ΔV とすると，微少体積内の電荷量は $\rho(\boldsymbol{r})\,\Delta V$ であり，これを閉曲面内全体にわたって足し合わせればよい。微小体積を極限まで小さくすれば，$\Delta V\to dV$ となる。したがって，閉曲面内の電荷量は

$$Q_{\text{enc}} = \iiint_{\text{閉曲面内}} \rho(\boldsymbol{r})\,dV \tag{2.19}$$

のように体積分（体積積分）で表される★。

これらのことから，次のような法則が成り立つ。

電場に関するガウスの法則（Gauss's law）

任意の閉曲面について，電場 $\boldsymbol{E}$ を閉曲面全体に面積分して ε_0 をかけたものは，その閉曲面の内部にある電荷量 Q_{enc} に等しい★。

$$\varepsilon_0 \iint_{\text{閉曲面}} \boldsymbol{E}\cdot d\boldsymbol{S} = Q_{\text{enc}} \tag{2.20}$$

電荷が連続的に分布している場合，(3 次元的であれば) 電荷密度を $\rho(\boldsymbol{r})$ として，

$$\varepsilon_0 \iint_{\text{閉曲面}} \boldsymbol{E}\cdot d\boldsymbol{S} = \iiint_{\text{閉曲面内}} \rho(\boldsymbol{r})\,dV\ ^{\star} \tag{2.21}$$

(実際には，電荷の分布によって右辺の電荷は線電荷密度や面電荷密度を用いて求めることもある)

このガウスの法則から，$Q_{\text{enc}}>0$ のときは $E>0$ で電場がわき出し，$Q_{\text{enc}}<0$ のときは $E<0$ で電場の吸い込みとなっていることがわかる。

★ 補足
xy 平面であれば $dS=dxdy$ と書けるため，関数 F の面積分は，

$$\iint F\,dS = \iint F\,dx\,dy$$

を意味している。このため，2 次元での積分の意味がわかりやすいように面積分では $\int$ の記号を 2 重に書いた（本によっては，面積分でも $\int$ の記号を 1 つで表していることもある）。
積分記号の下に書いてある「閉曲面」というのは，積分範囲を概念的に書いたものであり，実際の計算では系に合わせて範囲を指定する。

★ 補足
面積分の場合と同様に，xyz 空間であれば $dV=dxdydz$ と書けるため，関数 F の体積分は，

$$\iiint F\,dV = \iiint F\,dx\,dy\,dz$$

を意味している。このため，体積分では $\int$ の記号を 3 重に書いた。
Q_{enc} の下付き文字は enclosed（囲まれた）の意味である。

★ 補足
電場 $\boldsymbol{E}$ に ε_0 をかけたものを電束密度 $\boldsymbol{D}$ という（これに面積をかけた量は電束という）。電束密度を用いると，(2.20) 式は以下のように少し簡単に書ける。

$$\iint_{\text{閉曲面}} \boldsymbol{D}\cdot d\boldsymbol{S} = Q_{\text{enc}} \tag{2.20'}$$

誘電体中の誘電率を用いた場合でも同じように書けるため，こちらのほうが汎用性が高い。

★ 補足
(2.21) 式は面積分と体積分をつなぐ式となっていることに注意しよう（次元の異なる積分がイコールで結ばれている！）。このように，この式は数学的にも非常に重要である。
13.1 節のガウスの定理参照。

また，ここで注意しておくべきことは，ガウス面の外にある電荷は，それがどんなに大きくても，どんなに近くにあっても，ガウスの法則の Q_{enc} には含まれないことである。さらに，ガウス面内の電荷の配置も全く関係ない。電場に重要なのは，ガウス面内にある正味の電荷だけである。

例題 2.6　正味の電荷のみつもり

図 2.18 のように電荷 $+Q$, $-Q$ がおかれており，面 S1〜S4 のように 4 つガウス面の断面図が示されている。それぞれのガウス面内の正味の電荷を求めよ。

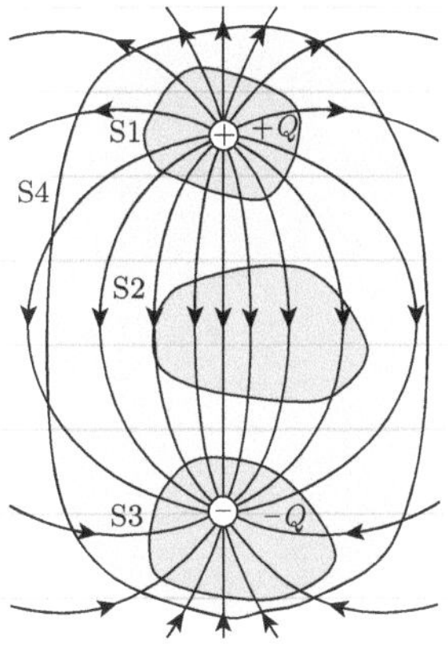

図 2.18

解説 & 解答

(1)　面 S1 内：$+Q$

面 S1 内にある電荷は $+Q$ だけである。$Q > 0$ なので，電場は閉曲面に対して外向きになっている。

(2)　面 S2 内：0

この面の内部には電荷がない。この面を通る電気力線は通り抜けており，面 S2 を通って入る本数と出る本数は等しく，$Q = 0$ に合致する。

(3)　面 S3 内：$-Q$

S3 内にある電荷は $-Q$ だけである。$Q < 0$ なので，電場は閉曲面に対して内向きになっている。

(4)　面 S4 内：0

この面の内部には $+Q$, $-Q$ の電荷があり，正味は 0 となっている。面 S4 から外に出る電気力線の数と入ってくる電気力線の数は等しく，正味の電荷がゼロであることに合致する。■

2.3.2　ガウスの法則の応用

電場に関するガウスの法則は，電磁気学の基本方程式の 1 つであり，非常に重要な法則である。ガウスの法則では，ガウス面は自由にとることができる。しかし自由であるが故に，ガウスの法則を用いて実際の電場を計算するには工夫が必要である。

ガウスの法則の式★を見ると，電場は左辺の面積分に含まれている。しかし，計算で知りたいのは，空間の「ある点」の電場である。Q が与えられて求まるのは E の面積分なので，個々の位置の E は求まらない。したがって，E の面積分を，積分した面積で割って E が求まるような場合，すなわち E が一定となるガウス面をうまく選ばなくては，E を計算することはできない★。場所によっていろいろと電場が異なるようなガウス面をとっても，「ある点」の電場を求めようと思ったときに役に立たないのである。

そこで，ガウスの法則を用いてある点の電場を求める場合，まず以下の 2 点が満たされているかを考える必要がある。

★ 補足
ガウスの法則（2.20）式は
$$\varepsilon_0 \iint_{\text{閉曲面}} \boldsymbol{E} \cdot d\boldsymbol{S} = Q_{\mathrm{enc}}$$

★ 補足
このようにわざわざ書くのは，典型的な問題を解くのに慣れてくると，なぜその形にガウス面をとっているのか，意味を忘れている人が多いからである。

○ 電場の分布があらかじめ予想できる。

○ その電場の分布に高い対称性がある。

このような場合であれば，適切なガウス面を設定できる可能性が高い。そして，うまく設定できれば電場を簡単に計算できる。逆に言えば，そうでなければ，ガウスの法則では電場を求めることはできない。

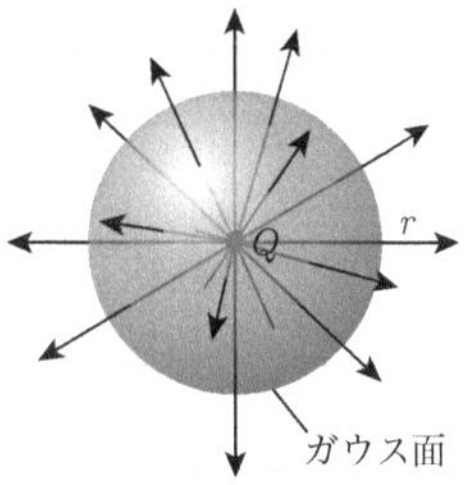

図 2.19

典型的な例として，1 つの点電荷 Q の作る電場について求めてみよう。原点に点電荷 Q があるとする。このとき，電場 $\boldsymbol{E}$ が等方的に放射状に分布していることは想像できるだろう。また，原点から距離 r 離れた場所における電場の大きさ E は，どこも等しいはずである。したがって，原点を中心とする半径 r の球面を考えて，この球面をガウス面とすると，ガウスの法則を適用するのに都合がよい（図 2.19）。

$Q > 0$ のときは $\boldsymbol{E}$ の向きは中心から外向きになっている。そこで，球面上に微小面積ベクトル $d\boldsymbol{S}$ をとり，球面外向きを正とする。このとき，$\boldsymbol{E}$ と $d\boldsymbol{S}$ とは常に平行となっている。原点から距離 r における電場の大きさを E とし，半径 r の球面の面積は $4\pi r^2$ であることから，(2.20) 式の左辺は

$$\text{左辺}：\varepsilon_0 \iint_{\text{閉曲面}} \boldsymbol{E} \cdot d\boldsymbol{S} = \varepsilon_0 E \iint_{\text{閉曲面}} dS = \varepsilon_0 E \cdot 4\pi r^2 \tag{2.22}$$

となる★。(2.20) 式の右辺については，球面内の正味の電荷 Q_{enc} は Q だけなので，$Q_{\text{enc}} = Q$ である．したがって，

$$\varepsilon_0 E \cdot 4\pi r^2 = Q$$

$$\therefore E = \frac{Q}{4\pi\varepsilon_0 r^2} \tag{2.23}$$

のように電場が得られる。このように，クーロンの法則から得られる電場の式を，ガウスの法則により求めることができた。すなわち，ガウスの法則はクーロンの法則と等価である★。

★ 補足

(2.22) 式において，はじめの変形は，$\boldsymbol{E} /\!/ d\boldsymbol{S}$ から，$\boldsymbol{E} \cdot d\boldsymbol{S} = EdS$，距離 r では E が一定であることから，E を $\int$ 記号の外に出した。

2 つめの変形は，dS をすべて閉曲面ですべて足し合わせれば，球の表面積になるため，$\iint_{\text{閉曲面}} dS = 4\pi r^2$。

★ 補足

クーロンの法則の $1/r^2$ の 2 乗は実験的に求められたものであり，これが厳密に 2 であるかどうかは本当はわからない（有効数字を持つ量である）。

一方，ガウスの法則によって求めた $1/r^2$ は球の表面積から来ており，これは厳密に 2 乗となっている。

このため，実験で求められた経験則が，理論的に裏付けられたと考えてよいだろう。

例題 2.7　金属球に与えた電荷による電場

真空中で半径 R の金属球に電荷 Q を与えた。金属球内外の電場の分布を求めよ。

解説＆解答

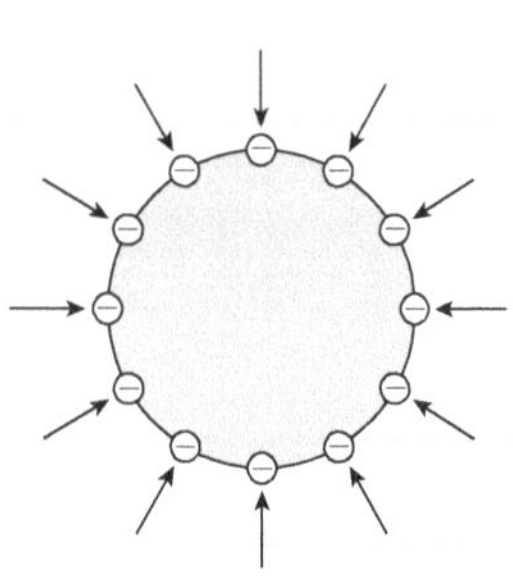

図 2.20

断面図のイメージ（電荷の符号が − のときを想定）

まず電荷が金属球にどのように分布して，電場がどのようになっているかを考えよう。同符号の電荷同士は反発し合うので，電荷はすべて金属球表面に移動し，お互いにできるだけ遠ざけるよう一様に分布するであろう（図 2.20）。そして，これらから出る電場は等方的に放射状に広がる。中心から半径 r における電場の大きさはどこも同じと考えられるので，ガウス面は中心から半径 r の球面をとるとよい。半径 r の球面上における電場 $\boldsymbol{E}(r)$ の大きさを $E(r)$ とし，$Q > 0$ のときは球面垂直外向き，$Q < 0$ のときは球面垂直内向きになっている。

ガウスの法則 (2.20) 式は

$$\varepsilon_0 \iint_{\text{閉曲面}} \boldsymbol{E} \cdot d\boldsymbol{S} = Q_{\text{enc}}$$

(1)　金属球内部（$r < R$）

金属球の中心から半径 $r\,(r < R)$ の球面をとり，ガウス面とする（図 2.21）。ガウスの法則において，

$$\text{左辺}：\varepsilon_0 \iint_{\text{閉曲面}} \boldsymbol{E}(r)\cdot d\boldsymbol{S} = \varepsilon_0 E(r) \iint_{\text{閉曲面}} dS = \varepsilon_0 E(r)\cdot 4\pi r^2 \qquad ①$$

金属球内部では，ガウス面内の電荷はゼロであるから，

$$\text{右辺}：Q_{\text{enc}} = 0 \qquad ②$$

したがって，①と②から

$$\varepsilon_0 E(r)\cdot 4\pi r^2 = 0$$

$$\therefore\quad E(r) = 0 \qquad ③$$

である。このように導体内部の電場はゼロである。

この状況は，導体内に空洞があった場合も変わらない。導体の外側の表面の電荷分布にかかわらず，空洞内部の電場もゼロとなる。

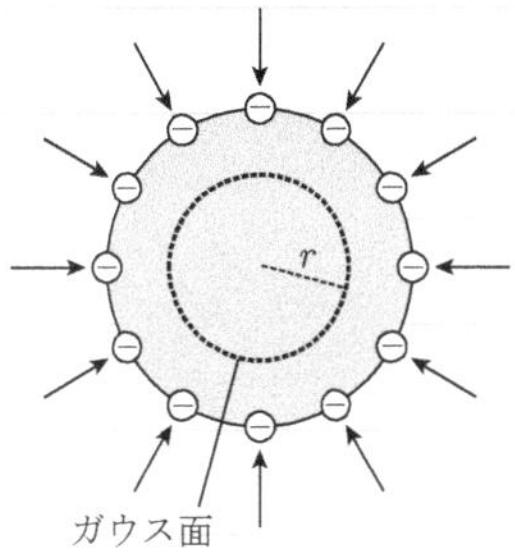

図 2.21
もし金属球内部に電場が存在していれば，電荷は力を受けるので，電荷は動き，最終的には必ず電場はゼロとなる。

(2)　金属球外部（$r \geqq R$）

金属球の中心から半径 $r\,(r \geqq R)$ の球面をとり，それをガウス面とする（図 2.22）。（2.19）式の左辺は（1）と変わらない。

$$\text{左辺}：\varepsilon_0 \iint_{\text{閉曲面}} \boldsymbol{E}\cdot d\boldsymbol{S} = \varepsilon_0 E(r)\cdot 4\pi r^2 \qquad ④$$

一方，ガウス面内の電荷 Q_{enc} は Q となるので，

$$\text{右辺}：Q_{\text{enc}} = Q \qquad ⑤$$

したがって，④と⑤から

$$\varepsilon_0 E(r)\cdot 4\pi r^2 = Q$$

$$\therefore\quad E(r) = \frac{Q}{4\pi\varepsilon_0 r^2}$$

となる。これは点電荷が作る電場と同じ表式になっていることに注意しよう。Q が一点に集中しても，一様に分布していても，Q から離れたところでは電場は変わらないことを示している。これらをまとめると，電場分布は図 2.23 のようになる。■

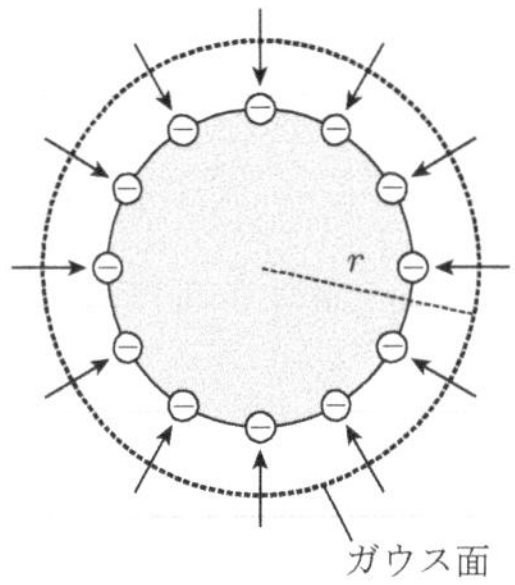

図 2.22

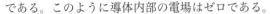

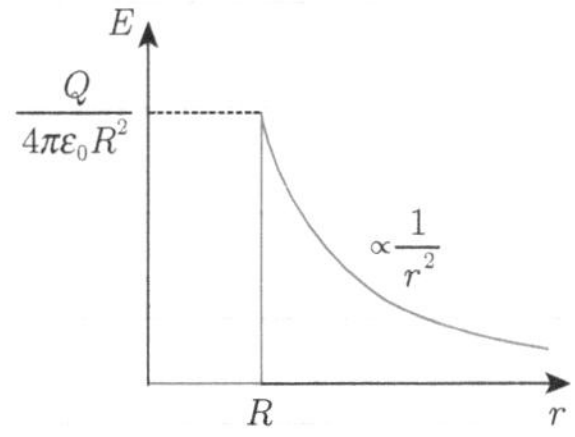

図 2.23
帯電した導体球による電場

例題 2.8　球対称に分布した電荷による電場

真空中において，半径 R の球の内部に，全電荷 Q が一様に分布している。球内外の電場の分布を求めよ。

解説＆解答

電荷は球内に一様に分布しているので，その電荷密度 ρ は，

$$\rho = \frac{3Q}{4\pi R^3} \qquad ①$$

である★。

★ 補足
球の体積は $\frac{4}{3}\pi r^3$

電荷は球対称に分布しているので，電場の分布も球対称で，等方的に放射状に広がるであろう。また，この場合も電場の大きさは球の中心からの

距離 r だけに依存するはずである。したがって，例題 2.7 と同様にガウス面は中心から半径 r の球面をとるとよい。半径 r の球面上における電場 $\boldsymbol{E}(r)$ は，大きさ $E(r)$ であり，半径方向に平行である。

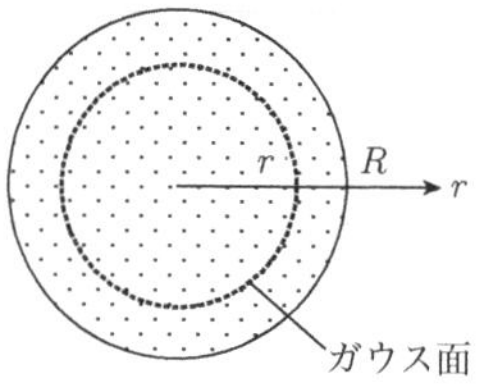

図 2.24
断面図のイメージ

★ 補足
ガウスの法則（2.20）式は

$$\varepsilon_0 \iint_{\text{閉曲面}} \boldsymbol{E}\cdot d\boldsymbol{S} = Q_{\text{enc}}$$

(1)　球内部（$r < R$）

球の中心から半径 r（$r < R$）の球面をとり，ガウス面とする（図 2.24）。ガウスの法則★において，例題 2.7 と同様に

$$\text{左辺：}\ \varepsilon_0 \iint_{\text{閉曲面}} \boldsymbol{E}\cdot d\boldsymbol{S} = \varepsilon_0 E(r)\cdot 4\pi r^2 \qquad ②$$

ガウス面内の電荷の総量は，電荷密度にガウス面で作られる球の体積をかければよいので，

$$\text{右辺：}\ Q_{\text{enc}} = \rho\cdot\frac{4}{3}\pi r^3 = \frac{Q}{R^3}r^3 \qquad ③$$

したがって，②と③から

$$\varepsilon_0 E(r)\cdot 4\pi r^2 = \frac{Q}{R^3}r^3$$

$$\therefore\ E(r) = \frac{Q}{4\pi\varepsilon_0 R^3}r \qquad ④$$

である。電場は，中心からの距離 r に比例している。これは r が大きくなると，半径 r のガウス面内の電荷量が増えるからである。

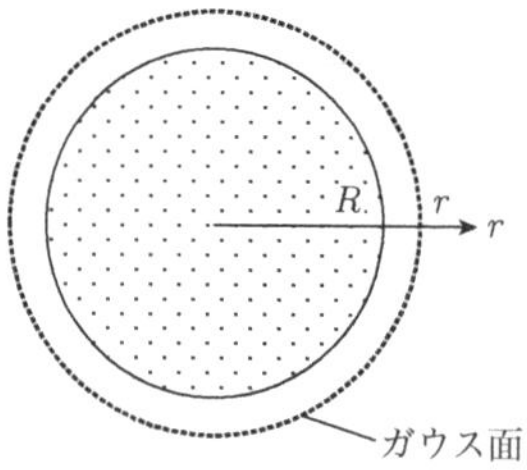

図 2.25

(2)　球外部（$r \geqq R$）

球の中心から半径 r（$r \geqq R$）の球殻とり，それをガウス面とする（図 2.25）。こちらも，(2.20) 式の左辺は①と変わらない。

$$\text{左辺：}\ \varepsilon_0 \iint_{\text{閉曲面}} \boldsymbol{E}(r)\cdot d\boldsymbol{S} = \varepsilon_0 E(r)\cdot 4\pi r^2 \qquad ⑤$$

一方，ガウス面内の電荷 Q_{enc} は，$r \geqq R$ のためガウス面の半径にかかわらず，Q となるので，

$$\text{右辺：}\ Q_{\text{enc}} = Q \qquad ⑥$$

したがって，⑤と⑥から

$$\varepsilon_0 E(r)\cdot 4\pi r^2 = Q$$

$$\therefore\ E(r) = \frac{Q}{4\pi\varepsilon_0 r^2}$$

となる。これは点電荷が作る電場と同じ表式になっている。これらをまとめると，電場分布は図 2.26 のようになる。■

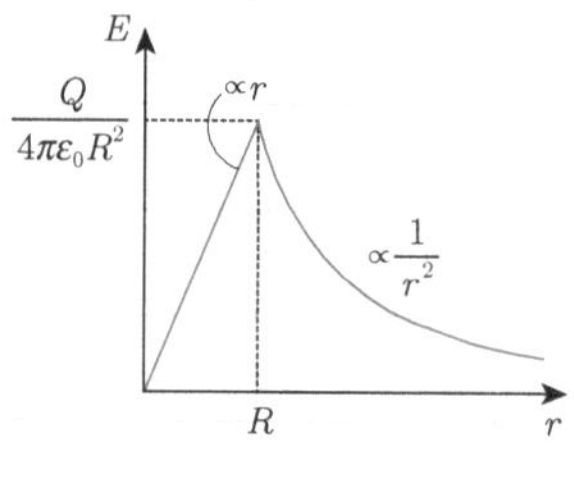

図 2.26
球対称に分布した電荷による電場

例題 2.9　無限に長い直線状の電荷分布による電場

真空中で，z 軸にそって電荷が線密度 λ で無限に長く分布している。z 軸から距離 r だけ離れた点 P における電場を，ガウスの法則を用いて求めよ。

解説＆解答

この問題は，例題 2.3 ですでにとりあげた。対称性から，電場は z 軸に垂直な方向に放射状（外向きが正）に分布する。z 軸から r だけ離れたところの電場の大きさ $E(r)$ はどこも同じであり，z 方向の電場はないと考えられる。したがって z 軸にそって半径 r，長さ l の円筒を考え，それをガウス面とする（図 2.27）。このようにガウス面を設定すると，電場の大きさは，円筒の側面ではどこでも $E(r)$，円筒の上面と下面はゼロ（$\boldsymbol{E}(r) \perp d\boldsymbol{S}$ より $\boldsymbol{E}(r)\cdot d\boldsymbol{S} = 0$：電場はこのガウス面を貫かない）となるので，ガウスの法則で電場を求めることができる。

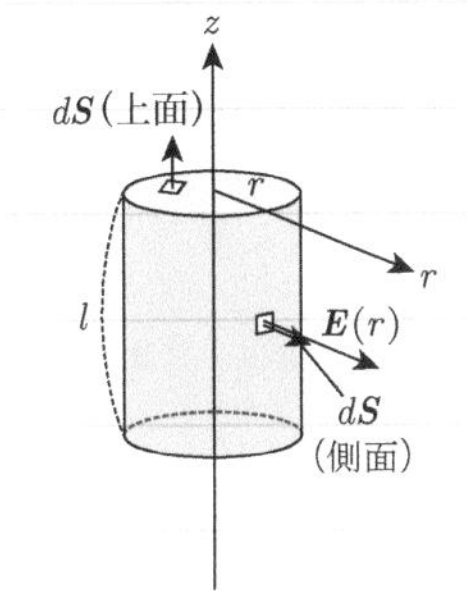

図 2.27

ガウスの法則★において，

$$\text{左辺}：\varepsilon_0 \iint_{\text{円筒}} \boldsymbol{E}(r)\cdot d\boldsymbol{S}$$

$$= \varepsilon_0 \iint_{\text{側面}} \boldsymbol{E}(r)\cdot d\boldsymbol{S} + \varepsilon_0 \iint_{\text{上面}} \boldsymbol{E}(r)\cdot d\boldsymbol{S} + \varepsilon_0 \iint_{\text{下面}} \boldsymbol{E}(r)\cdot d\boldsymbol{S}$$

$$= \varepsilon_0 E(r) \iint_{\text{側面}} dS + 0 + 0$$

$$= \varepsilon_0 E(r)\cdot 2\pi r l ^{\star} \qquad ①$$

★ 補足
ガウスの法則（2.20）式は

$$\varepsilon_0 \iint_{\text{閉曲面}} \boldsymbol{E}\cdot d\boldsymbol{S} = Q_{\text{enc}}$$

★ 補足
円筒側面の面積は，円筒一周の長さが $2\pi r$，長さが l であることから，$2\pi rl$

一方，ガウス面内の電荷 Q_{enc} は，電荷の線密度が λ であるから，円筒の長さをかければ得られ，

$$\text{右辺}：Q_{\text{enc}} = \lambda l \qquad ②$$

したがって，①と②から★

$$\varepsilon_0 E(r)\cdot 2\pi r l = \lambda l$$

$$\therefore\ E(r) = \frac{\lambda}{2\pi\varepsilon_0 r}$$

これは例題 2.3 の結果と一致している。■

★ 補足
電荷が線状に分布しているので，長さ l 内の全電荷は，

$$Q_{\text{enc}} = \int_0^l \lambda\, dz$$

例題 2.10　無限に広い平面上の電荷分布による電場

真空中において，xy 平面上に電荷が面密度 $\boldsymbol{\sigma}$ で無限に一様に分布している。平面から距離 z だけ離れた点 P における電場を，ガウスの法則を用いて求めよ。

解説＆解答

まず電場の分布について考えよう。対称性から，電場は平面の上下に垂直に出ており，平面から z だけ離れたところの電場の大きさ $E(r)$ はどこも同じはずである。電荷が正であれば，電場は平面から外向き，電荷が負であれば，電場は平面に向かう向きになる。そして平面に平行な方向の電場はない。したがって，z 軸にそって半径 r，長さ $2z$ の円筒を考え，それをガウス面とする（図 2.28）。このようにガウス面を設定すると，電場の大きさは，円筒の上面と下面ではどこでも $\boldsymbol{E}(z)$ であり，電荷が正であればいずれも外向きである。一方，円筒の側面では電場はゼロ（$\boldsymbol{E}(z) \perp d\boldsymbol{S}$ より $\boldsymbol{E}(z)\cdot d\boldsymbol{S} = 0$：電場はこのガウス面を貫かない）である。

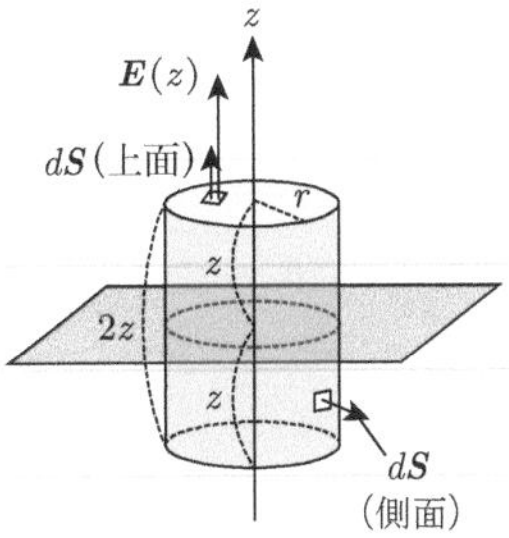

図 2.28

ガウスの法則において，

$$\text{左辺：} \varepsilon_0 \iint_{\text{円筒}} \boldsymbol{E}(z)\cdot d\boldsymbol{S}$$

$$= \varepsilon_0 \iint_{\text{側面}} \boldsymbol{E}(z)\cdot d\boldsymbol{S} + \varepsilon_0 \iint_{\text{上面}} \boldsymbol{E}(z)\cdot d\boldsymbol{S} + \varepsilon_0 \iint_{\text{下面}} \boldsymbol{E}(z)\cdot d\boldsymbol{S}$$

$$= 0 + \varepsilon_0 E(z) \iint_{\text{上面}} dS + \varepsilon_0 E(z) \iint_{\text{下面}} dS$$

$$= \varepsilon_0 E(z)\cdot \pi r^2 + \varepsilon_0 E(z)\cdot \pi r^2$$

$$= 2\cdot \varepsilon_0 E(z)\cdot \pi r^2 \,{}^{\star} \qquad ①$$

★ 補足
ガウスの法則（2.20）式は

$$\varepsilon_0 \iint_{\text{閉曲面}} \boldsymbol{E}\cdot d\boldsymbol{S} = Q_{\text{enc}}$$

電荷が正であれば，円筒の上面も下面も，電場の貫く向きは外向きなので，どちらの寄与も＋にはたらく（電荷が負の場合は，どちらの寄与も－である）。
$d\boldsymbol{S}$ は常に閉曲面の垂直外向きになっていることに注意しよう。

一方，ガウス面内の電荷 Q_{enc} は，電荷の面密度が σ であるから，円筒の断面積をかければ得られ，★

★ 補足
電荷が面状に分布しているので，円筒内の全電荷は，

$$Q_{\text{enc}} = \iint_{\text{円筒断面}} \sigma\, dS$$

$$\text{右辺：} Q_{\text{enc}} = \sigma \pi r^2 \qquad ②$$

したがって，①と②から

$$2\cdot \varepsilon_0 E(z)\cdot \pi r^2 = \sigma \pi r^2$$

$$\therefore\ E(z) = \frac{\sigma}{2\varepsilon_0} \qquad ③$$

このように，平面が無限に広ければ，電場は平面からの距離 z に依存しない。これは例題 2.4 で，$R \to \infty$ とした場合の結果と一致している。■

このように，電荷分布の対称性のよい系では，電場の各成分を積分するよりガウスの法則を使うほうが，はるかに簡単に同じ結果を得られることがわかるであろう。ガウスの法則は非常に重要なので，確実に身につけておいてもらいたい★。

★ 補足
ガウスの法則について，積分形に引き続き微分形も学ぶ場合は，14 章を参照。

2.3.3 静電誘導と静電遮蔽

静電場 E 中に導体がおかれたとき，導体中の電子は自由に動くことができるので，即座に電場と逆向きに移動する。そして動けるところまで（例えば導体の表面まで）動いて止まり，そのあたりは負に帯電する。一方，導体全体では電気的に中性であるため，電子の動いた反対側は正に帯電することになる（図 2.29）。このような現象を静電誘導という。導体表面に現れた電荷（誘導電荷）によって，導体内部には静電場 E と逆向きの電場 E' が生まれ，導体内の電場が打ち消し合って 0 になる。もし導体内に電場が残っていれば，その電場のために電子が動いて，平衡状態では導体内の電場の大きさは必ずゼロになる。導体内に電場が存在しないので，平衡状態では導体内の電位★はいたる所で同じになる。

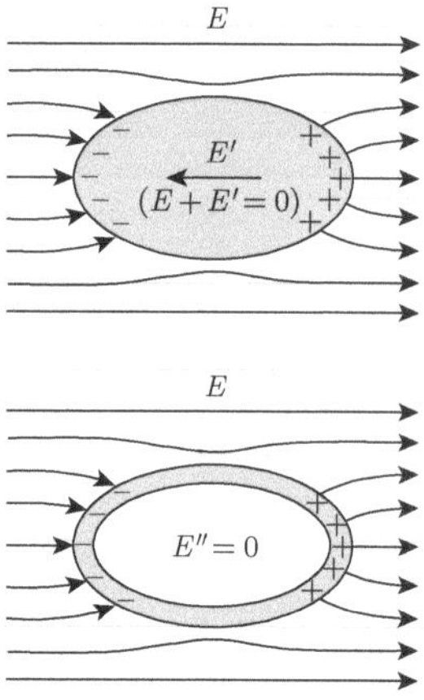

図 2.29

★ 補足
電場と電位の関係については次節で説明する。

それでは，静電場 E 中に内部が空洞になった導体内の電場 E'' はどうなるであろうか。導体は平衡状態にあり，空洞内に電荷がない場合を考える。これは，上記の導体の内部をくりぬいた状態になっており，この場合も空洞内の電場はゼロとなる。このような現象を静電遮蔽という。空洞内でガウスの法則を適用しても，ガウス面内に電荷は存在しないため，E''

の面積分はゼロになる。空洞内の任意のガウス面について常に成り立つためには，空洞内のいたる所で E'' がゼロになっていなければならない。したがって，導体の壁で囲まれた電荷のない空間は，電場のない空間である。さらに空洞内に電場がないということは，空洞内の電位は空洞内壁から変化しない。すなわち，空洞も含めた導体はすべて同電位である。

　この性質は，精密な電気的測定のときに，外部の電場を遮蔽するときに用いられるシールドルーム（導体で囲まれた部屋）に応用されている。エレベーターの中でスマートフォンの電波が届かないのは，外部からの電波（電磁波）が，金属で囲まれたエレベーター内部に到達できないからである。また，雷のときに自動車の中にいれば，落雷しても車内は電場ゼロのまま保たれるため，内部の人は安全である。

2.4. 電位

2.4.1 電位の定義

　クーロンの法則で与えられる静電気力は，保存力であろうか？　保存力であれば，ポテンシャルエネルギー（位置エネルギー）が定義できるので，静電気力を扱う上でいろいろと便利である。(1.1) 式で表されるクーロン力の式は，距離 r だけ離れた質量 m_1，m_2 の粒子間にはたらく万有引力の式と全く同じで，距離の逆 2 乗に比例する形をしている★。式の形から判断すると，クーロン力も保存力で良さそうである。この点について証明してみよう。

　保存力とは，ある位置 A(r_A) から位置 B(r_B) に物体を移動するときに，その力が物体にする仕事 W_{AB} が，AB 間の経路によらないような力のことである。保存力に逆らって外部から力を加えて仕事をした場合，その仕事は「仕事をする能力」という形で蓄えられ，この能力のことをポテンシャルエネルギー（位置エネルギー）という。外部から力を加えてした仕事はポテンシャルエネルギー $U(r)$ を用いて，$W_{AB} = U(r_B) - U(r_A)$ のように表すことができる★。

　ここでは，原点に電荷 Q があり，試験電荷 q を位置 A から位置 B に移動させるときの仕事を求めてみよう。Q が q に及ぼすクーロン力は，$k = \dfrac{1}{4\pi\varepsilon_0}$ として，

$$\boldsymbol{F} = \frac{1}{4\pi\varepsilon_0} \frac{Qq}{r^2}\left(\frac{\boldsymbol{r}}{r}\right) \tag{2.24}$$

であり，q を r_A から r_B に動かすときの仕事 W_{AB} は，

★ 補足
距離 r だけ離れた電荷 q_1，q_2 の粒子間にはたらくクーロン力は，k を比例定数として，

$$F = k\frac{|q_1||q_2|}{r^2} \tag{1.1}$$

である。一方，万有引力の式は G を重力定数として，

$$F = G\frac{m_1 m_2}{r^2}$$

と表される。

★ 補足
電磁気学では，「位置エネルギー」よりも，「ポテンシャルエネルギー」の用語を使うことが多い。

試験電荷とは，まわりの電場分布に影響を与えないような，電気量の小さな電荷のことを表す。

★ 補足
$\int_{r_A}^{r_B} \boldsymbol{F}(\boldsymbol{r})\cdot d\boldsymbol{r}$ の前の負号は，「$\boldsymbol{F}(\boldsymbol{r})$ に逆らってする仕事」であるため。
$\left(\dfrac{\boldsymbol{r}}{r}\right)$ 方向の成分のみが必要となるため，$\left(\dfrac{\boldsymbol{r}}{r}\right)\cdot d\boldsymbol{r} = dr$ とし，積分範囲を r_A，r_B とする。
$\boldsymbol{r}_A$，$\boldsymbol{r}_B$（太字：ベクトル）は内積をとったあと，r_A，r_B（細字：スカラー）になっていることに注意。

$$
\begin{aligned}
W_{AB} &= -\int_{r_A}^{r_B} \boldsymbol{F}(\boldsymbol{r})\cdot d\boldsymbol{r} = -\int_{r_A}^{r_B} \frac{1}{4\pi\varepsilon_0}\frac{Qq}{r^2}\left(\frac{\boldsymbol{r}}{r}\right)\cdot d\boldsymbol{r} \\
&= -\int_{r_A}^{r_B} \frac{1}{4\pi\varepsilon_0}\frac{Qq}{r^2}dr \\
&= \left[\frac{1}{4\pi\varepsilon_0}\frac{Qq}{r}\right]_{r_A}^{r_B} = \frac{1}{4\pi\varepsilon_0}\frac{Qq}{r_B} - \frac{1}{4\pi\varepsilon_0}\frac{Qq}{r_A}
\end{aligned} \tag{2.25}
$$

と表される★。(2.25) 式から，この仕事は位置 $\boldsymbol{r}_A$，$\boldsymbol{r}_B$ だけによって決まり，途中の経路にはよらないことがわかる。したがって，静電気力は保存力である。

静電気力が保存力であれば，静電気力によるポテンシャルエネルギーを定義することができる。基準点 $\boldsymbol{r}_0$ を用いて，(2.24) 式をもう一度書き直すと，

$$
\begin{aligned}
W_{AB} &= -\int_{r_A}^{r_B} \boldsymbol{F}(\boldsymbol{r})\cdot d\boldsymbol{r} \\
&= -\left(\int_{r_A}^{r_0} \boldsymbol{F}(\boldsymbol{r})\cdot d\boldsymbol{r} + \int_{r_0}^{r_B} \boldsymbol{F}(\boldsymbol{r})\cdot d\boldsymbol{r}\right) \\
&= -\int_{r_A}^{r_0} \frac{1}{4\pi\varepsilon_0}\frac{Qq}{r^2}dr - \int_{r_0}^{r_B} \frac{1}{4\pi\varepsilon_0}\frac{Qq}{r^2}dr \\
&= \left(-\int_{r_0}^{r_B} \frac{1}{4\pi\varepsilon_0}\frac{Qq}{r^2}dr\right) - \left(-\int_{r_0}^{r_A} \frac{1}{4\pi\varepsilon_0}\frac{Qq}{r^2}dr\right) \\
&= U(\boldsymbol{r}_B) - U(\boldsymbol{r}_A)
\end{aligned} \tag{2.26}
$$

ここで，ポテンシャルエネルギー $U(\boldsymbol{r})$ は，エネルギーの基準点（エネルギーがゼロの点）の位置を $\boldsymbol{r}_0$ として，

$$
\begin{aligned}
U(\boldsymbol{r}) &= -\int_{r_0}^{r} \boldsymbol{F}(\boldsymbol{r})\cdot d\boldsymbol{r} \\
&= -\int_{r_0}^{r} \frac{1}{4\pi\varepsilon_0}\frac{Qq}{r^2}dr = \frac{Qq}{4\pi\varepsilon_0}\left(\frac{1}{r} - \frac{1}{r_0}\right)
\end{aligned} \tag{2.27}
$$

と定義される★。

★ 補足
(2.27) 式は，基準点を無限遠とすると，$r_0 \to \infty$として，
$$U(\boldsymbol{r}) = \frac{1}{4\pi\varepsilon_0}\frac{Qq}{r}$$
になる。

これは試験電荷 q に比例しているので，q で割ってみよう。

$$
\phi(\boldsymbol{r}) = \frac{U(\boldsymbol{r})}{q} = -\frac{1}{q}\int_{r_0}^{r} \boldsymbol{F}(\boldsymbol{r})\cdot d\boldsymbol{r} = \frac{Q}{4\pi\varepsilon_0}\left(\frac{1}{r} - \frac{1}{r_0}\right) \tag{2.28}
$$

このように，単位電荷あたりのポテンシャルエネルギー $\phi(\boldsymbol{r})$ を考えたほうが，試験電荷の大きさによらないため便利である。この $\phi(\boldsymbol{r})$ のことを**電位**（**静電ポテンシャル**）という★。電位は，仕事と同様にベクトル量ではなくスカラー量であることに注意しよう。電位 $\phi(\boldsymbol{r})$ の単位は〔V〕（ボルト）であり，ポテンシャルエネルギー $U(\boldsymbol{r})$ の単位は〔J〕であることから，〔V〕＝〔J/C〕の関係がある。

★ 補足
「静電ポテンシャル」と「ポテンシャルエネルギー」では意味が違っていることに注意。

さて，上記でポテンシャルエネルギーを q で割った**電位**を導入した。それでは (2.25) 式の仕事を導く際に，$\boldsymbol{F} = q\boldsymbol{E}(\boldsymbol{r})$，$\boldsymbol{E}(\boldsymbol{r}) = \dfrac{1}{4\pi\varepsilon_0}\dfrac{Q}{r^2}\left(\dfrac{\boldsymbol{r}}{r}\right)$

と考えて，はじめから q で割った式を考えてみよう。

$$
\begin{aligned}
\frac{W_{\mathrm{AB}}}{q} &= -\int_{r_{\mathrm{A}}}^{r_{\mathrm{B}}} \frac{\boldsymbol{F}(\boldsymbol{r})}{q}\cdot d\boldsymbol{r} \\
&= -\int_{r_{\mathrm{A}}}^{r_{\mathrm{B}}} \boldsymbol{E}(\boldsymbol{r})\cdot d\boldsymbol{r} \\
&= -\int_{r_0}^{r_{\mathrm{B}}} \frac{1}{4\pi\varepsilon_0}\frac{Q}{r^2}\,dr + \int_{r_0}^{r_{\mathrm{A}}} \frac{1}{4\pi\varepsilon_0}\frac{Q}{r^2}\,d \\
&= \phi(\boldsymbol{r}_{\mathrm{B}}) - \phi(\boldsymbol{r}_{\mathrm{A}})
\end{aligned}
\tag{2.29}
$$

と書けるので，2 行目と 4 行目から，電場と電位の関係が得られ，

$$
\phi(\boldsymbol{r}_{\mathrm{B}}) - \phi(\boldsymbol{r}_{\mathrm{A}}) = -\int_{r_{\mathrm{A}}}^{r_{\mathrm{B}}} \boldsymbol{E}(\boldsymbol{r})\cdot d\boldsymbol{r} \tag{2.30}
$$

となる。これは，位置 A と位置 B の間の電位の差（電位差）が電場の積分で表されることを示している。(2.30) 式は，点電荷による電場に限らず，すべての電場に対して成り立つ。右辺の積分の前にあるマイナスは，単位電荷（1 C）を $\boldsymbol{E}(\boldsymbol{r})$ の向きに逆らって，$\boldsymbol{r}_{\mathrm{A}}$ から $\boldsymbol{r}_{\mathrm{B}}$ に運ぶ仕事を表すためである。ここで，電場中のある 1 点 $\boldsymbol{r}_0$ を基準点としてその点での電位をゼロであるとすると，空間内の様々な位置の電位を表すのに便利である。したがって，電位は次のように電場から求めることができる。

電場 $E(r)$ → 電位 $\phi(r)$

基準点を $\boldsymbol{r}_0$ とすると，$\boldsymbol{r}$ における電位 $\phi(\boldsymbol{r})$ は，電場 $\boldsymbol{E}(\boldsymbol{r})$ を用いて

$$
\phi(\boldsymbol{r}) = -\int_{r_0}^{r} \boldsymbol{E}(\boldsymbol{r})\cdot d\boldsymbol{r} \tag{2.31}
$$

と与えられる。

このように，電位（静電ポテンシャル）は電場におかれる電荷 q とは無関係であり，電場に固有のものであることに注意しよう。一方，ポテンシャルエネルギー（位置エネルギー）は電荷 q の大きさに比例し，「電場と電荷が相互作用している系」として決まる量である★。

(2.31) 式からわかるように，電位には基準点 $\boldsymbol{r}_0$ が必要であり，位置 $\boldsymbol{r}$ だけでは決まらない。ここで，基準点の選び方は任意に決めることができる。空間中の電位を記述する場合，無限遠の電位を 0 V として，無限遠を基準点にすることが多い★。点電荷による電位は，$\boldsymbol{E}(\boldsymbol{r}) = \dfrac{1}{4\pi\varepsilon_0}\dfrac{Q}{r^2}\left(\dfrac{\boldsymbol{r}}{r}\right)$，$\boldsymbol{r}_0 \to \infty$ とすることにより，

$$
\phi(\boldsymbol{r}) = -\int_{\infty}^{r} \boldsymbol{E}(\boldsymbol{r})\cdot d\boldsymbol{r} = \frac{1}{4\pi\varepsilon_0}\frac{Q}{r} \tag{2.32}
$$

と表すことができる。

★ 補足
位置エネルギー（ポテンシャルエネルギー）が「高さ」と「重さ（質量 × 重力加速度）」の積で表されていたことを思い出すと，「高さ」が「電位」，「重さ」が「電荷」に対応していると考えるとよい。

★ 補足
無限遠だと不都合なこともある。その場合は，適宜基準点を選ぶ。例題 2.12 を参照。

例題 2.11　金属球に与えた電荷による電位（電場→電位）

半径 R の金属球に電荷 Q を与えた。例題2.7で求めた電場を用いて，電位の分布を求めよ。無限遠を電位の基準点とする。

解説＆解答

例題2.7より，球内外の電場はそれぞれ（図2.30），

$$\text{球内部}\ (r < R):E(r) = 0 \qquad ①$$

$$\text{球外部}\ (r \geqq R):E(r) = \frac{Q}{4\pi\varepsilon_0 r^2} \qquad ②$$

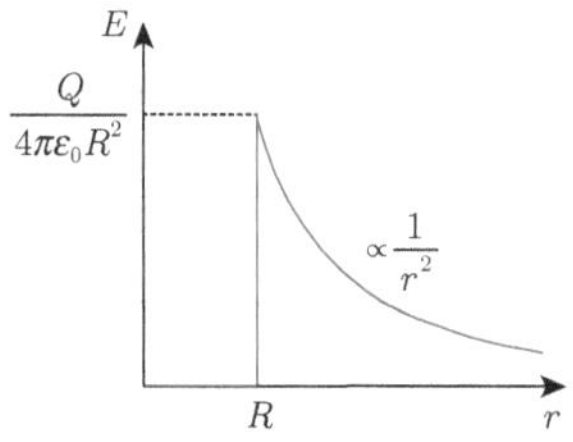

図 2.30
帯電した金属球による電場

無限遠から積分してくるので，②を r で積分することにより，中心から距離 $r(\geqq R)$ の位置における球外の電位を求めると，

$$\text{球外部}\ (r \geqq R):\phi(r) = -\int_\infty^r \frac{Q}{4\pi\varepsilon_0 r^2}dr = \frac{1}{4\pi\varepsilon_0}\frac{Q}{r} \qquad ③$$

したがって，球の表面$(r = R)$における電位は，$\phi(R) = \dfrac{1}{4\pi\varepsilon_0}\dfrac{Q}{R}$ となる。次に，球の表面の電位に，①について金属球表面から球内部の r まで積分したものを加える。$E(r) = 0$ なので，

$$\text{球内部}\ (r < R):\phi(r) = -\int_\infty^R \frac{Q}{4\pi\varepsilon_0 r^2}dr - \int_R^r 0\,dr$$

$$= \frac{1}{4\pi\varepsilon_0}\frac{Q}{R} - 0 = \frac{1}{4\pi\varepsilon_0}\frac{Q}{R} \qquad ④$$

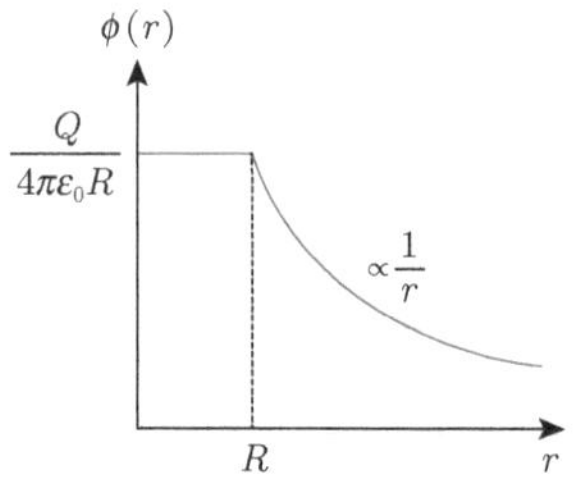

図 2.31
帯電した金属球の電位

となり，球内では電位は一定となる。これらをまとめると，電位分布は図2.31のようになる。■

例題 2.12　球対称に分布した電荷による電位（電場→電位）

半径 R の球の内部に，全電荷 Q が一様に分布している。例題2.8で求めた電場を用いて，電位の分布を求めよ。無限遠を電位の基準点とする。

解説＆解答

例題2.8より，球内外の電場はそれぞれ（図2.32），

$$\text{球内部}\ (r < R):E(r) = \frac{Q}{4\pi\varepsilon_0 R^3}r \qquad ①$$

$$\text{球外部}\ (r \geqq R):E(r) = \frac{Q}{4\pi\varepsilon_0 r^2} \qquad ②$$

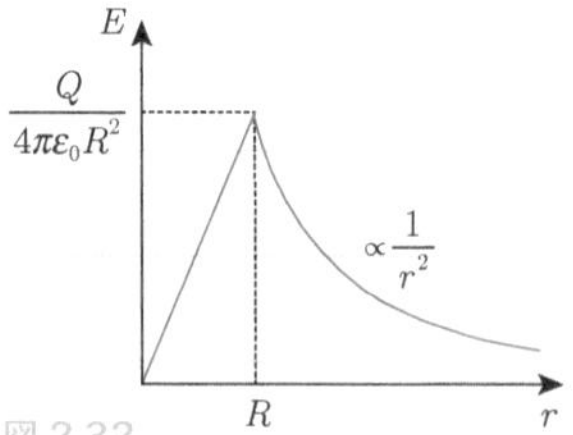

図 2.32
球対称に分布した電荷による電場

導体球外部の電位は，例題2.11と同様，②の積分で求められ，同じ解が得られる。

$$\text{球外部}\ (r \geqq R):\phi(r) = -\int_\infty^r \frac{Q}{4\pi\varepsilon_0 r^2}dr = \frac{1}{4\pi\varepsilon_0}\frac{Q}{r} \qquad ③$$

球表面$(r = R)$における電位は，$\phi(R) = \dfrac{1}{4\pi\varepsilon_0}\dfrac{Q}{R}$ であり，球表面の電

位に，①について導体球表面から球内部の r まで積分したものを加えて

$$\text{球内部}\ (r < R):\ \phi(r) = -\int_{\infty}^{R} \frac{Q}{4\pi\varepsilon_0 r^2}dr - \int_{R}^{r} \frac{Q}{4\pi\varepsilon_0 R^3} r\,dr$$

$$= \frac{1}{4\pi\varepsilon_0}\frac{Q}{R} - \frac{Q}{4\pi\varepsilon_0}\frac{r^2 - R^2}{2R^3}$$

$$= \frac{Q}{8\pi\varepsilon_0}\frac{3R^2 - r^2}{R^3} \qquad ④$$

となる。これらをまとめると，電位分布は図 2.33 のようになる。■

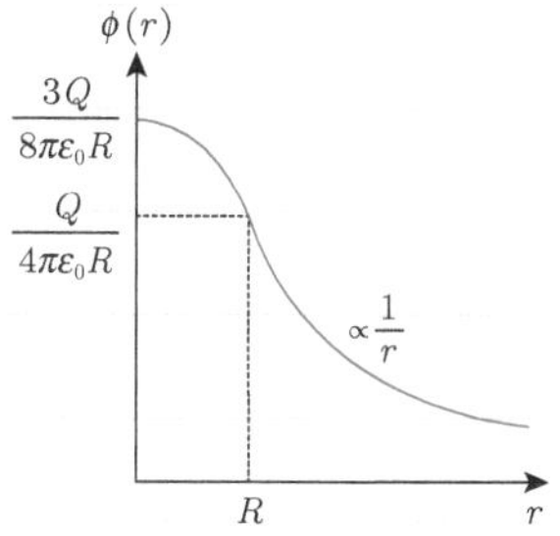

図 2.33
球対称に分布した電荷の電位

例題 2.13　直線状に分布した電荷による電位（電場→電位）

z 軸にそって，電荷が線密度 λ で無限に長く分布している。z 軸から距離 r だけ離れた点 P における電位を，例題 2.9 で求めた電場を用いて求めよ。

解説 & 解答

例題 2.9 より，P における電場は，

$$E(r) = \frac{\lambda}{2\pi\varepsilon_0 r} \qquad ①$$

①を r で積分をすると対数が出てくる★。$r \to \infty$ の無限遠では積分値が ∞ となってしまうため，無限遠を基準にするのは不都合である。そのため，$\phi = 0$ の基準点の位置を r_0 として積分する。P における電位を求めると，

$$\phi(r) = -\int_{r_0}^{r} \frac{\lambda}{2\pi\varepsilon_0 r}dr = -\frac{\lambda}{2\pi\varepsilon_0}\ln\frac{r}{r_0} \qquad ②$$

となる。基準点を r_0 としたので，$\phi(r)$ のグラフは図 2.34 のように r_0 で $\phi(r) = 0$ を横切るように書ける。■

★ 補足
$1/r$ の積分は，$\ln r$ となる。log は底を書かずに使うと，常用対数と見なされるので，自然対数では ln を使うようにしよう（ln は natural logarithm の略）。

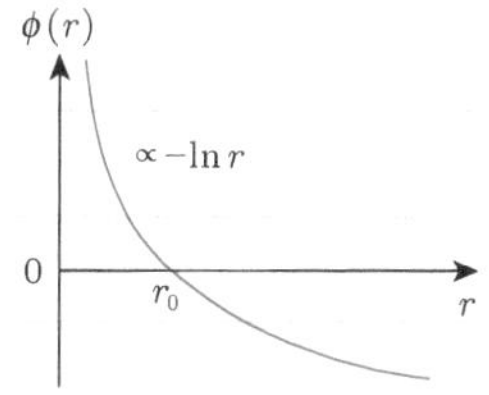

図 2.34
直線状に分布した電荷の電位

多くの電荷による電位

1 つの点電荷から距離 r 離れた位置での電位は，基準点を無限遠にとれば，(2.32) 式のように，

$$\phi(\boldsymbol{r}) = \frac{1}{4\pi\varepsilon_0}\frac{Q}{r}$$

と表せることを学んだ。複数の電荷による電位は，各電荷から生じる電位を足し合わせればよく，電位にも重ね合わせの原理が成り立つ。電場が重ね合わせの原理にしたがい，電位が電場の積分 (2.31) 式で与えられることからも明らかであろう。ここで，電位の和はスカラー和であり，電場のときのようにベクトル和ではないことに注意しよう。各方向の成分（3 次元なら 3 成分）が必要なベクトル和に比べて，1 成分だけのスカラー和は計算がはるかに簡単である。このため，複雑な電荷分布の電場を求めるには，まず電位を求め，その偏微分によって電場を求めることも多い。電位の偏微分については，2.4.2 節で解説する★。

★ 補足
本教科書では，現象を直観的に理解しやすい積分形で解説している（例えば，ガウスの法則 (2.20) 式も積分で書いてある）。
電磁気学を微分形で学ぶと（14 章参照），ポアソン方程式やラプラス方程式から電位を求め，その偏微分から電場を求めるのが，電場を求める基本的な手順となる。

電位の重ね合わせを式で表すと，位置 $\boldsymbol{r}$ における電位は，i 番目の電荷

を q_i, 位置 $\boldsymbol{r}$ からの距離を r_i として,

$$\phi(\boldsymbol{r}) = \frac{1}{4\pi\varepsilon_0}\sum_i \frac{q_i}{r_i}$$

となる。電荷が連続的に分布する場合は，電荷 q_i, 距離 r_i の代わりに，電荷 dq, 距離 r として，次のような積分に書き換えられる。

$$\phi(\boldsymbol{r}) = \frac{1}{4\pi\varepsilon_0}\int \frac{dq}{r} \tag{2.33}$$

上式は距離の基準点を無限遠としているが，基準点を無限遠にしない場合，一度基準点を決めたら，同じ系では常に同じ基準点から測るようにしなくてはいけない。違う基準点を用いると，基準点間の電位差に相当する定数分のずれが生じることになる。

★ 補足
(2.13) 式
$\boldsymbol{E}(\boldsymbol{r})$
$= \frac{1}{4\pi\varepsilon_0}\iiint \frac{\rho(\boldsymbol{R})}{|\boldsymbol{r}-\boldsymbol{R}|^2}\frac{\boldsymbol{r}-\boldsymbol{R}}{|\boldsymbol{r}-\boldsymbol{R}|}dV$

電場の重ね合わせは，(2.13) 式★のように表された。電位についても，(2.33) 式において原点の位置を任意にとり，$dq = \rho(\boldsymbol{R})dV$ として一般化した表現は以下のようになる。

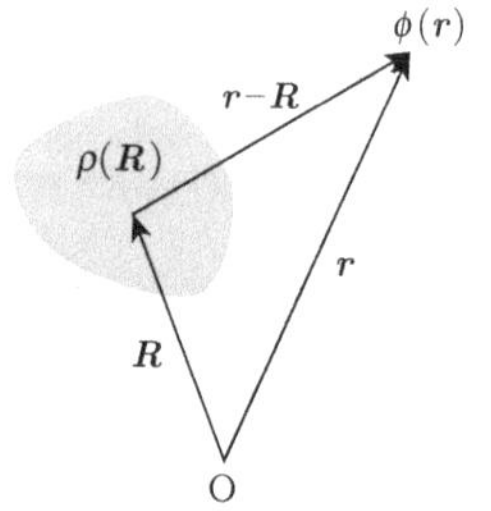

図 2.35

電位 $\phi(r)$（静電ポテンシャル）の重ね合わせ

位置 $\boldsymbol{R}$ にある電荷密度 $\rho(\boldsymbol{R})$ が位置 $\boldsymbol{r}$ に作る電位 $\phi(\boldsymbol{r})$ は（図 2.35),

$$\phi(\boldsymbol{r}) = \frac{1}{4\pi\varepsilon_0}\iiint \frac{\rho(\boldsymbol{R})}{|\boldsymbol{r}-\boldsymbol{R}|}dV \tag{2.34}$$

電気回路においても電位は大切である。電気回路では，回路中のある点を大地と接続することでその点の電位を 0 V とし，回路の基準点とする。このように回路の 1 点を大地と同電位にすることを**接地（アース）**という★。

★ 補足
大地に対して，電気機器が大きな電位を持つと，人が機器に触ったときに感電する（人間を通して，機器と大地の間に電流が流れる)。また，適切に接地しておかないと，機器の誤動作の原因にもなる。アースは非常に大切である。

例題 2.14　円板上に分布する電荷による電位（電位の重ね合わせ）

真空中で半径 R のプラスチック円板が一様に帯電しており，その全電荷は Q である。円板の中心軸上（z 軸とする）で円板から距離が $z\,(z>0)$ 離れた点 P における電位を求めよ。

解説＆解答

電荷は円板上に均一に帯電しているので，その面電荷密度 σ は，

$$\sigma = \frac{Q}{\pi R^2} \quad ①$$

である。

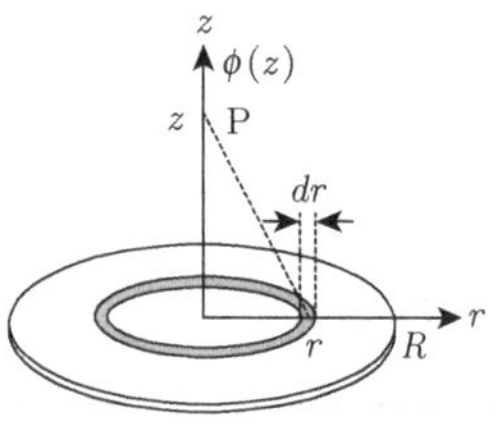

図 2.36

電位は電荷までの距離で決まる。P から距離が同じところを考えると，円板上では円環状になるので，半径 r, 半径方向の幅が dr の円環状の帯（微小リング）を考える（図 2.36)。微小リングの面積は $(2\pi r)dr$ であるから，このリングが持つ微小電荷は,

$$dq = \sigma dS = \sigma(2\pi r)dr \ ^{\star} \qquad ②$$

Pとリング内の電荷との距離は$\sqrt{r^2+z^2}$であるから，この微小電荷 dq がPに作る電位は★,

$$d\phi(z) = \frac{1}{4\pi\varepsilon_0\sqrt{r^2+z^2}}dq = \frac{2\pi r\sigma}{4\pi\varepsilon_0\sqrt{r^2+z^2}}dr$$

$$= \frac{r\sigma}{2\varepsilon_0\sqrt{r^2+z^2}}dr \qquad ③$$

Pにおける電位は，$0 \leqq r \leqq R$ ですべてのリングからの寄与を足し合わせればよい（積分する）。

$$\phi(z) = \int d\phi = \int_0^R \frac{\sigma r}{2\varepsilon_0\sqrt{r^2+z^2}}dr = \frac{\sigma}{2\varepsilon_0}\int_0^R (r^2+z^2)^{-\frac{1}{2}} r dr$$

$$= \frac{\sigma}{2\varepsilon_0}\int_{z^2}^{R^2+z^2}\frac{1}{2}x^{-\frac{1}{2}}dx = \frac{\sigma}{2\varepsilon_0}\left[x^{\frac{1}{2}}\right]_{z^2}^{R^2+z^2}$$

$$= \frac{\sigma}{2\varepsilon_0}\left(\sqrt{R^2+z^2}-z\right)^{\star} \qquad ■$$

★ 補足
微小リングの面積は

$$\pi(r+dr)^2 - \pi r^2 = 2\pi r dr + dr^2 \approx 2\pi r dr$$

となる（2 次の微小量は無視）。
これはリングを切って引き延ばしたとき，長さ $2\pi r$，幅 dr の長方形の面積と見ることもできる。

★ 補足
例題 2.4 で電場を求めたときは，電場の向きを考慮する必要があった。電位では向きがないので，向きを考慮する必要がなく，単純になる。

★ 補足
$x = r^2 + z^2$ とおくと，$dx = 2rdr$。
積分範囲は
$0 \leqq r \leqq R$ から，$z^2 \leqq x \leqq R^2 + z^2$
に変わる。

$$\int x^n\,dx = \frac{1}{n+1}x^{n+1}$$

である。

2.4.2 等電位面と電場

同じ高さの地点を結んでできる線のことを，等高線というのは知っているであろう。等高線は山や谷などの地表の起伏を表すことができ，等高線が密になっているところは急斜面，疎になっているところは緩斜面であることを示している。ここで「高さ」は一般的に標高（海抜）を表しており，海面の高さを基準点（0 m）として測った高さとしている。

電場における「電位」は，重力場における「高さ」に対応している。そこで，等高線のイメージを電位に当てはめてみよう。空間中に電位の基準点($\phi = 0$)を決めると，その空間の任意の位置 $\boldsymbol{r}$ で電位 $\phi(\boldsymbol{r})$ が決まる。電位は大きさのみを持つスカラー量であり，空間の各点に関して，ある電位が対応している。このように表される空間を**スカラー場**という★。同じ電位を持つ点をつないでいくと，電位が一定の曲面が形成される。「線」ではなく，「面」になるのは，電位は 3 次元的に広がっているためである。この曲面のことを**等電位面**という（空間の断面をとって 2 次元的に書いた場合は，**等電位線**ということもある）。

★ 補足
電場は，**ベクトル場**であったことを思い出そう。

図 2.37 のように，点電荷の作る等電位面は，それぞれの電位に対して同心球面状になる。このように 3 次元的にイメージするのは，点電荷以外では難しいので，断面図を考えて 2 次元的に表すことが多い。図 2.38 は，電位を「高さ」のイメージで表した図と，等電位面の断面図（等電位線）の関係を示したものである。点電荷では，正の電荷のあるところが山になっており，離れるにしたがって裾がなだらかになっていく様子がわかる。等電位線は，それに合わせて同心円の間隔が広がっていくように表される。電気双極子では，電位分布は点電荷が正のところで山，負のところが谷となるような形状をしており，等電位線は各点電荷のまわりに少しゆがんだ円状で書かれている。また，一様な電場では等電位線は直線で表さ

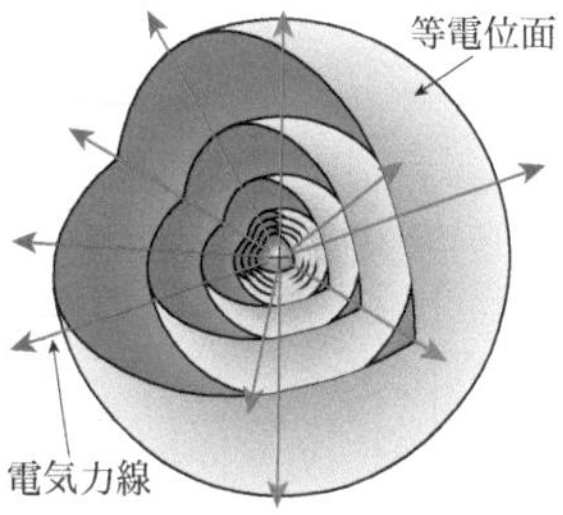

図 2.37

れており，等電位面を考えると，電場に垂直でお互いに平行な多数の面で表される。

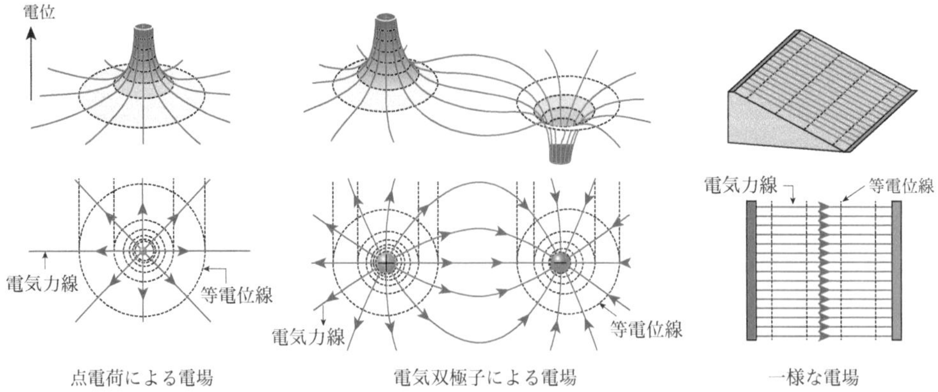

図 2.38
等電位面（等電位線）と電気力線の様子

等電位面の性質を以下にまとめておこう。

○　等電位面にそって電荷を動かしても仕事は 0 である。

(2.29) 式★からわかるように，同電位であれば仕事 W_{AB} は 0 となる。

★ 補足
(2.29) 式抜粋
$$\frac{W_{\mathrm{AB}}}{q}=\phi(\boldsymbol{r}_{\mathrm{B}})-\phi(\boldsymbol{r}_{\mathrm{A}})$$

○　等電位面と電場（電気力線）は常に垂直である。

もし電場 $\boldsymbol{E}$ が等電位面に垂直でなければ，$\boldsymbol{E}$ は等電位面内の成分を持っていることになる。このとき，電荷が等電位面内で移動すれば，仕事をすることになり，上記と矛盾する。したがって，$\boldsymbol{E}$ はいたる所で等電位面に垂直でなければならない。

○　電場が強いところほど，等電位面は密になる。

地図における等高線と同じで，等電位面の間隔が狭いところは電位の変化（傾き）が急であり，電場が大きいことを表している。

それでは，電位の傾きと電場の関係について調べてみよう。前節では，電場 $\boldsymbol{E}$ から電位 ϕ を求めた。ここでは，逆に電位 ϕ から電場 $\boldsymbol{E}$ を求めることを考える。(2.30) 式★において，電場を求めたい点を $\boldsymbol{r}_{\mathrm{A}}=(x,\ y,\ z)$，そこから x 軸方向に微小距離 Δx だけ離れた点を $\boldsymbol{r}_{\mathrm{B}}=(x+\Delta x,\ y,\ z)$ とする。$\boldsymbol{E}(\boldsymbol{r})$ はその微小区間では一定と考えてよく，$d\boldsymbol{r}$ は x 方向の変位となるので，電位差は★，

★ 補足
(2.30) 式
$$\phi(\boldsymbol{r}_{\mathrm{B}})-\phi(\boldsymbol{r}_{\mathrm{A}})=-\int_{\boldsymbol{r}_{\mathrm{A}}}^{\boldsymbol{r}_{\mathrm{B}}}\boldsymbol{E}(\boldsymbol{r})\cdot d\boldsymbol{r}$$

$$\phi(\boldsymbol{r}_{\mathrm{B}})-\phi(\boldsymbol{r}_{\mathrm{A}})=-\int_{\boldsymbol{r}_{\mathrm{A}}}^{\boldsymbol{r}_{\mathrm{B}}}\boldsymbol{E}(\boldsymbol{r})\cdot d\boldsymbol{r}$$

$$\begin{aligned}\phi(x+\Delta x,y,z)-\phi(x,y,z)&=-\int_{x,y,z}^{x+\Delta x,y,z}\boldsymbol{E}(\boldsymbol{r})\cdot d\boldsymbol{r}\\&=-\int_{x}^{x+\Delta x}E_x(x,y,z)\,dx\\&=-E_x(x,y,z)\Delta x\end{aligned}$$

★ 補足
$\boldsymbol{E}$ と $d\boldsymbol{r}$ の内積をとると，$d\boldsymbol{r}$ の変化は x 方向だけなので，$\boldsymbol{E}$ の x 成分と dx の積となる。
$$\boldsymbol{E}=\begin{pmatrix}E_x\\E_y\\E_z\end{pmatrix},\quad d\boldsymbol{r}=\begin{pmatrix}dx\\0\\0\end{pmatrix}$$
$$\boldsymbol{E}\cdot d\boldsymbol{r}=E_x(x,y,z)\,dx$$

$$E_x(x,y,z) = -\frac{\phi(x+\Delta x,y,z)-\phi(x,y,z)}{\Delta x} \qquad (2.35)$$

と表される。ここで，$\Delta x \to 0$ の極限をとると

$$E_x(x,y,z) = -\lim_{\Delta x \to 0}\frac{\phi(x+\Delta x,y,z)-\phi(x,y,z)}{\Delta x} = -\frac{\partial \phi}{\partial x} \qquad (2.36)$$

となり，点$(x,\ y,\ z)$における x 方向の電場は，ϕ の x に関する偏微分で与えられる。y 方向，z 方向に関しても同様なので，

$$E_y = -\frac{\partial \phi}{\partial y},\quad E_z = -\frac{\partial \phi}{\partial z} \qquad (2.37)$$

となる。すなわち，空間のあらゆる点で ϕ が決まっていれば，あらゆる点の $\boldsymbol{E}$ を ϕ の偏微分から求めることができる。これらをまとめると，

電位 $\phi(r)$ → 電場 $E(r)$

電位 $\phi(\boldsymbol{r})$ が与えられたとき，電場 $\boldsymbol{E}(\boldsymbol{r})$ は次のように与えられる。★

$$\boldsymbol{E} = \begin{pmatrix} -\frac{\partial \phi}{\partial x} \\ -\frac{\partial \phi}{\partial y} \\ -\frac{\partial \phi}{\partial z} \end{pmatrix} = -\nabla\phi = -\mathrm{grad}\phi,\ \text{ただし}\nabla = \begin{pmatrix} \frac{\partial}{\partial x} \\ \frac{\partial}{\partial y} \\ \frac{\partial}{\partial z} \end{pmatrix} \qquad (2.38)$$

★ 補足
〔発展〕
ベクトル解析を学ぶと，電場 $\boldsymbol{E}$ については，$\mathrm{rot}\boldsymbol{E} = 0$ が成り立っていることを示すことができる。
$\boldsymbol{E} = -\mathrm{grad}\,\phi$ と書けると，ベクトル公式から，恒等的に $\mathrm{rot\ grad}\,\phi = 0$ となり，$\mathrm{rot}\boldsymbol{E} = 0$ を満たすことになる。

ある物理量 $\boldsymbol{F}$ について，$\mathrm{rot}\boldsymbol{F} = 0$ と書けることが，ポテンシャル ϕ を定義できる条件である。

14.4.2 節参照。

ここで∇（ナブラという）の記号はベクトルの微分演算子を表し，スカラー場からベクトル場を生成する。また，∇はスカラーにかかるときは grad とも書かれ，スカラー場の空間内における傾き，すなわち勾配（gradient）を表す。このように，電場は電位の傾きである。また，このことから電場 $\boldsymbol{E}$ の単位は〔V/m〕と書けることがわかる。

次に，電場と等電位面が垂直であることを（2.38）式を使って証明しよう。等電位面上にある $\Delta \boldsymbol{r}$ だけ離れた 2 点，$\boldsymbol{r} = (x,\ y,\ z)$ と $\boldsymbol{r} + \Delta \boldsymbol{r} = (x+\Delta x,\ y+\Delta y,\ z+\Delta z)$ を考える。等電位面上であるので，

$$\phi(x+\Delta x, y+\Delta y, z+\Delta z) - \phi(x,y,z) = 0 \qquad (2.39)$$

である。一方，$\boldsymbol{r}$ における微分係数を用いて，左辺の計算を進めると

$$\begin{aligned}\phi(x+\Delta x, y+\Delta y, z+\Delta z) - \phi(x,y,z) &= \frac{\partial \phi}{\partial x}\Delta x + \frac{\partial \phi}{\partial y}\Delta y + \frac{\partial \phi}{\partial z}\Delta z \\ &= (\mathrm{grad}\phi)\cdot\Delta\boldsymbol{r}\end{aligned} \qquad (2.40)$$

となる。したがって，

$$(\mathrm{grad}\phi)\cdot\Delta\boldsymbol{r} = 0 \qquad (2.41)$$

である。ベクトル $\mathrm{grad}\phi$ と $\Delta\boldsymbol{r}$ の内積が 0 であるから，これらのベクトルは互いに垂直である。ベクトル $\mathrm{grad}\phi$ は電場 $\boldsymbol{E}$ を表している。一方，$\Delta\boldsymbol{r}$

は等電位面内のベクトルで任意の向きにとることができる。したがって，電場 $\boldsymbol{E}(=-\mathrm{grad}\phi)$ は，常に等電位面に垂直である。

それでは，本節の最後に電位や電場に関連する用語の違いを，もう一度確認しておこう。

電位：単位電荷あたりのポテンシャルエネルギー。電場のある 1 点を電位の基準点 $\phi=0$ として決め，電場中のある 1 点を指定すれば決まる。基準点との間の電位差と見ることもできる。

電位差：2 点間の電位の差。したがって，電位を求めるには 2 点指定する必要がある。電圧ともいう。

等電位面（線）：同じ電位を持つ点をつないで得られる面（線）。

電場：電位の傾き。

電位は，「高さ」のアナロジー（類似）で考えることができた。電位の変化を，山の高さの変化と思ってイメージすると次のようになる（図 2.39）。

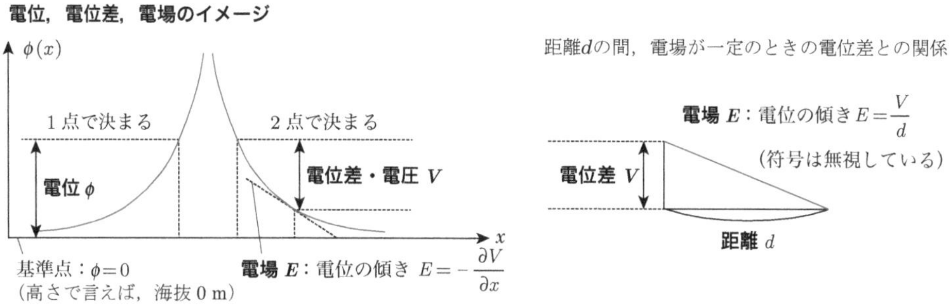

図 2.39

例題 2.15　電位から電場を求める

空間内のある点 $\boldsymbol{r}=(x,\ y,\ z)$ における電位が，

$$\phi(\boldsymbol{r})=\frac{1}{4\pi\varepsilon_0}\frac{Q}{\sqrt{x^2+y^2}}$$

で与えられている。電場の分布を求めよ。

解説＆解答

(2.38) 式★より，

★ 補足
(2.38) 式

$$\boldsymbol{E}(\boldsymbol{r})=-\mathrm{grad}\phi=\begin{pmatrix}-\dfrac{\partial\phi}{\partial x}\\ -\dfrac{\partial\phi}{\partial y}\\ -\dfrac{\partial\phi}{\partial z}\end{pmatrix}$$

$$\boldsymbol{E}(\boldsymbol{r})=-\mathrm{grad}\phi=\begin{pmatrix}-\dfrac{\partial\phi}{\partial x}\\ -\dfrac{\partial\phi}{\partial y}\\ -\dfrac{\partial\phi}{\partial z}\end{pmatrix}=\begin{pmatrix}\dfrac{1}{4\pi\varepsilon_0}\dfrac{x}{(x^2+y^2)^{\frac{3}{2}}}\\ \dfrac{1}{4\pi\varepsilon_0}\dfrac{y}{(x^2+y^2)^{\frac{3}{2}}}\\ 0\end{pmatrix}$$

■

例題 2.16　円板上に分布する電荷による電場（電位→電場）

半径 R のプラスチック円板が一様に帯電しており，その全電荷は Q である。円板の中心軸上（z 軸とする）で円板から距離が $z\,(z>0)$ 離れた点 P における電場について，例題 2.14 で求めた電位★を用いて求めよ。

★ 補足
例題 2.14 の電位
$\phi(\boldsymbol{r})=\dfrac{\sigma}{2\varepsilon_0}\left(\sqrt{R^2+z^2}-z\right)$

解説 & 解答

例題 2.14 の電位は，

$$\phi(\boldsymbol{r})=\frac{\sigma}{2\varepsilon_0}\left(\sqrt{R^2+z^2}-z\right)$$

であった。各成分で偏微分して，

$$\boldsymbol{E}(\boldsymbol{r})=-\mathrm{grad}\,\phi=\begin{pmatrix}-\dfrac{\partial\phi}{\partial x}\\ -\dfrac{\partial\phi}{\partial y}\\ -\dfrac{\partial\phi}{\partial z}\end{pmatrix}=\begin{pmatrix}0\\0\\ \dfrac{\sigma}{2\varepsilon_0}\left(1-\dfrac{z}{\sqrt{R^2+z^2}}\right)\end{pmatrix}$$

$\phi(\boldsymbol{r})$ は z にしか依存していないので，電場の x，y 成分は偏微分によりゼロになる。この答えは，例題 2.4 と一致している。ベクトル和（電場）では向きや対称性を考慮して求めたが，スカラー和（電位）は単なる量の重ね合わせで済むため，電位を微分して電場を求めたほうが，楽であることがわかるであろう。■

例題 2.17　電気双極子による電場（電位→電場）

短い距離 l だけ離れて，$\pm q$ の一対の点電荷（**電気双極子**）がある。$-q$ から $+q$ に向かうベクトルを $\boldsymbol{l}$ として，

$$\boldsymbol{p}=q\boldsymbol{l}=ql\boldsymbol{z}$$

としたベクトル $\boldsymbol{p}$ を**電気双極子モーメント**という。

［1］ 図 2.40 のように $+q$ を $\left(0,\ 0,\ \dfrac{l}{2}\right)$，$-q$ を $\left(0,\ 0,\ -\dfrac{l}{2}\right)$ におく。原点から十分離れた $\boldsymbol{r}$ だけ離れた点における電位が

$$\phi(\boldsymbol{r})\fallingdotseq\frac{\boldsymbol{p}\cdot\boldsymbol{r}}{4\pi\varepsilon_0 r^3}$$

と書けることを示せ。

［2］ 電位の式から電場が

$$E(\boldsymbol{r})\fallingdotseq\frac{3(\boldsymbol{p}\cdot\boldsymbol{r})\boldsymbol{r}-r^2\boldsymbol{p}}{4\pi\varepsilon_0 r^5}$$

と書けることを示せ。

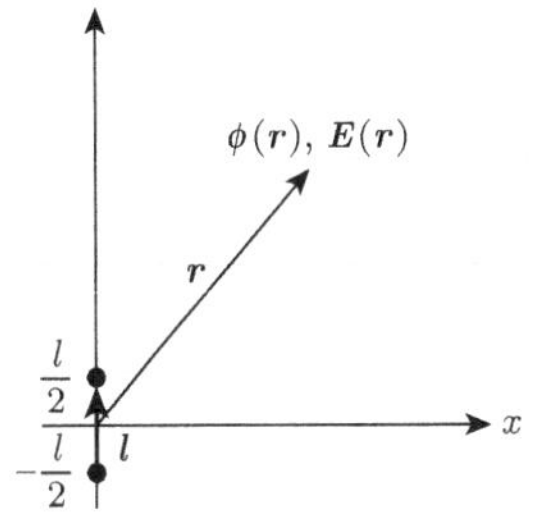

図 2.40

解説&解答

［1］ $\boldsymbol{r}=(x,\ y,\ z)$ として，それぞれの点電荷による電位を重ね合わせると，

$$\phi(\boldsymbol{r})=\frac{q}{4\pi\varepsilon_0}\left(\frac{1}{\sqrt{x^2+y^2+\left(z-\dfrac{l}{2}\right)^2}}-\frac{1}{\sqrt{x^2+y^2+\left(z+\dfrac{l}{2}\right)^2}}\right)$$

①

原点から十分離れた点を考えるので，$l \ll r(=x^2+y^2+z^2)$ の近似，すなわち $\dfrac{l}{r} \ll r$ を用いるために次のような変形をする。

$$\frac{1}{\sqrt{x^2+y^2+\left(z-\dfrac{l}{2}\right)^2}}=\left(x^2+y^2+z^2-lz+\frac{l^2}{4}\right)^{-\frac{1}{2}}$$

$$=\left(r^2-lz+\frac{l^2}{4}\right)^{-\frac{1}{2}}$$

$$=\frac{1}{r}\left(1-\frac{lz}{r^2}+\frac{1}{4}\left(\frac{l}{r}\right)^2\right)^{-\frac{1}{2}} \fallingdotseq \frac{1}{r}\left(1+\frac{lz}{2r^2}\right)^{\star} \qquad ①$$

★ 補足
$\left(\dfrac{l}{r}\right)^2$ の項は微小量の２次の項のため無視できる。
また，$|x| \ll 1$ のとき，
$(1+x)^n \fallingdotseq 1+nx$
の近似を用いた。

同様にして，

$$\frac{1}{\sqrt{x^2+y^2+\left(z+\dfrac{l}{2}\right)^2}} \fallingdotseq \frac{1}{r}\left(1-\frac{lz}{2r^2}\right) \qquad ②$$

を用いると，

$$\phi(\boldsymbol{r}) \fallingdotseq \frac{q}{4\pi\varepsilon_0}\left(\frac{1}{r}\left(1+\frac{lz}{2r^2}\right)-\frac{1}{r}\left(1-\frac{lz}{2r^2}\right)\right)=\frac{qlz}{4\pi\varepsilon_0 r^3} \qquad ③$$

となる。

一方，$\boldsymbol{p}=q\boldsymbol{l}=ql\boldsymbol{z}$ の大きさは $p=ql$，向きは z 方向であり，$\boldsymbol{r}$ の z 成分は z である。したがって，与えられた表式の内積を考えると，

$$\phi(\boldsymbol{r}) \fallingdotseq \frac{\boldsymbol{p}\cdot\boldsymbol{r}}{4\pi\varepsilon_0 r^3}=\frac{pz}{4\pi\varepsilon_0 r^3}=\frac{qlz}{4\pi\varepsilon_0 r^3} \qquad ④$$

となり，③と一致していることがわかる。

［2］ 電場は $\boldsymbol{E}=-\mathrm{grad}\phi$ で求められる。まず，x 成分について求めると，

$$E_x=-\frac{\partial\phi}{\partial x}=-\frac{\partial}{\partial x}\left(\frac{qlz}{4\pi\varepsilon_0 r^3}\right)=-\frac{\partial}{\partial x}\frac{ql}{4\pi\varepsilon_0}\left(\frac{z}{(x^2+y^2+z^2)^{\frac{3}{2}}}\right)$$

$$=\frac{ql}{4\pi\varepsilon_0}\frac{3xz}{(x^2+y^2+z^2)^{\frac{5}{2}}}=\frac{ql}{4\pi\varepsilon_0 r^5}3xz \qquad ⑤$$

同様に y, z 成分も偏微分を行うと，

$$E_y = -\frac{\partial \phi}{\partial y} = \frac{ql}{4\pi\varepsilon_0}\frac{3yz}{\left(x^2+y^2+z^2\right)^{\frac{5}{2}}} = \frac{ql}{4\pi\varepsilon_0 r^5}3yz \quad ⑥$$

$$E_z = -\frac{\partial \phi}{\partial z} = \frac{ql}{4\pi\varepsilon_0}\left(\frac{3z^2}{\left(x^2+y^2+z^2\right)^{\frac{5}{2}}} - \frac{1}{\left(x^2+y^2+z^2\right)^{\frac{3}{2}}}\right)^{\star}$$

$$= \frac{ql}{4\pi\varepsilon_0}\frac{2z^2-x^2-y^2}{\left(x^2+y^2+z^2\right)^{\frac{5}{2}}} = \frac{ql}{4\pi\varepsilon_0 r^5}\left(2z^2-x^2-y^2\right)$$

⑦

★ 補足
積の微分

$$\frac{d}{dx}f(x)g(x) = \frac{df}{dx}g + f\frac{dg}{dx}$$

を用いた。

一方，$E(\boldsymbol{r}) \fallingdotseq \dfrac{3(\boldsymbol{p}\cdot\boldsymbol{r})\boldsymbol{r} - r^2\boldsymbol{p}}{4\pi\varepsilon_0 r^5}$ を整理すると

$$\frac{3(\boldsymbol{p}\cdot\boldsymbol{r})\boldsymbol{r} - r^2\boldsymbol{p}}{4\pi\varepsilon_0 r^5} = \frac{1}{4\pi\varepsilon_0 r^5}\left(3qlz\boldsymbol{r} - r^2ql\boldsymbol{z}\right)$$

$$= \frac{ql}{4\pi\varepsilon_0 r^5}\begin{pmatrix} 3xz \\ 3yz \\ 2z^2-x^2-y^2 \end{pmatrix}^{\star}$$

★ 補足
$\boldsymbol{r} = \begin{pmatrix} x \\ y \\ z \end{pmatrix}$，$\boldsymbol{z} = \begin{pmatrix} 0 \\ 0 \\ z \end{pmatrix}$ を代入して整理する。

となり，⑤～⑦と一致していることがわかる。■

第Ⅰ部 静電場

第3章 静電容量（電気容量）

電荷が存在すると，そのまわりの空間には電場や電位が生じる。ここでは，導体に与えた電荷と電位差の間の比例関係に着目し，静電容量（電気容量）を定義する。この性質を利用した電気素子がコンデンサーであり，コンデンサーは電荷や静電エネルギーを蓄えることができる。この章では静電容量，コンデンサーの性質，静電エネルギーを学び，最後に電場に蓄えられるエネルギーについて考察する。

3.1 静電容量とコンデンサー

3.1.1 孤立導体球の静電容量

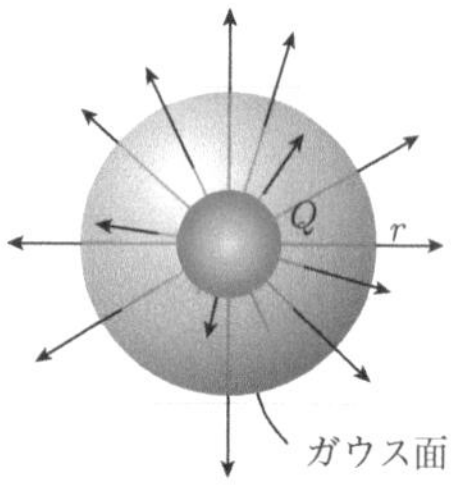

図 3.1

★ 補足
ガウスの法則 (2.20) 式

$$\varepsilon_0 \iint_{\text{閉曲面}} \boldsymbol{E}\cdot d\boldsymbol{S} = Q_{\text{enc}}$$

$r > R$ では，点電荷 Q の作る電場と同じである。

図 3.1 のように真空中におかれた半径 R の導体球に，電荷 Q を与える。Q によって生じた導体表面と基準点（無限遠）の間の電位差 V を求めて，Q と V との関係を考える。この導体球の中心から $r\,(r > R)$ 離れた位置における電場 $E(r)$ は，ガウスの法則★により求められ，

$$\varepsilon_0 \iint_{\text{閉曲面}} \boldsymbol{E}(r)\cdot d\boldsymbol{S} = Q_{\text{enc}}$$

$$\varepsilon_0 E(r)\cdot 4\pi r^2 = Q$$

$$\therefore\ E(r) = \frac{Q}{4\pi\varepsilon_0 r^2} \tag{3.1}$$

導体表面と基準点の間の電位差 V は，単位電荷を無限遠から導体球表面へ電場 $E(r)$ に逆らって運ぶのに必要な仕事であるから，

$$V = -\int_\infty^R E(r)\,dr = -\int_\infty^R \frac{Q}{4\pi\varepsilon_0 r^2}\,dr = \frac{Q}{4\pi\varepsilon_0 R} \tag{3.2}$$

したがって，電荷 Q と電位差 V の間には，

$$Q = 4\pi\varepsilon_0 R\cdot V$$

のような比例関係が得られる。この比例係数の部分を**静電容量（電気容量）**とよび C で表す。したがって，

$$Q = CV \tag{3.3}$$

の関係式が得られる。ここで，この孤立導体球の C は

$$C = \frac{Q}{V} = 4\pi\varepsilon_0 R \tag{3.4}$$

である。(3.4) 式によると，静電容量 C は単位電圧あたりの電荷量を表している。すなわち，単位電圧あたりに蓄えることのできる電荷量，逆に言えば，1 V の電位差を生み出すためにはどれだけの電荷が必要であるかを表している。この式が R に依存していることからわかるように，静電容量は導体の大きさによって変わる。また，今回は導体球を考えたのでこ

のような式になったが，幾何学的形状によっても変わりそうなことは想像できるだろう。また，C は Q と V の間の比例係数であるから，Q や V にはもちろん依存しない。

静電容量 C の単位は，(3.4) 式の第 2 式からわかるように，〔C/V〕(クーロン/ボルト) である。しかし，静電容量は次に述べるコンデンサーの能力を示すためによく用いられる重要な量であることから，改めて〔F〕(ファラッド) という単位が与えられている★。

1〔F〕= 1〔C/V〕

蓄えられる電荷量は一般的に非常に小さいので，実用上はマイクロやピコの接頭字を併用して，1 μF（$=10^{-6}$ F）や 1 pF（$=10^{-12}$ F）などがよく使われている★。

★ 補足
F の単位は，ファラデーの名前にちなんでつけられた。

★ 補足
第 2 章で，誘電率の単位は〔C^2/Nm^2〕であったが，(3.4) 式の第 3 式から誘電率の単位は〔F/m〕とも表せることがわかる（こちらのほうがよく使われる）。
静電容量の単位は〔F〕であるから，静電容量は必ず「誘電率 × 長さ」の形に書けることを覚えておこう。

3.1.2 平行板コンデンサーの静電容量

2 つの導体を並べて，これらの導体に電位差を与え，電荷を蓄えられるようにした電気素子をコンデンサー（キャパシター）とよぶ★。ここではコンデンサーの典型的な例として，2 つの同じ大きさの導体板を平行に並べた平行板コンデンサーについて考えよう。

★ 補足
日本ではコンデンサーとよばれるが，英語では一般的にキャパシター (capacitor) とよばれる。海外でコンデンサーと言っても通じないので注意しよう。また，静電容量のことはキャパシタンス (capacitance) という。

平行板コンデンサーは，図 3.2 のように面積 S の極板 A と B を距離 d だけ離して平行に並べた構成になっている。このコンデンサーに起電力 V の電池を接続して充電し，極板 A には電荷 Q，極板 B には電荷 $-Q$ が蓄えられたものとする。

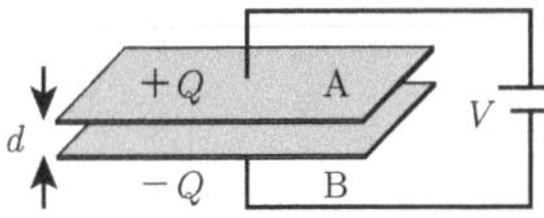

図 3.2
平行板コンデンサー

それでは，このコンデンサーの静電容量を導出しよう。前節を振り返ると，静電容量の導出手順は以下のようにまとめられる。

(1) 電荷 Q によって生じた電場を求める（ガウスの法則等）。
(2) 求めた電場から極板間の電位差 V を求める（電場の積分）。
(3) 得られた Q と V の関係式から静電容量 C（比例定数）を求める。

(1) 電場の計算

ガウスの法則を用いて電場を求める際，電場分布が予想できないと適切なガウス面を設定できないので，まずはコンデンサーの電場分布を考えよう。一般的に極板面積は十分に大きく，極板間隔は非常に小さい。したがって，極板間以外の空間には電場は存在せず，極板間には一様な電場が生じていると考えてよい（図 3.3）。ここで極板端での電場の乱れ（エッジ効果）は無視できるものとする。このような電場分布では，ガウス面上のすべての点で同じ電場となるようなガウス面を選ぶことはできないので，工夫が必要である。そこで，図 3.4 のようにガウス面を極板を囲むような直方体とし，①〜⑥の 6 つの面に分割して考える。ガウスの法則

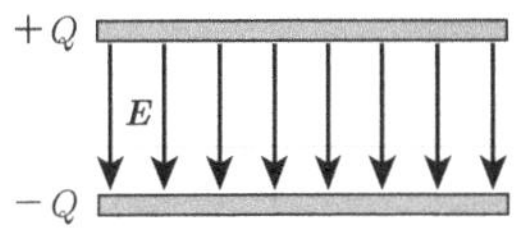

図 3.3
電場分布

$$\varepsilon_0 \iint_{\text{閉曲面}} \boldsymbol{E} \cdot d\boldsymbol{S} = Q_{\text{enc}} \tag{3.5}$$

において，左辺は次のように分けて計算することができ，

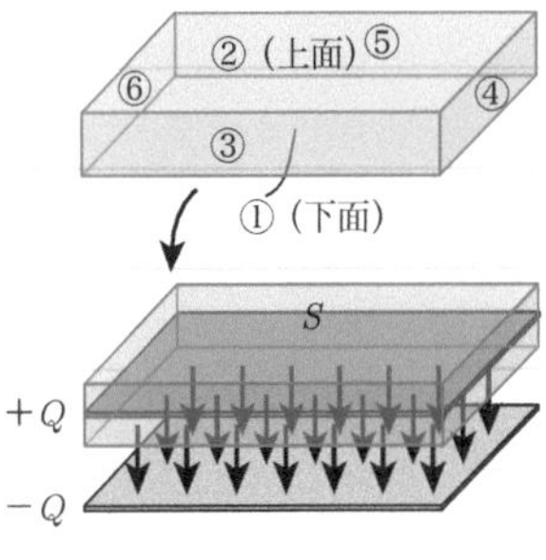

図 3.4
図 ガウス面

$$\varepsilon_0 \iint_{\text{閉曲面}} \boldsymbol{E}\cdot d\boldsymbol{S} = \varepsilon_0 \left(\iint_{①} \boldsymbol{E}\cdot d\boldsymbol{S} + \iint_{②} \boldsymbol{E}\cdot d\boldsymbol{S} + \iint_{③} \boldsymbol{E}\cdot d\boldsymbol{S} + \iint_{④} \boldsymbol{E}\cdot d\boldsymbol{S} + \iint_{⑤} \boldsymbol{E}\cdot d\boldsymbol{S} + \iint_{⑥} \boldsymbol{E}\cdot d\boldsymbol{S} \right)$$

①（下面）では電場は $\boldsymbol{E}$ で一様であり，$\boldsymbol{E}$ と $d\boldsymbol{S}$ は平行である。②（上面）では $\boldsymbol{E}$ は 0 であるため，その積分値はゼロとなる。また，③～⑥（側面）では，極板外となるため $\boldsymbol{E}=0$ である（極板端ぎりぎりで $\boldsymbol{E}$ があると考えても，$\boldsymbol{E}$ と $d\boldsymbol{S}$ は垂直であるから $\boldsymbol{E}\cdot d\boldsymbol{S}=0$）。したがって，これらの積分での残るのは①の領域の部分だけとなり，①の面積を S とすると，(3.5) 式において $Q_{\text{enc}}=Q$ であるから，

$$\varepsilon_0 ES = Q \qquad \therefore\ E = \frac{Q}{\varepsilon_0 S} \ \bigstar \tag{3.6}$$

が得られる。

★ 補足
この結果は，正極板，負極板のそれぞれについて，例題 2.10 の無限に広い平板の電場（③式の分子分母に極板面積 S をかけて，$E=\dfrac{Q}{2\varepsilon_0 S}$）を考え，重ね合わせることによっても，求めることができる（極板間の電場は 2 倍，極板外は打ち消し合ってゼロ）。

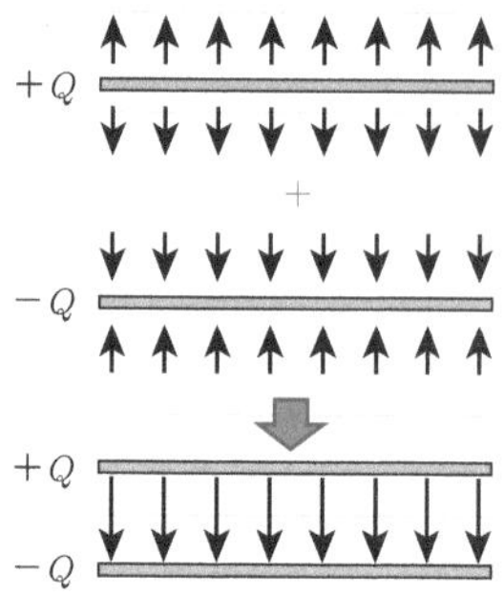

図 3.5

(2) 電位差の計算

2 点間の電位差は，

$$\phi(\boldsymbol{r}_{\text{B}}) - \phi(\boldsymbol{r}_{\text{A}}) = -\int_{\boldsymbol{r}_{\text{A}}}^{\boldsymbol{r}_{\text{B}}} \boldsymbol{E}(\boldsymbol{r})\cdot d\boldsymbol{r} \tag{3.7}$$

と求めることができた（(2.30) 式）。

右辺の負符号の取り扱いは間違えやすいので，次のように考えよう。負符号は，「単位電荷を電場 E に逆らって運ぶのに必要な仕事」という意味から現れている。ここで，「電場 E に逆らって」を反映して，積分範囲を電場にそって「負極側から正極側へ」と考えて，(3.7) 式の負符号は $d\boldsymbol{r}$ につくと考えるとわかりやすい。$d\boldsymbol{r}$ の大きさを dr とすると，$\boldsymbol{E}(\boldsymbol{r})\cdot(-d\boldsymbol{r}) = E(r)dr$ となる。したがって，左辺の電位差 $\phi(\boldsymbol{r}_{\text{B}})-\phi(\boldsymbol{r}_{\text{A}})$ を V とおけば，(3.7) 式は

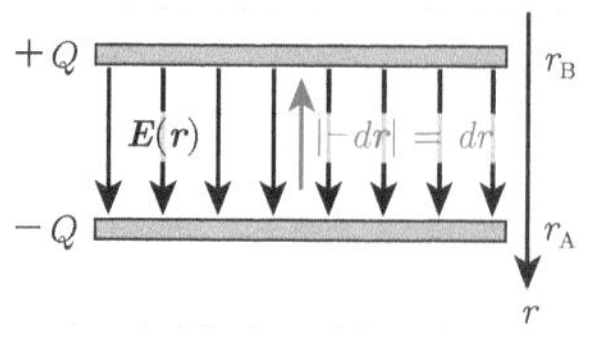

図 3.6
積分経路を負極側から正極側へとる。

$$V = \int_{-}^{+} E(r)dr \tag{3.8}$$

と書き換えられ，右辺の負符号がなくなる。ここで，積分範囲の「−」と「+」の記号は負極側から正極側に積分するという意味を表している。

それでは，この式を用いて平行板コンデンサーの電位差を求めてみよう。電極間の電場 E は，(3.6) 式で表されるように一様であるので，

$$V = \int_{-}^{+} E(r)dr = E\int_0^d dr = Ed = \frac{Q}{\varepsilon_0 S}d \tag{3.9}$$

(3) 静電容量の計算

(3.9) 式で，V と Q の比例関係の式が得られたので，平行板コンデンサーの静電容量は，

$$C = \frac{Q}{V} = \frac{\varepsilon_0 S}{d} \ \bigstar \tag{3.10}$$

★ 補足
これも「誘電率 × 長さ」の次元になっていることに注意しよう。

得られた式の意味を考えてみよう。極板の面積が大きくなれば，蓄えられる電荷量は比例して大きくなることを示している。これは感覚的にもよくあう。また，極板間の間隔が小さくなるほど，蓄えられる電荷量は大きくなる。これは，極板間隔が小さいほうが，正極板と負極板に蓄えられた電荷同士の引き合う力が大きくなるため，多くの電荷を電極板に保持できる，すなわち，多くの電荷を蓄えやすくなると考えるとよいだろう。このように，静電容量は幾何学的形状に大きく依存することがわかる。

コンデンサーは電圧（電位差）を与えることにより充電することができ，放電過程では回路に電位差を与え電流を流せることから，簡単な充電池と考えることができる。材料や構造の工夫により蓄電量を非常に高めたコンデンサーをスーパーキャパシターとよび，実際に充電池の用途で用いられる製品もある。

例題 3.1　球形コンデンサーの静電容量

真空中に図 3.7 のような球形のコンデンサーがある。内側の導体球の半径は a であり，外側の導体球殻の半径は b である。これらの同心球の中心からの半径を r，真空の誘電率を ε_0 とする。

［1］ 内側の導体球に $+Q$，外側の球殻に $-Q$ の電荷を与えたものとする。導体球と球殻の間（$a < r < b$）に生じている電場の大きさを求めよ。

［2］ 導体球と導体球殻との間の電位差を求めよ。

［3］ このコンデンサーの静電容量を求めよ。

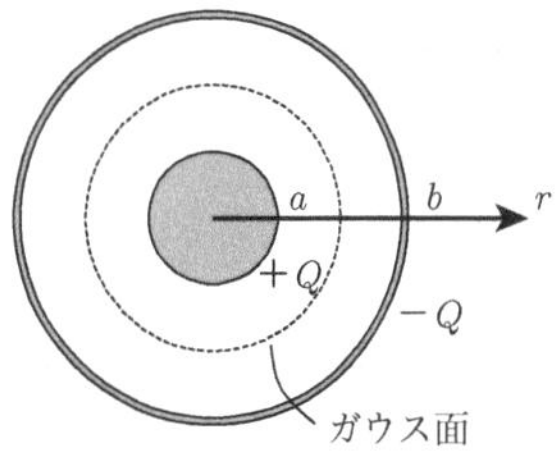

図 3.7

解説＆解答

［1］ 電場 $\boldsymbol{E}$ は等方的に放射状に分布していると考えられるため，半径 $r\,(a < r < b)$ の球面をガウス面として考えると，

$$\varepsilon_0 \iint_{\text{閉曲面}} \boldsymbol{E} \cdot d\boldsymbol{S} = Q_{\text{enc}}$$

$$\varepsilon_0 E \cdot 4\pi r^2 = Q \qquad \therefore E = \frac{Q}{4\pi\varepsilon_0 r^2}{}^{\star} \qquad ①$$

★ 補足
$a < r < b$ では，点電荷 Q の作る電場と同じになっている。外側球殻の $-Q$ はガウスの法則を適用するときには関係ないことに注意しよう。

［2］ 電位差 V は①を負極側から正極側に向かって積分すればよい。半径方向の r 軸は中心から外向きが正であるため，負極側から正極側への経路は r 軸向きと反対になっていることに注意して，微小変位は $-dr$ と考えなくてはならない。

$$V = \int_{-}^{+} E(r)\,dr = \int_b^a \frac{Q}{4\pi\varepsilon_0 r^2}(-dr) = \frac{Q}{4\pi\varepsilon_0}\left(\frac{1}{a} - \frac{1}{b}\right) = \frac{Q}{4\pi\varepsilon_0}\frac{b-a}{ab} \qquad ②$$

★ 補足
$b > a$ なので，きちんと正の解が得られていることがわかる。静電容量は負になることはないので，出てきた解が正であるかどうか，確認するようにしよう。

［3］ ②より，球形コンデンサーの静電容量は，

$$C = \frac{Q}{V} = 4\pi\varepsilon_0 \frac{ab}{b-a}{}^{\star} \qquad ③$$

ここで，

$$C = 4\pi\varepsilon_0 \frac{a}{1 - a/b}$$

と書き直し，$b \to \infty$，$a = R$ とすれば，$C = 4\pi\varepsilon_0 R$ となり，孤立導体球の静電容量（3.1.1 節）と一致する。■

3.2 静電エネルギー

次に，静電容量 C のコンデンサーに蓄えられるエネルギーを考えよう。図 3.8 のように極板 A，B を考え，はじめそれぞれに電荷は蓄えられていないものとする。コンデンサーを充電するには外部から仕事をする必要があり，そのために極板 B から電荷を少しずつ極板 A に移すと考える。電荷を移していくと極板間に電場が生じるが，この電場は電荷の移動を妨げる向きになる。極板 A に電荷 q，極板 B に $-q$ が帯電したときの極板間の電位差は，(3.3) 式より，

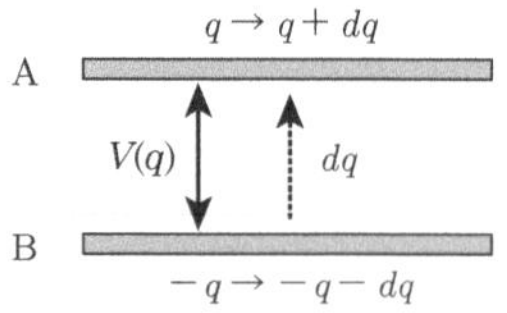

図 3.8
極板 B から極板 A へ微小電荷 dq を移動

$$V(q) = \frac{q}{C} \tag{3.11}$$

と表せる★。ここで，さらに極板 B から極板 A へ微小電荷 dq を移動させるのに必要な仕事 dW は，

★ 補足
電位差 V が q に依存することを明示するために $V(q)$ とした。

$$dW = V(q)dq \tag{3.12}$$

で与えられる★。電荷の移動を，極板 A の電荷が 0 から Q になるまで続けると，それに必要な仕事は，

★ 補足
静電気による位置エネルギー qV を電荷の微少量で考えた式である。

$$W = \int dW = \int_0^Q V(q)dq = \int_0^Q \frac{q}{C}dq = \frac{Q^2}{2C} \tag{3.13}$$

この仕事 W がコンデンサーに蓄えられているエネルギー U である。コンデンサーのエネルギー U は，(3.3) 式★を用いて次のように書き換えることもできる。

★ 補足
(3.3) 式
$Q = CV$

$$U = \frac{Q^2}{2C} = \frac{1}{2}QV = \frac{1}{2}CV^2 \tag{3.14}$$

このコンデンサーに蓄えられるエネルギー U のことを，**静電エネルギー**という。

3.3 電場に蓄えられるエネルギー

コンデンサーに蓄えられるエネルギー，すなわち静電エネルギーは，極板間で電荷を移動させる仕事として定義した。それでは，このエネルギーはどこに蓄えられているのだろうか。(3.14) 式では，導体に電荷を帯電させたときのエネルギーなので，U は導体に蓄えられているという表現になっている。しかし，ファラデーはこのエネルギーが空間に蓄えられていると考えた★。コンデンサーがあることによってまわりの空間と違う物理的状況が何であるかを考えると，電極間に電場が存在していることであ

★ 補足
当時は，空間内に力を伝える媒体があると考えられていたので，その歪みのエネルギーとして，空間に蓄えられると考えた。

る。そこで，コンデンサーの極板間の電場にエネルギーが蓄えられていると考えてみよう。

平行板コンデンサーでは，静電エネルギーは$U=\dfrac{1}{2}CV^2$であり，このとき$C=\dfrac{\varepsilon_0 S}{d}$である。また，極板間の電場は$E=\dfrac{V}{d}$であり，どこも同じ（エッジ効果は無視する）である。静電エネルギーを極板間の**電場のエネルギー**U_Eと考えると，単位体積あたりの電場のエネルギーu_Eは電場のエネルギーを電場のある領域，すなわち，極板間の体積Sdで割ればよい★。

★ 補足
U_E，u_Eの下付きのEは「電場」を表すためにつけた。

$$u_E=\frac{U_E}{Sd}=\frac{1}{2}CV^2\cdot\frac{1}{Sd}=\frac{1}{2}\left(\frac{\varepsilon_0 S}{d}\right)V^2\cdot\frac{1}{Sd}=\frac{1}{2}\varepsilon_0\left(\frac{V}{d}\right)^2$$
$$=\frac{1}{2}\varepsilon_0 E^2 \tag{3.15}$$

このu_Eを**電場のエネルギー密度**という。ここでは，平行板コンデンサーを用いて求めたが，(3.15) 式にはもはやコンデンサーの情報は全く残っていないことに気がつくだろう。すなわち，(3.15) 式は，空間に電場が存在すれば，その空間には電場のエネルギーが存在することを示しているのである。(3.15) 式は電場の起源にかかわらず一般的に成り立ち，その大きさは電場の大きさの2乗に比例する。

例題 3.2　導体球まわりの静電エネルギーと電場のエネルギー

真空中にある半径Rの導体球に，電荷Qを与えた。

[1]　3.1.1 節の孤立導体球で求めた静電容量Cを用いて★，この導体球の静電エネルギーを求めよ。

[2]　電場のエネルギー密度を導体球のまわりの空間で積分することにより，電場のエネルギーを求め，[1] の結果と比較せよ。

★ 補足
孤立導体球の静電容量
(3.4) 式　$C=4\pi\varepsilon_0 R$

解説 & 解答

[1]　導体球の静電エネルギーは，(3.14) 式★に (3.4) 式の孤立導体球の静電容量を代入して

★ 補足
(3.14) 式　$U=\dfrac{Q^2}{2C}$

$$U=\frac{Q^2}{2C}=\frac{Q^2}{8\pi\varepsilon_0 R}$$

[2]　導体球まわりの静電場は，(3.1) 式より

$$E=\frac{Q}{4\pi\varepsilon_0 r^2}$$

したがって，電場のエネルギー密度は (3.15) 式より，

$$u_E=\frac{1}{2}\varepsilon_0 E^2=\frac{1}{2}\varepsilon_0\left(\frac{Q}{4\pi\varepsilon_0 r^2}\right)^2$$

これを導体球まわりの空間で積分する★。

★ 補足
Eはrに依存しているので，薄い球殻を考え，$dV=4\pi r^2 dr$として，半径方向で，$R\leqq r<\infty$で積分する。これにより，導体まわりの空間全体の積分になる。

$$
\begin{aligned}
U_E &= \int u_E \, dV \\
&= \int_R^{\infty} \frac{1}{2} \varepsilon_0 \left(\frac{Q}{4\pi\varepsilon_0 r^2} \right)^2 \cdot 4\pi r^2 \, dr = \frac{Q^2}{8\pi\varepsilon_0 R}
\end{aligned}
$$

したがって静電エネルギーと電場のエネルギーは一致している。■

以下，真空の誘電率は ε_0 とする。

$\varepsilon_0 = 8.85 \times 10^{-12}\ \mathrm{C^2/Nm^2}$

電子の質量 $m = 9.1 \times 10^{-31}$ kg,
陽子の質量 $M = 1.7 \times 10^{-27}$ kg,
素電荷 $e = 1.6 \times 10^{-19}$ C,
万有引力定数 $G = 6.7 \times 10^{-11}\ \mathrm{m^3/kg \cdot s^2}$

1. ［クーロンの法則 1］

水素原子について，陽子 1 個のまわりに電子 1 個が半径 0.053 nm で円運動しているものと考える。側注の値を用いて次の問いに答えよ。

(1) 陽子と電子の間に働く静電気力（クーロン力）はいくらか。

(2) 陽子と電子の間に働く万有引力はいくらか。

(3) この場合，静電気力は万有引力のおよそ何倍になるか。

2. ［クーロンの法則 2］

図のように，電荷 q と質量 m をもつ 2 つの小球を同じ長さの糸でつり下げたところ，糸は鉛直方向と θ の角度でつりあった。重力加速度を g として，小球間の距離 d を求めよ。

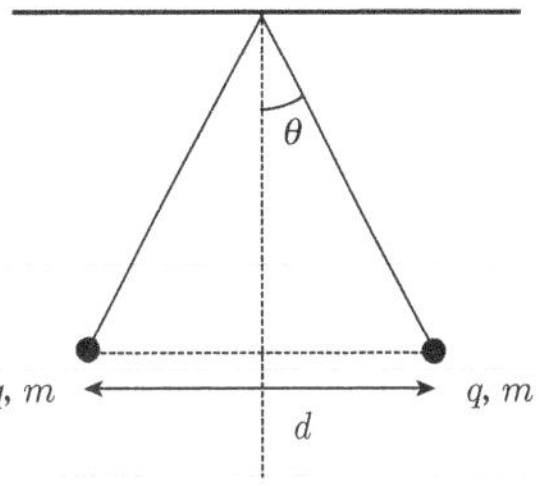

3. ［電場の重ね合わせ 1］

$\boldsymbol{r}_1$ に q_1，$\boldsymbol{r}_2$ に q_2 の電荷がおいてあり，$\boldsymbol{r}$ は 2 つの電荷の垂直 2 等分線上の点をあらわす位置ベクトルである。

(1) これらの電荷が $\boldsymbol{r}$ につくる電場 $\boldsymbol{E}$ を，$\boldsymbol{r}_1$，$\boldsymbol{r}_2$，$\boldsymbol{r}$ を用いて表せ。

図のように xy 座標をとり，$|\boldsymbol{r}_1| = |\boldsymbol{r}_2| = d$，$|\boldsymbol{r}| = r$ とする。

(2) $q_1 = q_2 = q\ (q > 0)$ のときの $\boldsymbol{E}$ の大きさと向きを求めよ。

(3) $q_1 = q$，$q_2 = -q\ (q > 0)$ のときの $\boldsymbol{E}$ の大きさと向きを求めよ。

(4) (2)，(3) のそれぞれの場合について，$r \gg d$ のときはどうなるか。

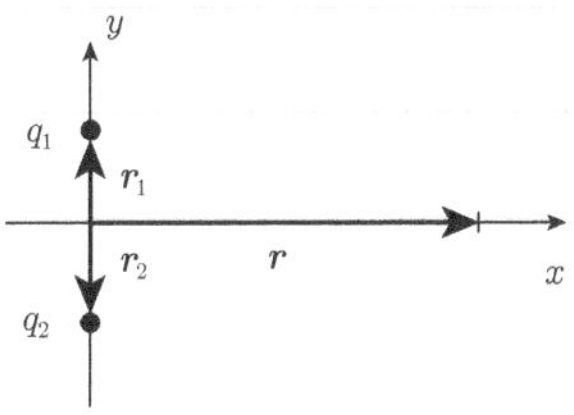

4. ［電場の重ね合わせ 2］

x 軸上におかれた長さ L の棒に電荷 Q が一様に分布している。

(1) 棒の線電荷密度を求めよ。

(2) 棒の微小部分 dx 内にある電荷を求めよ。

(3) 棒の右端から a 離れたところの電場の大きさを求めよ。

(4) $a \gg L$ のときはどうなるか。

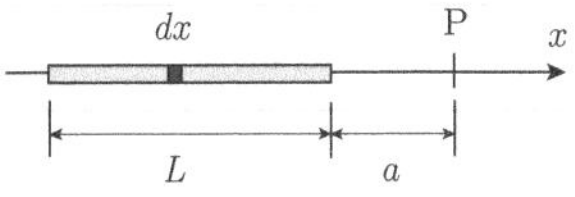

5. ［電場の重ね合わせ 3］

真空中で内半径 a，外半径 b のプラスチックのドーナツ状円板に，電荷が面密度 σ で一様に分布している。リングの中心軸上で，リングの面から距離が z 離れた点 P とする。点 P における電場を求めよ。

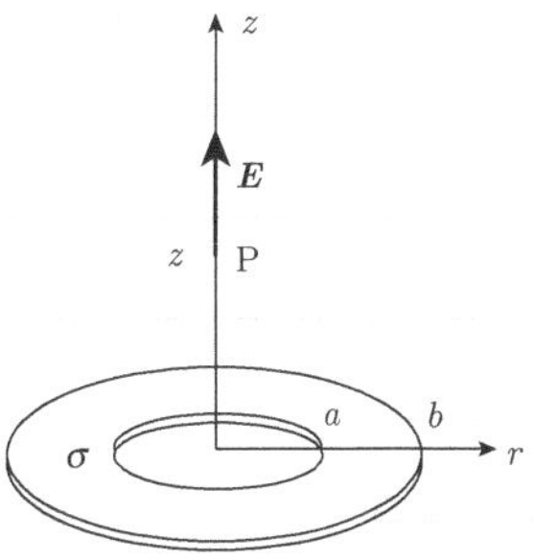

6. ［ガウスの法則 1］

半径 a の導体球（内球），内径 b，外径 c の同心の導体球殻（外球殻）があり，内球に電荷 Q を与えた。球の中心から r 離れたところの電場の大きさ E を (1) $r < a$，(2) $a \leqq r < b$，(3) $b \leqq r < c$，(4) $c \leqq r$ について求め，E-r グラフの概形をかけ。

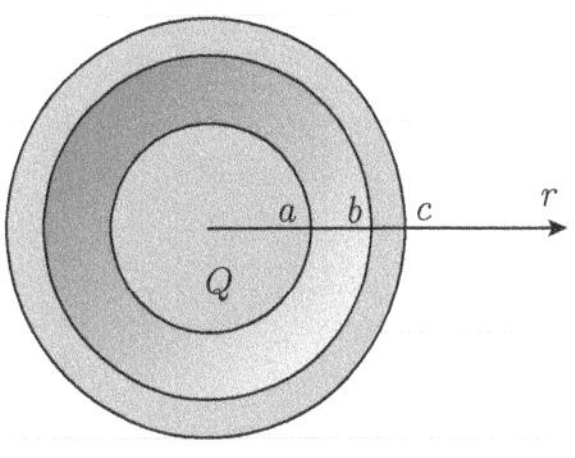

7. ［ガウスの法則 2］

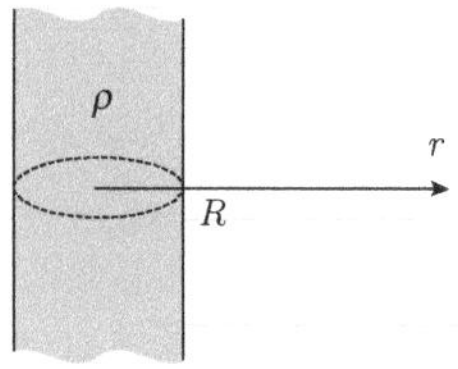

半径 R の無限に長い円柱に電荷が密度 ρ (>0) で均一に分布している。この円柱の軸から距離 r の位置における電場の大きさを，$r \leqq R$，$r > R$ のそれぞれの場合について求めよ。また，E-r グラフの概形をかけ。

8. ［ガウスの法則＆電場の重ね合わせ］

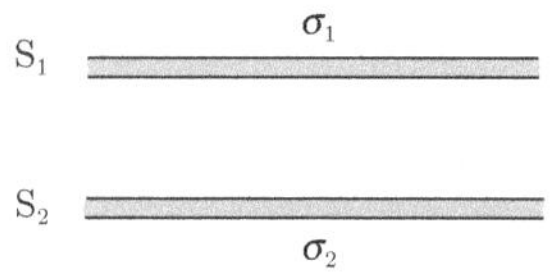

図のように，大きな薄い平行板 S_1，S_2 に，一様な面電荷密度 σ_1，σ_2 で電荷が分布している。(1) S_1 の上側，(2) S_1，S_2 の間，(3) S_2 の下側，の場合について電場の大きさを求めよ。またこれらの電場は，$\sigma_1 = \sigma$，$\sigma_2 = -\sigma$ のときどうなるか。

9. ［電場→電位 1］

前問 6 で求めた電場から，球の中心から r 離れたところの電位 ϕ を求め，ϕ-r グラフの概形をかけ。無限遠を電位の基準点とする。

10. ［電場→電位 2］

大きな薄い平板に，一様な面電荷密度 σ で電荷が分布している。この平板から z 離れた点における電位を求めよ。ただし，平板上の電位を ϕ_0 とする。

11. ［電位の重ね合わせ→電場 1］

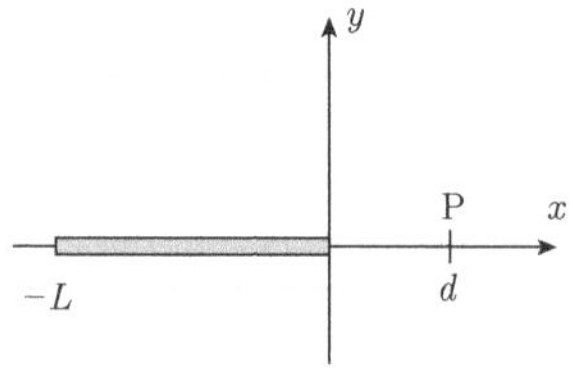

図のように，x 軸上に置かれた長さ L の棒に電荷 Q (>0) が一様に分布している。

(1) x 軸上の点 P $(d, 0, 0)$ $(d > 0)$ における電位を求めよ。

(2) 点 P $(x, 0, 0)$ $(x > 0)$ における電場の x 成分を求めよ。

12. ［電位の重ね合わせ→電場 2］

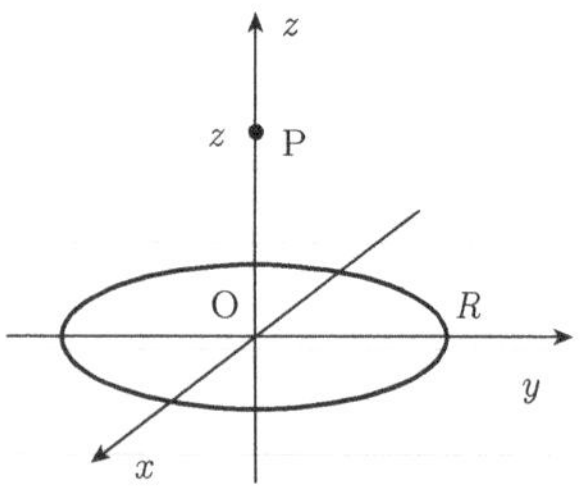

xy 平面内の原点を中心とした半径 R の細いリング上に電荷 Q (>0) が一様に分布している。

(1) 円の中心軸上の点 P $(0, 0, z)$ における電位を求めよ。

(2) 電位から，点 P $(0, 0, z)$ における電場を求めよ。

13. ［円筒コンデンサーの静電容量］

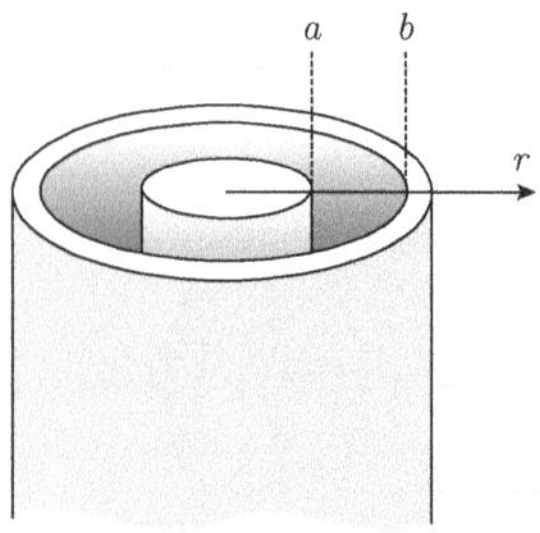

半径 a の円柱導体と，同軸で内径 b の円筒導体からなる円筒コンデンサーを考える。円柱導体には単位長さあたりの電荷 λ，円筒導体には単位長さあたりの電荷 $-\lambda$ をもつと考えて，この円筒コンデンサーの単位長さあたりの静電容量を求めよ。

第Ⅱ部　定常電流と電気抵抗

第4章　電流

前章までは，電荷が静止している状況を考えてきた。本章では，電荷が移動している（流れている）状況を考える。まず，電流が電荷を用いて，どのように定義されているのかを確認したのち，場所ごとに分布を持った電荷の流れを考えるために電流密度を導入する．最後に，伝導電子の流れに基づいた電流の表現について，微視的に考えてみよう。

4.1　電流の定義

電気を帯びた粒子（荷電粒子）の移動による「電荷の流れ」を，電流とよぶ。例えば導体中では，負の電荷を持った電子が移動することによって電流が流れ，電解液中や電離した気体であるプラズマ中では，電子だけではなく，陽イオンや陰イオンが移動することで電流が流れる。

電場がない場合，これらの荷電粒子は不規則な運動をしており，すべての荷電粒子の運動を考えると不規則な運動の平均はゼロとなり，正味の電荷の移動はない。すなわち，電流はゼロとなる。一方，電場が加えられている場合，不規則な運動とともに，正電荷を持った粒子は電場と同じ向きに移動し，負電荷を持った粒子は電場と逆の向きに移動する。電流の正の向きは，歴史的な経緯から「正電荷が移動する向き」とされており，電流は電場と同じ向きに流れる。

電流は，「単位時間あたりにある断面を通過する電荷量」として定義される。したがって，時間 Δt の間にある断面 S を通過する電荷量を ΔQ とすると，電流 I は，

$$I = \frac{\Delta Q}{\Delta t} \tag{4.1}$$

と表すことができる（図 4.1）。通過する電荷量 ΔQ が時間によって変化する場合は，その瞬間ごとの変化量を考えなければならない。したがって電流 I は，上式において $\Delta t \to 0$ の極限をとり，

$$I = \lim_{\Delta t \to 0} \frac{\Delta Q}{\Delta t} = \frac{dQ}{dt} \tag{4.2}$$

となる。このように電流 I は，ある断面 S を通過する電荷量 Q の時間微分で表すことができる。反対に，この断面 S を時刻 0 から t までの間に通過する電荷量は，

$$Q = \int dQ = \int_0^t I\,dt \tag{4.3}$$

となり，電流 I を時間で積分することで電荷量 Q を得ることができる。このIは，時間の関数であり，定数とは限らない。 SI 単位系おける電流の単位は〔A〕（アンペア）であり★，1 A は「1 s の間に 1 C の電荷が流

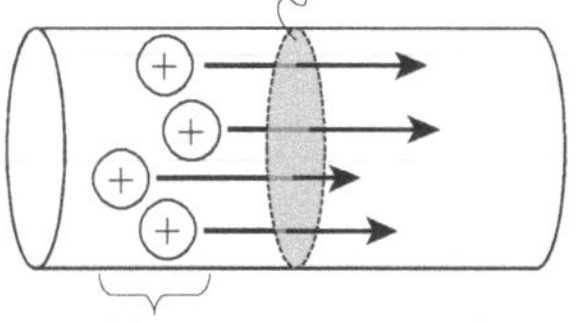

図 4.1

★ 補足
これまで電流の単位〔A〕は，電流間の力に基づいて定義されていた。2019 年の SI 単位系の改定により電気素量 e が定義値となり，これからアンペアが規定されることとなった。その定義は，
「アンペア（記号は A）は電流の SI 単位であり，電気素量 e を単位 C（A s に等しい）で表したときに，その数値を 1.602 176 634 × 10^{-19} と定めることによって定義される。」
となっている。

れるときの電流量」である。したがって〔A〕=〔C/s〕である。

電流の流れる向きと大きさが時間的に変化しない電流のことを，特に定常電流とよぶ。導体中で定常電流が流れている場合は，導体内のどの断面においても電流値は一定となる。これは導体内で電荷が保存されていることに基づいている★。以降では，導体中を流れる定常電流について考えていく。

★ 補足
電荷保存則については，15.1 節を参照。

例題 4.1

導線中のある断面を，10 分間のうちに 120 C の電荷が流れた。このときの平均の電流値 I は何 A か。

解答

$$I\,〔\mathrm{A}〕=\frac{\Delta Q\,〔\mathrm{C}〕}{\Delta t\,〔\mathrm{s}〕}=\frac{120\,\mathrm{C}}{10\times 60\,\mathrm{s}}=0.20\,\mathrm{A}$$ ■

例題 4.2

導線に 5.0 A の電流を 4.0 分間流した。この間に導線のある断面を通過した電荷量と電子数を求めよ。電気素量 e は $e=1.6\times 10^{-19}$ C である。

解答

電荷量

$$Q=I\Delta t=5.0〔\mathrm{A}〕\times(4.0\times 60)〔\mathrm{s}〕=1.2\times 10^{3}〔\mathrm{C}〕^{\star}$$

電子数

$$N=\frac{Q}{e}=\frac{1.2\times 10^{3}〔\mathrm{C}〕}{1.6\times 10^{-19}〔\mathrm{C}/個〕}=7.5\times 10^{21}〔個〕^{\star}$$ ■

★ 補足
〔A〕=〔C/s〕のため，〔C〕が残る。

★ 補足
電気素量は，電子 1 個あたりの電荷量なので，〔個〕は SI 単位ではないが，

1.6×10^{-19}〔C/個〕

と考えるとよい。そうすれば，答えも〔個〕で得られる。

4.2 電流の微視的モデル

4.2.1 電流と電流密度

導体中の電流は，実際には断面内で完全に均一ではなく，場所ごとに分布を持って流れている。ある特定の場所について，伝導電子の流れと電流の関係を考えるとき，電流の大きさ I よりも電流密度 $\boldsymbol{j}$ という物理量のほうが考えやすい。電流密度 $\boldsymbol{j}$ はベクトル量であり，その向きは正電荷が移動する向きと同じであり（つまり伝導電子が移動する向きとは逆），その大きさは単位面積あたりを流れる電流量に等しい。ある断面 S を流れる電流の大きさ I と電流密度 $\boldsymbol{j}$ の関係は，図 4.2 のように微小面積ベクトル $d\boldsymbol{S}$ を用いて，

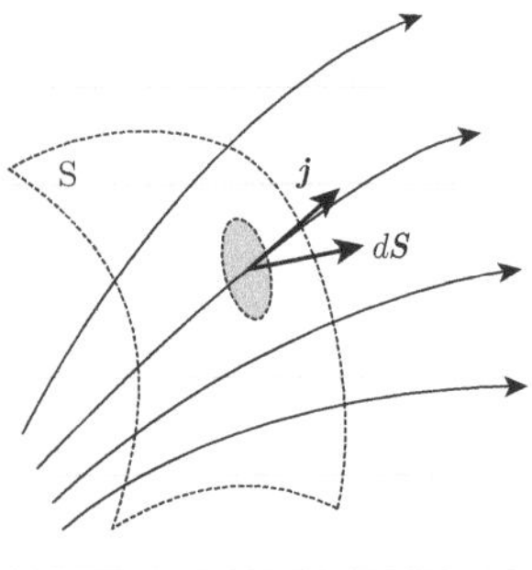

図 4.2

$$I = \iint_S \boldsymbol{j} \cdot d\boldsymbol{S} \tag{4.4}$$

と表される。特に図 4.3 のように，ある断面 S において，電流密度の大きさ j が一様で，$\boldsymbol{j}$ と $d\boldsymbol{S}$ が平行である場合は，

$$I = \iint_S j\,dS = j \iint_S dS = jS \tag{4.5}$$

となるので，電流密度の大きさ j は，

$$j = \frac{I}{S} \tag{4.6}$$

と表すことができる★。電流密度は「単位面積あたりの電流量」であり，SI 単位系では〔A/m^2〕（アンペア毎平方メートル）であることに注意してほしい。

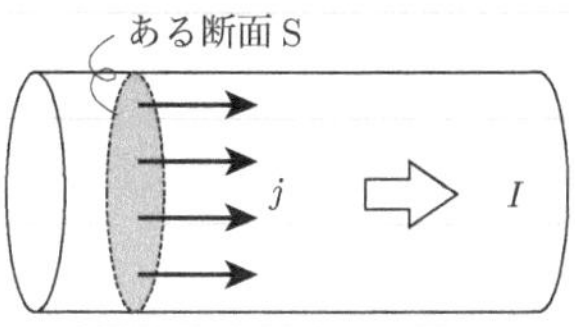

図 4.3

★ 補足
一般的に○○密度というと，単位体積あたりを考える場合が多いが（単位は□□/m^3），電流密度は「単位面積あたりの電流量」であり，その単位は「アンペア毎平方メートル〔A/m^2〕」となる。

4.2.2 ドリフト速度と電流密度

4.1 節で述べたように，電流が流れていない導体中で，伝導電子は不規則な運動をしており，正味の電荷移動は生じていない。この不規則な運動をしているときの伝導電子の速さを**フェルミ速度** v_F とよぶ★。これに対して電場を加えると，図 4.4 に示すように伝導電子は不規則な運動に加えて，電場と反対方向に移動していく。この運動のことをドリフトといい，その速度のことを**ドリフト速度** v_d という★。電気配線としてよく用いられる銅線中では，伝導電子のフェルミ速度は $v_F \sim 10^6$ m/s であるのに対し，ドリフト速度は $v_d = 10^{-5} \sim 10^{-3}$ m/s と桁違いに小さいことが知られている。導体中の電流密度 j を考える場合，伝導電子の不規則な運動は電流に寄与しないので，ドリフト速度 v_d だけを考えればよい。

★ 補足
v に下付き文字（Fermi や drift の頭文字）をつけて，フェルミ速度とドリフト速度を区別している。

★ 補足
ドリフト（drift）とは，流される（漂流する）ことを意味している。

以下では，単位に注意しながら電流の微視的モデルを考えてみよう。導線の伝導電子の密度を n〔個/m^3〕として，導線中の電流密度 j と伝導電子のドリフト速度 v_d の関係を考える。伝導電子が導線中を均一かつ導線と平行に，一定の速さ v_d〔m/s〕で流れているとし，この流れの向きを正とする。電流密度 j は，単位時間あたりに単位面積を通過する電荷量であるから，まずは，図 4.5 のように時間 Δt〔s〕の間に，ある微小面積 dS〔m^2〕を通過する伝導電子の数 N を考える。Δt〔s〕の間に伝導電子が進む距離 Δl〔m〕は，

$$\Delta l = v_d \Delta t \tag{4.7}$$

であるから，dS を最後に通過する伝導電子は，dS から Δl 離れたところにある伝導電子である。したがって，Δt〔s〕の間に dS〔m^2〕を通過できる伝導電子は，

$$\Delta V = \Delta l dS = v_d \Delta t dS \tag{4.8}$$

の体積中 ΔV〔m^3〕に含まれることになる。ΔV 中の伝導電子の数 N〔個〕は，導線中の伝導電子の密度が n〔個/m^3〕なので，

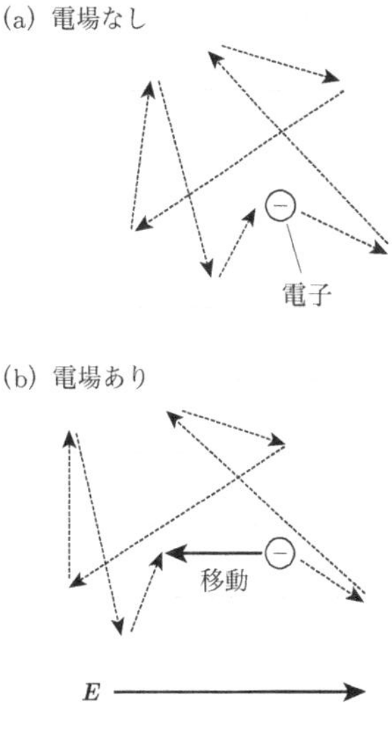

図 4.4

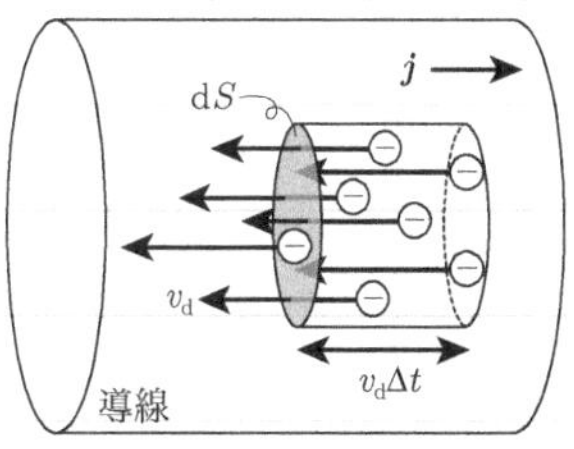

図 4.5

$$N = n\Delta V = nv_\mathrm{d}\Delta t dS \tag{4.9}$$

となる。ここで，1 個の伝導電子が持つ電荷を $-e$〔C〕とすると★，Δt の間に dS を通過する電荷量 ΔQ〔C〕は，

★ 補足
$e = 1.602176634 \times 10^{-19}$ C

$$\Delta Q = -eN = -env_\mathrm{d}\Delta t dS \tag{4.10}$$

である。単位時間あたり流れる電荷量が電流なので，dS を流れる電流量 dI〔A〕は（4.1）式から，

$$dI = \frac{\Delta Q}{\Delta t} = -env_\mathrm{d}dS \tag{4.11}$$

と記述できる。電流密度 j〔A/m^2〕は（4.6）式，（4.11）式より，

$$j = \frac{dI}{dS} = -env_\mathrm{d} \tag{4.12}$$

となり，伝導電子の移動速度 v_d に，1 個あたりの電荷量 $-e$ と電子密度 n をかけただけの簡単な式で表すことができる。ここで電流密度 j は，正であればドリフト速度と同じ向き，負であれば反対向きと考える。大きさだけを考える場合は，絶対値をとればよい。

$$|j| = env_\mathrm{d} \tag{4.13}$$

導線中を流れる電流の電流密度が一様であれば，導線に流れる電流の大きさ I は，（4.13）式に導線の断面積 S をかけることによって求められ，

$$I = enSv_\mathrm{d} \tag{4.14}$$

となる。

（4.12）式で j に負符号がついているのは，j の向きが v_d の向きと反対向きであることを示しているのであった。4.2.1 節で述べたように，電流密度はベクトル量であり，向きの情報も持っている。電流の向きとドリフト速度の向きは平行であるから，ドリフト速度を $\boldsymbol{v}_\mathrm{d}$ とベクトル表記することで，（4.12）式の電流密度 $\boldsymbol{j}$ もベクトルで表すことができる。

$$\boldsymbol{j} = -en\boldsymbol{v}_\mathrm{d} \tag{4.14}$$

伝導電子のドリフト速度 $\boldsymbol{v}_\mathrm{d}$ の向きは，加えられている電場 $\boldsymbol{E}$ の向きと逆であるから，電流密度 $\boldsymbol{j}$ の向きは電場 $\boldsymbol{E}$ の向きと同じになる。

例題 4.3

直径 1.0 mm の銅線に 15 A の電流を流した。このときの電流密度とドリフト速度を求めよ。銅の自由電子密度 n は $n = 8.5 \times 10^{28}$ 個/m^3 である★。

★ 補足
銅の自由電子密度とは，単位体積の銅の中に含まれる自由電子の数である。

解答

電流密度

$$j = \frac{I}{S} = \frac{15〔\mathrm{A}〕}{\pi \times (0.50 \times 10^{-3})^2〔\mathrm{m}^2〕} = 1.9_1 \times 10^7〔\mathrm{A/m}^2〕$$★

★ 補足
計算結果を次に使う場合は，四捨五入誤差を減らすため，有効数字を 1 つ増やしておいて使う。

ドリフト速度

$$v_\mathrm{d} = \frac{j}{en} = \frac{1.91 \times 10^7〔\mathrm{A/m}^2〕}{1.6 \times 10^{-19}〔\mathrm{C/個}〕 \times 8.5 \times 10^{28}〔\mathrm{個/m}^2〕} = 1.4 \times 10^{-3}〔\mathrm{m/s}〕$$ ■

第Ⅱ部　定常電流と電気抵抗

第5章　抵抗

前章では，電流が電荷の流れであることを確認した。この章では，まず電位差と電流の比である電気抵抗について述べたあと，金属などの均質で一様な導体では電気抵抗が電位差と電流の値によらず一定であるという「オームの法則」が成り立つことを確認する。また金属中の伝導電子に着目し，電場と電流密度の関係から，微視的な電気抵抗についても考える。

5.1　オームの法則

5.1.1　電気抵抗とオームの法則

導体棒の両端に電位差 V を与えて電流 I を流すと（図 5.1），電流 I の大きさは導体棒の材質や形状に依存する。導体に対する電流の流れにくさを**電気抵抗**，もしくは単に**抵抗**とよび，その値 R は電位差 V と電流 I を用いて次式で表される。

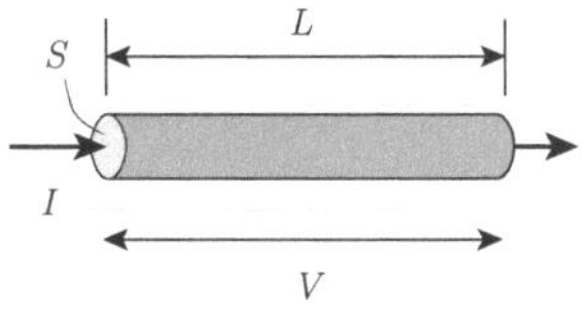

図 5.1

$$R = \frac{V}{I} \tag{5.1}$$

(5.1) 式は，電気抵抗 R が，導体の両端にかけた電位差 V とそのときに流れる電流 I で与えられるということを表しているだけであり，V と I の比例関係を表しているわけではない。すなわち，R が V や I にかかわらず一定である，という保証はないことに注意しよう。電気抵抗 R の次元は，SI 単位系として電位差を V〔V〕，電流を I〔A〕とすると，(5.1) 式からわかるように〔V/A〕である。これはよく使われる組み合わせであることから，個別の名称〔Ω〕（オーム）が与えられている★。また，電気抵抗 R の逆数はコンダクタンス G とよばれ，電流の流れやすさを表している。その関係は次のように表される。

★補足
〔Ω〕＝〔V/A〕

$$G = \frac{1}{R} = \frac{I}{V} \tag{5.2}$$

コンダクタンスの単位にも個別に名称が与えられており，その単位は〔S〕（ジーメンス）である★。

★補足
〔S〕＝〔A/V〕

(5.1) 式において R は一定とは限らないとしたが，電流が流れている導体の内部が均質で等方的で，電流による発熱の影響が小さい場合，電気抵抗 R は電位差 V や電流 I の値，電流を流す方向（極性）によらず一定値をとることが知られている。(5.1) 式を，

$$V = RI \quad (R：一定) \tag{5.3}$$

のように書き直すと，R が一定の場合，導体の両端にかかる電位差 V と電流 I は比例関係になることがわかる。このように，両端にかかる電位差 V と，内部に流れる電流 I が比例する関係のことを**オームの法則**とよぶ。

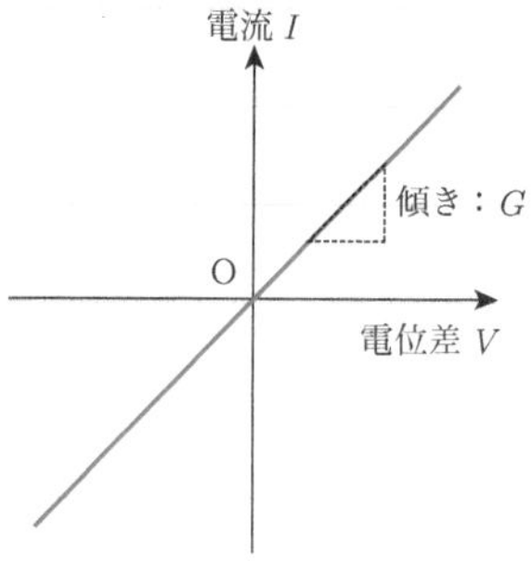

図 5.2

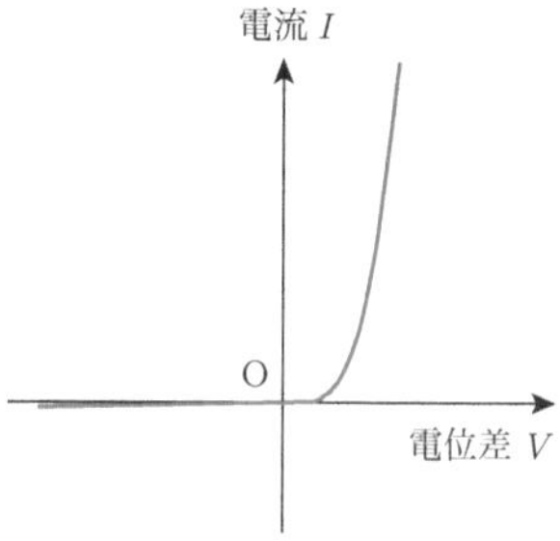

図 5.3

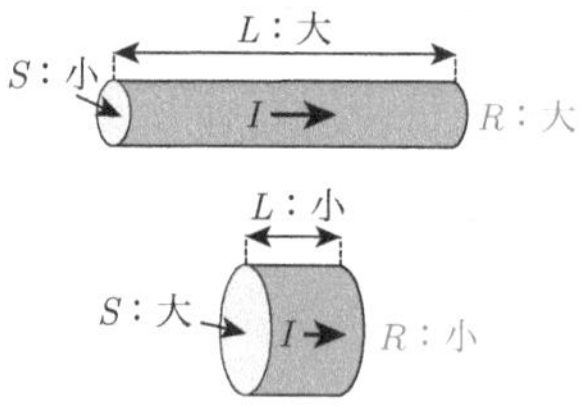

図 5.4

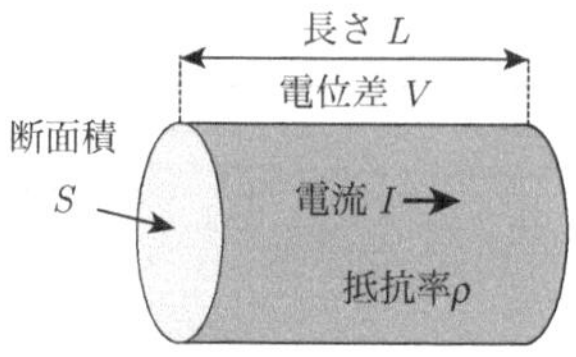

図 5.5

★補足
半導体工学などの分野では慣例的に〔Ω・cm〕を用いる場合がある。

★補足
電場は電位の傾き
2.4.2 節参照

(5.3) 式を，コンダクタンス G を用いて書き直すと，G も R と同様に一定になるため，

$$I = GV \quad (G：一定) \tag{5.4}$$

と書くことができる。(5.3) 式や (5.4) 式を満たす材料の場合，導体の両端にかかる電位差 V とその内部を流れる電流 I のグラフは，図 5.2 のように原点を通る直線となり，その傾きがコンダクタンス G を表している（電気抵抗 R はこの傾き（コンダクタンス G）の逆数である）。

オームの法則は，金属などでは非常によく成立し，その I-V 特性のグラフは原点を通る直線となる（図 5.2）。このように，I-V 特性のグラフが直線を示す場合をオームの法則に従う，もしくはオーミックであるという。しかし特性の異なる 2 つの半導体材料をつなげた pn 接合や，金属と半導体をつなげたショットキー接合等では，I-V 特性のグラフは図 5.3 のように直線にはならない。このように，オームの法則はどのような物質でも常に成立するわけではなく，電気抵抗が電圧と電流に対して一定とならない場合もめずらしくない。

5.1.2 抵抗率と導電率

電気抵抗 R は同じ材質を使ったとしても，導体の形状に依存して変化する。電気抵抗 R は，導体の長さ L が長いほど大きくなり，断面積 S が大きいほど小さくなる（図 5.4）。つまり，R は L に比例し，S に反比例する。したがって，長さ L〔m〕で断面積 S〔m^2〕の導体棒（図 5.5）の電気抵抗 R〔Ω〕は，比例定数 ρ を用いて次のように表すことができる。

$$R = \rho \frac{L}{S} \tag{5.5}$$

ここで比例定数 ρ〔Ω・m〕★は抵抗率（もしくは比抵抗）とよばれ，導体の形状に依存しない物質固有の抵抗値である。また，抵抗率 ρ〔Ω・m〕の逆数は σ〔S/m〕で表され，

$$\sigma = \frac{1}{\rho} \tag{5.6}$$

と与えられる。これは電気伝導率（もしくは導電率）とよばれる電流の流れやすさを示す物質固有の値である。

(5.5) 式を，(5.3) 式に代入すると，

$$V = \rho \frac{L}{S} I$$

となる。

ここで，電場の大きさ E〔V/m〕は電位差 V〔V〕と導体の長さ L〔m〕を用いて，

$$E = \frac{V}{L}\,{}^{\star} \tag{5.7}$$

また，電流密度 j〔A/m^2〕は流れている電流 I〔A〕と断面積 S〔m^2〕を用いて，

$$j = \frac{I}{S}★ \tag{5.8}$$

であることから，(5.7) 式は，

$$E = \frac{V}{L} = \rho\frac{I}{S} = \rho j$$

$$\therefore E = \rho j \tag{5.9}$$

と書くことができる。さらに，(5.9) 式は導電率$\boldsymbol{\sigma}$〔S/m〕を使って，以下のように書き換えることができる。

$$j = \boldsymbol{\sigma} E \tag{5.10}$$

前章で述べたように，電流密度jと電場Eの方向は同じとなるので，(5.9) および (5.10) 式をベクトルで表記すると$\rho > 0$および$\boldsymbol{\sigma} > 0$であるので，

$$\boldsymbol{E} = \rho\boldsymbol{j} \tag{5.11}$$

$$\boldsymbol{j} = \boldsymbol{\sigma}\boldsymbol{E} \tag{5.12}$$

(5.11) および (5.12) 式は，導体内部で分布を持った電場$\boldsymbol{E}$および電流密度$\boldsymbol{j}$でもその場所ごとに成り立っており，一般的なオームの法則を表している。

★補足
(4.6) 式

$$j = \frac{I}{S}$$

★補足
室温での物質の抵抗率ρ (Ω・m)

金属	
銀	1.6×10^{-8}
銅	1.7×10^{-8}
金	2.4×10^{-8}
アルミニウム	2.8×10^{-8}
鉄	9.7×10^{-8}
ニクロム	$\sim 110 \times 10^{-8}$
絶縁体	
ガラス	$10^{10} \sim 10^{14}$
石英	$\sim 7.5 \times 10^{17}$

5.2 抵抗の微視的モデル

電流と同様に，金属の電気抵抗について微視的なモデルを考えよう。ここでは金属中の伝導電子の振る舞いを考えるために，自由電子モデルを用いる。このモデルは，容器中の気体分子のように，伝導電子が金属中を自由に運動していると考える。このとき，伝導電子の不規則な運動は電流に寄与しないので平均化してゼロとして扱い，電場による電場方向の運動のみ考える。また伝導電子は原子としか衝突せず★，電子同士の衝突は考えないものとする。金属中のN個の伝導電子について考える。金属中に一様な電場Eがかかっている場合，伝導電子が受ける力は，$F = -eE$であるから，i番目の伝導電子に対する電場方向の運動方程式は，

$$m\frac{dv_i}{dt} = -eE \tag{5.13}$$

となる。ここで，mは伝導電子の質量，v_iはi番目の伝導電子が持つ速度である。時刻$t = 0$のとき，速度が$v_i = 0$とすると，

$$v_i = -\frac{e}{m}Et \tag{5.14}$$

となる。(5.14) 式を見てみると，伝導電子の速度は時間の経過によりどんどん大きくなっていき，最終的には光速に達するはずである。しかし，実際にはそうはなっていない。これは，実際の金属中では伝導電子が，ある程度加速されて進むと金属原子に衝突し，そのたびに速度が変化するからである。ここでは簡単のため，電子が金属原子に衝突したときに，速度はゼロにリセットされると考えよう★（図 5.6）。i番目の伝導電子につい

★補足
よく「衝突」と表現されるが，実際は電子は原子の熱振動や格子欠陥によって「散乱」される。

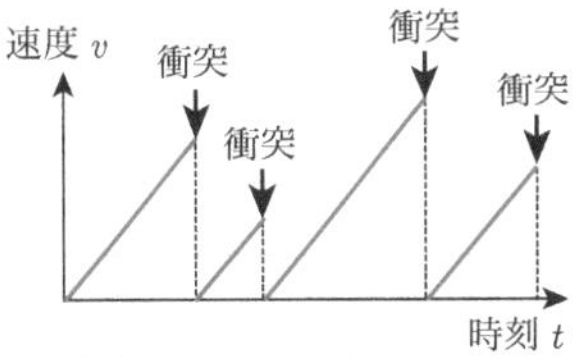

図 5.6

★補足
実際は，衝突後に様々な速度を持つはずであるが，平均化すれば衝突後の速度はゼロと考えても一般性は失われない。

て，ある原子に衝突してから別の原子に衝突するまでの平均時間を $t=\tau_i$ とすると，その電子の速度は，

$$v_i = -\frac{e}{m}E\tau_i \tag{5.15}$$

と書くことができる。ここで N 個の伝導電子についての平均をとると，

$$\frac{1}{N}\sum_{i=1}^{N} v_i = \frac{1}{N}\sum_{i=1}^{N}\left(-\frac{e}{m}E\tau_i\right) \tag{5.16}$$

となる。右辺の $-eE/m$ は，伝導電子の番号 i に依存しないので，シグマの記号の外に出して，

$$\frac{1}{N}\sum_{i=1}^{N} v_i = -\frac{e}{m}E\left(\frac{1}{N}\sum_{i=1}^{N}\tau_i\right) \tag{5.17}$$

となる。ここで，伝導電子全体の平均ドリフト速度 v_d と平均衝突時間★ τ を，

★補足
衝突時間は，散乱時間，緩和時間，自由時間等，いくつかのよび方がある。

$$v_\mathrm{d} = \frac{1}{N}\sum_{i=1}^{N} v_i\,, \qquad \tau = \frac{1}{N}\sum_{i=1}^{N}\tau_i \tag{5.18}$$

とすると，(5.17) 式は次のような式で表すことができる。

$$v_\mathrm{d} = -\frac{e\tau}{m}E = -\mu E \tag{5.19}$$

今回は伝導電子を考えているので右辺に負符号がついており，伝導電子の運動の向きは加えられている電場 E の向きと逆向きになる。(5.19) 式の比例係数を**移動度 μ** とよび，

$$\mu = \frac{v_\mathrm{d}}{E} = \frac{e\tau}{m} \tag{5.20}$$

と定義される★。移動度の単位は，(5.20) 式の 1 つ目の等号から，SI 単位系では〔$\mathrm{m^2/Vs}$〕と表されることがわかる。また，電子が衝突と衝突の間に移動する平均距離のことを**平均自由行程**という。平均自由行程 l は，フェルミ速度★と平均衝突時間から，

★補足
移動度は，加えられた電場に対して，どれくらい速くキャリアが動くかを示す指標である。大きいほど電子のドリフト速度が速いことを意味しており，半導体の性能指標として重要である。

★補足
平均自由行程の算出に必要なのは，電子が実際に運動している速度なので，ドリフト速度ではなくフェルミ速度である。

$$l = v_\mathrm{F}\tau \tag{5.21}$$

と与えられる。

(5.19) 式のドリフト速度 v_d を (4.12) 式に代入すると，電流密度 j★ は，

★補足
(4.12) 式

$$j = -env_\mathrm{d}$$

$$j = \frac{e^2 n\tau}{m}E \tag{5.22}$$

となる。(5.22) 式と (5.10) 式★を比較してみると，電気伝導率 σ は，

★補足
(5.10) 式

$$j = \sigma E$$

$$\sigma = \frac{e^2 n\tau}{m} \tag{5.23}$$

となる。また，抵抗率 ρ はこの逆数で，

$$\rho = \frac{m}{e^2 n\tau} \tag{5.24}$$

である★。素電荷 e と伝導電子の質量 m は定数であり，伝導電子の密度 n および平均衝突時間 τ は物質固有の定数であるため，電気伝導率 σ や抵

★補足
(5.20) 式と (5.24) 式から，

$$\mu = \frac{1}{en\rho}$$

の関係が得られる。
抵抗測定から抵抗率 ρ が求まり，ホール測定（8.2.2 節）から電子の密度 n（正孔の場合も含めてキャリア密度という）を求めると，移動度を求めることができる。

抗率 ρ は物質固有の定数となる。ρ が定数である場合，(5.3) 式★の R も定数となるため，オームの法則が成立する。すなわち上記のような理由から，金属の場合はオームの法則によくしたがうわけである。

★補足
(5.3) 式

$$V = RI$$

例題 5.1

銅において，必要な数値は側注★を参考にして以下の値を求めよ。

[1] 平均衝突時間

[2] 平均自由行程

[3] 移動度

★補足
素電荷 $e = 1.60 \times 10^{-19}$ C
電子の質量 $m = 9.1 \times 10^{-31}$ kg
電子の密度 $n = 8.5 \times 10^{28}$ 個/m^3
抵抗率 $\rho = 1.7 \times 10^{-8}\ \Omega \cdot$ m
フェルミ速度 $v_F = 1.6 \times 10^6$ m/s

解答

[1] (5.24) 式より，

$$\tau = \frac{m}{e^2 n\rho} = \frac{9.1\times10^{-31}\ \mathrm{kg/個}}{(1.6\times10^{-19}\ \mathrm{C/個})^2\times8.5\times10^{28}\ \mathrm{個/m^3}\times1.7\times10^{-8}\ \Omega\cdot\mathrm{m}}$$

$$= 2.4_6\times10^{-14}\ \mathrm{s} = 2.5\times10^{-14}\ \mathrm{s}\ ★$$

[2] (5.21) 式より，

$$l = v_F\tau = 1.6\times10^6\ \mathrm{m/s}\times2.46\times10^{-14}\ \mathrm{s} = 39\times10^{-9}\ \mathrm{m} = 39\ \mathrm{nm}\ ★$$

[3] (5.20) 式，(5.24) 式より，

$$\mu = \frac{1}{en\rho} = \frac{1}{1.6\times10^{-19}\ \mathrm{C/個}\times8.5\times10^{28}\ \mathrm{個/m^3}\times1.7\times10^{-8}\ \Omega\cdot\mathrm{m}}$$

$$= 4.3\times10^{-3}\ \mathrm{m^2/Vs}$$

■

★補足
電子の質量の単位は，電子一個あたりの質量として，〔kg/個〕とした。
単位変換

$$\frac{\mathrm{kg/個}}{\left(\frac{\mathrm{C}}{\mathrm{個}}\right)^2\cdot\frac{\mathrm{個}}{\mathrm{m^3}}\cdot\Omega\mathrm{m}} = \frac{\mathrm{kg\cdot m^2\cdot A}}{\mathrm{C^2\cdot V}}$$

$$= \frac{\mathrm{kg\cdot m^2\cdot C/s}}{\mathrm{C^2\cdot J/C}} = \frac{\mathrm{kg\cdot m^2/s}}{\mathrm{kg\cdot m^2/s^2}}$$

$$= \mathrm{s}$$

★補足
計算結果を次に使う場合は，四捨五入誤差を減らすため，有効数字を 1 つ増やしておいて使う。

5.3 ジュールの法則

電位差 V の間を低電位側から高電位側へ点電荷 e を移動させるときに必要な外から与える仕事 W は，

$$W = eV \tag{5.23}$$

と表される★。逆に点電荷 e が高電位側から低電位側に移動するときには，(5.23) 式の仕事をすることになる。それでは，抵抗に電流を流したときを考えよう。電流 I は単位時間あたりに運ぶ電荷量であるから，このときの仕事率 P は，単位時間あたりの仕事と考えて，

$$P = IV \tag{5.24}$$

である★。単位時間あたりの仕事率を電磁気学では**電力**という。(5.1) 式の関係式を使うと，電力は

$$P = IV = I^2R = \frac{V^2}{R} \tag{5.25}$$

のようにも書き換えられる。抵抗に電流が流れると，この仕事が熱として発生する。これは抵抗によって電気エネルギーが熱エネルギーに変換されているのである。この熱のことを**ジュール熱**という。このとき発生したジュール熱 Q は，電流が流れた時間を t として

★補足
A から B に電荷 q を動かす仕事を W_{AB} とすると，仕事と電位差の関係は (2.29) 式より

$$W_{AB} = q(\phi(\boldsymbol{r}_B) - \phi(\boldsymbol{r}_A)) = qV$$

と表される。

★補足
仕事率は，単位時間あたりの仕事。I は単位時間あたりに運ぶ電荷量であるから，e を I で置き換えると，仕事ではなく仕事率になる。

$$Q = IVt = I^2Rt = \frac{V^2}{R}t \tag{5.26}$$

のように与えられる。

ここで電力 P の単位について考えてみよう。電力の単位は〔W〕（ワット）で与えられる★。電位差 V〔V〕，電流 I〔A〕なので，(5.24) 式から

$$〔\mathrm{W}〕=〔\mathrm{V \cdot A}〕=〔\frac{\mathrm{J}}{\mathrm{C}}\frac{\mathrm{C}}{\mathrm{s}}〕=〔\mathrm{J/s}〕 \tag{5.27}$$

★補足

〔W〕は〔V〕と〔A〕のかけ算であるが〔W〕の代わりに〔VA〕と書いてはいけない。交流回路の分野では〔VA〕には特別な意味の電力が割り当てられているためである。

のように，〔W〕は単位時間あたりの仕事〔J/s〕になっていることがわかる。また，電力に電流を流した時間をかけた電気エネルギーのことを電力量という。時間を〔s〕で考えれば，電力量の単位は，

$$〔\mathrm{Ws}〕=〔\frac{\mathrm{J}}{\mathrm{s}}\mathrm{s}〕=〔\mathrm{J}〕 \tag{5.27}$$

交流回路において，電圧（振幅 V）と電流（振幅 I）の位相差を θ とすると，

平均電力〔W〕

（有効電力，単に電力ともいう）

$P = IV\cos\theta$

無効電力〔Var〕（バール）

$P = IV\sin\theta$

皮相電力〔VA〕（ボルトアンペア）

$P = IV$

となり，仕事の単位となる。

日常生活の電力量は〔J〕を用いると値が大きくなりすぎて不便である。このため，電力会社がよく使う電力量の単位は，扱いやすい量とするため，電力〔kW〕，時間〔h〕（1 時間=3600 秒）を用いて，〔kWh〕（キロワット時）★となっている。

★補足

$1\,\mathrm{kWh} = 3.6 \times 10^6\,\mathrm{J}$

例題 5.2

長さ 50 m，直径 1.0 mm，抵抗率 $\rho = 1.6 \times 10^{-8}\,\Omega \cdot \mathrm{m}$ の金属線に 2.0 A の電流を 1.0 時間流した。

[1] この金属線の抵抗を求めよ。

[2] 電流密度を求めよ。

[3] 金属線に生じた電位差を求めよ。

[4] 発生したジュール熱を求めよ。

解答

[1] $R = \rho\frac{L}{S} = 1.6 \times 10^{-8}\,\Omega \cdot \mathrm{m} \times \frac{50\,\mathrm{m}}{\pi \times (0.50 \times 10^{-3}\,\mathrm{m})^2} = 1.0\,\Omega$

[2] $j = \frac{I}{S} = \frac{2.0\,\mathrm{A}}{\pi \times (0.50 \times 10^{-3}\,\mathrm{m})^2} = 2.5 \times 10^7\,\mathrm{A/m^2}$

[3] $V = RI = 1.0\,\Omega \times 2.0\,\mathrm{A} = 2.0\,\mathrm{V}$

[4] $Q = I^2Rt = (2.0\,\mathrm{A})^2 \times 1.0\,\Omega \times 3600\,\mathrm{s} = 14400\,\mathrm{J}$ ■

★
必要に応じて，以下の値を用いよ。
アボガドロ数 $N_A = 6.02 \times 10^{23}$ 個/mol
電子の質量 $m = 9.11 \times 10^{-31}$ kg,
素電荷 $e = 1.60 \times 10^{-19}$ C

1. 半径 0.50 mm の導線に 0.20 A の電流が流れている。
(1) 電流密度 j を求めよ。
(2) この導体の断面を 20 s 間に通過する電荷量 Q を求めよ。
(3) この導体の断面を 20 s 間に通過する電子数 N を求めよ。

2. 図のように断面積 S〔m^2〕の導線内で，電子が導線に平行にドリフト速度 v_d〔m/s〕で動いている。自由電子密度を n〔個/m^3〕とする。
(1) 電子が t 秒間に進む距離を求めよ。
(2) t 秒間に断面 S を通過する電子数を求めよ。
(3) t 秒間に断面 S を通過する電荷量を求めよ。
(4) 導線を流れる電流の大きさを求めよ。

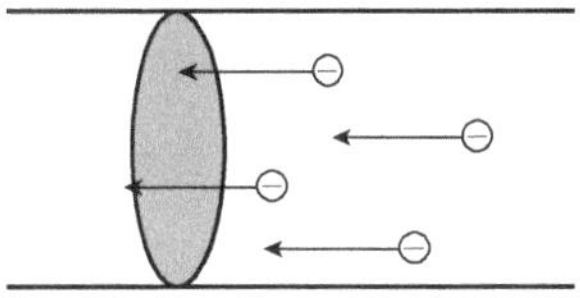

3. 半径 0.200 mm の銅線に一様な電流 20.0 mA が流れている。ただし，銅原子一個あたり一個の伝導電子を出すと考える。また，銅の密度は 8.96 g/cm^3，原子量は 63.5 g/mol である。
(1) 自由電子密度 n を求めよ。
(2) 伝導電子のドリフト速度 v_d を求めよ。

4. 導線に電場 E をかけ，電荷が導線に平行に運動する状況を考える。電子の質量を m，電荷を $-e$ $(e > 0)$，自由電子密度を n，平均衝突時間を τ とする。
(1) ドリフト速度と移動度を e, m, τ, E のうち，必要なものを用いて書け。
(2) 抵抗率を e, m, n, τ で書け。

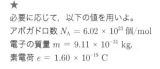

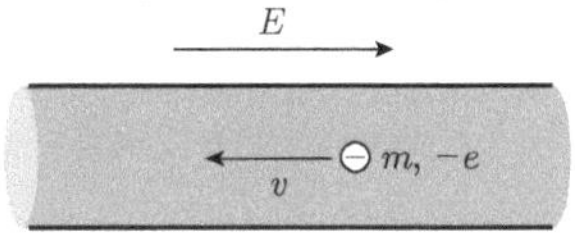

5. 長さ 50 cm，断面積 1.0 mm^2 の金属棒の両端に 1.5 V の電圧をかけたところ，6.0 A の電流が流れた。自由電子密度を 6.4×10^{22} 個/cm^3 とする。
(1) 金属棒にかかっている電場の大きさを求めよ。
(2) 金属棒の抵抗率を求めよ。
(3) 伝導電子のドリフト速度 v_d を求めよ。
(4) 伝導電子の平均衝突時間を求めよ。
(5) 金属棒が消費する電力を求めよ。

第Ⅲ部 静磁気

第6章 磁気の歴史

電気に関する理解は1700年代に進んだ。磁気に関しては1800年代に入ってから次々と重要な発見があり，電気現象と磁気現象の理解の融合が進んだ。そして1800年代後半に，マクスウェルらによって，ついに古典電磁気学が確立された。スマートフォンなどで欠かすことのできない無線通信も，この時期に予言・実証された電磁波のおかげである。ここでは，磁気の研究から電磁気学への発展，そして確立について概観してみよう。最後に20世紀に入ってからの磁石の歴史について，日本人研究者の活躍にも触れる。

6.1 磁気の歴史

6.1.1 古代～大航海時代

電気の歴史と同様に磁気の歴史も古く，古代ギリシャでは鉄を引きつける石があることが知られていた。これは現在，磁鉄鉱（マグネタイト：Fe_3O_4）として知られており，砂状に細かく砕かれたものが砂鉄である。磁気を表すmagneticという英語の語源は，このような石が発見された町の名前Magnesiaからきていると言われている。また，鉄を引きつける石については中国にも記録があり，その石が産出する地域が慈州であったことから，「慈石」とよばれていた。これが，日本語の「磁石」の由来と言われている。

さらに中国では，磁石が南北の方位を示すことが知られており，羅針盤が発明された。この技術がヨーロッパに伝わって方位計として改良が進み，航海に使われるようになった。これにより遠洋航海による貿易が飛躍的に発展することとなる（大航海時代）。

一方，1269年にフランスのマリクール★が，磁気に関して初めて学問的に考察した「磁石についての書簡（Epistola de magnete）」を書いた。この中で，磁石は2つの極があること，同極同士は反発し，異極同士は引き合うこと，磁石を分割しても破片は磁石であること等を述べており，磁石における重要な知見がまとめられていた。

★ 補足
Pierre de Maricourt, 1240～?

6.1.2 16～18世紀

電気の歴史でも登場したイギリスのギルバートは，約20年にわたって磁石の研究を行い，その集大成として1600年に「磁石論（De Magnete）」をまとめた。その中で，磁石の2極性，磁極は分離できない，細分しても両極を持つ，磁化作用，羅針盤の伏角，地球が巨大磁石であることなどが述べられており，現在知られている磁石の一般常識的な内容はほぼ含まれていた。静電気に関する考察も，この論文の中で触れられている。このころは，まだ電気と磁気の違いについて明確には認識されていなかったが，磁石による力は摩擦電気による力とは異なる物理現象であると結論づけたことも重要な功績といえる。

6.1.3　19世紀　～電磁気学へ～

18世紀では電気に関する学問が進んだが，磁気に関する発展は19世紀に入ってからである。1820年にデンマークのエルステッド★が，演示実験の準備で，導線に電流を流したときに近くの磁針の向きが変化することに気がついたことに端を発する。これが電流の磁気作用の発見であり，電気現象と磁気現象の間に関連性を示した初めての結果である。この発見が発表されると，すぐにヨーロッパ中の科学者に広まった。その3か月後には，フランスのビオとサバール★が，定常電流のまわりに作られる磁場の大きさが電流の大きさに比例し，電流からの距離に反比例することを発見した。この実験から見いだされた「電流素片の作る磁場を表す式」が，ビオ・サバールの法則である。やはり同年，フランスのアンペール★は電流が流れている導体間にはたらく磁気力を調べ，電流のまわりの磁場の大きさを定量的に表した。電流まわりに閉ループを仮定し，電流と磁場の関係について定式化したものがアンペールの法則である。また，右手の親指を電流方向に向けたとき，この電流が作る磁場の向きが他の指を電流に巻きつける方向になることも発見している（右手ルール）。1823年にイギリスのスタージャンは，コイル状に巻いた導線の実験中に，コイル内の鉄が強い磁石になることを発見した。これが電磁石の始まりである。

1831年，イギリスのファラデー★は，磁場が変化すると電流が流れるという電磁誘導を発見した。より現代風に表現すると，磁場の変化が電場を発生させるということである。また，彼とは別にアメリカのヘンリー★も電磁誘導を見いだしており，自己誘導についてはヘンリーの発見とされている。ファラデーにはその他にも電磁気学に関する多くの業績があるが，力線（電気力線，磁力線）の考え方はその後の電磁気学に大きな影響を与えた。この考え方に数学的な説明を与えたのが，イギリスのマクスウェル★である。また，力線の疎密によって生じる力はマクスウェルの応力として説明された。この考え方は直観的には便利ではあるが，場の概念が確立された現在では廃れつつある概念である。その後マクスウェルは，電磁誘導の逆，すなわち電場の変化が磁場を発生させることを理論的に示した。そして，これまでの理論をまとめて，1864年にマクスウェル方程式を発表した。ここに古典電磁気学が確立されたわけである。しかし，当時の記述は現在のマクスウェル方程式に比べ，式の数も多く非常に難解であった。マクスウェル方程式は，後年になってイギリスのヘビサイドや，ドイツのヘルツ★により現在の4つの簡単な式に整理され，ようやくマクスウェルの理論の真価が人々に理解されるようになった。さらに，マクスウェルはこれらの方程式を解くことにより，電磁波の存在を理論的に予言（1871年）し，1888年にヘルツによって，火花放電を用いた電磁波の発生とその受信が実証された。その後，電磁波を利用した無線通信が発達

★ 補足
Hans Christian Ørsted, 1777～1815
cgs単位系の磁場の単位（Oe）は，彼の名前にちなんでいる。

★ 補足
Jean-Baptiste Biot, 1774～1862
Félix Savart, 1791～1841

★ 補足
André-Marie Ampère, 1775～1836
SI単位系の電流の単位（A）は彼の名前にちなんでいる。

★ 補足
Michael Faraday, 1791～1867
高等教育は受けていなかったが，強い科学への興味から王立研究所の助手に採用され，その直観力から多くの業績を残した。

★ 補足
Joseph Henry, 1797～1878
電磁誘導の発見は，実際はヘンリーのほうが数か月早かったようであるが，論文として発表したのはファラデーのほうが早かった。

★ 補足
James Clerk Maxwell, 1831～1879

★ 補足
Heinrich Rudolf Hertz, 1857～1894
SI単位系の周波数の単位（Hz）は，電磁波を実証した彼の名前にちなんでいる。

1884年にヘビサイドがベクトル記法を用いて，現在の見やすい4つの方程式に書き改めていた（当時ベクトル記法はまだ一般的ではなかった）。これとは別にヘルツもこれらの方程式を簡単な形に整理した。

★ 補足
Guglielmo Giovanni Maria Marconi, 1874～1937
無線通信の発展への貢献により，1909 年にノーベル賞を受賞（ノーベル賞は 1901 年から創設）。
実は，無線通信の特許はテスラ（Nikola Tesla，1856～1943）のほうが先に取っていた。

★ 補足
本多光太郎，1870～1954
KS 鋼の名称は，資金援助を行った住友吉左右衛門に由来している。

鉄・コバルト・ニッケルは強磁性元素とよばれ，室温で磁石の性質を示す元素は，この３種と思ってよい（希土類元素の中には，低温や室温ぎりぎりで強磁性を示すものもある）。
磁石の中では，強磁性元素がほぼ磁性を担っているため，強磁性元素の割合が多いほうが強力な磁石となる。

★ 補足
加藤与五郎，1872～1967
武井武，1899～1992

★ 補足
三島徳七，1893～1975
MK 鋼の名称は，三島の養家（三島）と生家（喜住）からつけられたとされている。

★ 補足
希土類元素はレアアースともよばれる。

★ 補足
組成は YCo_5 である。

★ 補足
組成は $SmCo_5$ である。
（1-5 サマリウム-コバルト系）

★ 補足
組成は $Sm_2(Co, Fe, Cu, X)_{17}$ である。
X は Zr, Ti, Hf 等
（2-17 サマリウム-コバルト系）

し，1901 年には，イタリアのマルコーニ★がイギリス-アメリカ間の無線通信に成功した。

6.1.4　20 世紀　～磁石の歴史～

電磁気学そのものからは外れるが，磁石の変遷についても振り返っておこう。先に述べたように，天然の磁石 ―磁鉄鉱― は紀元前から知られていた。しかし，人工的に磁石が作られるようになったのは，ここ 100 年余りのことである。そして磁石の発展には，日本人の貢献が多大であったことをぜひ知っておいてほしい。

最初に作られた人工の磁石は，1917 年に東北大学の本多光太郎★によって発明され，KS 鋼とよばれている。これは鉄にコバルト，タングステン等のいくつかの金属を混ぜた合金磁石である。磁石の作製には，鉄・コバルト・ニッケルのうち少なくとも 1 つは必要不可欠であるといっても過言ではない（これらを含まなくても磁石の性質を示す物質はわずかではあるがある）。しかし，これらの元素単体だけでは，自分自身の作る磁場（反磁場）によって磁石の向きを保つことができないため，他の元素を混ぜていかに磁石の向きを保持できるようにするかが，磁石の研究であった。1930 年には東京工業大学の加藤与五郎，武井武★によって，鉄の酸化物が主原料のフェライト磁石が発明された。これは磁鉄鉱を強力に改良した磁石である。しかし，フェライト磁石は多くの酸素を含んでいるため強磁性元素の割合が小さくなる上，内部で磁気力が一部打ち消されていることもあり，強い磁力を持たせることは難しかった。このため，強力な磁石には強磁性金属の割合を高められる金属系のほうが適していると考えられ，KS 鋼の発明の後，1931 年に東京大学の三島徳七★によって MK 鋼が発明された。これには鉄の他にニッケルやアルミニウムが含まれていた。この成果をもとにして，アメリカでアルミニウム，ニッケル，コバルトを含むアルニコ磁石が開発された。この磁石の名称はそれぞれの元素の頭文字をとっている。この後，金属系・酸化物系磁石のいずれも元素の組み合わせや組成を変える等の改良で，少しずつ磁力は大きくなっていくが，1960 年代に入ると新たな磁石「希土類磁石」が生まれた。これは，鉄やコバルトに希土類元素★を加えると，磁力が格段に大きくなるというもので，1966 年にアメリカのストゥルナットらが，コバルトにイットリウムを混ぜる★と磁石に適した性質を示すことを発表したところから始まった。その後，イットリウムの代わりにサマリウム★がよいことがわかり，1970 年代にサマコバ磁石（サマリウム磁石）が生まれた。様々な添加物や組成が調査され，1974 年には俵好夫らが，1977 年には米山哲人らが，より強力なサマコバ磁石★を発表している。

このように強力な磁石を作れるようになったが，そのためにはコバルトが必須であると考えられるようになっていた。しかし，コバルト価格の急騰もあり，安価かつ磁気特性も高い「鉄」を使った高性能磁石の開発が望まれた。当時，鉄を使った希土類磁石にはいくつかの問題があることがわかっており，最も大きな問題は温度を上げたときに磁力を失う温度（キュリー温度）が低すぎて，室温では使えないというものであった。これは鉄同士の原子間距離が近すぎることが原因とされていた。それを聞いた佐川眞人★は，ボロンや炭素などの小さい元素を結晶のすき間に入るように加えれば，鉄同士の距離が増えてキュリー温度が上がるのではないか，という着想のもと研究を進め，1982 年にネオジム磁石が誕生した（実は得られたものは，着想通りの物質はではなく，新しい結晶構造の材料であった）。これは現在でも依然として世界最強の磁石である。この磁石は鉄の割合が多く，さらにネオジムは希土類元素といってもコバルトより埋蔵量も多いため，資源的にも価格的にもメリットは非常に大きい。しかし，ネオジム磁石は高温に弱く，温度が上がると磁力がだんだんと減少し，300℃程度で磁力がなくなるという弱点を持っており★，電気自動車用のモーターに使えると期待されたが，この熱耐性の低さがネックであった。しかし，現在ではディスプロシウムを混ぜるという改良の結果，磁力が少し弱くなるのと引き換えに温度特性の改善がされて，自動車用モーターにも使えるようになった。磁力が弱くなるので，せっかくのネオジム磁石の実力が発揮されていない状況であるが，それでも実用になっているのはネオジム磁石の潜在能力の高さを示しているといえるであろう。ディスプロシウムは希少な元素であり産出国も限られているため，現在ではディスプロシウムを使わずに温度特性を上げる研究が進んでいる。

★ 補足
佐川眞人，1943〜
住友特殊金属（現日立金属）にて，ネオジム磁石を開発。

組成は $Nd_2Fe_{17}B$ である。
(2-14-1 ネオジム-鉄-ボロン系)

★ 補足
キュリー温度は，鉄が 770℃程度，サマコバ磁石が 750℃程度であることを考えると，ネオジム磁石の 300℃程度はかなり低い。

6.2 E-B 対応と E-H 対応

電磁気分野の単位は，電磁気学が発展した 1800 年代に，ドイツやイギリスで，それぞれ独立に整備された。1873 年に，力学において cgs 単位系★が整備され，その後電磁気学でも cgs 単位系に関連付けられることになった。しかし，電磁気の単位系は，単位の出発となる物理量を何から構築するかによって複数あったことから，電磁気学の cgs 単位系だけでも，静電単位系（cgs esu），電磁単位系（cgs emu），ガウス単位系（cgs gauss）等，いくつも存在することになった★。1901 年に，力学の基本単位を MKS 単位系★としたほうが電磁気学との数値的互換性が高まることが提案され，さらに電磁気学の基本量として電流の A が選ばれたことから，1948 年に MKSA 単位系が定められた。このとき，マクスウェル方程式に 4π の係数がつかないようにする有理化の手続きもとられた。1960 年に，これまで整備が続けられてきた単位系を国際単位系（SI）とすることが決まり，MKSA 単位系がそのまま採用された。しかし，磁気に関する考え方の違いにより，MKSA 単位系にも 2 種類存在することになった★。基本電磁場として E と B を採用した E-B 対応と，基本電磁場として E と H を採用した E-H 対応の体系である。SI 単位系は E-B 対応の単位系となっている。国際的にも現在の電磁気学の教育は E-B 対応となっているので，本書も E-B 対応に準拠している。

★ 補足
cgs は cm, g, s を基本単位とする。

★ 補足
現在 cgs 単位系といえば，ほぼ cgs ガウス単位系のことである。

★ 補足
MKS は m, kg, s を基本単位とする。

★ 補足
電磁単位系では $\boldsymbol{H}$ と $\boldsymbol{B}$ は同じ次元であったため，磁化 $\boldsymbol{M}$ も同じ次元であった。MKSA 単位系は電磁単位系由来であるが，電流 $\boldsymbol{I}$ の次元を導入したため，単位の大きさ調整のために μ_0 が必要となった。このため，$\boldsymbol{H}$ と $\boldsymbol{B}$ に違いが生まれ，$\boldsymbol{M}$ の扱いにも $\boldsymbol{H}$ 寄りと $\boldsymbol{B}$ 寄りの 2 通り生まれてしまったのである。

★ 補足
だいぶ SI 単位系に収束してきたが，単なる記号だけの問題ではなく，考え方の問題が含まれているため，一筋縄にはいかないようである。

★ 補足
今後学ぶ用語や式が出てくるので，まずは違いがあることを認識し，後の章を学んでから，再び読んでみるとよいだろう。

しかし，研究分野（特に磁気物理）によっては E-H 対応のほうが扱いやすいこともあり，現在でも E-H 対応は根強く残っている★。体系の違いにより一部の表式や単位の扱いも変わってくるため，初学者にとっては混乱の元となっているが，収束にはまだ時間がかかりそうである。このため，他の本や文献を読む際には，どちらが使われているのかを注意しながら読まないと，途中でわけがわからなくなる。ここでは，それぞれの体系の考え方と違いについて整理しておこう★。

E-B 対応

磁場の発生源は電流と考える（単磁極の存在は認めない）。

磁場は $\boldsymbol{B}$ とし，電流は $\boldsymbol{B}$ から力を受ける（$\boldsymbol{F} = I\boldsymbol{l} \times \boldsymbol{B}$）。

$\boldsymbol{H}$ は，$\boldsymbol{H} = \dfrac{1}{\mu_0}\boldsymbol{B} - \boldsymbol{M}$ のように導入され，$\boldsymbol{B}$ から磁化 $\boldsymbol{M}$ の寄与を差し引いた分として定義される。

E-H 対応

磁場の発生源は磁荷と考える。

磁場は $\boldsymbol{H}$ とし，磁荷は $\boldsymbol{H}$ から力を受ける（$\boldsymbol{F} = q_m\boldsymbol{H}$）。

$\boldsymbol{B}$ は，$\boldsymbol{B} = \mu_0\boldsymbol{H} + \boldsymbol{M}$ のように導入され，$\boldsymbol{H}$ に磁化 $\boldsymbol{M}$ の寄与を加えたものとして定義される。

現代の電磁気学（E-B 対応）では，単磁極は存在せず，すべての磁場は電流から生じると考えている（磁石の場合，電子スピンが作る磁場とループ電流が作る磁場は等価に考えられるので，磁石を仮想的な磁化電流（ループ電流）と考えることで矛盾は生じない）。電荷が力を受ける場は $\boldsymbol{E}$ であり，電流が力を受ける場は $\boldsymbol{B}$ であるとする。

一方，E-H 対応では単磁極による磁荷を仮定する必要がある。単磁極は実際には存在しないので，等価なもので置き換えることもできず，まさに「仮定」である。電荷が力を受ける場は $\boldsymbol{E}$ であり，磁荷が力を受ける場は $\boldsymbol{H}$ であるとする。

古い教科書では，磁荷に関するクーロンの法則★を出発点とした E-H 対応のものが多かった。しかし現代では，単磁極は存在しないという前提にたっているため，物理的に正しく描写可能な E-B 対応が主流を占めることとなっている。E-B 対応だからといって $\boldsymbol{E}$ と $\boldsymbol{B}$ だけですべて記述するというわけではないことに注意しよう★。

★ 補足
磁荷に関するクーロンの法則
電荷に関するクーロンの法則に準じて，以下のように定義できる。
距離 r を隔てた 2 つの磁極 q_m, Q_m を考えると，

$$F = \frac{1}{4\pi\mu_0}\frac{q_mQ_m}{r^2}$$

比例係数の部分も ε_0 が μ_0 に変わっただけである。ここで

$$H = \frac{1}{4\pi\mu_0}\frac{Q_m}{r^2}$$

とすれば，

$$F = q_mH$$

★ 補足
$\boldsymbol{E}$ と $\boldsymbol{B}$ だけですべて記述するべきという人もいるが，それは極端である。

しかし，E-H 対応が残っているのは，いくつかの利点もあるためである。まず磁荷（単磁極）さえ認めてしまえば，電荷に関するクーロンの法則と同様に，磁荷に関するクーロンの法則が成り立ち，電荷のときの考え方を，磁荷に対しても同じように持ち込むことができる。このため，電気的体系と磁気的体系の数学的対応が見やすく，初学者にはなじみやすい。

また，電流のない磁性体のみの系であれば，電位の場合と同様に，磁位(磁気スカラーポテンシャル）を定義して，磁場を磁位の勾配として求めることもできる（E-B 対応の考え方では，磁化電流を仮定し，ベクトル・ポテンシャル $\boldsymbol{A}$ を求めてから $\mathrm{rot}\boldsymbol{A}$ をとるので，非常に手間がかかる)。このため，磁気物理の分野では E-H 対応のほうが実用的であるといえる。

また，特に物質中のマクスウェル方程式（微分形）★を見ると，

$$\mathrm{div}\boldsymbol{D} = \rho$$

$$\mathrm{div}\boldsymbol{B} = 0$$

$$\mathrm{rot}\boldsymbol{E} = -\frac{\partial \boldsymbol{B}}{\partial t}$$

$$\mathrm{rot}\boldsymbol{H} = \boldsymbol{j} + \frac{\partial \boldsymbol{D}}{\partial t}$$

となっており，$\boldsymbol{E}$ と $\boldsymbol{H}$，$\boldsymbol{B}$ と $\boldsymbol{D}$ の組み合わせのほうが，対称性がよいように見える。第 4 式には電流の項があるが，第 3 式には磁流の項がない(磁荷がないため）ことに注意しよう。さらに，$\boldsymbol{E}$ と $\boldsymbol{D}$，$\boldsymbol{B}$ と $\boldsymbol{H}$ の間の関係式は

$$\boldsymbol{D} = \varepsilon_0\boldsymbol{E} + \boldsymbol{P} = \varepsilon\boldsymbol{E}$$

$$\boldsymbol{B} = \mu_0\boldsymbol{H} + \boldsymbol{M} = \mu\boldsymbol{H} \ ★$$

と表されるので，こちらも $\boldsymbol{E}$ と $\boldsymbol{H}$，$\boldsymbol{B}$ と $\boldsymbol{D}$ がきれいな対応関係に見える。このように見た目の美しさを考えると，E-H 対応と見たほうが適切と考えても不思議ではない。どちらがよいかということは一概には言えないのである。

一方，E-B 対応か E-H 対応かで困るのは磁気の単位である。$\boldsymbol{B}$ と $\boldsymbol{H}$ の関係式において，$\boldsymbol{M}$ の前に μ_0 がつくかどうかの差が生じる。E-B 対応だと $\boldsymbol{M}$ の単位が H と同じ〔A/m〕となるが，E-H 対応では B と同じ〔T〕となる。これに関連して，磁気モーメント等，磁性に関わる数値・単位がことごとく変わってしまう。ひと昔前の文献では cgs ガウス単位系のものも多く，MKSA への移行の際に E-H 対応を経て，現在は E-B 対応（SI 単位系）への過渡期となっている★。

このように，現在の電磁気学は単位とともに発展してきたといってもよいだろう。これまで考えられてきた単位にはそれぞれ一長一短があり，式のとらえ方も時とともに変化してきた。そして，様々な歴史的なしがらみを含みつつ，現在は SI 単位系として統一されている。電磁気学の単位は，多くの組立単位に新たな単位名が導入され，お互いの単位の関係が見えにくくなっていることも難しくなっている原因であるが，逆に単位を理解することが電磁気学理解への近道ともいえる。以下の章においても単位に気をつけながら読み進めてもらいたい。

★ 補足
微分形のマクスウェル方程式は第 14 章で解説する。$\boldsymbol{D}$ は電束密度。

★ 補足
E-B 対応だと
$\boldsymbol{B} = \mu_0(\boldsymbol{H} + \boldsymbol{M}) = \mu\boldsymbol{H}$

★ 補足
cgs ガウス単位系から，MKSA 単位系への移行は，E-H 対応のほうが数値的な互換性が高かった（数値をそのまま使えたり，桁の調整だけで済む）こともあり，こちらが優勢であったものと思われる。最近では表記の工夫もあり，E-B 対応で書かれることが多くなってきた。

第Ⅲ部　静磁気

第7章　磁場

この章では，まず磁場とは何であるかを考え，ビオ・サバールの法則やアンペールの法則を用いて，電流のまわりに発生する磁場を求めることを学ぶ。また，磁気に関してもガウスの法則があることを学び，この法則が「磁気単極子は存在しない」ことを意味していることを示す。アンペールの法則と磁気に関するガウスの法則は，磁気に関する重要な２つの方程式である。

7.1　磁場

7.1.1　磁場の発生

第Ⅰ部で学んだように，電荷は電場を発生し，その電場は他の場所におかれた電荷に作用する。一方，磁場は磁石のまわりに生じ，他の磁石に作用することは知っている。磁石には必ずN極とS極があり，いくら分割してもその断片の端には再びN極とS極が現れ，それぞれを分離して取り出すことはできない。このように，２つの磁極が対になっているものを**磁気双極子**（**磁気ダイポール**）という。しかし電場との類似性を考えれば，「磁荷」というものがあると考えたくなる。その磁荷が磁場を発生し，その磁場が他の磁荷に作用すると考えるのである。ここでいう磁荷というのは**磁気単極子**（**磁気モノポール**）とよばれ，磁石のN極だけ，もしくはS極だけの粒子を意味する。しかし，このような粒子の存在は残念ながら実験的には検証されていない★。したがって，電場のときと同じような考え方では，磁場を導入することはできない。

★ 補足
高エネルギー状態や，特殊な環境下では，磁気モノポールの存在を予言している理論もあるが，実験的にN極粒子，S極粒子を分離して検出できたという報告はない。現在の理論体系では磁気モノポールは存在しないものとされている。

磁場の発生法については２つある。

１つは磁石を用いる方法である。すべての物質内には電子があるが，電子は「電荷」の性質の他に，「スピン」という性質を持っており，スピンは小さな磁石と考えてよい★。様々な物質のうち，強磁性体とよばれる物質ではこのスピンが交換相互作用（量子力学的効果）によって揃うことにより，スピンの持つ性質がマクロな形で表に出てくるのである。その結果，外部に磁場が生じる。強磁性体をはじめとする磁性体の物理については電磁気学の範囲を超えるので詳細には立ち入らないが，12.2 節で簡単に触れる。

★ 補足
スピンというと電子が自転しているような印象を持つが（イメージとしてそう説明されることも多い），実際に回転しているわけではない。スピンは電子の量子力学的な自由度であり，アップスピンとダウンスピンの２種類がある。

電磁気学では，磁石による磁場も，物質内に生じる仮想的な磁化電流（分子電流）によるものと考える。しかし，そのような電流があるわけではない。

もう１つは，荷電粒子を運動させることによって磁場を発生する方法である。荷電粒子が運動する，例えば電流が流れるとそのまわりには磁場が発生する。この現象は，エルステッドが，たまたま電流の流れる導線近くにおかれていた磁針がふれることに気付いたことから発見された。これに端を発して，アンペールによって平行導線に流した電流間に作用する力の研究が進み，これが磁気力や磁場の研究につながった。

このように電流の磁気的作用は，電流の磁石への作用として見いだされ，電流が磁場を発生することがわかったのである。以下では，まず磁場と磁束密度の用語について確認し，電流が作る磁場について解説する。

7.1.2　磁場と磁束密度

磁場を表す物理量としては磁場 H と磁束密度 B がある。真空中では真空の透磁率を μ_0(＝ $4\pi \times 10^{-7}$ H/m:〔H〕★（ヘンリー：磁場の H とは関係ない））として，両者には

$$\boldsymbol{B} = \mu_0 \boldsymbol{H} \tag{7.1}$$

の関係が成り立つ。$\boldsymbol{B}$ の単位は〔T〕（テスラ），$\boldsymbol{H}$ の単位は〔A/m〕である。真空中では定数倍だけの違いであるため，同じように扱っても大差はない。しかし，磁石のような物質中では，$\boldsymbol{B}$ と $\boldsymbol{H}$ の関係式が（7.1）式とは異なるので注意が必要である（側注★を参考）。

さて，磁場を表す物理量が 2 つあるため，電磁気学において $\boldsymbol{B}$ と $\boldsymbol{H}$ のどちらを基本にするかが問題である。6-2 章でも触れたが，現在では国際的に $\boldsymbol{B}$ が基本的な磁場であると位置づけられている。理由としてはいくつかあるが，まず $\boldsymbol{H}$ は実在しない磁荷を仮定して導入されるため，本質的ではないとされていることが挙げられる。一方，$\boldsymbol{B}$ は電流が発生源として導入されるため，定義上の不都合は生じない。また，電流や運動する荷電粒子に作用する磁場は $\boldsymbol{B}$ であり，磁気に関するガウスの法則にも $\boldsymbol{B}$ が用いられる。ファラデーの電磁誘導の法則も磁束（磁束密度と面積ベクトルの内積 $\boldsymbol{B}\cdot\boldsymbol{S}$）が重要な量である。

本書においても，基本的な磁場を磁束密度 $\boldsymbol{B}$ で表すこととし，以降では $\boldsymbol{B}$ のことを磁場とよぶ。

7.1.3　磁力線・磁束線

電気力線で電場の様子を表せるのと同じように，磁力線もしくは磁束線によって磁場の様子を表すことができる。ここでは，磁力線が $\boldsymbol{H}$ の様子を表したもの，磁束線が $\boldsymbol{B}$ の様子を表したものとする。磁力線と磁束線の特徴を確認しておこう。

磁力線（H）（図 7.1）

○　磁力線は N 極から出て，S 極へ向かう。
（磁石の中においてもこの決まりにしたがう。このため磁極に相当する部分は特異点となる）

磁束線（B）（図 7.2）

○　磁石外の分布は磁力線と同じである。しかし，磁石内では S 極から N 極に向かっており，磁束線は閉ループを描く（連続している）。

★ 補足
真空の透磁率は，MKSA 単位系を定める際の係数の有理化で導入された人工的な定数である。このため，有効数字のある数値ではなく，無理数の表現となっていた。
しかし，2019 年の SI 単位系の改定で基本定義値の変更が行われ，真空の透磁率は定義値ではなくなり，厳密には $4\pi \times 10^{-7}$ H/m ではなくなった（有効数字 10 桁目ぐらいで少しずれる程度の違い）。
単位が〔H/m〕で表されることについては，例題 10.1 参照。
真空の透磁率と真空の誘電率の間には，c を光の速度として，

$$c = \frac{1}{\sqrt{\varepsilon_0 \mu_0}}$$

の関係がある。

国際的は，磁力線といえば磁束線のことを指す。海外の書物では，磁力線は $\boldsymbol{B}$ を表したものである。

★ 補足
物質中では，$\boldsymbol{B}$ と $\boldsymbol{H}$ の関係式には磁化 $\boldsymbol{M}$ が含まれる。磁気の分野では，MKSA 単位系として以下の 2 種類があるが，近年では SI 単位系に統一されつつある。
MKSA 単位系 E-B 対応（SI 単位系）
$\boldsymbol{B} = \mu_0(\boldsymbol{H} + \boldsymbol{M})$
MKSA 単位系 E-H 対応
$\boldsymbol{B} = \mu_0\boldsymbol{H} + \boldsymbol{M}$

さらに，今でも cgs 単位系が残っており，しばしば使われることがある。
$\boldsymbol{B}$ と $\boldsymbol{H}$ の関係式
（真空中）$\boldsymbol{B} = \boldsymbol{H}$
（物質中）$\boldsymbol{B} = \boldsymbol{H} + 4\pi\boldsymbol{M}$
（$\boldsymbol{B}$ と $\boldsymbol{H}$ との比例係数が 1 であり，明確には区別されていなかった）
$\boldsymbol{B}$ の単位：gauss（ガウス）
$\boldsymbol{H}$ の単位：Oe（エルステッド）
1〔T〕＝ 10000〔gauss〕

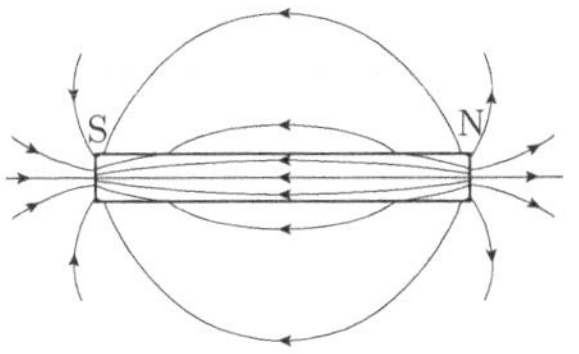

図 7.1　磁力線（$\boldsymbol{H}$）

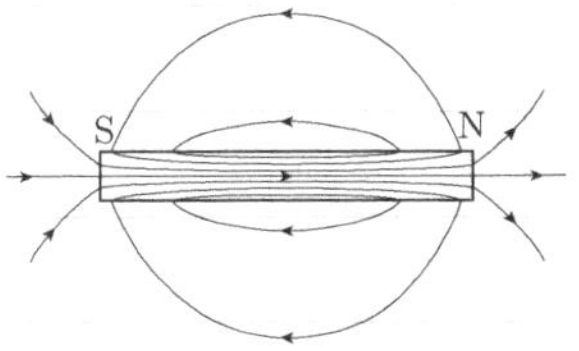

図 7.2　磁束線（$\boldsymbol{B}$）

磁力線（H），磁束線（B）共通

○　磁力線・磁束線が途中で分岐したり，交差したりすることはない。

○　磁場が強いところほど，磁力線・磁束線は密になる。

○　磁場の向きは，その点における磁力線・磁束線の接線の向きとなっている。

両者の様子が異なるのは磁石内である。磁石内では，磁化 M（磁石の強さを表すベクトル量）が定義される。したがって，$\boldsymbol{B}$ と $\boldsymbol{H}$ の関係は，真空中では $\boldsymbol{B} = \mu_0 \boldsymbol{H}$ であるが，物質中（磁性体中）では $\boldsymbol{B} = \mu_0(\boldsymbol{H} + \boldsymbol{M})$（SI 単位系）となる。磁力線（$\boldsymbol{H}$）は，磁石の N 極から出て，S 極で消えるように分布するため，磁石の両端は特異点であり不連続になっている。また，磁石中でも N 極から S 極に向かうので，磁石には自分自身を弱める向きの磁場がはたらくことになる。この磁場のことを反磁場とよぶ。一方，磁束線（$\boldsymbol{B}$）は，磁化 $\boldsymbol{M}$ を含んでおり，$\boldsymbol{M}$ は S 極から N 極に向かうため，反磁場による磁場との和をとっても S 極から N 極に向かう成分が十分に残る。この結果，磁石端では磁石内の $\boldsymbol{B}$ と磁石外の $\boldsymbol{B}$ は同じ量になり，$\boldsymbol{B}$ は連続的につながるようになっている。そして磁束線は閉ループを描く。

以降では，12 章以外では磁石内を扱わないため，磁力線でも磁束線でもその様子は変わらないが，以下本書では「磁力線」は $\boldsymbol{B}$ の様子を表すものとする。

7.2 ビオ・サバールの法則

電磁気学では外積は非常に重要である。ビオ・サバールの法則にも外積が使われている。今後頻繁に出てくるので，少し数学的準備をしておこう。

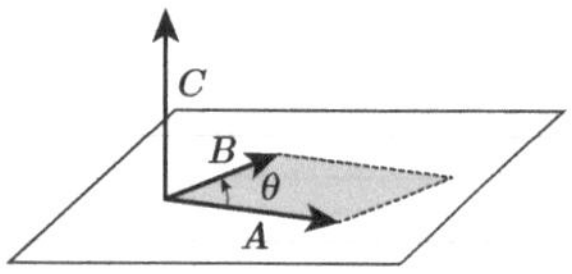

図 7.3

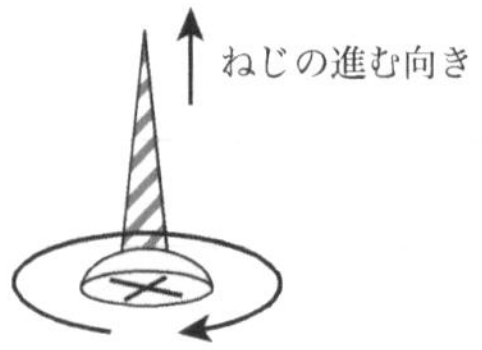

図 7.4

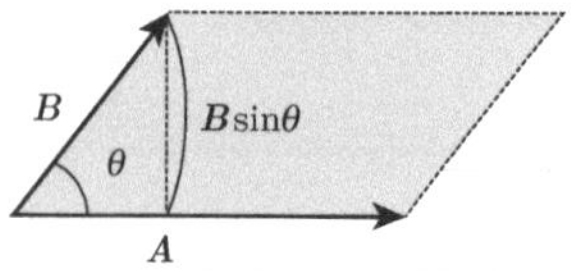

図 7.5

外積（ベクトル積）：

2 つのベクトル $\boldsymbol{A}$ と $\boldsymbol{B}$ があるとき，これらの外積（ベクトル積）$\boldsymbol{C}$ は次のように与えられる（図 7.3）。

$$\boldsymbol{C} = \boldsymbol{A} \times \boldsymbol{B}$$

$\boldsymbol{C}$ の向きは $\boldsymbol{A}$ と $\boldsymbol{B}$ の両方に垂直であり，$\boldsymbol{A}$ から $\boldsymbol{B}$ に向かうように右ねじ回したときにねじの進む向きである（右ねじの法則，図 7.4）。したがって，$\boldsymbol{B} \times \boldsymbol{A}$ のように順序を反対にすると，$\boldsymbol{C}$ の向きも反対になる。

$\boldsymbol{C}$ の大きさ C は，$\boldsymbol{A}$ と $\boldsymbol{B}$ のベクトルの大きさをそれぞれ A と B，$\boldsymbol{A}$ と $\boldsymbol{B}$ のなす角を θ とすると，

$$C = AB\sin\theta$$

で与えられる。$\boldsymbol{A}$ と $\boldsymbol{B}$ が平行（$\theta = 0°$）もしくは反平行（$\theta = 180°$）のときは 0，$\boldsymbol{A}$ と $\boldsymbol{B}$ が垂直のとき（$\theta = 90°$）に最大になる。図形的に考えた場合，$\boldsymbol{A}$ と $\boldsymbol{B}$ で作られる平行四辺形の面積を表している（図 7.5）。

成分表示では，$\boldsymbol{A}$，$\boldsymbol{B}$ のベクトルの成分を

$$\boldsymbol{A} = \begin{pmatrix} a_x \\ a_y \\ a_z \end{pmatrix}, \quad \boldsymbol{B} = \begin{pmatrix} b_x \\ b_y \\ b_z \end{pmatrix}$$

とおくと，$\boldsymbol{A} \times \boldsymbol{B}$ の成分は行列式の形を次のように書ける。

$$\boldsymbol{A} \times \boldsymbol{B} = \begin{vmatrix} \boldsymbol{i} & \boldsymbol{j} & \boldsymbol{k} \\ a_x & a_y & a_z \\ b_x & b_y & b_z \end{vmatrix} = \begin{pmatrix} a_y b_z - a_z b_y \\ a_z b_x - a_x b_z \\ a_x b_y - a_y b_x \end{pmatrix}$$

この行列式の求め方として，行列のかたまりを 2 つ横に並べ，下図において，右下にいく矢印は＋，左下にいく矢印は−として，すべての和をとればよい。$\boldsymbol{i}$，$\boldsymbol{j}$，$\boldsymbol{k}$ の各ベクトルの係数が求めたい成分となる。

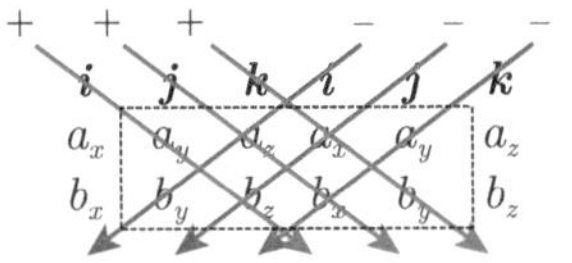

★

★ 補足
すべての和をとると

$$\boldsymbol{C} = (a_y b_z - a_z b_y)\boldsymbol{i} + (a_z b_x - a_x b_z)\boldsymbol{j} + (a_x b_y - a_y b_x)\boldsymbol{k}$$

この図から，例えば $(a_y b_z - a_z b_y)\boldsymbol{i}$ から x 成分の $a_y b_z - a_z b_y$ が得られる。よく見ると，点線で囲んだ部分の成分しか使っていないことがわかるだろう。したがってこの部分だけ取り出して，たすき掛け（斜めにかけて引く★）をすることで簡単に求めることができる。

★ 補足
ふつうに「たすき掛け」というと，2 次式の因数分解のときに出てくる「斜めにかけて足す」ではあるが，今回は引き算なので注意。

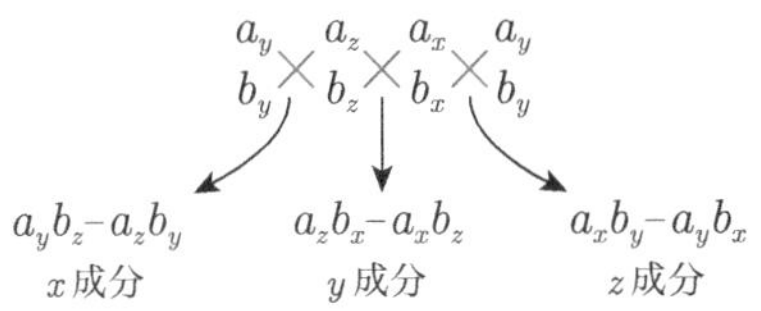

この方法を用いるときに注意することは，成分を書きだす際に，①ベクトル積の順に書くことに（$\boldsymbol{A} \times \boldsymbol{B}$ であれば $\boldsymbol{A}$ の成分が上にくる），② y 成分から順に書くこと，③どちらが引き算かを間違えない（上記だと赤い線が引き算），ことである。これらを間違うと，符号が逆になったり，出てきた答えの各成分の順がずれたりしてしまうことになる。

さて，エルステッドの電流の磁気作用の発見を聞いて，ビオとサバールは直線状の導線に電流を流し（図 7.6），糸でつるした磁針の振動周期を測定することによって，電流のまわりに生じた磁場の強さを測定した。その結果，磁場の大きさ B は電流の大きさ I に比例し，針金からの距離 R に反比例することを見いだした。この関係を SI 単位系で表現すると，

$$B = \frac{\mu_0 I}{2\pi R} \tag{7.2}$$

である。ここで，直線状に分布した電荷（線電荷密度 λ）が作る電場が

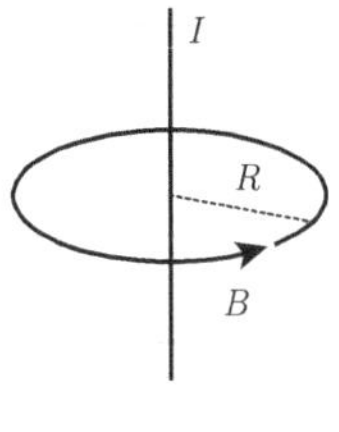

図 7.6
針金のまわりの磁場

★ 補足
(7.3) 式の導出は，例題 2.3 参照。

$$E = \frac{\lambda}{2\pi\varepsilon_0 R} \tag{7.3}$$

の形★に書けたことを思い出そう。電場 E も直線からの距離 R に反比例しており，λ が I に対応していると考えると，(7.2) 式と (7.3) 式は非常に似ている。そこで，(7.3) 式の導出のときと比較してみよう。直線にそった経路を s とすると，微小電荷 $dq = \lambda ds$ が，$\boldsymbol{r}$ の位置に作る微小電場 $d\boldsymbol{E}$ は（図 7.7），

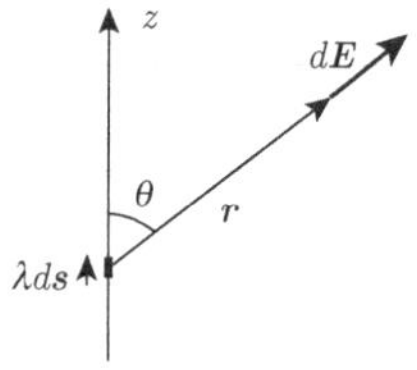

図 7.7

$$d\boldsymbol{E} = \frac{1}{4\pi\varepsilon_0}\frac{\lambda ds}{r^2}\cdot\frac{\boldsymbol{r}}{r} \tag{7.4}$$

である★。これを直線（z 軸）にそって $-\infty$ から ∞ まで積分することによって，(7.3) 式が得られたのであった。ここで微小電場 $d\boldsymbol{E}$ の向きは $\boldsymbol{r}$ と平行であるが，直線全体の作る磁場 $\boldsymbol{E}$ は（図 7.8），その対称性から直線に垂直で放射状に広がった電場分布になる。

★ 補足
(7.4) 式は，(2.11) 式において，$\boldsymbol{R} = 0$，$dq = \lambda ds$ としたものである。

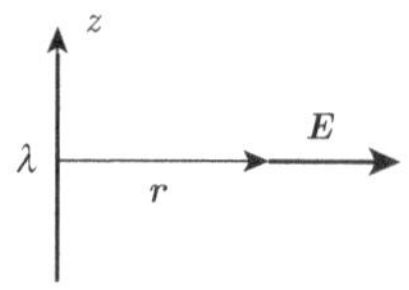

図 7.8

微小磁場 $d\boldsymbol{B}$ の式は，文字の対応関係を考えて，(7.4) 式において，$\dfrac{1}{4\pi\varepsilon_0}$ を $\dfrac{\mu_0}{4\pi}$，微小電荷 λds を電流素片（微小区間 ds にある電流）Ids に置き換えればよさそうである（図 7.9）。しかし，磁場の向きは電場のように直線に対して放射状ではなく，直線のまわりに回転している（図 7.10）。微小区間 ds を電流の向きも表す長さベクトル $\boldsymbol{ds}$ として考えると，$d\boldsymbol{B}$ の向きは $\boldsymbol{ds}$ と $\boldsymbol{r}$ に垂直である。また，$d\boldsymbol{B}$ の大きさは $\boldsymbol{ds}$ と $\boldsymbol{r}$ のなす角 $\boldsymbol{\theta}$ で変化し，電流と $\boldsymbol{r}$ の向きが平行（$\boldsymbol{\theta} = 0°$）もしくは反平行（$\boldsymbol{\theta} = 180°$）のときは 0，電流と $\boldsymbol{r}$ の向きが垂直のとき（$\boldsymbol{\theta} = 90°$）に最大になる（$\sin\boldsymbol{\theta}$ の依存性を示す）。これらを考慮して微小磁場 $d\boldsymbol{B}$ の式を作ると，

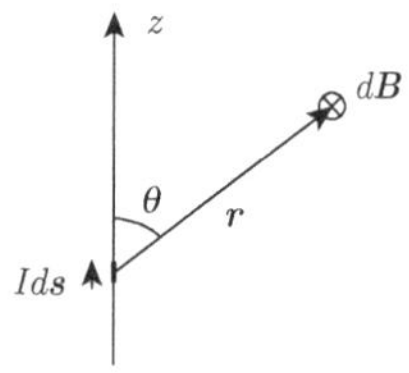

図 7.9

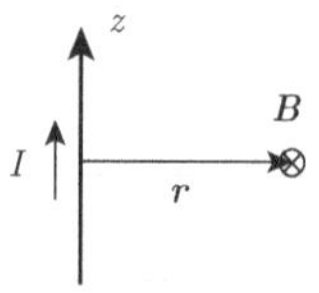

図 7.10

$$d\boldsymbol{B} = \frac{\mu_0}{4\pi}\frac{I\boldsymbol{ds}}{r^2}\times\frac{\boldsymbol{r}}{r} \tag{7.5}$$

と表すことができる。これをビオ・サバールの法則という★。このように，磁場の表式は向きを考慮して，ベクトル積で表現されることに注意しよう。この法則もクーロンの法則と同様，実験から導き出された法則である。

★ 補足
ビオ・サバールの法則は，現在ではマクスウェル方程式の解として得ることができる。

原点の位置を任意にとり，一般化した表現は以下のようになる。

ビオ・サバールの法則 (Biot-Savart's law)

位置 $\boldsymbol{R}$ にある電流素片 $I\boldsymbol{ds}$ が位置 $\boldsymbol{r}$ に作る磁場 $d\boldsymbol{B}(\boldsymbol{r})$ は，

$$d\boldsymbol{B}(\boldsymbol{r}) = \frac{\mu_0}{4\pi}\frac{I\boldsymbol{ds}}{|\boldsymbol{r}-\boldsymbol{R}|^2}\times\frac{\boldsymbol{r}-\boldsymbol{R}}{|\boldsymbol{r}-\boldsymbol{R}|} \tag{7.6}$$

で与えられる（図 7.11）。磁場の向きは $\boldsymbol{ds}$ から $(\boldsymbol{r}-\boldsymbol{R})$ の向きに右ねじを回すときにねじが進む向き（右ねじの法則，図 7.12）である。また，磁場の大きさは $\boldsymbol{ds}$ と $(\boldsymbol{r}-\boldsymbol{R})$ のなす角度を $\boldsymbol{\theta}$ として，

$$dB(\boldsymbol{r}) = \frac{\mu_0}{4\pi}\frac{I\sin\boldsymbol{\theta}\cdot ds}{|\boldsymbol{r}-\boldsymbol{R}|^2} \tag{7.7}$$

となる。

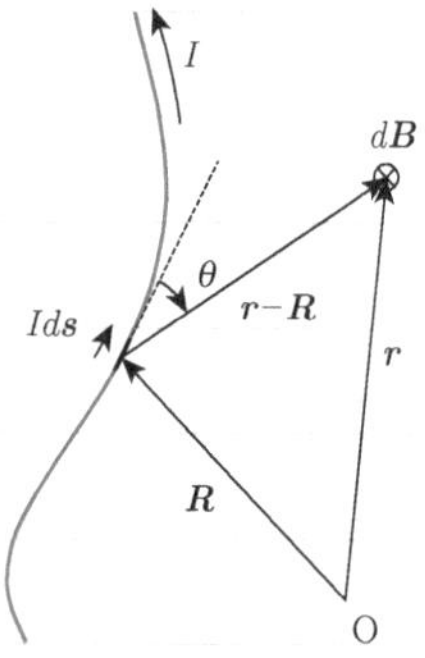

図 7.11

電流全体の作る磁場は，すべての電流素片から生じる磁場の寄与をすべて足し合わせる，すなわち積分することにより求めることができる。

$$\boldsymbol{B}(\boldsymbol{r})=\frac{\mu_0 I}{4\pi}\int\frac{d\boldsymbol{s}\times(\boldsymbol{r}-\boldsymbol{R})}{|\boldsymbol{r}-\boldsymbol{R}|^3} \tag{7.8}$$

ビオ・サバールの法則を用いることにより，様々な電流が周囲に作る磁場を求めることができる。

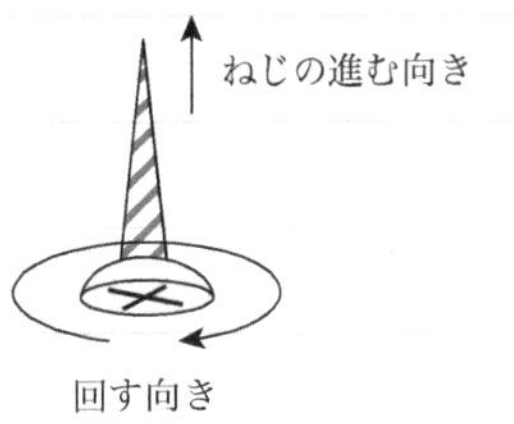

図 7.12

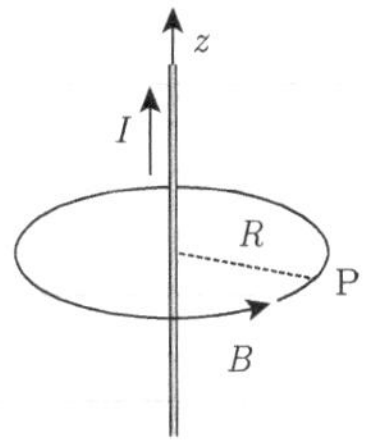

図 7.13

例題 7.1　直線電流が作る磁場

図 7.13 のように，真空中に z 軸にそって無限に長い直線導線があり，$+z$ 方向に電流 I が流れている。このとき，電流が z 軸から距離 R の点 P に作る磁場をビオ・サバールの法則を用いて求めよ。

解説 & 解答

z の位置にある電流素片 $Id\boldsymbol{z}$ が P に作る磁場を考える（図 7.14）。電流素片から点 P へのベクトルを $\boldsymbol{r}$ とすると，磁場 $d\boldsymbol{B}$ はビオ・サバールの法則より，

$$d\boldsymbol{B}=\frac{\mu_0}{4\pi}\frac{Id\boldsymbol{z}}{r^2}\times\frac{\boldsymbol{r}}{r} \qquad ①$$

である。$d\boldsymbol{z}$ から $\boldsymbol{r}$ に向かう角度を θ とすると，磁場の大きさは，

$$dB=\frac{\mu_0}{4\pi}\frac{Idz\sin\theta}{r^2} \qquad ②$$

となる。ここで $r=\sqrt{R^2+z^2}$，$\sin\theta=\dfrac{R}{\sqrt{R^2+z^2}}$ となることを考えると，

$$dB=\frac{\mu_0 I}{4\pi}\frac{R}{(R^2+z^2)^{\frac{3}{2}}}dz \qquad ③$$

となる。全体の磁場 B は，これを $-\infty<z<\infty$ の範囲で積分すればよい。

$$B=\int_{-\infty}^{\infty}dB=\int_{-\infty}^{\infty}\frac{\mu_0 I}{4\pi}\frac{R}{(R^2+z^2)^{\frac{3}{2}}}dz \qquad ④$$

ここで $z=R\tan\phi$ とおいて置換積分★することにより，

$$B=\frac{\mu_0 I}{4\pi R}\int_{-\frac{\pi}{2}}^{\frac{\pi}{2}}\cos\phi\, d\phi=\frac{\mu_0 I}{2\pi R} \qquad ⑤$$

が得られる★。半無限の直線の場合は，積分範囲が $0\leqq z<\infty$（もしくは $-\infty<z\leqq 0$）となるので，この値の半分になる。■

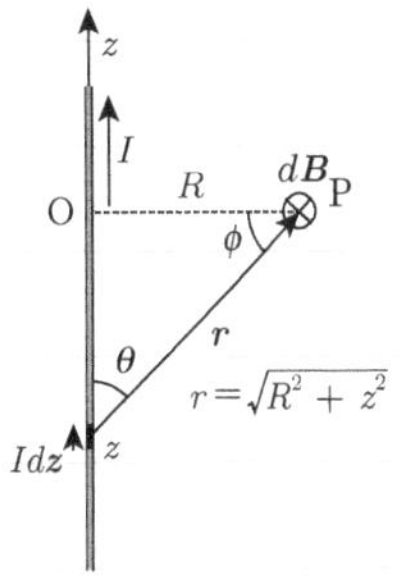

図 7.14

★ 補足
この置換積分の ϕ は，ちょうど図の ϕ に対応している。
$z=R\tan\phi$ とおくと，

$$dz=\frac{R}{\cos^2\phi}d\phi$$

積分範囲は
$-\infty<z<\infty$ から，$-\frac{\pi}{2}<\phi<\frac{\pi}{2}$
に変わる。
また，三角関数公式から

$$1+\tan^2\phi=\frac{1}{\cos^2\phi}$$

を用いた。

★ 補足
⑤の式の形から，μ_0 の単位が〔Tm/A〕とも表せることがわかる。

図 7.15

図 7.16

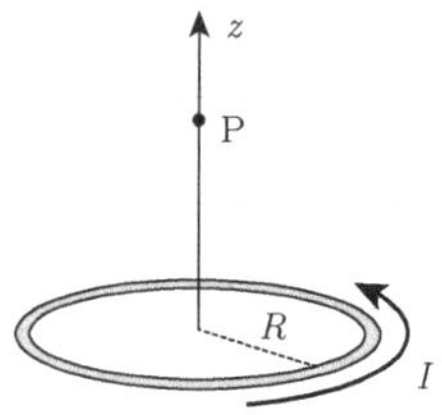

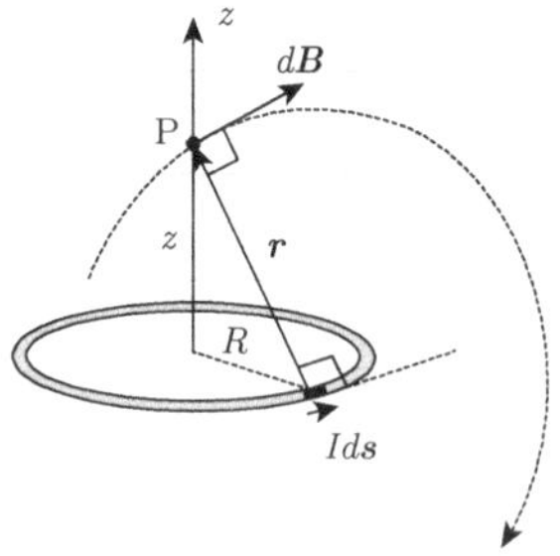

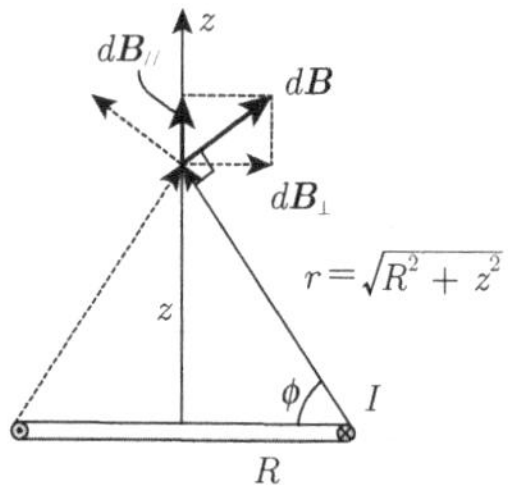

図 7.17

★ 補足
$$\cos\phi = \frac{R}{\sqrt{R^2 + z^2}}$$

★ 補足
コイル（経路 s）にそった一周の積分なので，積分範囲を $0 \sim 2\pi R$ として，
$$\int_0^{2\pi R} ds = 2\pi R$$
としたが，$s = R\phi$ とおいて，置換積分をしてもよい（図 7.18）。
$$ds = R d\phi$$
となり，積分範囲は $0 \leqq \phi \leqq 2\pi$ に変わる。
$$\int_0^{2\pi R} ds = R \int_0^{2\pi} d\phi = 2\pi R$$

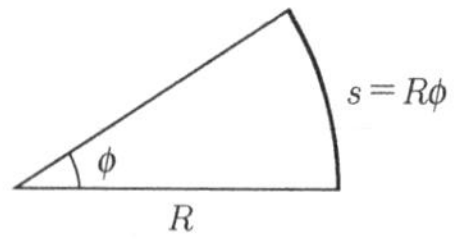

図 7.18

★ 補足
⑤は例題 7.1 の直線電流の作る磁場の式と比べると，分母に π がないところが異なっている。答えだけ思い出そうと思うとよく間違えるので，式の導出過程をよく確認しておこう。

例題 7.2　円電流が中心軸上に作る磁場

　真空中に半径 R の円形コイルがあり（図 7.15），図の向き（左回り）に電流 I が流れている。コイルの中心を原点とし，コイル面に垂直に z 軸をとる。このとき，電流が z 軸上の点 P に作る磁場を求めよ。

解説 & 解答

　コイル上の微小区間 $d\boldsymbol{s}$ が点 P に作る磁場 $d\boldsymbol{B}$ は（図 7.16），$d\boldsymbol{s}$ から点 P に向かうベクトルを $\boldsymbol{r}$ として，ビオ・サバールの法則より

$$d\boldsymbol{B} = \frac{\mu_0}{4\pi} \frac{I d\boldsymbol{s}}{r^2} \times \frac{\boldsymbol{r}}{r} \qquad ①$$

である。$d\boldsymbol{s} \perp \boldsymbol{r}$ であり，$r = \sqrt{R^2 + z^2}$ であることを考慮すると，その大きさ dB は

$$dB = \frac{\mu_0 I}{4\pi} \frac{ds}{R^2 + z^2} \qquad ②$$

となる。磁場 $d\boldsymbol{B}$ を z 軸に平行な成分 $dB_{//}$ とそれに垂直な成分 $dB_{\perp}$ に分解して（図 7.17），これらをコイルにそって一周積分することを考えると，$dB_{\perp}$ の成分は対称性より打ち消し合う。したがって，円電流全体が作る磁場は，z 軸に平行な成分

$$dB_{//} = \frac{\mu_0 I}{4\pi} \frac{ds}{R^2 + z^2} \cos\phi = \frac{\mu_0 I}{4\pi} \frac{R}{(R^2 + z^2)^{\frac{3}{2}}} ds \,{}^\star \qquad ③$$

をコイル一周にわたって積分すればよい。

$$B = \int_{\text{円周}} dB = \int_0^{2\pi R} \frac{\mu_0 I}{4\pi} \frac{R}{(R^2 + z^2)^{\frac{3}{2}}} ds = \frac{\mu_0 I}{4\pi} \frac{R}{(R^2 + z^2)^{\frac{3}{2}}} \cdot 2\pi R \,{}^\star$$

$$= \frac{\mu_0 I}{2} \frac{R^2}{(R^2 + z^2)^{\frac{3}{2}}} \qquad ④$$

　コイルの中心における磁場は $z = 0$ とすれば得られ，

$$B = \frac{\mu_0 I}{2R} \qquad ⑤$$

となる*。

　さて，コイルから十分離れた場合（$z \gg R$）はどうなるだろう。

$$B = \frac{\mu_0 I}{2} \frac{R^2}{(R^2 + z^2)^{\frac{3}{2}}} = \frac{\mu_0 I}{2} \frac{R^2}{z^3 \left(1 + \left(\frac{R}{z}\right)^2\right)^{\frac{3}{2}}}$$

$$\rightarrow \frac{\mu_0 I}{2} \frac{R^2}{z^3} \quad \left(\frac{R}{z} \rightarrow 0\right)$$

　このように磁場は距離の 3 乗（z^3）に反比例して減少する。この減少のしかたは，電気双極子の磁場と同じである。∎

7.3 アンペールの法則

クーロンの法則から得られる微小電場 $d\boldsymbol{E}$★を用いると，任意の電荷分布が作る電場は，これらのベクトル和をとることによって求めることができた。電荷分布が複雑で解析的な解が得られない場合でも，コンピューターの助けを借りれば数値計算は可能である。一方，電場によるガウスの法則を用いると，電場分布の対称性がよい場合には，より簡単に電場を求めることができた。

★ 補足
$d\boldsymbol{E}$は（2.11）式で与えられた。
$$d\boldsymbol{E}(\boldsymbol{r}) = \frac{1}{4\pi\varepsilon_0|\boldsymbol{r}-\boldsymbol{R}|^2}\frac{\boldsymbol{r}-\boldsymbol{R}}{|\boldsymbol{r}-\boldsymbol{R}|}dq$$

磁場においても，微小磁場 $d\boldsymbol{B}$ を表すビオ・サバールの法則★を用いれば，任意の電流分布が作る磁場は，これらのベクトル和をとることによって求めることができる。この場合も，電流分布が複雑な場合は，コンピューターを用いればよい。一方，予想される磁場分布の対称性がよい場合には簡単に求められる法則があり，これをアンペールの法則という。

★ 補足
ビオ・サバールの法則（7.6）式
$$d\boldsymbol{B}(\boldsymbol{r}) = \frac{\mu_0}{4\pi}\frac{Id\boldsymbol{s}}{|\boldsymbol{r}-\boldsymbol{R}|^2}\times\frac{\boldsymbol{r}-\boldsymbol{R}}{|\boldsymbol{r}-\boldsymbol{R}|}$$

電流と磁場との間には次の法則が成り立つ。

アンペールの法則（Ampere's law）

ある閉ループ C（アンペールループという）の経路 $\boldsymbol{s}$ にそって，磁場 $\boldsymbol{B}$ と微小区間 $d\boldsymbol{s}$ の内積 $\boldsymbol{B}\cdot d\boldsymbol{s}$ を経路一周にわたって線積分すると（図 7.19），閉ループ内（閉ループを縁とする曲面）を貫く正味の電流 I_{enc} を用いて★，以下の式が成り立つ。

$$\oint \boldsymbol{B}\cdot d\boldsymbol{s} = \mu_0 I_{\mathrm{enc}} \tag{7.9}$$

積分記号の真中にある○は，閉ループにそって一周経路積分することを意味している。

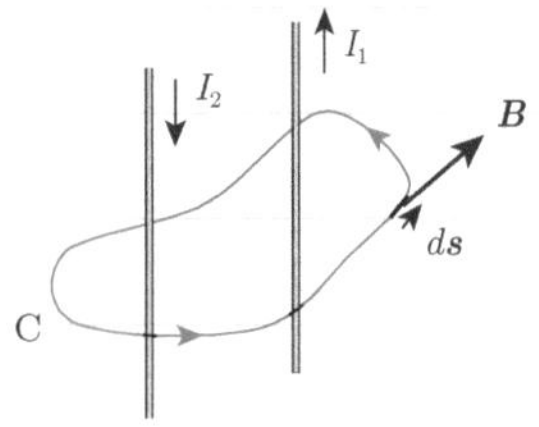

図 7.19

★ 補足
I_{enc} の下付き文字は enclosed（囲まれた）の意味である。

このように，アンペールの法則は「ループにそった $\boldsymbol{B}$ の経路積分がループを貫く正味の電流（$\times\,\mu_0$）に等しい」ということを示している。ここで，アンペールループは（問題を解かないのであれば）どのようにとってもよく，ループの向きも好きなように決めてよい。ループを貫く電流の正負は，右手ルール（図 7.20）を適用して決める。それらの電流の和が，「正味の電流」となる。

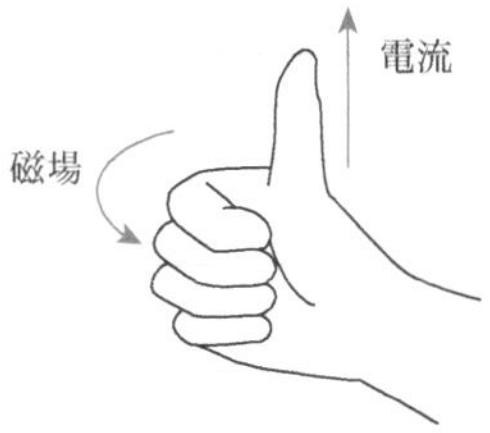

図 7.20　右手ルール
右手の親指が電流の向きを表すようにおくと，残りの指を巻く向きが磁場の向きとなる。
そこで，アンペールループを残りの指が巻く向きにとって，電流の向きが親指の向きと同じか反対かで，電流の正負を決める。

実際にアンペールの法則を適用して磁場を求めるときは，まず適切なアンペールループを設定しなければならない。アンペールの法則でわかるのは，$\boldsymbol{B}$ の経路積分だけであり，個々の位置における $\boldsymbol{B}$ ではない。これは，ガウスの法則のときと同様である。したがって，同じ大きさの B を持つ積分路をうまく設定して積分し，その積分路の長さで割ることによって解が得られる（$\boldsymbol{B}\cdot d\boldsymbol{s} = 0$ の部分が含まれていても，うまく分離できれば同様に解が得られる）。

適切なアンペールループを設定するには，あらかじめ磁場の様子が予想でき，その磁場の対称性が高くないと難しい。また，ループの向きをとるときは，予想される磁場の向きにあわせてとっておいたほうが混乱は少ない。アンペールループが設定できたら，ループを微小区間 ds に分割し，$\boldsymbol{B}$ との内積 $\boldsymbol{B}\cdot d\boldsymbol{s}$，すなわち経路方向への $\boldsymbol{B}$ の射影をアンペールループ一周にわたって足し合わせる（積分する）。これが左辺となる。

次にループを貫く正味電流 I_{enc} を見積もる。I_{enc} を求める際の注意として，アンペールループのどんなに近くに電流が流れていても，ループを貫かない限りカウントしてはいけない（図 7.21）。また，一本の導線がコイル状になっていて何度もループを横切っていれば，それぞれ別の電流としてカウントしなければならない（N 回横切っていれば N 倍にする）。

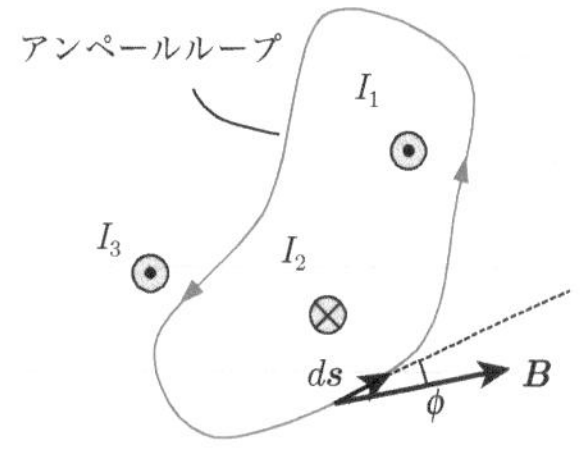

図 7.21
I_3 はループに含まれていないので，カウントしてはいけない。

このようにして，最終的に（7.9）式から B を求めたとき，B が正であれば最初に仮定した磁場の向きは正しく，負であれば反対向きであったと判断すればよい。

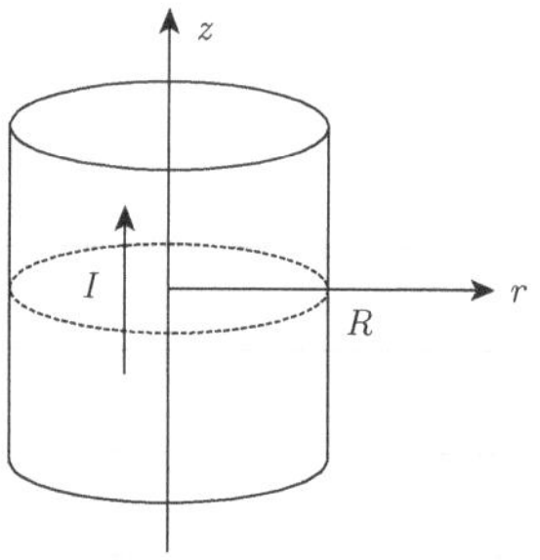

図 7.22

例題 7.3　直線電流が導線内外に作る磁場

図 7.22 のように，真空中に z 軸にそって無限に長い半径 R の直線導線があり，$+z$ 方向に電流 I が流れている。このとき，電流が導線から距離 r の点 P に作る磁場の大きさを，[1] $R < r$，[2] $r \leqq R$ の場合について，アンペールの法則を用いて求めよ。ただし，電流は導線内に一様に流れているものとする。

解説＆解答

[1]　$R < r$ の場合

例題 7.1 と同じであるが，今回はアンペールの法則を用いて解く。直線電流が作る磁場は円筒対称であり，半径 r における磁場の大きさはどこでも等しく，導線まわりに回転するような磁場分布になっている。アンペールの法則を用いて磁場を求めるときは，磁場の大きさが等しい場所をつなぐようにアンペールループを決めるので，z 軸を中心とした半径 r の円とするのが適切である（図 7.23）。ループを貫く電流は z 軸上向きであり，この電流によって生じる磁場は左回りになるため，ループの経路も左回りとする。このとき，このループ内を貫く電流の符号は正となり，正味の電流は $+I$ である。

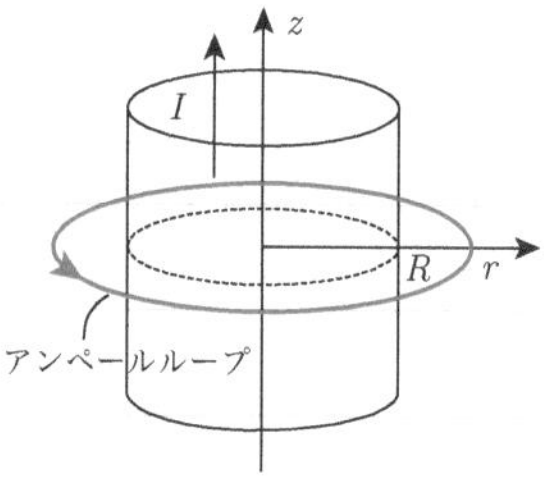

図 7.23

アンペールの法則から次式が成り立つ。

$$\oint \boldsymbol{B}\cdot d\boldsymbol{s} = \mu_0 I_{\mathrm{enc}} \qquad ①$$

ここで，磁場 $\boldsymbol{B}$ とループにそった微小区間 $d\boldsymbol{s}$ は平行であるため，$\boldsymbol{B}\cdot d\boldsymbol{s} = B ds$ となる。積分範囲は円周一周なので $0 \leqq s \leqq 2\pi R$ となり，

左辺：　$\displaystyle \oint \boldsymbol{B}\cdot d\boldsymbol{s} = \int_0^{2\pi r} B\,ds = B\cdot 2\pi r$　　②

右辺：　$I_{\mathrm{enc}} = I$　　③

これらを①のアンペールの法則に代入して，

$$B \cdot 2\pi r = \mu_0 I \qquad \therefore\ B = \frac{\mu_0 I}{2\pi r} \qquad ④$$

ビオ・サバールの法則から求めたものと同じ結果が得られた。しかし，こちらの解き方のほうが圧倒的に簡単であることがわかるだろう。

[2]　$r \leqq R$ の場合

これは導線の内側である。磁場分布は［1］と同様に円筒対称なので，アンペールループとして導線の内側に同様に半径 r の円をとる（図 7.24）。このとき，アンペールの法則の左辺の状況は，［1］と変わらない。

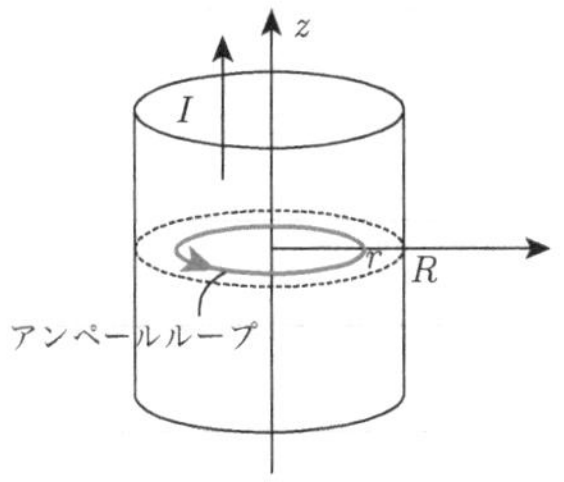

図 7.24

$$左辺：\quad \oint \boldsymbol{B}\cdot d\boldsymbol{s} = \int_0^{2\pi r} B\,ds = B\cdot 2\pi r \qquad ④$$

一方，電流は導線内に一様分布しているので，アンペールループが囲む範囲の電流はループの面積に比例する。まず電流密度 $j = \dfrac{I}{\pi R^2}$ を求め，これに半径 r のループの面積 πr^2 をかければ，ループを貫く電流が求められる★。

★ 補足
ループの外側に流れる電流を気にする人がいるが，外側の電流は考える必要はない。間違える人は，自分で勝手にルールを変える人である。定義通りにループを貫く電流だけを求めればよい。

$$右辺：\quad I_{\mathrm{enc}} = \frac{I}{\pi R^2}\pi r^2 = I\frac{r^2}{R^2} \qquad ⑤$$

したがって，アンペールの法則より，

$$B\cdot 2\pi r = \mu_0 I\frac{r^2}{R^2} \qquad \therefore\ B = \frac{\mu_0 I}{2\pi R^2}r$$

となる。これらをグラフにまとめると図 7.25 のようになる。導線内部では B は r に比例して増加し，導線表面（$r = R$）で最大値 $\dfrac{\mu_0 I}{2\pi R}$ をとり，導体外部では r に反比例して減少する。■

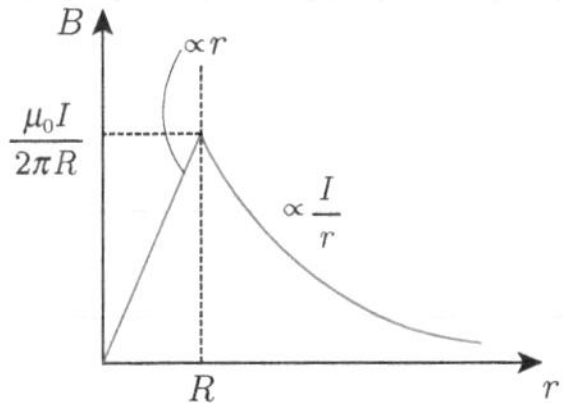

図 7.25

例題 7.4　無限に長いソレノイドの作る磁場

らせん状に密に巻かれた導線（コイル）をソレノイドという。真空中においた無限に長いソレノイド（単位長さ当たり n 回巻き）に電流 I を流す。このとき，ソレノイド内にできる磁場を求めよ（図 7.26）。ただし，ソレノイド内側の磁場はソレノイドの軸に平行で一様な大きさであり，ソレノイド外側の磁場は 0 となる。

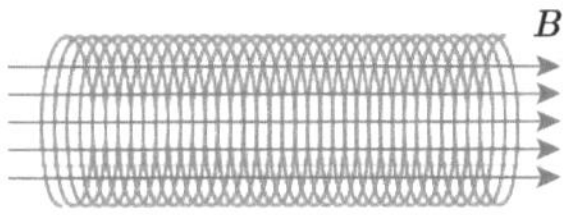

図 7.26

解説 & 解答

磁場の分布の様子が与えられているが，同じ大きさの B をたどって閉ループは作れそうにない。そこで，図 7.27 のように長方形のアンペールループを考え，このループを 4 辺の部分①～④に分けて考える。アンペールの法則

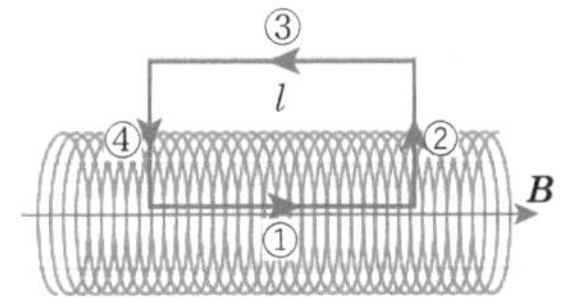

図 7.27

$$\oint \boldsymbol{B}\cdot d\boldsymbol{s} = \mu_0 I_{\mathrm{enc}}$$

において，

$$\text{左辺：}\quad \oint \boldsymbol{B}\cdot d\boldsymbol{s} = \int_{①} \boldsymbol{B}\cdot d\boldsymbol{s} + \int_{②} \boldsymbol{B}\cdot d\boldsymbol{s} + \int_{③} \boldsymbol{B}\cdot d\boldsymbol{s} + \int_{④} \boldsymbol{B}\cdot d\boldsymbol{s}$$

のように分割する。①の領域では $\boldsymbol{B}$ と $d\boldsymbol{s}$ は平行であるため，$\boldsymbol{B}\cdot d\boldsymbol{s} = Bds$ である。ここで，①の区間の磁場を B，長さを l とすると，①の積分は Bl となる。②，④では，ソレノイド外部では $\boldsymbol{B} = 0$，ソレノイド内部においても $\boldsymbol{B} \perp d\boldsymbol{s}$ であり内積 $\boldsymbol{B}\cdot d\boldsymbol{s} = 0$ となるので，これらの積分は 0 となる。また③は，ソレノイドの外側で $\boldsymbol{B} = 0$ であるため★，この積分も 0 となる。したがって，

$$\text{左辺：}\quad \oint \boldsymbol{B}\cdot d\boldsymbol{s} = Bl + 0 + 0 + 0 = Bl$$

である。

一方，導線はアンペールループを何度も貫いている。単位長さ当たりの巻数が n であるので，長さ l のアンペールループの中には nl 本の導線（電流）が含まれていることになる。したがって，正味電流は導線の電流 I に nl をかけて，

$$\text{右辺：}\quad I_{\text{enc}} = nlI$$

これらをアンペールの法則に代入して，

$$Bl = \mu_0 nlI \qquad \therefore\ B = \mu_0 nI \quad ■$$

経路①は中心軸である必要はなく，ソレノイド内の半径方向のどこにとっても構わない。したがって，この結果はソレノイド内の磁場は一様であることを示している。ここでは無限に長いソレノイドに対して導いたが，有限の長さのソレノイドにおいても端から十分に離れていれば，この式を使って磁場を求めると，よい近似値を与える★。磁場の大きさは，電流を大きくすれば大きくなるのは自明であるが，単位長さ当たりの巻数 n にも比例している。n は単なる巻数ではないことに注意しよう。ソレノイドを作るとき，同じ巻数であれば，ある長さの間に何重にも重ねて巻くほうが大きな磁場を発生することができる★。1 重巻きでいくら長く作っても，磁場の大きさは変わらない。

★ 補足
無限に長いソレノイドの外部で磁場が 0 となる理由は，直観的にはソレノイドが無限に長いので，内部の磁場はソレノイド内に閉込められ，外側を戻ってこられないため。
無限遠では磁場は 0 なので，アンペールの法則を考えると，図 7.27 の③の経路を無限遠に持って行くと③の積分は 0 であるが，①の積分は③の位置によらない（②，④の積分は外に $\boldsymbol{B}$ があったとしても対称性から軸に平行となるので，$\boldsymbol{B}\cdot d\boldsymbol{s} = 0$ となり常に 0）。したがって，①の積分値が変わらないためには，③の積分は常に 0，すなわち外部の至る所の磁場が 0 でなければならない。

★ 補足
長さが有限のソレノイドについては，演習問題 3 を参照。

★ 補足
ソレノイドが有限の長さになった効果は無視しているので，近似的にこのように考えられるということである。

7.4 磁場に関するガウスの法則

磁場に関しても，電場の場合★と同じようなガウスの法則が成り立つ。しかし，磁場に関するガウスの法則では，右辺が常にゼロになる。

★ 補足
電場に関するガウスの法則は，

$$\varepsilon_0 \iint_{\text{閉曲面}} \boldsymbol{E}\cdot d\boldsymbol{S} = Q_{\text{enc}} \tag{2.20}$$

もしくは電束密度を用いると

$$\iint_{\text{閉曲面}} \boldsymbol{D}\cdot d\boldsymbol{S} = Q_{\text{enc}} \tag{2.20'}$$

磁場に関するガウスの法則（Gauss's law）

任意の閉曲面について，磁場 $\boldsymbol{B}$ を閉曲面全体に面積分したものはゼロである。

$$\iint_{\text{閉曲面}} \boldsymbol{B}\cdot d\boldsymbol{S} = 0 \tag{7.10}$$

これは，磁気単極子が存在しないことを示している。

右辺は，電場に関するガウスの法則と比べると，磁荷に相当する量になっている。したがって，右辺が常にゼロということは，磁気単極子が存在しないことを示している。

一方，左辺は磁場の面積分を表している。ここで $d\boldsymbol{S}$ は大きさ dS の微小面積に垂直なベクトルであり，$\boldsymbol{B}$ との内積 $\boldsymbol{B}\cdot d\boldsymbol{S}$ によって得られる磁場の面積分は磁力線の数を表している（図 7.28）。これを磁束という。したがって，ガウス面を横切る正味の磁束は必ずゼロになる。

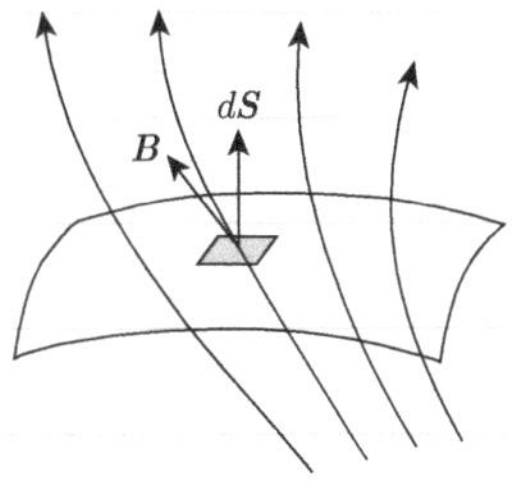

図 7.28

例として，磁石（磁気双極子）のまわりで磁場に関するガウスの法則を考えてみよう。磁石全体を囲むようにガウス面（ガウス面 1）をとれば，N 極から出た磁束は，ガウス面を横切らずに S 極に戻るもの，またガウス面を一度出るがガウス面に入り S 極に戻るものがある（図 7.29）。後者のように磁束がガウス面を横切る場合でも，ガウス面から出た磁束の本数と同じ本数だけガウス面に入ってくるので，正味の磁束はゼロになる。これは磁極を含まないガウス面（ガウス面 2）をとったときでも同じである。それでは，N 極まわりだけでガウス面（ガウス面 3）をとってみるとどうなるだろうか。N 極から出た磁束は，ガウス面外にある S 極に戻るが，この磁束は磁石の中を戻ってきている（B は連続した閉ループになることを思い出そう）。したがって，やはり正味の磁束はゼロになる。このように，必ず N 極と S 極が対になって存在するため，どんなに複雑な状況を作ってもガウス面を横切る正味の磁束はゼロになってしまう。逆に言えば，磁気単極子が存在しない限り，左辺がゼロではない値をとることは不可能なのである。

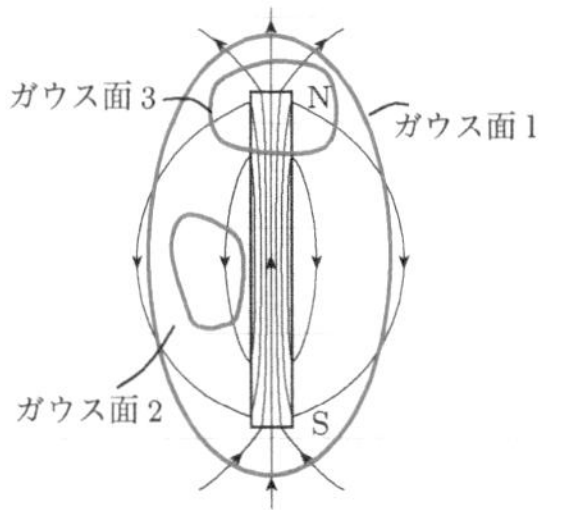

図 7.29

第III部　静磁気

第8章　ローレンツ力

電場は，静止した電荷に力を及ぼす空間である。一方，磁場は静止している電荷に対しては何も影響しないが，運動している電荷に力を及ぼす空間である。本章では磁場中で運動している荷電粒子にはたらく力を考え，改めて磁場を定義する。そしてこの磁気力による荷電粒子の運動を議論する。また，磁場から荷電粒子に力がはたらく結果として電流に力がはたらくことを確認する。

8.1 荷電粒子にはたらく磁気力

アンペールは，電流を流した平行な導線間に力がはたらくことを発見した★。電流のまわりに磁場が生まれ，電流の流れが電荷であれば，この力は，運動する電荷に磁場から作用する力として表すことができる。現在では，磁場中の荷電粒子にはたらく力が，電流にはたらく力の根源であることがわかっている。ここでは運動する荷電粒子にはたらく磁気力から始め，その結果として平行な導線間に力がはたらくことを考えよう。

★ 補足
電流を流した平行導線間にはたらく力は，アンペールによって研究された。このため，磁場中で電流にはたらく力のことをアンペールの力とよぶこともある。

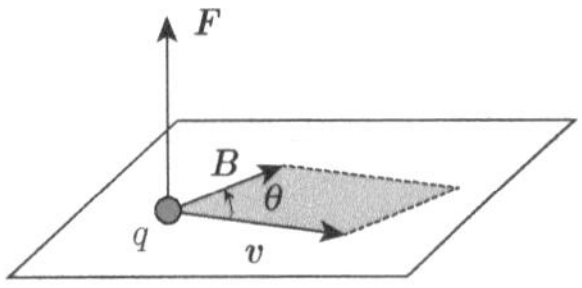

図 8.1
ローレンツ力（磁気力）

図 8.2
右ねじの法則

荷電粒子にはたらく磁気力（ローレンツ力（の一部））

磁場 $\boldsymbol{B}$ の中を速度 $\boldsymbol{v}$ で運動する荷電粒子（電荷 q）にはたらく力は，次のように与えられる（図 8.1）。

$$\boldsymbol{F} = q\boldsymbol{v} \times \boldsymbol{B} \tag{8.1}$$

$\boldsymbol{F}$ は $\boldsymbol{v}$ と $\boldsymbol{B}$ に垂直であり，$q > 0$ のとき $\boldsymbol{v}$ から $\boldsymbol{B}$ の向きに右ねじを回すときにねじが進む向き（右ねじの法則）である（図 8.2。$q < 0$ のときは符号が逆転するので，反対向きになる）。

また，$\boldsymbol{v}$ と $\boldsymbol{B}$ のなす角度を θ とすると，$\boldsymbol{F}$ の大きさは

$$F = qvB\sin\theta \tag{8.2}$$

である。

ここで，電荷 q が 0 であるか，粒子が静止（$\boldsymbol{v} = 0$）していれば，力ははたらかない。また，$\boldsymbol{v}$ と $\boldsymbol{B}$ が平行（$\theta = 0°$）もしくは反平行（$\theta = 180°$）のときも力ははたらかず，$\boldsymbol{v}$ と $\boldsymbol{B}$ が直交するとき（$\theta = 90°$）に力は最大となる。

高校の物理ではこの磁気力のことをローレンツ力とよんでいるが，本来は，クーロンの法則による電気力とこの磁気力をあわせて，ローレンツ力とよぶ。以降本書では，電気力と磁気力をあわせて「ローレンツ力」とよび，磁場による力は「磁気力」とする。

ローレンツ力（Lorentz force）

電場 $\boldsymbol{E}$，磁場 $\boldsymbol{B}$ の中で，速度 $\boldsymbol{v}$ で運動する荷電粒子（電荷 q）にはたらく力

$$\boldsymbol{F} = q(\boldsymbol{E} + \boldsymbol{v} \times \boldsymbol{B}) \tag{8.3}$$

をローレンツ力という。

これは，電磁場には相対性があるためである。電磁気現象を観測者の運動状態にかかわらず矛盾なく記述するには，観測する座標系によって電磁場の変換が必要になる。観測者がどの慣性系（例えば静止している座標系と等速運動している座標系）から見ているかによって，電場が磁場のように見えることもあるし，磁場が電場のように見えることもある。すなわち，電場と磁場を完全に区別することはできず，それぞれの慣性系において，「電磁場」というもののある一面を見ているだけなのである★。電場と磁場はそれぞれ独立に存在しているわけではなく「電磁場」として存在しているので，ローレンツ力も電気力と磁気力を合わせた力として扱わないと正確な記述はできない。

★ 補足
(8.3) 式の形のローレンツ力は，ローレンツ変換という座標変換に対して不変となることがわかっている。電気力のみ，磁気力のみでは，ローレンツ変換不変にならない。(8.3) 式はすべての慣性系に対して成り立つ（マクスウェル方程式もローレンツ変換不変である）。
座標変換をするとき，正しく電磁場変換を行わないと，不思議な結果が導き出されて悩むことになる。電磁気では，直感的な座標変換はできないことを頭の片隅に入れておいてほしい。

○ 磁場の定義

電場 $\boldsymbol{E}$ の場合，空間内に電荷 q をおいたときに作用する力 $\boldsymbol{F}$ を用いて，

$$\boldsymbol{E} = \frac{1}{q}\boldsymbol{F}$$

として電場が定義され，電荷の単位は〔N/C〕であった★。

★ 補足
$\boldsymbol{E} = \frac{1}{q}\boldsymbol{F}$ (2.7) 式
電場の単位は，実用的には〔N/C〕より，〔V/m〕のほうが多く使われる。

磁場 $\boldsymbol{B}$ についても同じように定義を考えたいが，(8.1) 式★は右辺がベクトル積となっており，単純に割り算もできないし，方向を含めて考えるのは難しい。このため，$\boldsymbol{v}$ と $\boldsymbol{B}$ が垂直のときを考え，大きさのみで考える。電荷 q の荷電粒子を，$\boldsymbol{v}$ と $\boldsymbol{B}$ が垂直となるような速度 $\boldsymbol{v}$ で入射させ，そのときに荷電粒子にはたらく力の大きさ F を用いて，磁場の大きさ B を次のように定義する。

★ 補足
$\boldsymbol{F} = q\boldsymbol{v} \times \boldsymbol{B}$ (8.1) 式

$$B = \frac{F}{|q|v} \tag{8.4}$$

(8.4) 式から $\boldsymbol{B}$ の単位は$\left[\dfrac{\mathrm{N}}{\mathrm{C \cdot m / s}}\right] = \left[\dfrac{\mathrm{N}}{\mathrm{A \cdot m}}\right]$となることがわかるが，磁場には改めて〔T〕（テスラ）★という単位が与えられている。

★ 補足
〔T〕は送電において交流方式を提唱したテスラにちなんでつけられた単位。
Nicolas Tesla, 1856～1943

例題 8.1　一様な磁場中での荷電粒子の運動

図 8.3 のように，$+z$ 方向の一様な磁場 B がある。質量 m，電荷 q の荷電粒子を，時刻 $t = 0$ に原点から $+x$ 方向に速さ v で入射させた。

[1]　この荷電粒子は等速円運動する。その理由を説明せよ。

[2]　円運動の半径，周期，振動数を求めよ。

[3]　速度を $\boldsymbol{v} = (v_x,\ v_y,\ v_z)$ として，各軸方向成分の運動方程式を書け。

[4]　各軸方向成分の時刻 t における速度を求めよ。

[5]　この運動の軌道を求めよ。

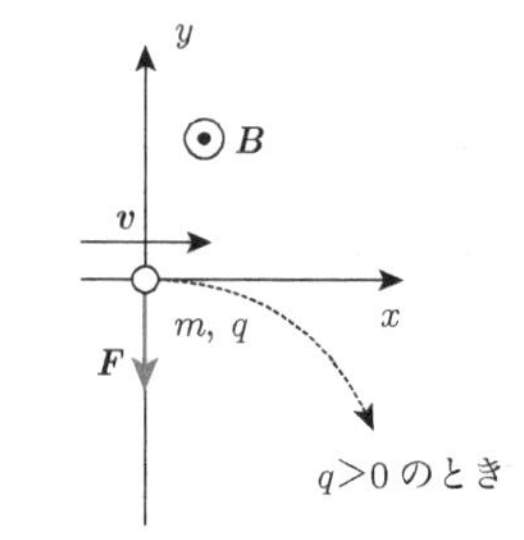

図 8.3

解説 & 解答

[1]　荷電粒子は磁気力 $\boldsymbol{F} = q\boldsymbol{v} \times \boldsymbol{B}$ により，常に運動の方向に垂直な力を受けて運動する。このため，速さは変化しない。したがって，磁気力を向心力とした等速円運動になる。

[2]　等速円運動であるので，向心方向の運動方程式を考える★。円運動の半径を r とすると，

★ 補足
向心方向の加速度は
$\dfrac{v^2}{r}$
である。

$$m\frac{v^2}{r} = qvB \qquad ①$$

したがって，半径 r について解くと，

$$r = \frac{mv}{qB} \qquad ②$$

周期 T は，円運動一周の長さを速さで割り，

$$T = \frac{2\pi r}{v} = \frac{2\pi m}{qB} \qquad ③$$

振動数 f（単位時間あたりの回転数）は，周期の逆数をとり，

$$f = \frac{1}{T} = \frac{qB}{2\pi m} \qquad ④$$

[3]　荷電粒子の運動方程式をベクトル表記で書くと，

$$m\frac{d\boldsymbol{v}}{dt} = q\boldsymbol{v} \times \boldsymbol{B} \qquad ⑤$$

x，y，z の各成分の運動方程式は，$\boldsymbol{v}$，$\boldsymbol{B}$ の成分★を代入して，

★ 補足

$$\boldsymbol{v} = \begin{pmatrix} v_x \\ v_y \\ v_z \end{pmatrix},\quad \boldsymbol{B} = \begin{pmatrix} 0 \\ 0 \\ B \end{pmatrix}$$

$$m\frac{dv_x}{dt} = qv_yB \quad ⑥,\quad m\frac{dv_y}{dt} = -qv_xB \quad ⑦,\quad m\frac{dv_z}{dt} = 0 \quad ⑧$$

[4]　z 成分は⑧を時間で積分して，z 方向の初速が 0 であることから，

$$v_z(t) = v_z(0) = 0 \qquad ⑨$$

したがって，z 軸方向には運動せず，荷電粒子の運動は xy 平面内にとどまる。次に x 成分を得るため，⑥を微分して⑦を代入すると，

$$\frac{d^2 v_x(t)}{dt^2} = -\left(\frac{qB}{m}\right)^2 v_x(t) = -\omega^2 v_x(t) \qquad ⑩$$

となり，これは単振動の式になっていることがわかる。ここで，

$\omega = \dfrac{qB}{m}$ とおいた。ω は角振動数（角速度）で，④の f を用いると $\omega = 2\pi f$ となっていることがわかる。この微分方程式を，初期条件 $v_x(0) = v$，$v_y(0) = 0$ とともに解くと，

$$v_x(t) = v\cos\omega t,\quad v_y(t) = -v\sin\omega t^{\star} \qquad ⑪$$

これらから t を消去すると，$v_x^2 + v_y^2 = v^2$ となるので，等速運動になっていることがわかる。

★ 補足
$v_y(t)$ は，得られた $v_x(t)$ を⑦に入れれば求まる。

[5]　⑪をさらに積分して，初期条件 $x(0) = 0$，$y(0) = 0$ を用いると，

$$x(t) = \frac{v}{\omega}\sin\omega t\ ,\quad y(t) = \frac{v}{\omega}(\cos\omega t - 1) \qquad ⑫$$

となり，これらから t を消去して，$\omega = \dfrac{qB}{m}$ を戻すと，

$$x^2 + \left(y + \frac{mv}{qB}\right)^2 = \left(\frac{mv}{qB}\right)^2 \qquad ⑬$$

が得られる。これは半径 $\dfrac{mv}{qB}$ の円軌道を表しており（図 8.4），②で求めた半径と一致している。このように，一様な磁場中での荷電粒子の運動は，等速円運動であることが確かめられた。この運動を**サイクロトロン運動**とよぶ。■

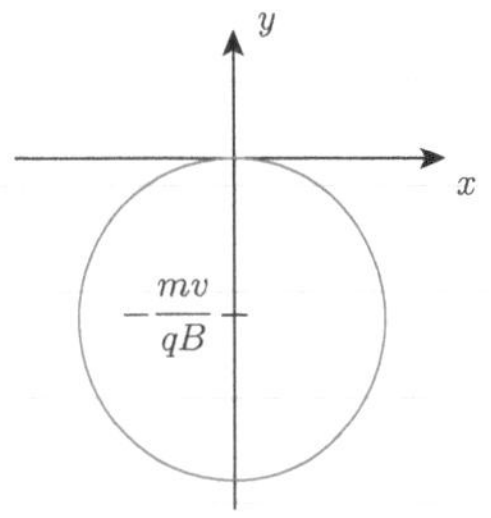

図 8.4

8.2 直交電磁場

電場も磁場も荷電粒子に力を及ぼす。ここでは，電場と磁場が両方あり，これらが直交している場合を考える。この電磁場配置の典型的な例として，トムソンの実験とホール効果を見てみよう★。

★ 補足
電磁気学上，重要な話題なので紹介するが，この節の内容は高校物理でも学んでいるので，先を急ぐ読者は飛ばしてよい。

8.2.1 トムソンの実験

1897 年に，イギリスのトムソン★は陰極線の特性を調べる実験を行い，陰極線は負の電荷を持つ粒子で構成されており，その粒子の比電荷の測定から，その質量が最も軽い原子（水素原子）の 1/1000 程度であると推定した。この功績は「電子の発見」とよばれている。

★ 補足
Joseph Jhon Thomson, 1856～1940
イギリスの物理学者。電子の発見に貢献。この功績により 1906 年にノーベル賞を受賞（ノーベル賞は 1901 年から創設）。

現在，電子と水素原子の質量比の値は，1/1836 が得られている。

ここでは，トムソンの実験の概略を解説する。実験にはクルックス管とよばれる真空のガラス容器を用いる（図 8.5）。図 8.6 のように左端に陰極線（荷電粒子）を発生させるフィラメントと引き出し電極，途中には一対の電極板があり電場 E をかけることができる。また電極板のある領域では，電場と垂直に磁場 B をかけられる。右端には陰極線が当たった場所が光る蛍光板がある。フィラメントから放出された電子は，引き出し電極によって加速され，速度 v で水平に電極間に入射する。入射した位置を原点とし，入射した向きに x 軸，それに垂直に y 軸をとろう。

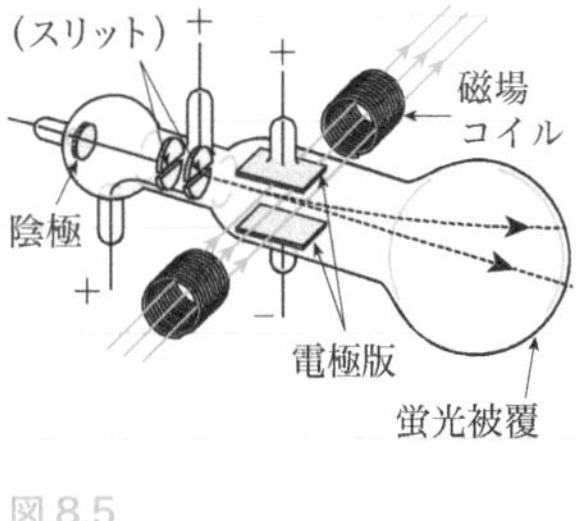

図 8.5

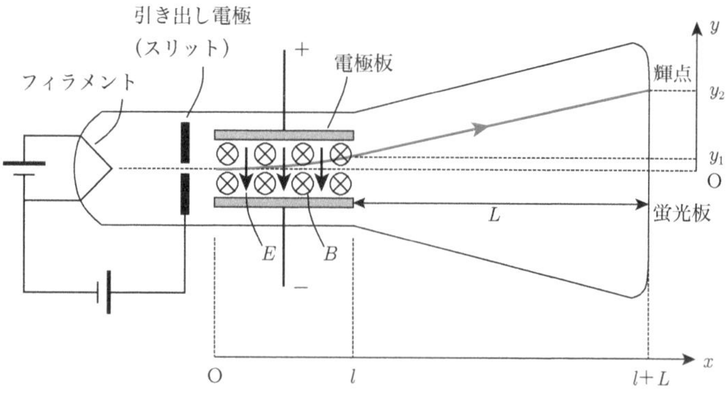

図 8.6

(1)　まず，E だけをかけたときの輝点の位置を求めよう。質量 m，電荷 q の荷電粒子の電極板間における運動方程式は，

$$m\ddot{x} = 0, \quad m\ddot{y} = qE$$

したがってそれぞれの方向の加速度が求まり，積分することにより，速度，位置はそれぞれ以下のように求められる。

加速度：　$\ddot{x} = 0, \quad \ddot{y} = \dfrac{qE}{m}$

速　度：　$\dot{x} = v, \quad \dot{y} = \dfrac{qE}{m}t$

位　置：　$x = vt, \quad y = \dfrac{qE}{2m}t^2$

電極の長さを l とすると，電極を通過する時間は l/v なので★，電極通過直後の速度と位置の y 成分は，

★ 補足
$x = vt$ の式に，$x = l$ を代入する。

$$\dot{y}_1 = \frac{qE}{m}\frac{l}{v}, \quad y_1 = \frac{qE}{2m}\left(\frac{l}{v}\right)^2$$

となる。

(2)　電極通過後，蛍光板に達するまでの荷電粒子には何も力ははたらいていないので，運動方程式は，

$$m\ddot{x} = 0, \quad m\ddot{y} = 0$$

したがって同様に

加速度：　$\ddot{x} = 0, \quad \ddot{y} = 0$

速　度：　$\dot{x} = v, \quad \dot{y} = \dot{y}_1$

位　置：　$x = vt, \quad y = \dot{y}_1 t + y_1$

が得られる。電極右端から蛍光板までの距離を L とすると，蛍光板上の輝点の y 座標は★，

★ 補足
$x = vt$ に $x = L$ を代入して $t = \dfrac{L}{v}$。
これを y の式に代入。

$$y_2 = \frac{qE}{m}\frac{l}{v}\frac{L}{v} + \frac{qE}{2m}\left(\frac{l}{v}\right)^2 = \frac{qE}{2mv^2}l(2L + l)$$

となる。比電荷 $\dfrac{q}{m}$ の表式は y_2 を用いて，

$$\frac{q}{m} = \frac{2y_2v^2}{El(2L + l)}$$

となる。この時点ではまだ v がわからないので，比電荷は決まらない。

(3) 次に v を求めるためにひと工夫する。B を E に直交してかけ，荷電粒子が直進するようにする（輝点が $y=0$ になるようにする）。このとき，電極板間における y 方向の運動方程式は，

$$m\ddot{y} = qE - qvB$$

であり，荷電粒子は直進するので $\ddot{y}=0$（つりあい）である。したがって，

$$qE = qvB \qquad \therefore\ v = \frac{E}{B}$$

このように E と B を直交してかけるだけで，E と B の比から速度 v を求めることができる。比電荷はこの v を用いて

$$\frac{q}{m} = \frac{2y_2}{El(2L+l)}\frac{E^2}{B^2} = \frac{2y_2}{l(2L+l)}\frac{E}{B^2}$$

と表される。右辺の物理量はすべて決めることができるので，比電荷を求めることが可能となる。1909 年には，アメリカのミリカン★によって電気素量が求められた。これにより電子の電荷が決まり，電子の質量も明らかとなったのである。

★ 補足
Robert Andrews Millikan, 1868〜1953
アメリカの物理学者。電子素量の計測と光電効果の研究により 1923 年にノーベル賞を受賞。
現在求められている電子の質量は，
$m_e = 9.1093897 \times 10^{-19}$ kg

8.2.2 ホール効果

真空中の陰極線（電子線）は，磁場によって曲げられる。それでは，導体中を流れる電子も，磁場によって曲げられるのであろうか。このことを確かめたのが，アメリカのホール★である。

★ 補足
Edwin Herbert Hall, 1855〜1938
アメリカの物理学者。1879 年，博士論文の研究をしているときにホール効果を発見。

図 8.7 のように，幅 d，厚さ t を持つ導体薄膜試料を考え，$+x$ 方向に電流を流す。電流のキャリア（電子や正孔など荷電粒子の総称）は正孔と考え，電荷は $e\,(e>0)$，速さは v とする★。ここで $+z$ 方向に磁場 B をかけると，正孔には $-y$ 方向に磁気力 evB が作用し，その軌道は曲げられる。正孔は試料後面に蓄積するため正に帯電し，試料前面は正孔が不足するため負に帯電する。この結果，$+y$ 方向に電場 E が作られる（図 8.8）。この電場は正孔に電気力 eE を及ぼす。この磁気力と電気力は瞬時につりあって平衡状態となり，正孔は再び直進するようになる。このとき，y 方向に現れる電圧をホール電圧 V_{H} という。したがって，y 方向の電場は，V_{H} を用いて

★ 補足
半導体中では正の電荷を持つ粒子（正孔またはホールともいう）もある。わかりやすくするため正の電荷とした。

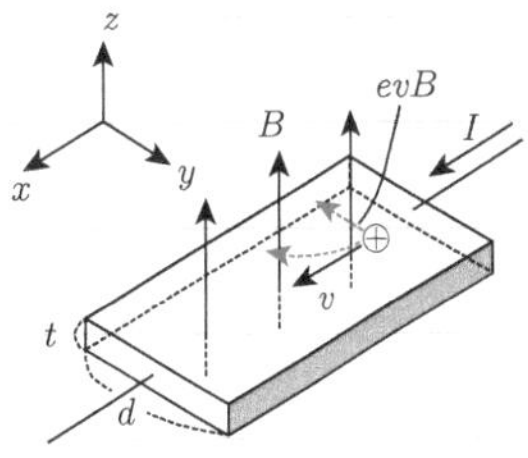

図 8.7

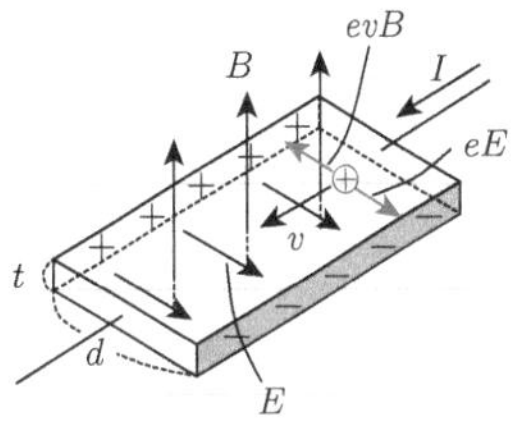

図 8.8

$$E = \frac{V_{\mathrm{H}}}{d}$$

また，磁気力と電気力のつりあいから，

$$qE = qvB \qquad \therefore\ v = \frac{E}{B} = \frac{V_{\mathrm{H}}}{Bd}$$

のように正孔の速度を得ることができる。

一方，試料の断面積を $S(=td)$，キャリア（今回は正孔）密度を n とすると，電流は

$$I = enSv = en(td)v$$

★ 補足
電流の微視的モデルによる導出は 4.2 節参照。

と表せるので★，これをキャリア密度について解き，v を代入すると，

$$n = \frac{I}{e(td)v} = \frac{IB}{etV_{\mathrm{H}}}$$

が得られる。右辺の物理量はすべて決めることができるので，ホール効果の測定から導体試料のキャリア密度を求めることができる。また，キャリアが正孔ではなく電子であれば，ホール電圧の符号が反転するので，キャリアの正負も判別可能である★。このため，ホール効果は半導体の電気伝導特性を調べる上で必須の実験となっている★。

★ 補足
電子の場合にホール電圧の正負が反転することを確認してみよう。

★ 補足
正孔も実際に動いているのは電子なので磁気力の向きは変わらないはず，と考える人もいるだろう。詳細は物性物理学で学ぶが，正孔は負の有効質量を持つ電子であり，運動を記述するには正の有効質量と正電荷を持つ粒子と考えるとつじつまが合うのである。

一方，この式をホール電圧について解くと，

$$V_{\mathrm{H}} = \frac{IB}{ent}$$

となる。出力電圧となる V_{H} は B に比例しているため，大きなホール効果を示す物質はよい磁気センサーになることがわかるだろう。試料の厚みが小さいほど，そして，キャリア密度が小さいほど，ホール電圧の出力は大きくなる（すなわち高感度になる）。この原理を用いた磁気センサーの素子のことをホール素子という★。

★ 補足
金属はキャリア密度が大きいので，ホール電圧は非常に小さい。このため，ホール素子に用いられるのは半導体である（ホールの実験では金が使われたが，電圧が観測可能なように非常に薄い金箔が用いられた）。

例題 8.2　直交電磁場中の荷電粒子の運動

真空中の座標系において，図 8.9 のように電場 E が $+y$ 方向，磁場 B が $+z$ 方向にかかっている。質量 m，電荷 $q(q>0)$ の荷電粒子を原点においたところ，荷電粒子は運動を始めた。

［1］ 速度を $\boldsymbol{v} = (v_x, v_y, v_z)$ として各方向成分の運動方程式を書け。

［2］ 各軸方向成分の時刻 t における速度を求めよ。

［3］ 各軸方向成分の時刻 t における位置を求めよ。

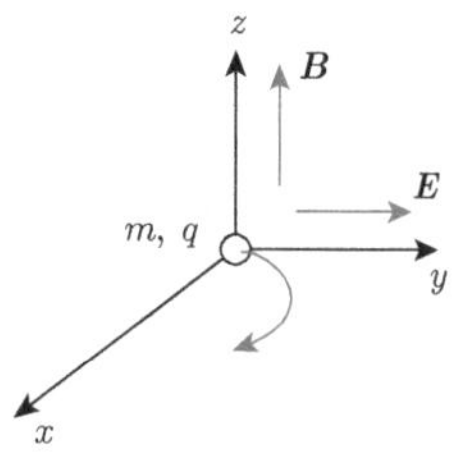

図 8.9

解説＆解答

［1］ 電場および磁場中における荷電粒子の運動方程式は，

$$m\frac{d\boldsymbol{v}}{dt} = q(\boldsymbol{E} + \boldsymbol{v}\times\boldsymbol{B}) \ ★ \qquad ①$$

★ 補足

$$\boldsymbol{v} = \begin{pmatrix} v_x \\ v_y \\ v_z \end{pmatrix},\ \boldsymbol{E} = \begin{pmatrix} 0 \\ E \\ 0 \end{pmatrix},\ \boldsymbol{B} = \begin{pmatrix} 0 \\ 0 \\ B \end{pmatrix}$$

各成分の運動方程式は，$\boldsymbol{v}$，$\boldsymbol{B}$ の成分を代入して，

$$m\frac{dv_x}{dt} = qv_yB \quad ②,\quad m\frac{dv_y}{dt} = q(E - v_xB) \quad ③,\quad m\frac{dv_z}{dt} = 0 \quad ④$$

［2］ 運動方程式から，各成分の加速度は，

$$\frac{dv_x}{dt} = \frac{qB}{m}v_y \quad ⑤,\quad \frac{dv_y}{dt} = -\frac{qB}{m}\left(v_x - \frac{E}{B}\right) \quad ⑥,\quad \frac{dv_z}{dt} = 0 \quad ⑦$$

ここで，$v_x' = v_x - \dfrac{E}{B}$ とおくと，⑤，⑥は

$$\frac{dv_x'}{dt} = \frac{qB}{m}v_y,\quad \frac{dv_y}{dt} = -\frac{qB}{m}v_x'$$

となるので，例題 8.1［4］と同様に解くことができる。速度の初期条

件 $\boldsymbol{v} = 0$ を用いると $v'_x(0) = -\dfrac{E}{B}$ であるから，$\boldsymbol{\omega} = \dfrac{qB}{m}$ とおいて

$$v'_x = -\frac{E}{B}\cos\omega t,\quad v_y = \frac{E}{B}\sin\omega t$$

したがって，v'_x は v_x に戻して，

$$v_x = \frac{E}{B}(1-\cos\omega t),\quad v_y = \frac{E}{B}\sin\omega t \quad ⑧$$

となる。また，$v_z = 0$ である。

[3] さらに積分して，初期位置が原点であることから，

$$x = \frac{E}{B\omega}(\omega t - \sin\omega t),\quad y = \frac{E}{B\omega}(1-\cos\omega t) \quad ⑨$$

また $z = 0$ であり，この運動は xy 平面内にとどまる。この荷電粒子の軌道は図 8.10 のような**サイクロイド**となる。このように直交電磁場下では，y 方向の初速が 0 であると，電場 E が $+y$ 方向にかかっているにもかかわらず，y 方向には流れていかず，$+x$ 方向に移動する。■

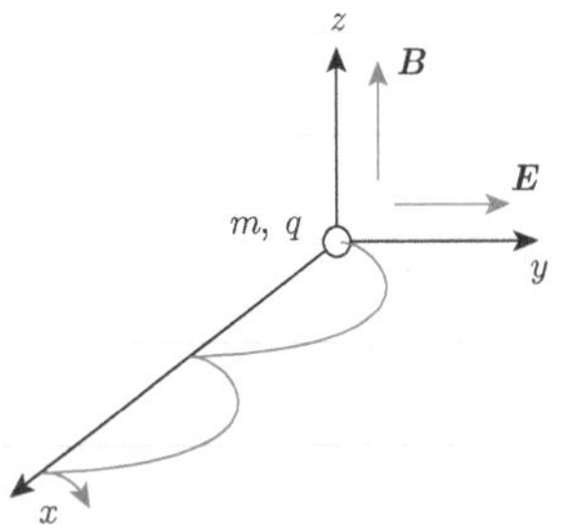

図 8.10

8.3 電流にはたらく磁気力

前節で見てきたように，動いている荷電粒子は進行方向に対して磁場から横向きの力を受ける。導線の中の荷電粒子は，導線から飛び出ることはできないので，荷電粒子が受けた力は導線に伝わる。

図のように，断面積 S の直線導線に，電気量 $-e\,(e > 0)$ の電子が速度 $\boldsymbol{v}$ で流れている状況を考えよう。導線に一様な磁場 $\boldsymbol{B}$ がかかっているとき，導線の長さ l の部分にはたらく力の大きさを求める。導線内のキャリア密度（電子数密度）は n である。

導線内を速度 $\boldsymbol{v}$ で動く電子 1 つにはたらく力は，(8.1) 式から，

$$\boldsymbol{F} = -e\boldsymbol{v} \times \boldsymbol{B}$$

である。電子なので，$\boldsymbol{F}$ の向きは $\boldsymbol{v} \times \boldsymbol{B}$ から右ねじの法則によって得られる向きと反対向きとなり，下向きになる（図 8.11）。長さ l の導線中にある電子数は，長さ l の導線の体積に電子数密度をかけて nlS である。このため，導線の長さ l の部分にはたらく力の大きさ $\boldsymbol{F}_l$ は，$\boldsymbol{F}$ に電子数をかけて

$$\boldsymbol{F}_l = -nlS \cdot e\boldsymbol{v} \times \boldsymbol{B} \tag{8.5}$$

となる。

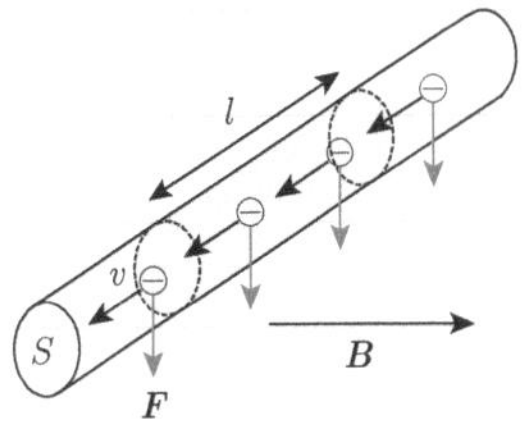

図 8.11

ここで，電子は導線の長さ方向にそって流れているので，電流の向き（$-\boldsymbol{v}$ の向き）の情報を，導線の長さに移して，速度 $-\boldsymbol{v}$ を速さ v，長さ l を長さベクトル $\boldsymbol{l}$（電流の向き）とし，次のように書き換える★。

$$\boldsymbol{F}_l = enSv \cdot \boldsymbol{l} \times \boldsymbol{B} \tag{8.6}$$

一方，電流は単位時間あたりに流れる電気量なので，断面積 S の導線内に流れる電流は，次のように表される★。

$$I = enSv \tag{8.7}$$

★ 補足
I をベクトルのまま扱う流儀もあるが，状況によって微小区間に分割して積分することを考えると，長さをベクトルとしたほうが扱いやすい。

★ 補足
電流の微視的モデルによる導出は 4.2 節参照。

これを（8.6）式に用いると，導線の長さ l の部分にはたらく力 $\boldsymbol{F}_l$ は，

$$\boldsymbol{F}_l = I(\boldsymbol{l} \times \boldsymbol{B}) \tag{8.8}$$

と表すことができる。これが電流にはたらく磁気力の式である。力の向きは，$\boldsymbol{l} \times \boldsymbol{B}$ に対して右ねじの法則を適用して考える。また，図 8.12 のようにフレミングの左手の法則で考えてもよい。

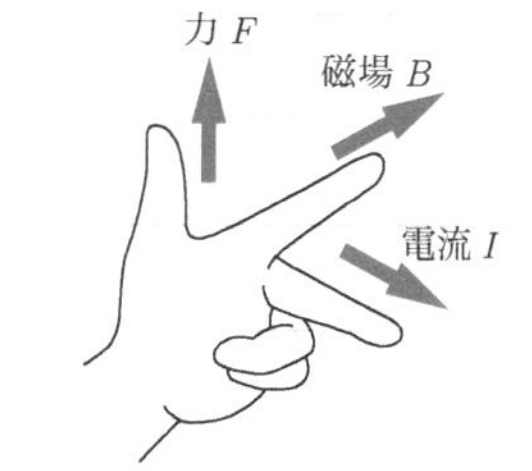

図 8.12
フレミングの左手の法則

また，力の大きさは l と B のなす角を θ として，

$$F_l = IlB\sin\theta \tag{8.9}$$

と表される。

導線が曲がっていたり，磁場が一様でない場合は，導線を短い区間 dl に分割して考える（図 8.13）。導線全体にはたらく力は，個々の区間の導線にはたらく力のベクトル和として求める。これらをまとめると，電流にはたらく磁気力は次のようにまとめられる。

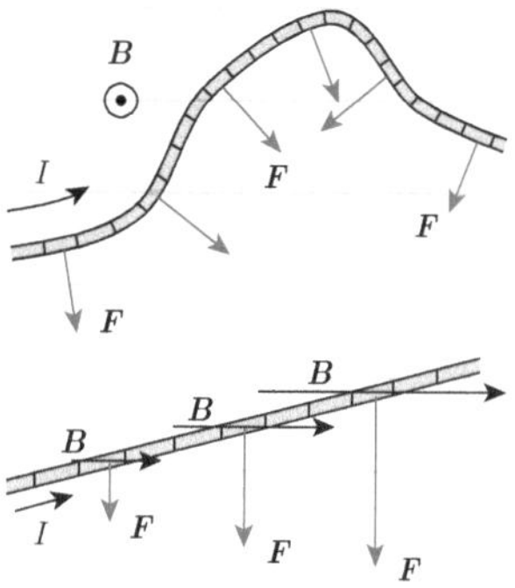

図 8.13

電流にはたらく磁気力

一様な磁場 $\boldsymbol{B}$ の中で，直線導線に電流 I が流れているとき，導線の長さ l の部分にはたらく磁気力 $\boldsymbol{F}_l$ は，電流向きの長さベクトルを $\boldsymbol{l}$ として

$$\boldsymbol{F}_l = I(\boldsymbol{l} \times \boldsymbol{B}) \tag{8.8}$$

で与えられる。力の大きさは，l と B のなす角を θ として，

$$F_l = IlB\sin\theta \tag{8.9}$$

である。

力の向きは右ねじの法則，もしくはフレミングの左手の法則から決める。

（導線が曲がっていたり，磁場が一様でない場合）

微小区間 $d\boldsymbol{l}$ に分割して，それぞれの微小区間にはたらく磁気力 $d\boldsymbol{F}$

$$d\boldsymbol{F} = I(d\boldsymbol{l} \times \boldsymbol{B})\ ^{\star} \tag{8.10}$$

を求め，導線にそって必要な範囲だけ積分を行うことによって求められる。

$$\boldsymbol{F} = \int d\boldsymbol{F} = \int I(d\boldsymbol{l} \times \boldsymbol{B}) \tag{8.11}$$

★ 補足
積分だと $d\boldsymbol{l}$ を後ろに持ってきて，$\int I\boldsymbol{B} \times d\boldsymbol{l}$ と書きたくなるが，ベクトル積では勝手に順番を変えてはいけない。

例題 8.3　平行におかれた直線導線間にはたらく磁気力

真空中に，十分に長い 2 本の直線導線 P，Q を間隔 r で平行に並べ，それぞれに電流 I_P，I_Q を流した。導線 P が導線 Q の長さ l の部分に作用する力を求めよ。

解説 & 解答

導線Pに流れる電流 I_P が，導線Qの位置に作る磁場の大きさは，アンペールの法則から，

$$B = \frac{\mu_0 I_P}{2\pi r} \quad ①$$

であり，その向きは導線Qに対して垂直である。したがって，電流 I_Q が流れている導線Qの長さ l の部分にはたらく力の大きさは，$\boldsymbol{F} = I_Q(\boldsymbol{l} \times \boldsymbol{B})$ から，

$$F = I_Q l B \sin 90° = \frac{\mu_0 I_P I_Q l}{2\pi r} \quad ②$$

となる。I_P，I_Q が同じ向きであれば引力（図8.14），反対向きであれば，斥力がはたらく（図8.15）。■

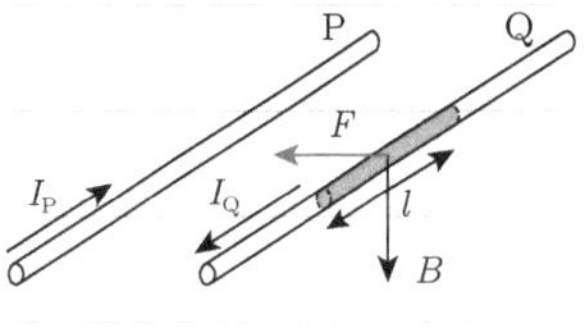

図8.14
電流が同じ向きのとき

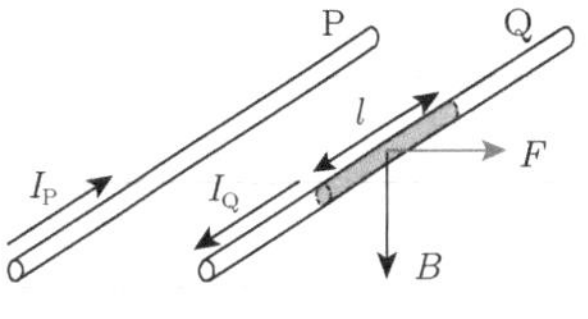

図8.15
電流が反対向きのとき

例題 8.4　非一様磁場中におかれた直線電流にはたらく磁気力

図8.16のように，真空中に1辺の長さが L の正方形コイルABCDを，辺ABが $x = r$ の位置になるようにおいた。この領域全体には紙面奥向きに磁場 $B(x) = bx$ がかかっており，コイルには右回りに電流 I が流れている。コイルの各辺にはたらく力とその向きを求めよ。

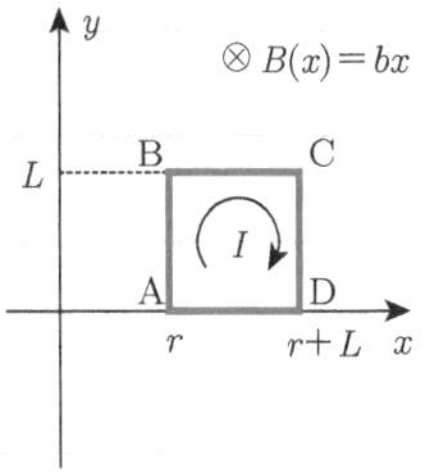

図8.16

解説 & 解答

［1］　辺ABにはたらく力

辺ABには辺全体に $B(r) = br$ の磁場がかかっている。辺AB ⊥ $\boldsymbol{B}$ であるから，$\boldsymbol{F} = I(\boldsymbol{L} \times \boldsymbol{B})$ は $F = IBL$ となり，辺ABにはたらく力は，

$$F_{AB} = IbrL \quad ①$$

力の向きは図8.16の左向きである。

（別解：積分で求める）

辺AB上はどこも同じ磁場なので微小区間に分割して考える必要はないが，辺ABを微小区間 dy に分割した方法でも解いてみる。磁場は $B(r) = br$ なので，$dF = I(br)dy$ となる。

$$F_{AB} = \int dF = \int_0^L I(br)dy = IbrL$$

となり，同じ結果が得られる。

［2］　辺BCにはたらく力

辺BCにかかっている磁場は位置 x によって異なる。よって，辺BC上にはたらく力も位置 x によって異なる。このため，辺BCを微小区間 dx に分割して微小区間にはたらく力を考え，それらを足し合わせなくてはならない★。辺AB ⊥ $\boldsymbol{B}$ であるから $dF = I(bx)dx$ となり，辺BC全体にはたらく力はこれをBC間にわたって積分すればよい。

★ 補足
磁場を積分してから $F = IBL$ の式に入れる人がいる。ここで磁場の積分をして何を意味があるのだろうか？足し合わせなくてはいけないのは，磁場ではなく，個々の場所にはたらいている力である。

★ 補足
②の積分において $\int_r^{r+L} I(bx)L\,dx$ とする人もよく見かける。これは dx を長さではなく，ただの積分のための記号と思っている証拠である。長さ L を微小長さ dx に変えたことがわかっていない。なぜ微小区間に分割したのか，もう一度考えてみよう。

$$F_{BC} = \int dF = \int_r^{r+L} I(bx)\,dx = \frac{1}{2}Ib\left(2rL + L^2\right)^{\star} \qquad ②$$

力の向きは図 8.16 の上向きである。

［3］ 辺 CD にはたらく力

力の大きさは，磁場が $b(r+L)$ となる以外は，辺 AB のときと同様に求めればよい。

$$F_{CD} = Ib(r+L)L \qquad ③$$

電流の向きが辺 AB のときと反対なので，力の向きは図 8.16 の右向きである。

［4］ 辺 DA にはたらく力

辺 BC のときと同様に考える。D から A への積分なので微小変位の取り方が $(-dx)$ になることを注意して，

★ 補足
積分範囲も②と逆になっているので，答えは変わらない。

$$F_{DA} = \int dF = \int_{r+L}^{r} I(bx)(-dx) = \frac{1}{2}Ib\left(2rL + L^2\right)^{\star} \qquad ④$$

力の向きは図 8.16 の下向きである。■

例題 8.5　電流ループにはたらく回転力

一巻きコイルによる簡単なモーターを考える（図 8.17)。磁場 $\boldsymbol{B}$ の中に，辺の長さ a，b を持つ長方形 ABCD のコイルがおかれており，コイルには左回りに電流 I が流れている。$\boldsymbol{B}$ とコイル面の法線ベクトル $\boldsymbol{n}$ とのなす角を θ とする。

［1］ コイルの各辺にはたらく力とその向きを求めよ。
（辺 DA については，切れ目がほとんどないものとして考えよ）

［2］ コイルにはたらく力のモーメントとその向きを求めよ。

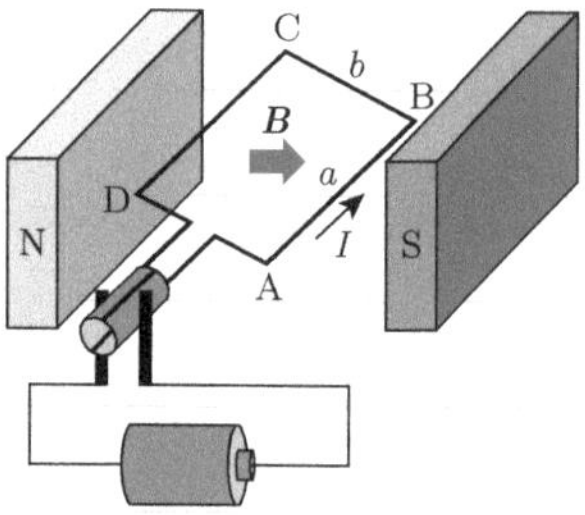

図 8.17

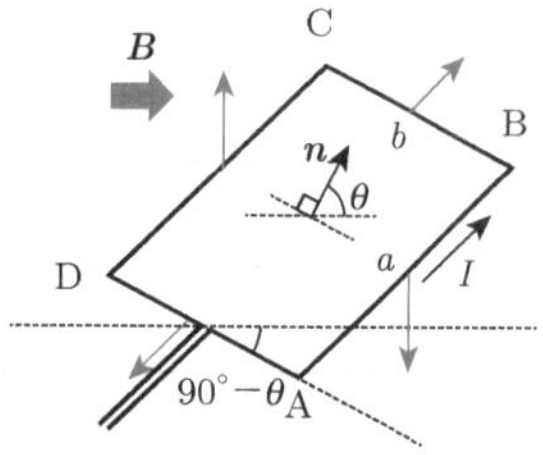

図 8.18

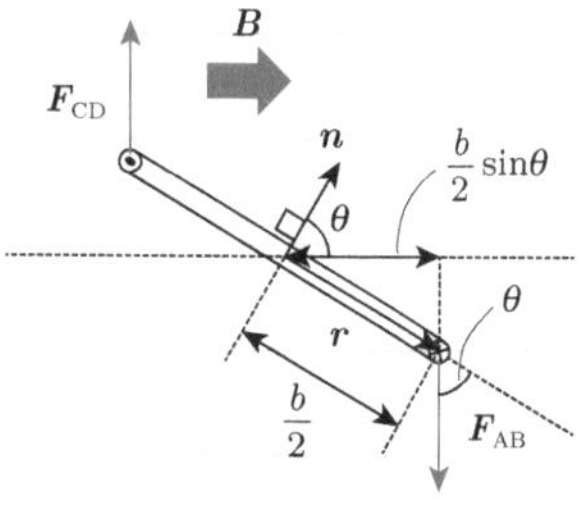

図 8.19

解説 & 解答

［1］ 一様な磁場下での磁気力を考える（(8.8) 式)。

$\boldsymbol{F} = I(\boldsymbol{l} \times \boldsymbol{B})$

$\boldsymbol{B}$ と辺 AB や辺 CD とのなす角は 90°，$\boldsymbol{B}$ と辺 BC や辺 DA とのなす角は（$90° - \theta$）となるから（図 8.18)，

$F_{AB} = IaB$　　向き：下向き　①

$F_{BC} = IbB\sin(90° - \theta) = IbB\cos\theta$　向き：奥向き（外向き）　②

$F_{CD} = F_{AB} = IaB$　　向き：上向き　③

$F_{DA} = F_{BC} = IbB\cos\theta$　向き：手前向き（外向き）　④

となる。

［2］ F_{DA} と F_{BC} は，力の大きさと作用線が同じで向きが逆であるため打ち消し合い，コイルの回転には寄与しない。

F_{AB} と F_{CD} は，力の大きさが同じで逆が向きであるが，作用線が異なっているため（図 8.19)，力のモーメント $\boldsymbol{T}$ がはたらく★。$\boldsymbol{T} = \boldsymbol{r} \times \boldsymbol{F}$ であり，$\boldsymbol{r}$ と $\boldsymbol{F}$ のなす角は θ であるから，T の大きさは，①，③より

★ 補足
力のモーメント（トルク）は，力学ではよく $\boldsymbol{N}$ を用いるが，ここではコイルの巻数と混同する場合があるので，$\boldsymbol{T}$ を用いる

$$T = F_{\mathrm{AB}} \cdot \frac{b}{2}\sin\theta + F_{\mathrm{CD}} \cdot \frac{b}{2}\sin\theta = IabB\sin\theta \qquad ⑤$$

である。$\boldsymbol{T}$の向きは右ねじの法則から紙面奥向きである。$\boldsymbol{T}$は回転軸の向きを表していることに注意しよう。$\theta = 0$ではコイル面が垂直になっており，このとき回転力ははたらかない。一方，$\theta = 90^\circ$では，コイル面が水平になっており，このとき最も大きな回転力がはたらく

ここでabはコイルの面積を表しており，$S = ab$とおくと

$$T = (IS)B\sin\theta \qquad ⑥$$

と書くことができる。⑥にはコイルの面積がSということだけで，長方形という情報は残っていない。コイルに関することは電流と面積の積ISであり，回転力はコイルの形にはよらないことを示している。また，コイルの巻数がN倍になれば，TもN倍になり巻数に比例する。

■

例題8.5のように，電流ループには力のモーメント（回転力）がはたらく。このような電流ループに対して，

$$\boldsymbol{m} = IS\boldsymbol{n} \qquad (8.12)$$

で表される$\boldsymbol{m}$を定義し，これを**磁気モーメント**という。$\boldsymbol{n}$は電流ループ面の法線ベクトルであり，電流が発生する磁場の向きである。面積ベクトル$\boldsymbol{S}$（$= S\boldsymbol{n}$）を用いて表せば，

$$\boldsymbol{m} = I\boldsymbol{S} \qquad (8.12')$$

となる。$\boldsymbol{m}$は電流Iとループの面積Sのみで決まり，単位は〔$\mathrm{Am^2}$〕である。この$\boldsymbol{m}$を用いると，力のモーメント$\boldsymbol{T}$は次のように表される。

$$\boldsymbol{T} = \boldsymbol{m} \times \boldsymbol{B} \qquad (8.13)$$

12.1節で扱う磁性体においても磁気モーメントが出てくる。物質の磁気モーメントの起源は電流ループではないが，(8.13) 式が同様に成り立ち，磁場からの回転力を受ける。

以下，真空の透磁率は μ_0 とする。

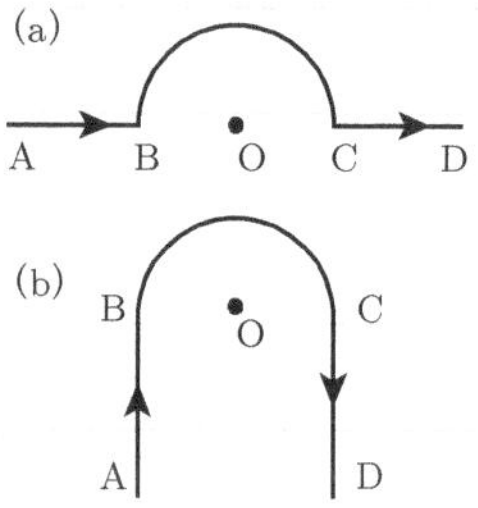

1. [ビオ・サバールの法則 1]

図 (a)，(b) のような導線に電流 I を流したとき，点 O に生じる磁場の大きさと向きをそれぞれ求めよ。ただし，AB，CD は半無限に長い直線，円弧 BC は中心 O，半径 a の半円とする。

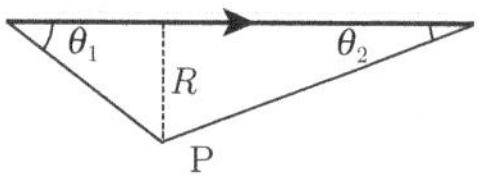

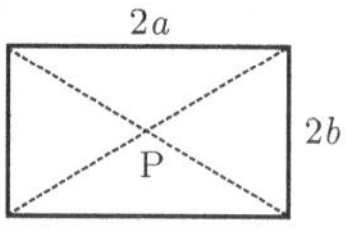

2. [ビオ・サバールの法則 2]

(1) 有限の長さの直線導線に電流 I を流した。導線からの距離が R，導線の両端から角度が θ_1，θ_2 となるような点における磁場の大きさを求めよ。

(2) 2 辺の長さが a，b の長方形回路に電流 I を流したとき，長方形の中心 P につくる磁場の大きさを求めよ。

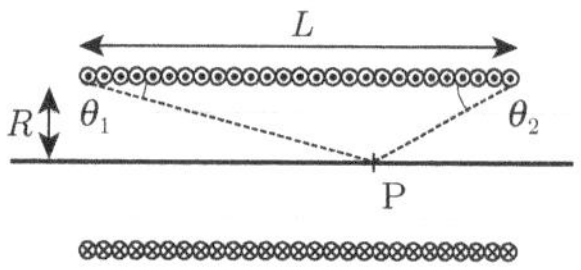

3. [ビオ・サバールの法則 3]

半径 R，長さ L，単位長さあたりの巻数 n のソレノイドに電流 I を流した。ソレノイドの端点と中心軸上の点 P を結び，図のように角度 θ_1，θ_2 としたとき，点 P における磁場の大きさを求めよ。

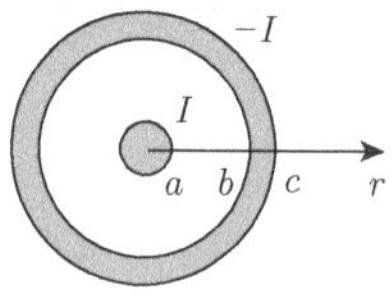

4. [アンペールの法則 1]

半径 a の内側導体と内半径 b，外半径 c の外側導体からなる同軸ケーブルがある。内側導体に電流 I が紙面の裏から表に，外側導体には反対向きに電流 I が一様な密度で流れている。中心軸からの距離が r の位置における磁場の大きさを求めよ。

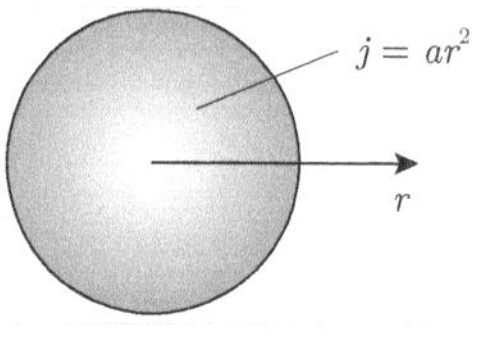

5. [アンペールの法則 2]

半径 R の導線に電流が流れている。中心軸からの距離を r とすると，その電流密度 j は $j = ar^2$ と表される。r の位置における磁場の大きさを求めよ。

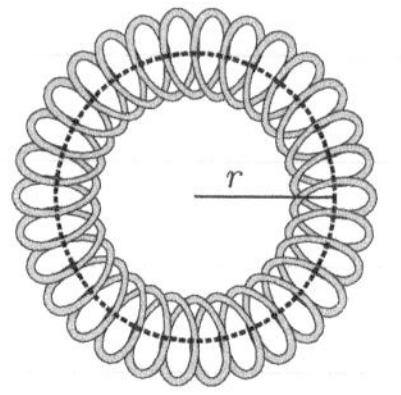

6. [アンペールの法則 3]

総巻数 N 回の環状ソレノイド（トロイダルコイル）に電流 I を流す。中心からの距離が r の位置（コイル内）における磁場の大きさを求めよ。

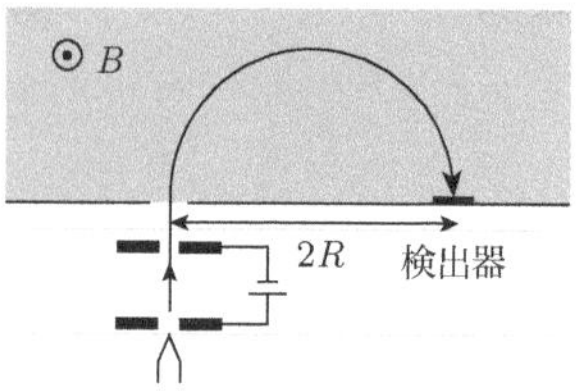

7. [質量分析器]

質量分析器を用いて質量 m の粒子ガスを検出したい。初速度ゼロの粒子を電気量 q ($q > 0$) にイオン化して加速電圧 V で加速し，一様な磁場 B に入射孔から垂直に入射させた。入射孔と検出器の距離は $2R$ である。

(1) 入射孔における粒子の速さを求めよ。

(2) この粒子を検出器で検出するために必要な加速電圧 V を求めよ。

8.［ホール効果 1］

薄膜試料に電流密度 j の電流を一様に流した。図のように座標軸をとり，$+z$ 方向に一様に磁場 B をかけた。キャリアの電荷を q，キャリア密度を n として以下の問いに答えよ。

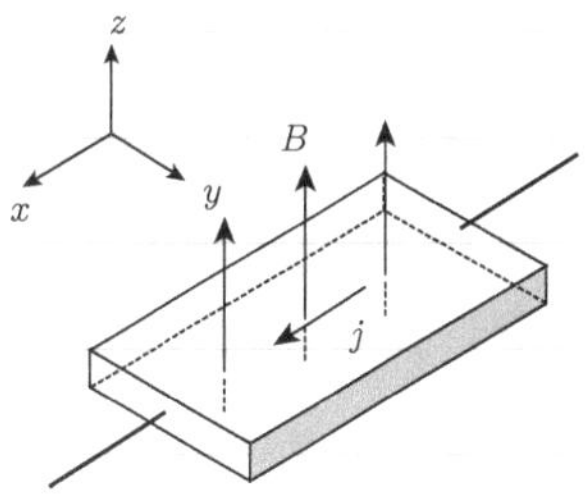

(1) 電子の速さを，q，j，n を用いて表せ。

(2) 定常状態において，y 方向の電場 E を B，q，j，n を用いて表せ。

(3) $E = R_H jB$ と書いたときの R_H を求めよ。(R_H を**ホール係数**という。)

9.［ホール効果 2］

図のような形状 ($L = 3.0\,\mathrm{mm}$，$d = 10\,\mu\mathrm{m}$) で，厚み $t = 100\,\mathrm{nm}$ の薄膜試料を用いて電流電圧特性の測定を行ったところ，(a) の結果が得られた。この素子に電流 $I = 100\,\mathrm{mA}$ を流してホール電圧を測定したところ (b) の結果が得られた。磁場は試料面垂直上向きを正とする。以下の問いに答えよ。

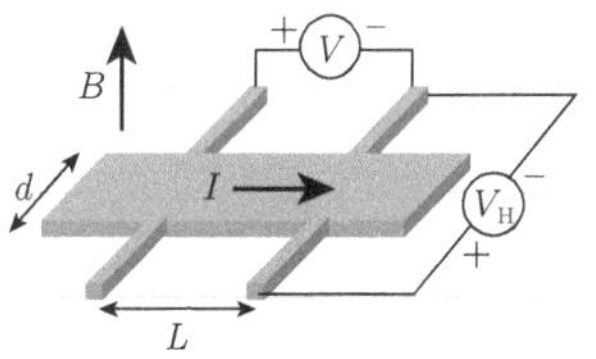

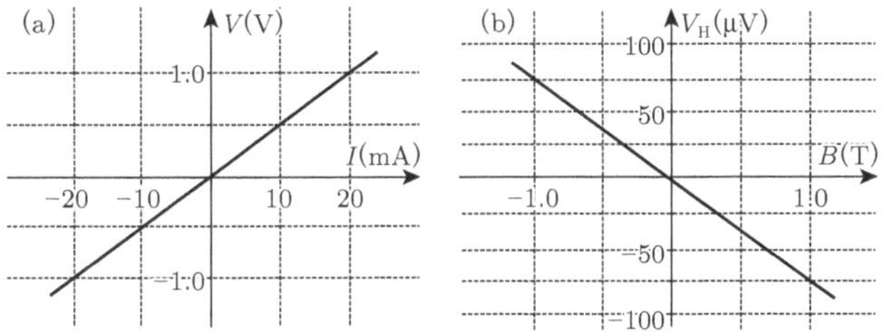

(1) この薄膜試料のキャリアは電子かホールか。

(2) この薄膜の抵抗率を求めよ。

(3) この薄膜のキャリア密度を求めよ。

(4) この薄膜の移動度を求めよ。

10.［電流にはたらく磁場］

真空中にある直交座標系の z 軸上に無限に長い導線があり，z 軸の正の向きに電流 I_1 が流れている。yz 座標面に 1 辺の長さ l の正方形のコイル ABCD があり，図の向きに電流 I_2 が流れている。ABCD の辺 AD は y 軸上にあり，辺 AB と z 軸との距離は L である。

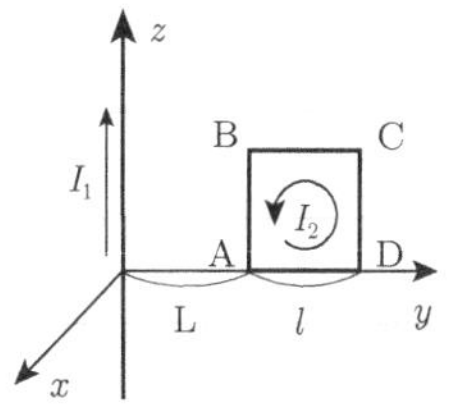

(1) I_1 が z 軸から距離 r のところに作る磁場を求めよ。

(2) I_1 による磁場によって<u>導線 AB</u> にはたらく力の大きさと向きを求めよ。

(3) I_1 による磁場によって<u>導線 BC</u> にはたらく力の大きさと向きを求めよ。

(4) コイル全体にはたらく力の大きさと向きを求めよ。

第Ⅳ部　時間変化する電磁場

第9章　電磁誘導

これまで時間的に変化しない電場や磁場を扱ってきた。電流も定常電流であり時間的な変化は考えていなかった。Ⅳ部では，これらが時間的に変化したときに現れる新しい現象について考える。電場と磁場の本質的な関わり合いが見えてくるだろう。

第７章では電流が磁場を作ることを学んだ。これは電気的現象が磁気的現象を引き起こすことを示している。それでは，逆に磁気的現象が電気的現象を引き起こすことはできるだろうか。ファラデーはこのような着想から研究をはじめ，磁場の変化が電流を発生させるという電磁誘導の現象を発見した。本章では，ファラデーの電磁誘導の法則とそれに付随して現れる誘導電場について学ぶ。電磁誘導の法則はマクスウェル方程式の１つとなっている。

9.1　ファラデーの電磁誘導の法則

◎ ファラデーの実験

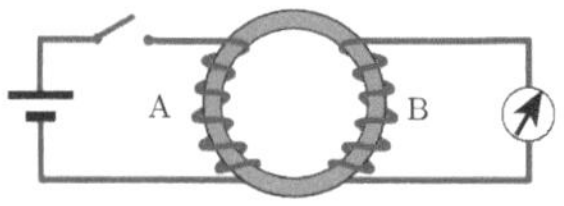

図 9.1

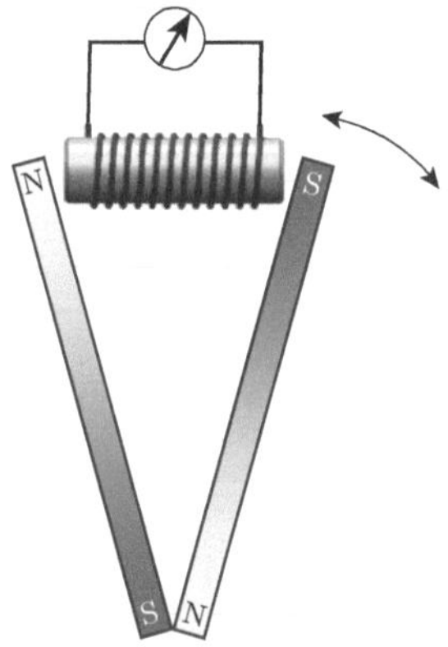

図 9.2

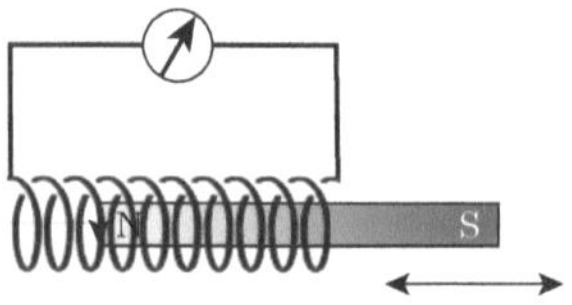

図 9.3

ファラデーは，図 9.1 のような鉄のリングに２つのコイルを巻きつけ，コイル A には電池を，コイル B には検流計をつないだ（実際は導線の近くに磁針をおいて電流が流れたかを調べた）。ここで，鉄のリングは効率よく磁場（磁力線）を伝える役割をしている。コイル A に電流が流れると，発生した磁場は鉄のリングにそってコイル B に伝わる。ここでコイル A に電池をつないだ瞬間，コイル B に一瞬電流が流れたが，コイル A に電流を流し続けてもコイル B に電流が流れ続けることはなかった。しかし，コイル A から電池を外した瞬間，コイル B には一瞬逆向きの電気が流れた。すなわち，コイル A に電流を流した瞬間，もしくは電流を切った瞬間に，コイル B にも電流が生じることを発見したのである。

さらにファラデーはこの現象の原因を探るべく，コイルを巻いた鉄心の近くで永久磁石を動かしたところ，電流が流れることを発見した（図 9.2）。このように磁石の位置の変化だけ，すなわち磁場の変化で電流が発生することを確認した。さらに，コイルの中に磁石を出し入れすると，電流が波状に流れることも見つけている（図 9.3）。

このように，磁場の変化によりコイルに発生する電流を**誘導電流**という。実際には直接電流が誘導されるのではなく，起電力（**誘導起電力**）が生じ，その結果として電流が流れている。

◎ レンツの法則

このように，コイル内の磁場の変化により電流が誘起されることが発見されたが，誘導電流の流れる向きについては，ドイツのレンツ★が次のようにまとめた。

★ 補足
Heinrich Friedrich Emil Lenz, 1804～1865

レンツの法則

磁場の変化によって発生する誘導電流は，その磁場の変化を妨げる向きに流れる。

またレンツは，コイルに発生する起電力の大きさが，コイルを貫く磁力線の変化に比例することについてもまとめている。ループを貫く磁力線の数そのものではなく，磁力線の数の変化率によって決まる★。

★ 補足
本来は，ここまでを含めてレンツの法則という。

「磁場の変化を妨げるような向き」について，もう少し具体的に考えよう。図 9.4（a）のように磁場 $\boldsymbol{B}$ を増加させていくと，誘起される電流はその磁場の増加を少しでも妨げようとする。このため，$\boldsymbol{B}$ と逆向きの磁場 $\boldsymbol{B}'$ を作るような向きの電流を発生する。逆に，図 9.4（b）のように $\boldsymbol{B}$ を減少させていくと，誘起される電流はその磁場の減少を少しでも妨げようとする。このため，$\boldsymbol{B}$ と同じ向きの磁場 $\boldsymbol{B}'$ を作るような向きの電流を発生する。

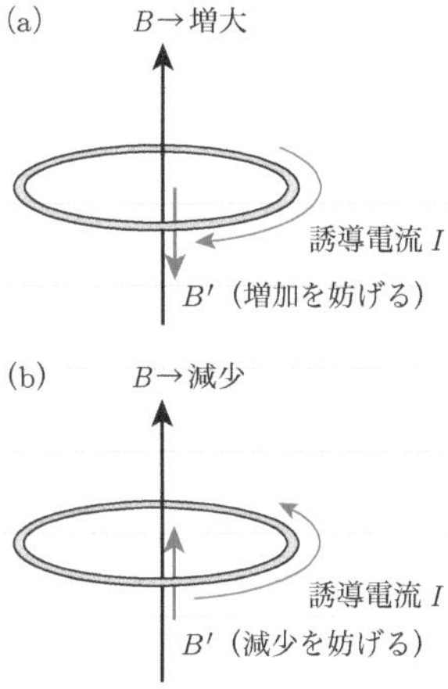

図 9.4

レンツの法則のように，「変化を妨げる向き」に自然が応答するということは，自然界は現在の状態をなるべく保とうとすることを示している。すなわち，自然界に何か変化を起こすと，それに対応して起こる効果は，その変化を抑制する向きに生じる。これは自然界の安定性を表している。

◎ 電磁誘導の数式表現

上記の現象を数式で表現するために，**磁束** Φ_B★を定義する。磁束は，7.4 節の磁気に関するガウスの法則で少し出てきたように，磁場の面積分で定義される。ある面を貫く磁束は，その面を微小に分割した面積ベクトル $d\boldsymbol{S}$（その面に垂直な，大きさ dS のベクトル）を用いて，磁場 $\boldsymbol{B}$ との内積 $\boldsymbol{B}\cdot d\boldsymbol{S}$（面に垂直な $\boldsymbol{B}$ の成分）をその面にわたって積分することによって得られる（図 9.5（a））。したがって，磁束 Φ_B は

★ 補足
磁束 Φ_B の下付きの B は，磁場に関する束（flux）の意味でつけた。
電場に関するものは，電場束 Φ_E，電束 Φ_D がある。

$$\Phi_B = \iint \boldsymbol{B}\cdot d\boldsymbol{S} \tag{9.1}$$

と与えられ，磁束は磁力線の本数を表す。もし，ある面が面積 S の平面であり，磁場が一様かつ $\boldsymbol{B}$ と $d\boldsymbol{S}$ との角度が θ であれば（(図 9.5（b)），

$$\Phi_B = \iint \boldsymbol{B}\cdot d\boldsymbol{S} = \iint B\,dS\cos\theta = BS\cos\theta \tag{9.2}$$

となる。磁束の単位は〔Wb〕（ウエーバー）とよばれ，(9.2) 式から〔Wb〕＝〔T･m^2〕となっていることがわかる。

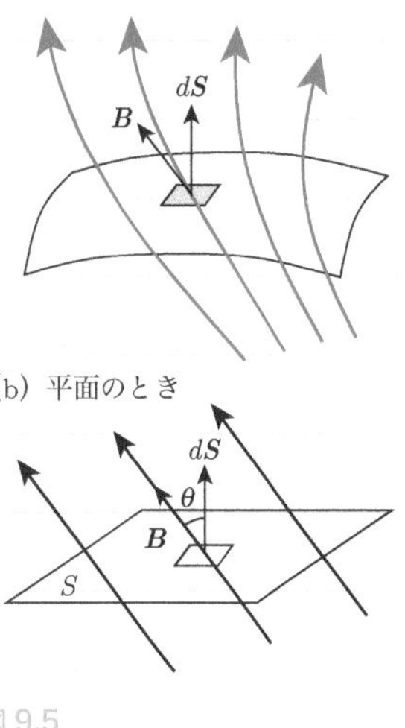

図 9.5
θ の位置に注意

磁束の変化があれば起電力が誘導される。ドイツのノイマン★は，この現象について，磁束の変化率と誘導起電力の間に成り立つ関係を次のように数式にまとめた。これが現在知られているファラデーの電磁誘導の法則である。

★ 補足
Franz Ernst Neumann, 1798〜1895
（コンピューターや原子爆弾で有名なノイマンではない）

★ 補足
起電力（electromotive force）は V ではなく，$\mathcal{E}$ で表す。
(9.3) 式の比例係数は，当初 k とされていたが，後に $k=1$ でよいことが明らかになった。
また，(9.3) 式から〔Wb〕=〔V･s〕となることもわかる。
符号については，はじめにある磁場の向き（磁場がゼロのときは磁場を増加させようとする向き）に，磁場を作るように電流に流す方向を正として考える。

ファラデーの電磁誘導の法則

閉回路 C を貫く磁束 $\boldsymbol{\Phi}_B$ が変化するとき，その閉回路に生じる起電力 $\mathcal{E}$ は，

$$\mathcal{E} = -\frac{d\boldsymbol{\Phi}_B}{dt} = -\frac{d}{dt}\iint \boldsymbol{B}\cdot d\boldsymbol{S} \qquad (9.3)$$

と与えられる★。

ここで，負符号は「磁束の変化を妨げる向き」というレンツの法則を意味している。

誘導起電力はコイル 1 巻きごとに発生するので，N 回巻きコイルの場合は，有効な閉回路の面積は N 倍になり，誘導起電力は N 倍になる。このとき，コイルの全起電力は，

$$\mathcal{E} = -N\frac{d\boldsymbol{\Phi}_B}{dt} \qquad (9.4)$$

となる。

コイルを貫く磁束の変化法として，以下の 3 つが考えられる。

1. コイル内の磁場が変化する。
2. 磁場のかかっている面積が変化する。
3. 磁場とコイル面の角度が変化する。
   （磁場のかかっている有効面積が変化する）

以下では，これらについて具体的に見てみよう。

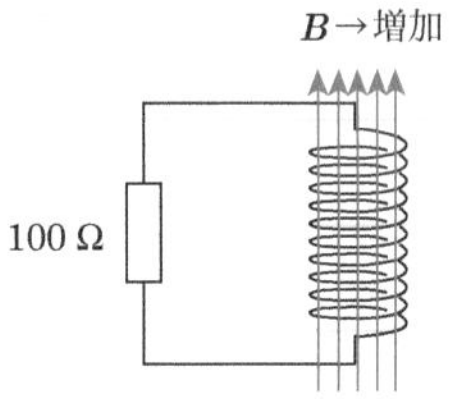

図 9.6

例題 9.1　磁場が変化するときの誘導起電力

100 回巻きのコイルと抵抗をつないだ回路において，コイルを貫く磁束を 1.0 秒間に 2.0×10^{-2} Wb の割合で増加させた（図 9.6）。磁束を増加させているとき，100 Ω の抵抗に流れる電流の大きさを求めよ。ただし，増加の割合は一定とする。

解説＆解答

磁束は一定に増加しているので，誘導起電力 $\mathcal{E}$ は

$$E = -N\frac{d\boldsymbol{\Phi}_B}{dt} = -N\frac{\Delta\boldsymbol{\Phi}_B}{\Delta t} = -100\frac{2.0\times10^{-2}\,\mathrm{Wb}}{1.0\,\mathrm{s}} = -2.0\,\mathrm{V}$$

$$\therefore |\mathcal{E}| = 2.0\,\mathrm{V}$$

したがって，誘導電流の大きさは

$$I = \frac{|\mathcal{E}|}{R} = \frac{2.0\,\mathrm{V}}{100\,\Omega} = 2.0\times10^{-2}\,\mathrm{A} \quad (20\,\mathrm{mA})$$ ■

例題 9.2　非一様な磁場が変化するときの誘導起電力

図 9.7 のように，辺の長さ a，b の長方形の 1 巻きコイルを xy 平面内においた。磁場が紙面垂直に表から裏にかけられており，その大きさは $B = 2xt^2$ と表され，位置的にも時間的にも変化する。このとき，コイルに生じる誘導起電力の大きさと向きを求めよ。

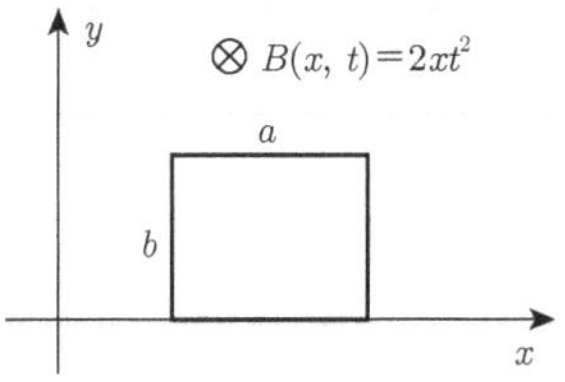

図 9.7

解説 & 解答

誘導起電力は，磁束の時間変化から求められるので，まず磁束を求める。x 軸にそって磁場が変化しているので，コイル内を x 方向に分割した短冊状の微小面積 $|d\boldsymbol{S}| = dS = b\,dx$ を考える（図 9.8）。$d\boldsymbol{S} /\!/ \boldsymbol{B}$ なので，

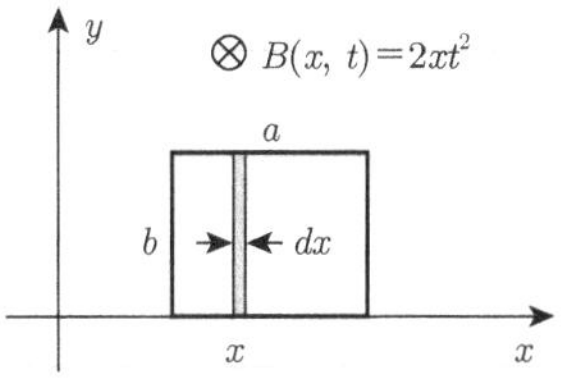

図 9.8

$$\Phi_B = \iint \boldsymbol{B}\cdot d\boldsymbol{S} = \iint B\,dS = \int_0^a 2xt^2 \cdot b\,dx = a^2bt^2 \quad ①$$

したがって誘導起電力は，

$$\mathcal{E} = -\frac{d\Phi_B}{dt} = -2a^2bt \qquad \therefore\ 大きさ|\mathcal{E}| = 2a^2bt \quad ②$$

このように，B の時間変化が t^2 に比例しており増加の割合が一定ではないので，得られた結果も時間に依存する。

また，表から裏に向かうように磁場をかけるので，電流の向きは右回り（時計回り）を正と定義する。②には負符号がついていることから，誘導起電力の向きは左回り（反時計回り）★ ■

★ 補足
誘導起電力の向きについては，レンツの法則で考えてもよい。磁場は表から裏に入る向きに増加するので，誘導電流はそれを妨げる向きに流れると考えて左回り。

例題 9.3　磁場のかかっている面積が変化するときの誘導起電力

図 9.9 のように，大きさ B の磁場が，$x \geqq 0$ で一様に紙面垂直に裏から表にかけられている。いま，抵抗 R，辺の長さ w，L の長方形 1 巻きコイルを，一定の速さ v を保つように引っ張る。コイルが磁場中に入り始めてから，コイルが完全に磁場内に入るまでについて考える。

[1]　コイルが磁場中に x だけ入ったとき，コイルに生じる誘導起電力の大きさと向きを求めよ。

[2]　磁場中に入ったコイルの短辺が，磁場から受ける力の大きさと向きを書け。

[3]　コイルを一定の速さに保つために加えた力のする仕事率を求めよ。

[4]　抵抗で消費される電力を求めよ。

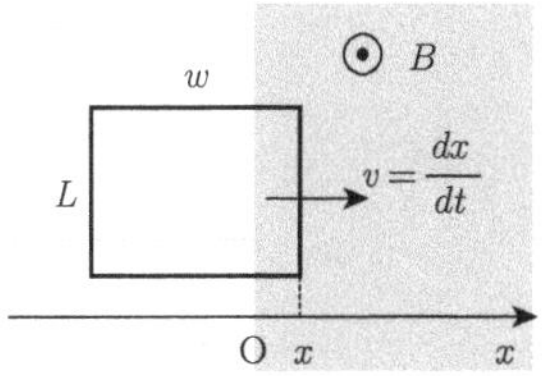

図 9.9

解説 & 解答

[1]　コイル内の磁束は $\Phi_B = BLx$。この時間変化により起電力が求まり，

$$\mathcal{E} = -\frac{d\Phi_B}{dt} = -\frac{d}{dt}(BLx) = -Bl\frac{dx}{dt} = -BLv \quad ①$$

はじめ磁場は裏から表に出る向きとなっているので，電流の向きは左回り（反時計回り）を正と定義する。したがって，誘導起電力の大きさは Blv，負符号がついているので，向きは右回り（時計回り）である。

［2］ コイルに流れる電流の大きさは，オームの法則より

$$I = \frac{|\mathcal{E}|}{R} = \frac{BLv}{R} \quad ②$$

磁場中の長辺にはたらく力の大きさは，コイルの短辺と磁場は直交しているので，$\boldsymbol{F} = I(\boldsymbol{L} \times \boldsymbol{B})$ から

$$F = IBL = \frac{B^2L^2v}{R} \quad ③$$

力の向きは左向きとなる。

（右ねじの法則，もしくは運動を妨げる向きと考える）

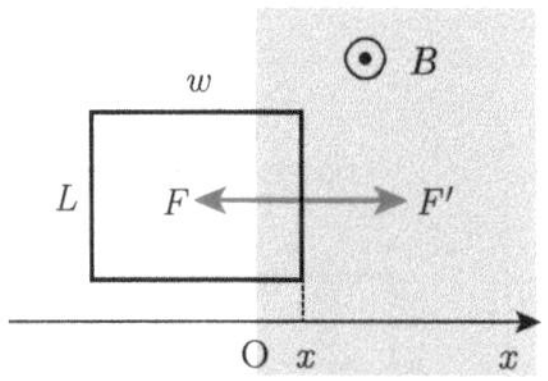

図 9.10

［3］ 一定の速さで動かすために必要な外力 F' は，コイルにかかる力 F と同じ力となるので★（図 9.10），

★ 補足
運動方程式を書いて，速度の変化がないと考えればよい。
$m\dfrac{dv}{dt} = F' - F$ かつ $\dfrac{dv}{dt} = 0$
したがって，$F' = F$

$$F' = F = \frac{B^2L^2v}{R} \quad ④$$

この力によって x だけ動かす仕事は $F'x$ なので，仕事率 P は

$$P = \frac{d}{dt}(F'x) = F'\frac{dx}{dt} = F'v = \frac{B^2L^2v^2}{R} \quad ⑤$$

［4］ 抵抗で消費される電力は

$$P = I^2R = \left(\frac{BLv}{R}\right)^2 R = \frac{B^2L^2v^2}{R} \quad ⑥$$

このように，外力によって与えられた仕事と，抵抗で消費される電力は等しい。これは外力がした仕事が，そのままジュール熱に変化することを示しており，エネルギーの保存を表している★。■

★ 補足
ジュール熱は失われていくので，「力学的エネルギー保存則」ではなく，広義のエネルギー保存である。

例題 9.4 回転するコイルに生じる起電力

上向きの大きさ B の一様な磁場の中で，1 辺の長さ a の正方形の 1 巻きコイルを辺の中点を結ぶ軸まわりに回転させる（図 9.11）。回転の角速度を ω としたとき，時刻 t にコイルに生じる誘導起電力を求めよ。時刻 $t = 0$ のときに，コイルは水平になっていたものとする。

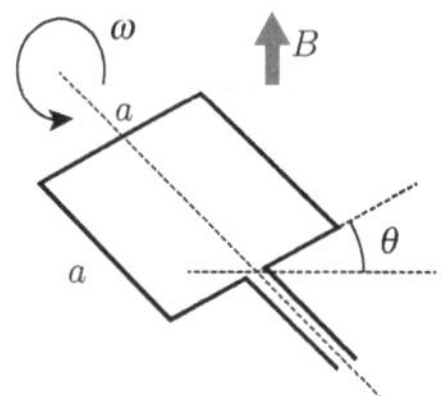

図 9.11

解説＆解答

$\boldsymbol{B}$ の向きとコイルの面積ベクトル $\boldsymbol{S}$ の向き（法線方向）とのなす角 θ は $\theta = \omega t$ と表せる（図 9.12）。したがって，時刻 t にコイルを貫く磁束は

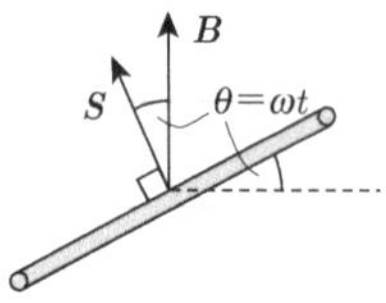

図 9.12

$$\Phi_B = Ba^2\cos\theta = Ba^2\cos\omega t \quad ①$$

したがって誘導起電力は，

$$\mathcal{E} = -\frac{d\Phi_B}{dt} = Ba^2\omega\sin\omega t \quad ②$$

となる★。このように磁場中でコイルを回転させると，交流の起電力が生じる。これが発電機の原理である。■

★ 補足
起電力は正になったり，負になったりするので，勝手に絶対値をとってはいけない。大きさだけ先に求めて，方向はレンツの法則で決めればよいと思っていると，このような場合にも絶対値をとってしまい，変な答えとなる。

◎ 誘導起電力再考

例題 9.3 において，誘導起電力の大きさが $|\mathcal{E}| = BLv$ と求められることがわかった。これは磁束の変化から求めたものであるが，ここでは導線内の電子にはたらく磁気力から考えてみよう。

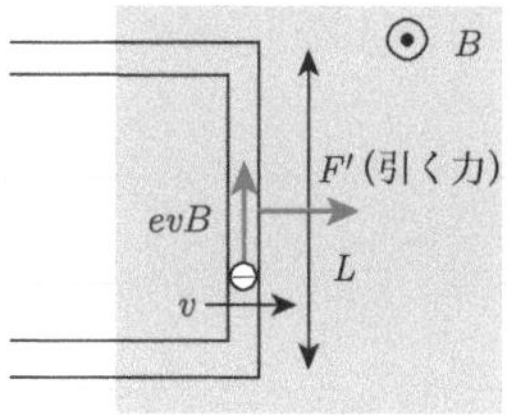

図 9.13

コイルの短辺内にある速さ v で右向きに動く電子は，$F = evB$ の大きさの力を受ける（図 9.13）。これは，コイルの短辺内に $E = \dfrac{F}{e} = vB$ の電場が生じており，この電場により力を受けたと考えることができる。コイルの短辺にそって，この電場を積分すると，

$$|\mathcal{E}| = \int_0^L E \cdot dr = \int_0^L (vB)dr = vBL$$

となり，この部分で $\mathcal{E} = BLv$ の起電力が生み出されていることがわかる。ファラデーの電磁誘導の法則では，どこで誘導起電力が発生しているかはわからなかった。しかし，このように導線が磁場中を動くとき，起電力はその導線で発生していると言える。したがって，導線が磁場中を動く場合は，ファラデーの電磁誘導の法則としても説明できるが，その起源は電子にはたらく磁気力によるものであり，物理的に新しい現象ではない。

一方，例題 9.1 や 9.2 のようにコイル内の磁場が時間変化する場合は，磁気力はどこにも生じない。したがって，どこで起電力が発生しているかを特定することはできず，回路全体として誘導起電力が生じているのである。これこそがファラデーが発見した電磁誘導の本質であり，ここから生まれる誘導電場の概念を次に述べる★。

★ 補足
このように，ファラデーの電磁誘導の法則が，起源の異なる 2 種類の誘導起電力をまとめて表すことができているのは，興味深いところである。

9.2 誘導電場

ファラデーの電磁誘導の法則において，「磁束の変化があれば起電力が誘起される」と説明してきた。このことについて，もう一歩踏み込んで考えてみよう。

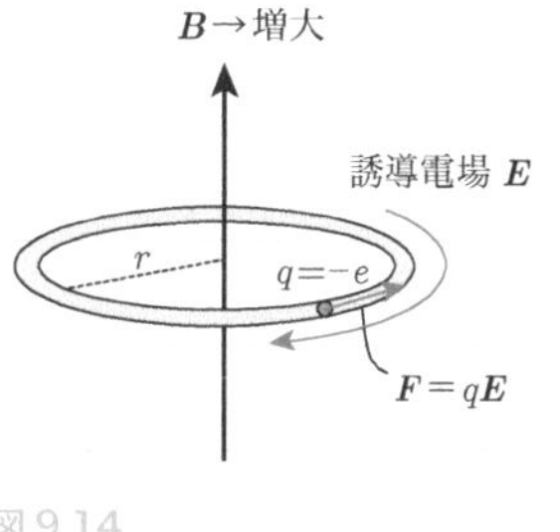

図 9.14

半径 r の円形コイルを考える（図 9.14）。コイル内の磁場を増加させれば磁束も増加し，誘導起電力が生じて誘導電流が流れる。電流が流れるということは，電荷に力 $\boldsymbol{F} = q\boldsymbol{E}$ がはたらいており，コイルにそって電場が存在していると考えられる。したがって，この電場は磁場（磁束）の変化によって誘導されたといえる。この電場のことを**誘導電場**という。電場は空間の性質であるので，導線が存在するかどうかは関係ない。導線があればこの電場により導線内の電荷は力を受けるが，導線がなくてもそこに電荷をおけば，やはりこの電場により電荷は力を受けるだろう。そこでファラデーの電磁誘導の法則を，誘導電場の観点から見直してみることにする。

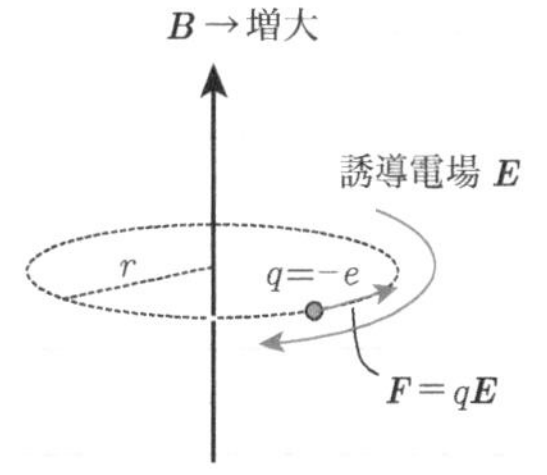

図 9.15

実在のコイルを取り払い，半径 r の仮想的な円軌道上で電荷 q の荷電粒子が運動していると考える（図 9.15）。円軌道上の電場を $\boldsymbol{E}$ とすると，この荷電粒子は $\boldsymbol{F} = q\boldsymbol{E}$ の力を受ける。荷電粒子が円軌道を一周する間に

受ける仕事は，

$$W = \oint \boldsymbol{F} \cdot d\boldsymbol{s} = q \oint \boldsymbol{E} \cdot d\boldsymbol{s} \tag{9.5}$$

一方，これが誘導起電力 $\mathcal{E}$ のした仕事と考えれば

$$W = q\mathcal{E} \tag{9.6}$$

これらの両者が等しいと考え，誘導起電力をファラデーの法則 $\mathcal{E} = -\dfrac{d\Phi_B}{dt} = -\dfrac{d}{dt}\iint \boldsymbol{B} \cdot d\boldsymbol{S}$ を用いて書き換えると，

ファラデーの電磁誘導の法則（電場表現）

$$\oint \boldsymbol{E} \cdot d\boldsymbol{s} = -\frac{d\Phi_B}{dt} = -\frac{d}{dt}\iint \boldsymbol{B} \cdot d\boldsymbol{S} \tag{9.7}$$

が得られる。この式は，磁束の変化（右辺）が電場を生み出す（左辺）ということを表している。すなわち，磁束の時間変化があれば必ず電場も存在する。ここで重要なことは，もはやコイルの存在は仮定されておらず，任意の閉経路で成り立つということである。

◎　誘導電場と静電場の違い

2.4.1 節でクーロン力は保存力であることを確認した。保存力はある位置 A から位置 B に物体を移動するときに，その力が物体にする仕事 W_{AB} が，AB 間の経路によらないような力のことであった。したがって，A から B に移動し再び A に戻ったとき，正味の仕事はゼロとなる。

$$\oint \boldsymbol{F} \cdot d\boldsymbol{r} = 0 \tag{9.9}$$

すなわち，閉経路をとったときの仕事がゼロになるとき，その力は保存力である。さて，単位電荷当たりの仕事が電位であった。2 点間の電位を定義する式は，(2.30) 式から

$$\phi(\boldsymbol{r}_B) - \phi(\boldsymbol{r}_A) = -\int_{r_A}^{r_B} \boldsymbol{E}(\boldsymbol{r}) \cdot d\boldsymbol{r}$$

であったので，これを同様に A から B に移動し A に戻るような閉経路で考えれば（図 9.16）

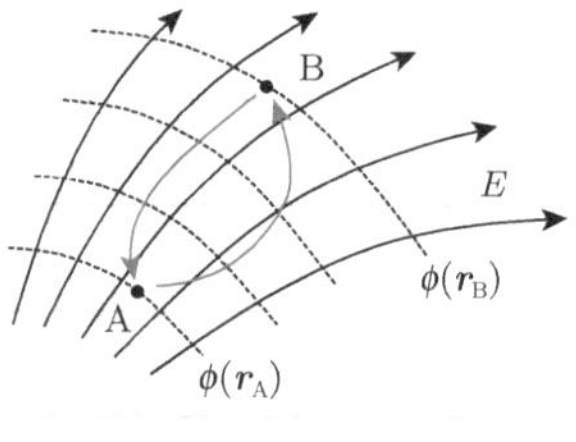

図 9.16

$$\oint \boldsymbol{E} \cdot d\boldsymbol{s} = 0 \tag{9.10}$$

となる★。(9.9) 式と比べてみると $\boldsymbol{F}$ が $\boldsymbol{E}$ に変わっただけである（経路積分の変数の文字は $\boldsymbol{r}$ から $\boldsymbol{s}$ に変えた）。閉経路における線積分がゼロになることはエネルギー保存が成り立つことを示しており，クーロン力を起源とする静電場は**保存場**である★。このような電場を**クーロン電場**という。

一方，(9.7) 式で表される誘導電場は，

★ 補足
(9.10) 式は $\boldsymbol{F} = q\boldsymbol{E}$ の式からも自明である。

★ 補足
微分形で考えると $\mathrm{rot}\boldsymbol{E} = 0$ である。一般的に，Rotation（回転）をとったときのベクトル場が 0 のとき，そのベクトル場を保存場という。このようなベクトル場は「うず」を巻いていない。

$$\oint \boldsymbol{E}\cdot d\boldsymbol{s} = -\frac{d}{dt}\iint \boldsymbol{B}\cdot d\boldsymbol{S}$$

である。右辺がゼロではないので，誘導電場は保存場ではない。これは磁場を変化させたときにコイルにできる誘導電場を考えるとわかる。誘導電場は図 9.17 のように一周しているように描ける。すなわち「うず」を巻く。このとき電場にそって一周したときの仕事は明らかにゼロではない。戻ってきたときの正味の仕事がゼロでないということは，1 つの場所に 1 つのポテンシャルエネルギーを決められないということである。したがって，誘導電場に対しては電位を定義することができない。このような電場を**非クーロン電場**という。一般化すると，電位等のスカラーポテンシャルは，静電場のような「渦なし場」には定義できるが，誘導電場のような「渦あり場」には定義できない。このように時間変動する電磁場では，静電場とは大きく性質の異なる電場が現れるのである。

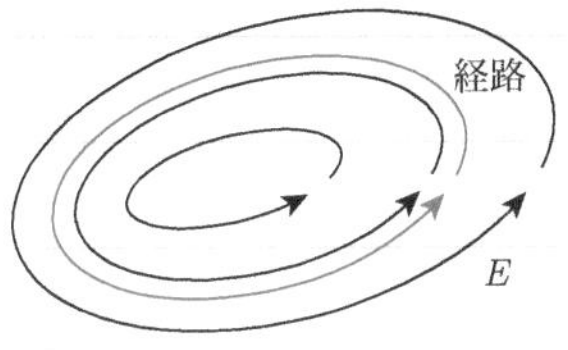

図 9.17

例題 9.5　ベータトロン

ベータトロンとは荷電粒子の加速器の一種であり，円軌道半径を一定に保ったまま荷電粒子を加速させる装置である（図 9.18）。円軌道の内部の平均磁場 $\overline{\boldsymbol{B}}$ を変化させることによって加速し，同時に軌道上の磁場 B_{orb} を変化させることで軌道半径を維持する。ここで軌道半径を R とする。

［1］ 軌道内部の平均磁場 $\overline{\boldsymbol{B}}$ を変化させたとき，軌道上に生じる誘導電場の大きさを求めよ。

［2］ このときに生じる荷電粒子の加速度を求めよ。

［3］ 円運動の半径を一定に保つために必要な，B_{orb} の時間変化率と荷電粒子の加速度の関係を求めよ。

［4］ 円運動の半径を一定に保つために必要な，軌道内部の平均磁場の変化率と軌道上の磁場の変化率の関係を求めよ。

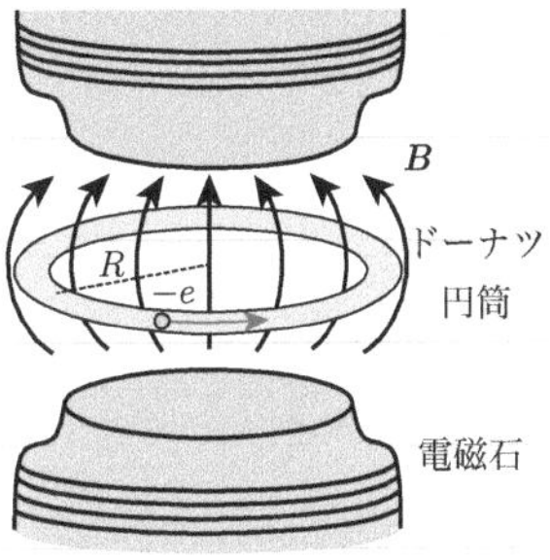

図 9.18

解説＆解答

［1］ ファラデーの電磁誘導の式（電場表現）★

$$\oint \boldsymbol{E}\cdot d\boldsymbol{s} = -\frac{d\Phi_B}{dt} \qquad ①$$

を用いて誘導電場の大きさを求める。軌道の円周は $2\pi R$，軌道内の面積は πR^2 であるから，①式より

$$E\cdot 2\pi R = \frac{d}{dt}\left(\bar{B}\cdot\pi R^2\right) \qquad \therefore E = \frac{R}{2}\frac{d\bar{B}}{dt}\ ★ \qquad ②$$

［2］ 円運動の接線方向の運動方程式を考えて，

$$m\frac{dv}{dt} = eE = \frac{eR}{2}\frac{d\bar{B}}{dt} \qquad \therefore \frac{dv}{dt} = \frac{eR}{2m}\frac{d\bar{B}}{dt} \qquad ③$$

［3］ 円運動の向心方向の運動方程式を考えて，

★ 補足
電場表現の電磁誘導の式は（9.7）式。

★ 補足
大きさを求めているので，負符号はとった。

$$m\frac{v^2}{R} = evB_{\mathrm{orb}} \qquad \therefore\ v = \frac{eR}{m}B_{\mathrm{orb}} \qquad ④$$

加速度と B_{orb} の時間変化率の関係を求めるために，④式の両辺を時間で微分して

$$\frac{dv}{dt} = \frac{eR}{m}\frac{dB_{\mathrm{orb}}}{dt} \qquad ⑤$$

[4]　③式と⑤式より

$$\frac{d\bar{B}}{dt} = 2\frac{dB_{\mathrm{orb}}}{dt} \qquad ⑤$$

すなわち，軌道半径を一定に保つためには，軌道内部の平均磁場の変化率は，軌道上の磁場の変化率の 2 倍にする必要がある。■

第Ⅳ部　時間変化する電磁場

第10章 インダクタンス

第３章ではコンデンサーを学んだ。コンデンサーは，極板間に電場を発生し，電荷を蓄えることのできる重要な電気素子であった。ここではコイル（インダクター）を扱う。コイルは，磁場を発生し，電流の流れを保持しようとする，もう一つの重要な電気素子である。まず，コイルの性質を表すインダクタンスを学び，次に磁場に蓄えられるエネルギーについて考察する。

10.1 自己誘導と自己インダクタンス

図 10.1 のように，コイル（インダクター）をつないだ回路に電流を流すことを考えよう。はじめ，電流が流れていない状態では，コイル内の磁束はゼロであるが，スイッチを入れて電流を流し始めれば，コイル内に磁束が生じる。「自然界」は現在の状態をなるべく保とうとするので，コイル内の磁束をゼロの状態に保ち続けようとして，生じる磁束と逆向きの磁束を作り出して打ち消そうとする。すなわち，逆向きに電流を流そうとする起電力が発生する。逆に，コイルに電流が流れているときにスイッチを切ると，コイル内の磁束も消失する。この場合も，すでに存在している磁束を保つように，電流を流し続けようとする起電力が生じる。このように自身のコイルの磁束変化を妨げるように誘導起電力が生じることを自己誘導とよび，このときに発生する起電力を自己誘導起電力という★。

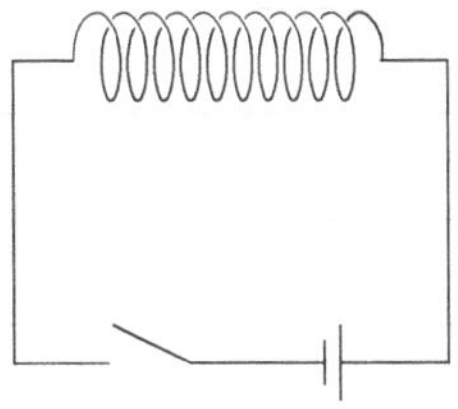

図 10.1

★ 補足
スイッチを切り替えたとき，自己誘導起電力や誘導電流がどのように変化するのかは，15.3 節で解説する。
（過渡現象）

それでは自己誘導起電力について調べよう。誘導起電力は磁束の変化により生じるので，まずコイルの磁束を考える。コイルに電流 I が流れていたとする。コイルに生じる磁場は I に比例するので，コイルに生じる磁束 Φ は I に比例している。N 巻コイルの場合は，磁場が貫く正味の面積も N 倍になるので，貫く磁束は一巻コイルを貫く Φ の N 倍である。この $N\Phi$ も I に比例しており，その比例係数を L とすれば，

$$N\Phi = LI \tag{10.1}$$

と書ける。この比例係数 L を自己インダクタンス（自己誘導係数）とよび，単にインダクタンスとよぶこともある。また，L の単位は〔H〕（ヘンリー）とよばれる★。誘導起電力はこの磁束の時間微分で与えられるので，

$$\mathcal{E} = -\frac{d(N\Phi)}{dt} = -L\frac{dI}{dt} \tag{10.2}$$

と与えられる。これを自己誘導起電力という。

★ 補足
磁束の単位は〔Wb〕＝〔$\mathrm{Tm^2}$〕であるから，(10.1) 式より〔H〕＝〔Wb/A〕＝〔$\mathrm{Tm^2/A}$〕である。
〔H〕は誘導現象を発見したヘンリーにちなんでつけられた単位である。

(10.2) 式からわかるように，誘導起電力は電流の変化があるときにしか生じない。したがって，電流が一定に流れている直流回路では，コイルはただの導線と同じである★。直流回路で誘導起電力の効果が現れるのは，

★ 補足
直流回路の問題で，コイルが含まれているのを見たことはないだろう。これは，コイルがつながれていても導線と同じ扱いになるからである。

スイッチを入れたり切ったりした直後だけであり，このときのコイルの応答（過渡現象）については15.3節で解説する。交流回路では常に電流が変化しているので，コイルは重要な役割を担う。特にコンデンサーとともに用いて共振回路★を構成することができる。

★ 補足
共振回路については15.4節参照。

例題 10.1　ソレノイドの自己インダクタンス

真空中に断面積 S，単位長さ当たり n 回巻きの長いソレノイドがおいてある（図10.2）。中央付近の長さ l の部分の自己インダクタンスを求めよ。また，このソレノイドに電流 I を流したときの自己誘導起電力を求めよ。

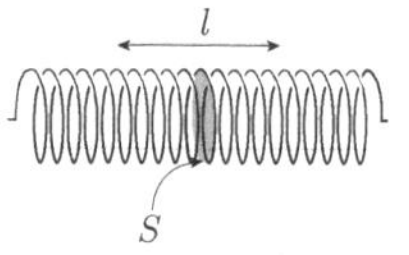

図10.2

解説＆解答

自己インダクタンスは，コイルを貫く全磁束と電流の比である。長いソレノイド内の磁場は，$B = \mu_0 nI$ と与えられる★。長さ l の間の巻数は $N = nl$ になるので，長さ l の間を貫く全磁束 $N\Phi$ は

$$N\Phi = NBS = (nl)(\mu_0 nI)S = \mu_0 n^2 lIS \qquad ①$$

である。したがって長さ l の部分の自己インダクタンス L は，

$$L = \frac{N\Phi}{I} = \mu_0 n^2 lS \qquad ②$$

となる。このように L の式には長さや断面積が含まれており，自己インダクタンスも静電容量と同様に素子の幾何学的形状に依存する。今は磁場が均一な中心付近だけの長さ l の部分として考えた。しかし，ソレノイドの長さが断面積より十分大きければ，ソレノイド内の磁場はほぼ均一と考えられるので，全体の長さが l のコイルのときの自己インダクタンスの近似式と考えてもよい。

★ 補足
長いソレノイド内の磁場は，$B = \mu_0 nI$。例題7.4参照。

自己誘導起電力は，①式の $N\Phi$ の時間微分で与えられ，

$$\mathcal{E} = -\frac{d(N\Phi)}{dt} = -\mu_0 n^2 lS \frac{dI}{dt} \qquad ③$$

となる★。■

★ 補足
$$\mathcal{E} = -\frac{d(N\Phi)}{dt} = -L\frac{dI}{dt}$$
であるから，$-L\dfrac{dI}{dt}$ に②の L を入れてもよいのであるが，誘導起電力は，そもそも磁束の時間微分で求めるものである。

②式の形から，真空の透磁率 μ_0 の単位を確認できる。インダクタンスの単位は〔H〕であり，n は単位長さ当たりの巻数〔1/m〕であることを考えると，μ_0 の単位は〔H/m〕で表される。

10.2　相互誘導と相互インダクタンス

自己誘導は，コイルが自分自身の磁束変化を妨げるように起電力が誘導される現象であった。一方，ファラデーの実験では，2つのコイルを組み合わせて，1つめのコイルに流れる電流が変化すると，2つめのコイルに起電力が発生するものであった。これは2つのコイルの相互作用であり，自己誘導とは区別して，相互誘導という。

それでは，相互誘導の性質を自己誘導のときと同様に考えてみよう。図10.3のように，N_1巻きのコイル1とN_2巻きのコイル2を並べておく。コイル1に電流I_1を流すと，コイル2を貫く磁束$N_2\boldsymbol{\Phi}_2$もI_1に比例しているはずであり，その比例係数をM_{21}とすれば，

$$N_2\boldsymbol{\Phi}_2 = M_{21}I_1 \tag{10.3}$$

と書くことができる。この比例係数M_{21}を**相互インダクタンス**（**相互誘導係数**）とよぶ。M_{21}の単位は，Lと同様に〔H〕である。

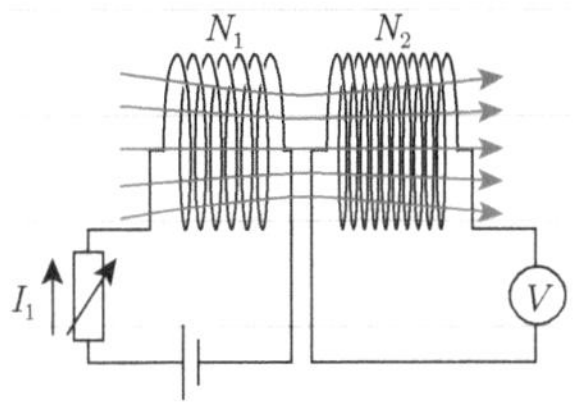

図 10.3

I_1が時間変化すれば，$\boldsymbol{\Phi}_2$も時間変化するため，コイル2に誘導起電力が生じる。この誘導起電力$\mathcal{E}_{21}$は，(10.3) 式の$N_2\boldsymbol{\Phi}_2$の時間微分で与えられ，

$$\mathcal{E}_{21} = -\frac{d(N_2\boldsymbol{\Phi}_2)}{dt} = -M_{21}\frac{dI_1}{dt} \tag{10.2}$$

となる。

コイル1とコイル2の役割を入れ替えてみると，コイル1に生じる誘導起電力も同様に，

$$\mathcal{E}_{12} = -\frac{d(N_1\boldsymbol{\Phi}_1)}{dt} = -M_{12}\frac{dI_2}{dt} \tag{10.3}$$

と得られることがわかる。ここで，比例係数M_{21}とM_{12}は違うように見えるが，実際は厳密に同じ値をとる★。したがって，添え字は必要なく

$$M_{21} = M_{12} = M \tag{10.4}$$

としてよい。

★ 補足
$M_{21} = M_{12} = M$をきちんと証明するのは少々難しい。

◎ 変圧器

図10.4のように，環状の鉄心に，1次コイル（巻き数N_1）と2次コイル（巻き数N_2）が巻かれており，1次コイルに交流電圧V_1を加えたときに2次コイルに生じる誘導起電力$\mathcal{E}_2$を考えよう。コイル1で生じる磁束$\boldsymbol{\Phi}$は損失なくコイル2に伝わるものとする。

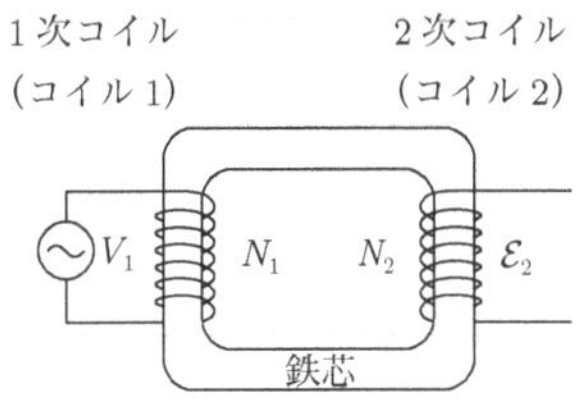

図 10.4

1次側では，コイル1で自己誘導起電力が発生するため，キルヒホッフの第2法則★（電圧の法則）より

$$V_1 - N_1\frac{d\boldsymbol{\Phi}}{dt} = 0 \qquad \therefore V_1 = N_1\frac{d\boldsymbol{\Phi}}{dt} \tag{10.5}$$

一方，コイル2で発生する誘導起電力は

$$\mathcal{E}_2 = -N_2\frac{d\boldsymbol{\Phi}}{dt} \tag{10.6}$$

$\dfrac{d\boldsymbol{\Phi}}{dt}$は共通であるから，これらの式から$V_1$と$\mathcal{E}_2$の関係を求めると，

$$\frac{\mathcal{E}_2}{V_1} = -\frac{N_2}{N_1} \tag{10.7}$$

したがって，1次コイルと2次コイルの間でそれぞれのコイルの巻き数を変えることにより，電圧を変換することができる。

★ 補足
キルヒホッフの法則はすでに知っている人が多いと思うが，未習の人は，15.1節を参照のこと。
これは，閉回路を一周したときの起電力と電圧降下は等しい，あるいは，閉回路を一周したときの電位差はゼロである，という法則である。

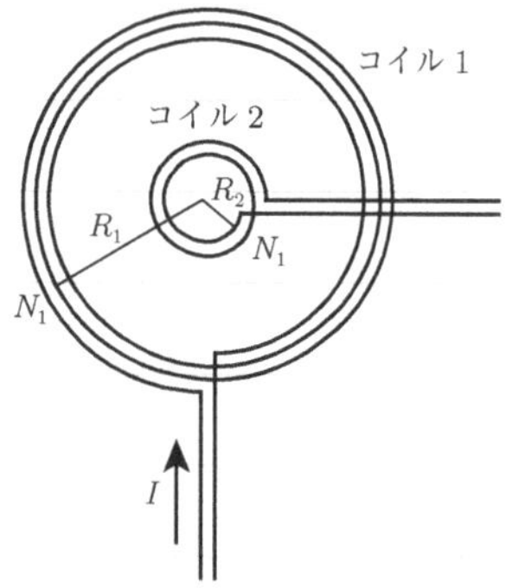

図 10.5

例題 10.2　相互インダクタンス

図 10.5 のように，真空中で，大きなコイル 1（半径 R_1，巻数 N_1）の中に，小さなコイル 2（半径 R_2，巻数 N_2）を同心円状におき，コイル 1 に電流 I を流す。コイル 2 は十分小さいので，コイル 2 を貫く磁場は近似的にコイル 1 が中心に作る磁場で一様になっているとする。このとき，コイルの相互インダクタンスと，コイル 2 に誘起される誘導起電力を求めよ。

解説＆解答

コイル 1 が中心に作る磁場はビオ・サバールの法則から求められ，

$$dB = \frac{\mu_0}{4\pi}\frac{Ids}{{R_1}^2} \qquad ①$$

$$B = N_1\int_{円周} dB = N_1\int_0^{2\pi R_1}\frac{\mu_0}{4\pi}\frac{Ids}{{R_1}^2}ds = \frac{\mu_0}{4\pi}\frac{N_1 Ids}{{R_1}^2}\cdot 2\pi R_1$$

$$= \frac{\mu_0 N_1 I}{2R_1} \bigstar \qquad ②$$

★ 補足
例題 7.2 参照。$z=0$ として求め，N_1 倍すればよい。

したがって，コイル 2 を貫く磁束 $\boldsymbol{\Phi}_2$ は

$$\boldsymbol{\Phi}_2 = B\cdot\pi {R_2}^2 = \frac{\mu_0\pi {R_2}^2 N_1 I}{2R_1} \qquad ③$$

コイル 2 は N_2 巻きである。相互インダクタンス M は，$N_2\boldsymbol{\Phi}_2$ と I との間の比例係数であるので，

$$M = \frac{N_2\boldsymbol{\Phi}_2}{I} = \frac{\mu_0\pi {R_2}^2 N_1 N_2}{2R_1} \qquad ④$$

誘導起電力 $\mathcal{E}_{21}$ は，$N_2\boldsymbol{\Phi}_2$ を時間微分すればよいが，時間変化するのは I だけなので，

$$\mathcal{E}_{21} = -\frac{d(N_2\boldsymbol{\Phi}_2)}{dt} = -\frac{\mu_0\pi {R_2}^2 N_1 N_2}{2R_1}\frac{dI}{dt} \bigstar \qquad ⑤ ■$$

★ 補足

$$\mathcal{E}_{21} = -\frac{d(N_2\boldsymbol{\Phi}_2)}{dt} = -M\frac{dI}{dt}$$

であるから，$-M\frac{dI}{dt}$ に④の M を入れてもよいが，誘導起電力は，磁束の時間微分で求めるものである。

10.3 磁場に蓄えられるエネルギー

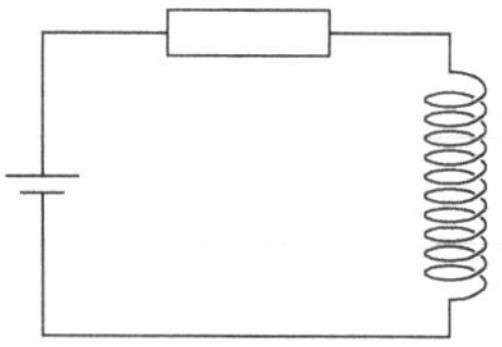
図 10.6

3.3 節では，コンデンサーが電場のエネルギーを蓄えることを学んだ。コイルは磁場を発生するので，磁場のエネルギーを蓄えることができそうである。このエネルギーを考えるために，図 10.6 のようにコイルと抵抗と電池だけからなる簡単な回路を考えよう。

この回路に電流 I が流れているとき，キルヒホッフの第 2 法則（電圧則）より，

$$\mathcal{E} - RI - L\frac{dI}{dt} = 0 \qquad (10.8)$$

これを電力に関する式と見るために，電流 I をかけると，

$$\mathcal{E}I - RI^2 - LI\frac{dI}{dt} = 0 \qquad \therefore\ \mathcal{E}I = RI^2 + \frac{d}{dt}\left(\frac{1}{2}LI^2\right) \tag{10.9}$$

ここで，$\mathcal{E}I$ は電池が発生する電力（電池のする仕事率），RI^2 は抵抗が消費する電力（抵抗で発生する単位時間当たりの熱エネルギー）である。もう一つ，$\frac{1}{2}LI^2$ というエネルギーの変化率を表しているが，これはコイルに起因した項から生じている。したがって，これはコイルの持つエネルギーを表していると考えられる。さらに時間で積分してみると，

$$\int \mathcal{E}I\,dt = \int RI^2\,dt + \frac{1}{2}LI^2 \tag{10.10}$$

これは，この電気回路に対するエネルギー保存則を示している。電池のする仕事やジュール熱は，時間が増えるほど増加するが，$\frac{1}{2}LI^2$ は時間がたっても変わらない。すなわち，$\frac{1}{2}LI^2$ のエネルギーは蓄えられている状態である。この「コイルに蓄えられるエネルギー」を，**磁場のエネルギー** U_B★と考え，

★ 補足
U_B の下付きの B は「磁場」を表すためにつけた

$$U_B = \frac{1}{2}LI^2 \tag{10.11}$$

とする。

それでは，コイルとして断面積 S，長さ l，単位長さ当たり n 回巻きのソレノイドを考えよう（図 10.7）。長さが断面積より十分大きく，ソレノイド端付近での磁場の乱れや漏れ（エッジ効果）は無視できるものとする。したがって，ソレノイド内の磁場 B はどこも一様と考えてよく，その自己インダクタンスは $L = \mu_0 n^2 lS$★である。単位体積当たりの磁場のエネルギー u_B は，磁場のエネルギー U_B をソレノイド内の体積 lS で割ることによって得られ，

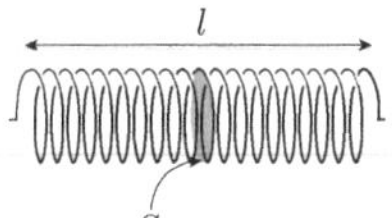

図 10.7

★ 補足
$L = \mu_0 n^2 lS$ （例題 10.1）

$$u_B = \frac{U_B}{lS} = \frac{LI^2}{2lS} = \frac{1}{2}\mu_0 n^2 I^2 \tag{10.12}$$

この式では，まだソレノイドの単位長さ当たりの巻数 n が含まれており，特定のコイルに対する表現になっている。そこで，ソレノイド内の磁場 $B = \mu_0 nI$★を用いて n を消去すると，

★ 補足
ソレノイド内の磁場 $B = \mu_0 nI$ は，例題 7.4 参照。

$$u_B = \frac{B^2}{2\mu_0} \tag{10.13}$$

が得られる。(10.13) 式にはソレノイドの情報は含まれておらず，磁場 B だけで表現されている。この u_B は，磁場のある空間に蓄えられるエネルギーの密度を表しており，**磁場のエネルギー密度**という。これはソレノイドという特別な場合について導かれたが，磁場の起源にかかわらずどのような磁場に対しても成り立つ。これを**電場のエネルギー密度**★と比べてみよう。

★ 補足
電場のエネルギー密度は（3.15）式。

$$u_E = \frac{1}{2}\varepsilon_0 E^2 \tag{10.14}$$

いずれも場の大きさ（B または E）の 2 乗に比例しており，形が非常に似ていることに気がつくだろう。

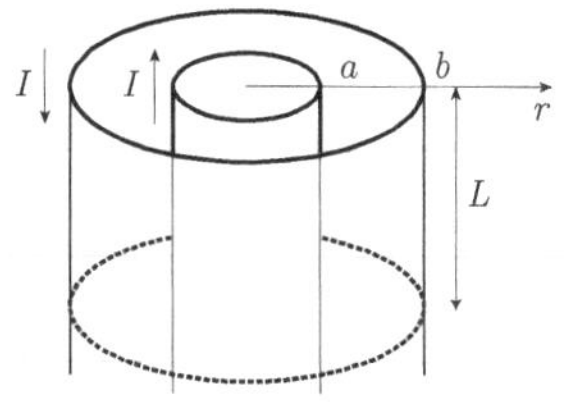

図 10.8

例題 10.3　同軸ケーブルに蓄えられる磁場のエネルギー

図 10.8 のように，半径 a と b の薄い導電性円筒で作られた同軸ケーブルがある。内側円筒には電流 I が流れており，外側円筒には反対向きに I が流れている。ケーブルの長さ L の部分に蓄えられる磁場のエネルギーを求めよ。

解説 & 解答

磁場のエネルギーを求めるためにまず磁場の分布を求める。アンペールの法則★

★ 補足
アンペールの法則は（7.9）式。

$$\oint \boldsymbol{B}\cdot d\boldsymbol{s} = \mu_0 I_{\mathrm{enc}}$$

を適用するにあたり，以下の 3 つの領域に分けて，中心からの半径 r のアンペールループを考える（図 10.9）。

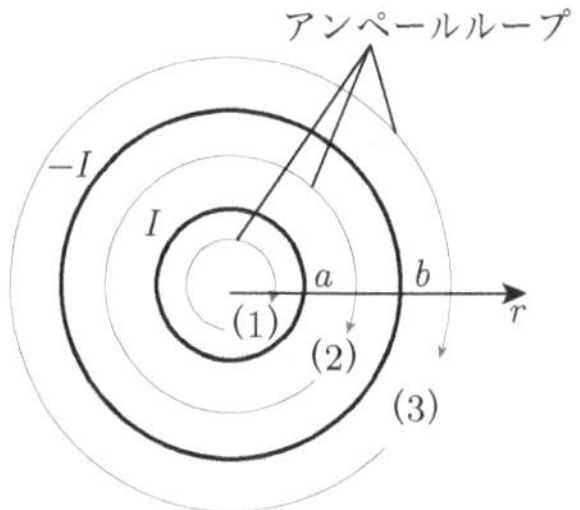

図 10.9

［1］　$0 \leqq r < a$

この領域では，$I_{\mathrm{enc}} = 0$ であるので，$B = 0$。

［2］　$a \leqq r < b$

この領域では，$I_{\mathrm{enc}} = I$ である。

$$B\cdot 2\pi r = \mu_0 I \qquad \therefore\ B = \frac{\mu_0 I}{2\pi r} \qquad ①$$

［3］　$b \leqq r$

内側円筒の電流と外側円筒の電流が逆向きに流れているため，この領域では正味の電流 $I_{\mathrm{enc}} = 0$ である。したがって，$B = 0$。

したがって，$a \leqq r < b$ の領域にある磁場エネルギーを求めればよい。$a \leqq r < b$ の磁場のエネルギー密度★は，

★ 補足
磁場のエネルギー密度は（10.13）式。

$$u_B = \frac{B^2}{2\mu_0} = \frac{\mu_0 I^2}{8\pi^2 r^2} \qquad ②$$

であるので，これを $a \leqq r < b$ の範囲で積分する。内側円筒と外側円筒の間の空間は円筒対称なので，長さ L，半径 r，厚さ dr の薄い円筒領域を考え（図 10.10），この微小領域では B，すなわち u_B は一定と考える。この円筒の体積は $dV = L\cdot 2\pi r dr$ なので，薄い円筒領域の磁場のエネルギーは $u_B dV$ である。これを $a \leqq r < b$ で積分することによって，長さ L の部分のケーブルに蓄えられる磁場のエネルギーを求めることができる。

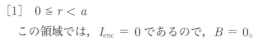

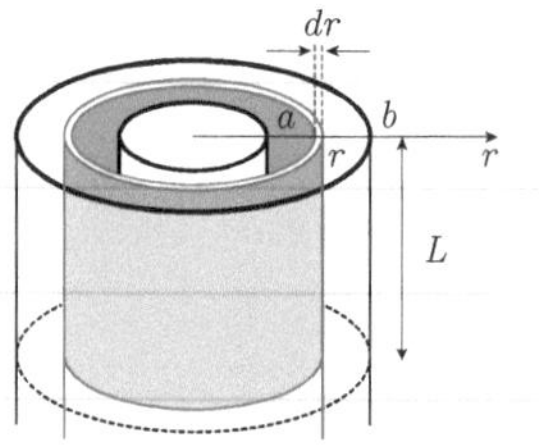

図 10.10

$$U_B = \int u_B\,dV = \int_a^b \frac{\mu_0 I^2}{8\pi^2 r^2} L\cdot 2\pi r\,dr = \frac{\mu_0 I^2 L}{4\pi}\int_a^b \frac{dr}{r} = \frac{\mu_0 I^2 L}{4\pi}\ln\frac{b}{a}$$

■

第IV部　時間変化する電磁場

第11章 マクスウェル方程式

これまでに様々な電磁気学の法則を学んできた。電磁気学の基本法則である４つのマクスウェル方程式もほぼ出揃っているが，アンペールの法則についてはもう少し修正する必要がある。本章では変位電流を導入し，マクスウェル方程式を完成させよう。

11.1 変位電流

電流のまわりには磁場が生じる。しかし，コンデンサーを考えたとき，アンペールの法則で考えると奇妙な状況が起こる。コンデンサーに時間変化する電流 $I(t)$ が流れているときを考えよう。

図 11.1 (a) のように，コンデンサーに左から $I(t)$ が流れ込んでいるとき，コンデンサーの右からは同量の $I(t)$ が流れ出している。コンデンサーの左側と右側には電流が流れているので，そのまわりには磁場が生じる。一方，コンデンサーの電極間には電流が流れていない。この場合，電極間のまわりだけ磁場はないのだろうか。

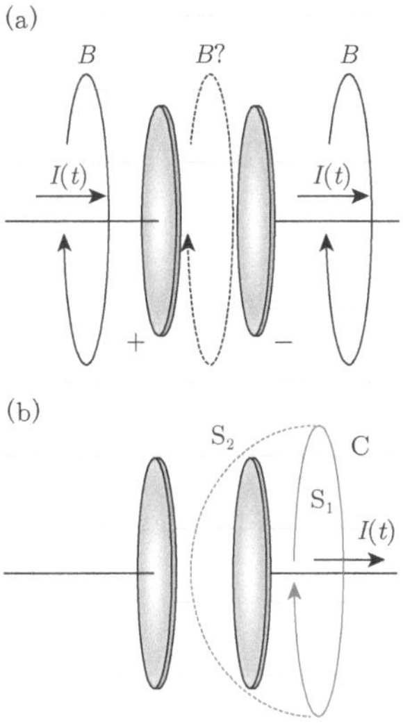

図 11.1

アンペールの法則を適用して，この状況が物理的に矛盾していることをはっきりさせよう。コンデンサーの右側にアンペールループ C をとると(図 11.1 (b))，ループで囲まれた曲面 S_1 を貫く電流は I であるので，

$$\oint \boldsymbol{B}\cdot d\boldsymbol{s} = \mu_0 I \tag{11.1}$$

が成り立つ。電流がループを貫くかどうかは，ループを縁とした曲面を貫くかどうかと同じであり，曲面の形を変形しても変わらない。そこで，ループ C を縁に持ち，コンデンサーの極板間を通るように引き延ばした曲面 S_2 を考える。このとき，この曲面 S_2 には貫いている電流がないので，

$$\oint \boldsymbol{B}\cdot d\boldsymbol{s} = 0 \tag{11.2}$$

となる。曲面の取り方によって $\mu_0 I$ があったりなかったりするのは明らかに矛盾であり，アンペールの法則が破綻しているように見える。

この矛盾を解決するために，マクスウェルは**変位電流**というものを導入した。この変位電流の表式を導いてみよう。コンデンサーの電極間では，I は存在していないが E は存在している（図 11.2）。電荷 Q のある電極板(面積 S) まわりについて，ガウスの法則を適用すると

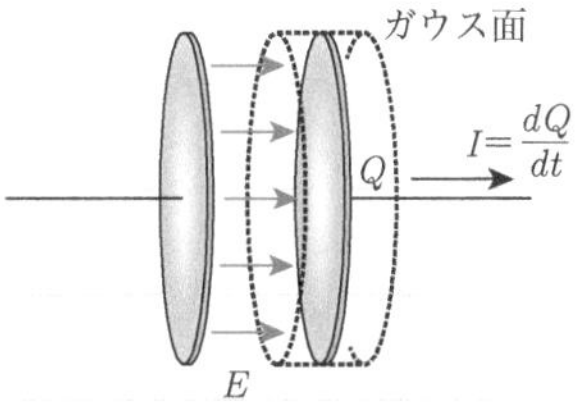

図 11.2

$$\varepsilon_0 \iint_{\text{閉曲面}} \boldsymbol{E}\cdot d\boldsymbol{S} = Q_{\text{enc}} \qquad \therefore\ \ \varepsilon_0 ES = Q \tag{11.3}$$

電流の変化にともなって E も変化するので，これを時間微分すると，

$$\varepsilon_0 \frac{d(ES)}{dt} = \frac{dQ}{dt} \tag{11.4}$$

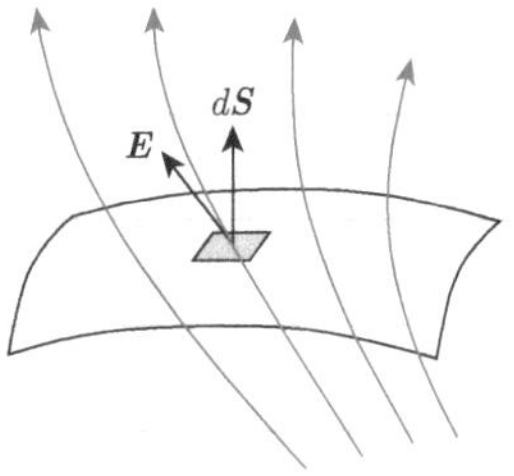

図 11.3

★ 補足

$\int \boldsymbol{E}\cdot d\boldsymbol{S}$ を電束とよぶ場合もあるが，通常は誘電率をかけた $\int \varepsilon_0\boldsymbol{E}\cdot d\boldsymbol{S} = \int \boldsymbol{D}\cdot d\boldsymbol{S}$ が電束を表す（ここで $\boldsymbol{D} = \varepsilon_0\boldsymbol{E}$ は電束密度）。本書でもこの流儀にしたがい，$\int \boldsymbol{E}\cdot d\boldsymbol{S}$ を電場束とよぶ。電場束はガウスの法則で出てきた「$\boldsymbol{E}$ の面積分」であり，電気力線の本数を表す。Φ_E の下付きの E は電場を表す。

★ 補足

変位電流（displacement current）の用語はどうもしっくりとせず，"変な電流" と思う人が多いようである。マクスウェルは真空中でも空間に分極のような電気変位が起こると考え，これが電流の役割を果たすと考えた。Displacement は，"ずれ" や "変位" の意味なので，電気変位による電流として変位電流と名付けたのである（その後考え方は変わったが，この呼び名は残された）。

I_d の下付きの d は displacement を表す。

となる。$\dfrac{dQ}{dt} = I$ を表しているので，(11.4) 式は電場の変化が電流と同等のはたらきをすることを示している。ここで，磁束の場合と同様に，電場束 $\boldsymbol{\Phi}_E$ を定義しておこう。ある面を貫く電場束は，その面を微小に分割した面積ベクトル $d\boldsymbol{S}$ を用いて（図 11.3），電場 $\boldsymbol{E}$ との内積 $\boldsymbol{E}\cdot d\boldsymbol{S}$ をその面にわたって積分することによって得られる。

$$\boldsymbol{\Phi}_E = \iint \boldsymbol{E}\cdot d\boldsymbol{S}^{\star} \tag{11.5}$$

(11.4) 式においては $\boldsymbol{\Phi}_E = ES$ になる。この電場束の時間変化を一種の電流 I_d であると考えて，以下のように定義できる。

$$I_\mathrm{d} = \varepsilon_0 \frac{d\boldsymbol{\Phi}_E}{dt} = \varepsilon_0 \frac{d}{dt}\left(\iint \boldsymbol{E}\cdot d\boldsymbol{S}\right) \tag{11.6}$$

この I_d を変位電流という★。今回のコンデンサーでは，変位電流は

$$I_\mathrm{d} = \varepsilon_0 \frac{d\boldsymbol{\Phi}_E}{dt} = \varepsilon_0 S \frac{dE}{dt}$$

となる。これまでの導出の過程からわかるように $I_\mathrm{d} = I$ となっており，電流は連続している。すなわち，伝導電流のあるところでは I，伝導電流が存在しないが電場が変化しているところでは変位電流 I_d が流れている。

11.2 アンペール-マクスウェルの法則

前節の議論のように，アンペールの法則において伝導電流だけを考えると矛盾が生じる。しかし，マクスウェルの提案した変位電流を導入することによって，この矛盾は解決される。以上により，アンペールの法則は以下のように拡張される。

アンペール-マクスウェルの法則

アンペールの法則において，正味の電流は，閉ループ C を縁に持つ曲面を貫く伝導電流 I と変位電流 I_d の寄与を足し合わせたものである。

$$\oint \boldsymbol{B}\cdot d\boldsymbol{s} = \mu_0 I_\mathrm{enc} + \mu_0\varepsilon_0 \frac{d\boldsymbol{\Phi}_E}{dt} = \mu_0 I_\mathrm{enc} + \mu_0 I_\mathrm{d\,enc} \tag{11.7}$$

ここで変位電流 I_d は

$$I_\mathrm{d} = \varepsilon_0 \frac{d\boldsymbol{\Phi}_E}{dt} = \varepsilon_0 \frac{d}{dt}\left(\iint \boldsymbol{E}\cdot d\boldsymbol{S}\right)$$

伝導電流が存在して電場束が変化しない場合は，(11.7) 式はアンペールの法則に一致する。一方，電場束は変化するが伝導電流が存在していない場合は，電場束の変化，すなわち変位電流によって磁場が生じることになる★。このように電場束の変化によって生じる磁場を誘導磁場とよぶ。この誘導磁場は，ファラデーの電磁誘導の法則で出てきた誘導電場ととも

★ 補足

変位電流は磁場を作らないと書いてある教科書もあるが，本書では変位電流も磁場を作るという立場である。このように考え計算した結果は正しい解を与え，実験事実とも合致する。

に，電磁波の発生に深く関わっている。

例題 11.1　コンデンサーの中の変位電流と磁場（誘導磁場）

図 11.4 のように，真空中に半径 R の円板 2 枚を間隔 d で並べた平行板コンデンサーがある。極板間に振幅 V_0，周波数 f の交流電圧 $V = V_0 \sin 2\pi ft$ をかけた。極板は極板間隔に比べて十分広く，極板間の電場は一様であるとする。

［1］ 極板間に流れる変位電流を求めよ。

［2］ 極板間において，中心から半径方向に r 離れたところに生じる誘導磁場を求めよ。

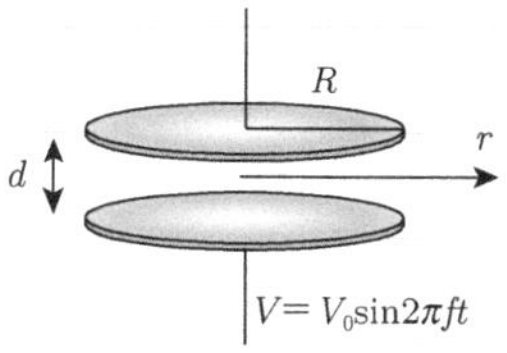

図 11.4

解説 & 解答

［1］ 変位電流には電場の時間変化が必要なので，まず極板間の電場を求める。

$$E = \frac{V}{d} = \frac{V_0 \sin 2\pi ft}{d} \qquad ①$$

極板の面積は πR^2 であるから電場束は $\Phi_E = E \cdot \pi R^2$ である。したがって変位電流は，

$$I_{\mathrm{d}} = \varepsilon_0 \frac{d\Phi_E}{dt} = \varepsilon_0 \pi R^2 \frac{dE}{dt} = \frac{2\varepsilon_0 \pi^2 f R^2 V_0 \cos 2\pi ft}{d} \qquad ②$$

［2］ 極板間では伝導電流は存在しないので，アンペール–マクスウェルの法則★により，

$$\oint \boldsymbol{B} \cdot d\boldsymbol{s} = \mu_0 \varepsilon_0 \frac{d\Phi_E}{dt} = \mu_0 I_{\mathrm{d\,enc}} \qquad ③$$

★ 補足
アンペール–マクスウェルの法則は (11.7) 式

電場は極板間で一様であることから，極板間に流れる変位電流も一様となっている。ここで，アンペールループを半径 r の円にとる（図 11.5）。$r \leqq R$ では，アンペールループが囲む変位電流はループの面積に比例する。正味の変位電流 $I_{\mathrm{d\,enc}}$ は，変位電流密度を求めてループの面積をかけ，

$$I_{\mathrm{d\,enc}} = \mu_0 \frac{I_{\mathrm{d}}}{\pi R^2} \pi r^2 = \mu_0 I_{\mathrm{d}} \frac{r^2}{R^2} \qquad ④$$

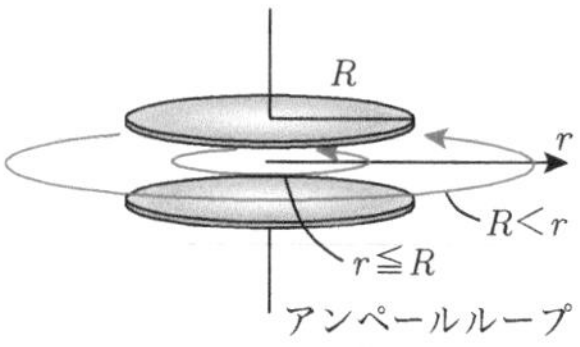

図 11.5

したがって，

$$B \cdot 2\pi r = \mu_0 I_{\mathrm{d}} \frac{r^2}{R^2}$$

$$\therefore \quad B = \frac{\mu_0 I_{\mathrm{d}}}{2\pi R^2} r = \frac{\varepsilon_0 \mu_0 \pi f V_0 \cos 2\pi ft}{d} r \qquad ⑤$$

$R < r$ では，$I_{\mathrm{d\,enc}} = I_{\mathrm{d}}$ となるので，

$$B \cdot 2\pi r = \mu_0 I_{\mathrm{d}}$$

$$\therefore \quad B = \frac{\mu_0 I_{\mathrm{d}}}{2\pi r} = \frac{\varepsilon_0 \mu_0 \pi f V_0 \cos 2\pi ft}{d} \frac{R^2}{r} \qquad ⑥$$

これらは，例題 7.3 の直線導線を流れる電流 I を変位電流 I_{d} に置き換えた形となっている。■

11.3 積分形のマクスウェル方程式

ついに，我々はこれまで学んできた諸法則をマクスウェル方程式にまとめられるところまで辿り着いた。マクスウェルが書いた著書では式の数もかなり多かったが，のちにヘルツによって 4 つの方程式に集約された。電磁気学の本質を表す基礎方程式は以下の 4 つである。

マクスウェル方程式（積分形）★

電場に関するガウスの法則

$$\varepsilon_0 \iint_{\text{閉曲面}} \boldsymbol{E}\cdot d\boldsymbol{S} = Q_{\text{enc}} \tag{11.8}$$

磁場に関するガウスの法則

$$\iint_{\text{閉曲面}} \boldsymbol{B}\cdot d\boldsymbol{S} = 0 \tag{11.9}$$

ファラデーの法則

$$\oint \boldsymbol{E}\cdot d\boldsymbol{s} = -\frac{\partial \boldsymbol{\Phi}_E}{\partial t} = -\frac{\partial}{\partial t}\left(\iint_{\mathrm{S}} \boldsymbol{B}\cdot d\boldsymbol{S}\right)^{\star} \tag{11.10}$$

アンペール–マクスウェルの法則

$$\oint \boldsymbol{B}\cdot d\boldsymbol{s} = \mu_0 I_{\text{enc}} + \mu_0\varepsilon_0 \frac{\partial \boldsymbol{\Phi}_E}{\partial t}$$

$$= \mu_0 I_{\text{enc}} + \mu_0\varepsilon_0 \frac{\partial}{\partial t}\left(\iint_{\mathrm{S}} \boldsymbol{E}\cdot d\boldsymbol{S}\right)^{\star} \tag{11.11}$$

★ 補足
以前出てきた式番号との対応関係を示しておく
(11.8) ← (2.20)
(11.9) ← (7.10)
(11.10) ← (9.7)
(11.11) ← (11.7)

★ 補足
微分に関しては，正確には偏微分で書くべきものなので，偏微分に書き換えている。

$\boldsymbol{\Phi}_E = \iint \boldsymbol{B}\cdot d\boldsymbol{S}$ (9.1) 式

$\boldsymbol{\Phi}_E = \iint \boldsymbol{E}\cdot d\boldsymbol{S}$ (11.5) 式

それぞれの方程式の意味をイメージとともに復習しよう。

電場に関するガウスの法則（図 11.6）

電荷から電気力線がわき出している（発散している）。

閉曲面を貫く電場束（電気力線の本数）に ε_0 をかけたものは，閉曲面内にある正味の電荷と等しい。

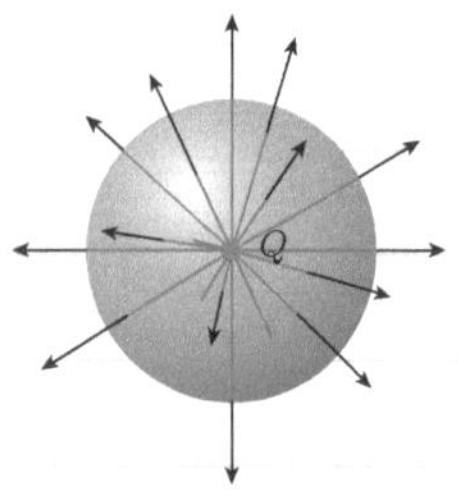

図 11.6

磁場に関するガウスの法則（図 11.7）

磁場はわき出さない。つまり磁気単極子（モノポール）は存在しない。閉曲面を貫く正味の磁束は常にゼロ。

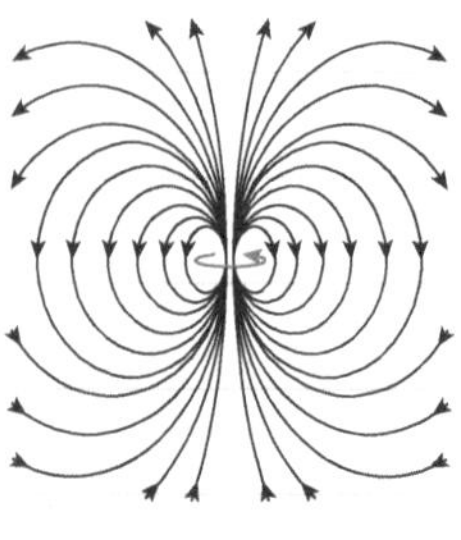
図 11.7

ファラデーの法則（図 11.8）

磁場（磁束）の変化によって，そのまわりに電場が発生する。
（電場は回転するように分布する）

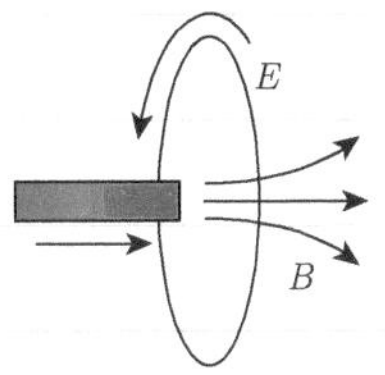

図 11.8

アンペール–マクスウェルの法則（図 11.9）

伝導電流と変位電流のまわりに磁場が発生する。
（磁場は回転するように分布する）

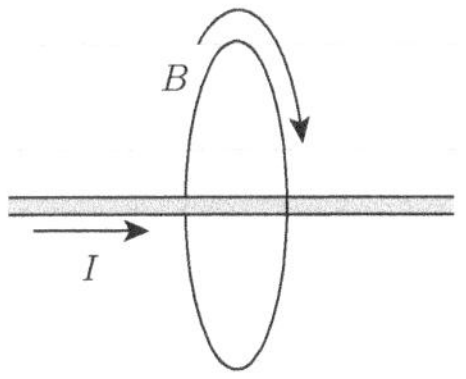

図 11.9

これらの方程式を眺めていると，次のようなことに気づく。(11.8) 式や (11.9) 式のガウスの法則は，両方とも時間に関する項を含んでいない。したがって，電場や磁場の時間変化の有無によらず不変である。また静止系において時間変化がなければ，(11.10) 式や (11.11) 式にみられるような電場と磁場が絡み合う項は消えてしまう。すなわち，時間変化がない限り，電気的現象と磁気的現象は完全に切り離すことができる。さらに，(11.10) 式のファラデーの法則は，磁場の時間変化がなければ（静磁場であれば），

$$\oint \boldsymbol{E}\cdot d\boldsymbol{s} = 0 \tag{11.12}$$

となる。この式は，「電場が保存場である」ことを示している。このため，静電ポテンシャルとして電位が導入できるのである。しかし，磁場の変化によって生じる誘導電場については，この積分の右辺が 0 にならないため電位は定義できない。このように考えると，磁場に関してはポテンシャルを定義していなかったことに気がつくだろう。伝導電流や電場の変化がなければ，(11.11) 式の右辺もゼロになり磁位を定義できるのであるが，これは E-B 対応で考えているときは本質的ではないので省略した。その代わり，磁気に関するポテンシャルとして，ベクトルポテンシャル $\boldsymbol{A}$ を導入することできる。これは (11.9) 式に基づいて定義されるものであり，この式の右辺がゼロであるということから定義される★。ベクトルポテンシャル $\boldsymbol{A}$ は，今後量子力学等でも出てくる非常に重要な量である。これは 14.3 節で扱う。

★ 補足
磁気単極子（モノポール）が存在する場合もベクトルポンシャルは定義可能だが，かなり複雑な計算を要する。

マクスウェルの方程式に選ばれなかった法則がいくつかある。これらの法則の位置づけはどのようになっているのだろうか。

クーロンの法則は電場に関するガウスの法則から，ビオ・サバールの法則はアンペールの法則から導かれることがわかっている★。

★ 補足
クーロンの法則については，2.3.2 節でガウスの法則から求めた電場が，クーロンの法則による電場と等しいことを確認した。微分形で考えると，静電ポテンシャルを介して証明することができる。
ビオ・サバールの法則については，微分形においてベクトルポテンシャルを介して証明することができる。

一方，ローレンツ力 $\boldsymbol{F} = q(\boldsymbol{E} + \boldsymbol{v} \times \boldsymbol{B})$ はマクスウェルの方程式には含まれておらず，また導くこともできない。これは電磁気的な力の表し方を

定義しているものであり，「方程式」の範疇に入らないともいえる。ローレンツ力はマクスウェル方程式と同列に考えるべき電磁気学の基本であり，古典電磁気学は両者によって完全に記述される。

オームの法則は電子の運動によって導出される（電磁気学というよりは力学の範疇）ので，これはマクスウェルの方程式の守備範囲ではない。

これまで直観的にわかりやすい積分形で説明してきた。しかし，電磁気学の本質に触れるためには，微分形での表現が欠かせない。微分形については 14 章で解説する。

第Ⅳ部　演習問題

以下，真空の透磁率は μ_0 とする。

1.［電磁誘導 1］

半径 R の円形コイルが，時間的に変化する磁場中におかれている。t 秒後の磁場は，$B(t) = -at^2 + 10at$ $(a > 0)$ のように表される。

(1) 磁束 $\boldsymbol{\Phi}_B$，誘導起電力 $\mathcal{E}$ について，$\boldsymbol{\Phi}_B$-t，$\mathcal{E}$-t グラフの概形を書け。

(2) コイルに誘導される起電力の大きさがゼロになるのは何秒後か。

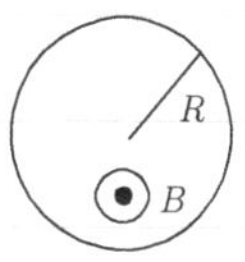

2.［電磁誘導 2］

短辺 a，長辺 b の長さの長方形コイルがある。直線導線に電流 I を流し，導線からのコイルの短辺までの距離を x とする。

(1) コイルを貫く磁束を求めよ。

(2) コイルを直線導線から速さ v で遠ざけるとき，コイルに発生する誘導起電力の大きさと向きを求めよ。

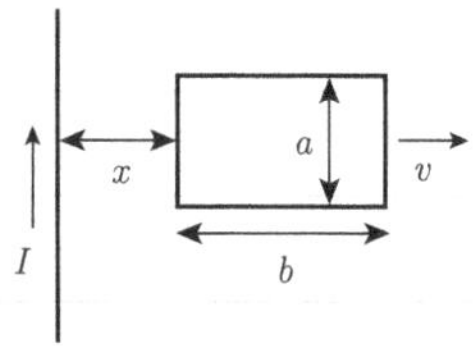

3.［電磁誘導 3］

一様な磁場 B 中に半径 R の導体円板がある。この円板を磁場と平行な中心軸まわりに角速度 $\boldsymbol{\omega}$ で回転させた。円板の中心と円板の縁の間に生じる起電力の大きさを求めよ。

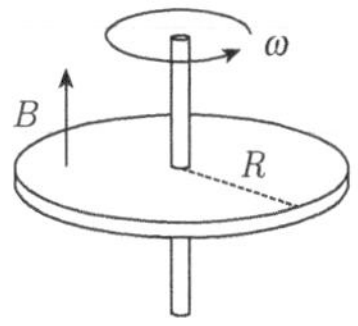

4.［自己インダクタンス］

半径 a と b の 2 つの薄い導体円筒からなる同軸ケーブルがある。内側導体に電流 I，外側導体は反対向きに電流 I が流れている。このケーブルの単位長さあたりの自己インダクタンスを求めよ。

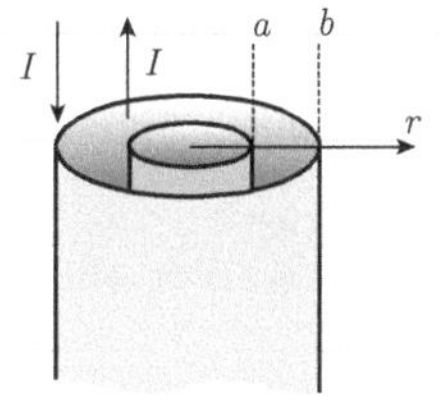

5.［相互インダクタンス］

直線導線から R 離れた位置に，2 辺の長さが a，b で N 回巻きの長方形コイルがおかれている。導線とコイルの間の相互コンダクタンスを求めよ。

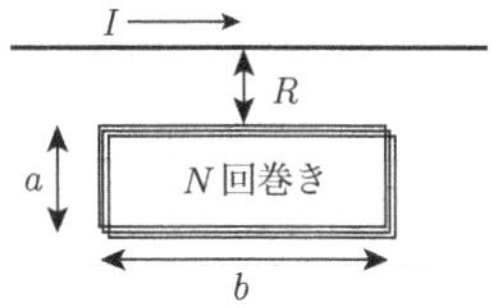

6.［磁場のエネルギー］

内径 a，外径 b，高さ h，総巻数 N のトロイダルコイルに電流 I を流す。

(1) コイルの中心から距離 r $(a < r < b)$ の位置における磁場を求めよ。

(2) コイルに蓄えられる磁場のエネルギーを求めよ。

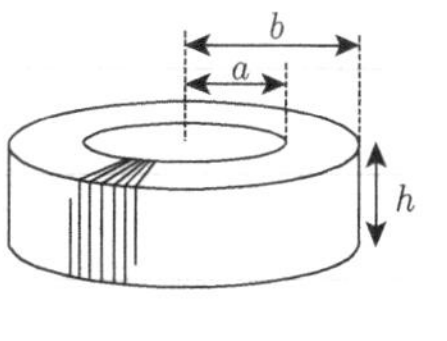

7.［変位電流］

半径 R の円板を極板とする平行板コンデンサーを充電する。極板間の変位電流は一様であり，その変位電流密度は j_{d} である。

(1) 中心から r $(<R)$ 離れた位置における誘導磁場の大きさを求めよ。

(2) 極板間の $\dfrac{dE}{dt}$ を求めよ。

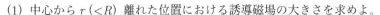

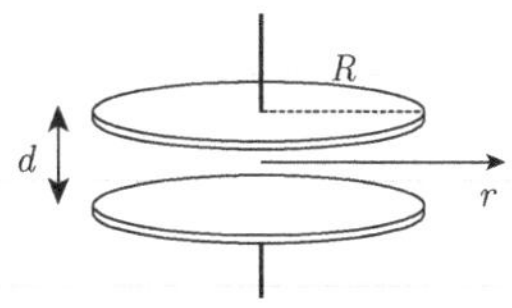

第V部　発展

第12章　物質中の電磁気学

前章まででマクスウェル方程式がすべてそろった。第V部では，物質中の電磁場を扱いやすくするために，$\boldsymbol{D}$や$\boldsymbol{H}$を導入して少し変形したマクスウェル方程式を学ぶ。さらにマクスウェル方程式から導かれる電磁波について考える。最後に，電磁気学をより深く理解するために，マクスウェル方程式の微分形と，電磁ポテンシャルによるマクスウェル方程式の表現を学ぶ。

物質は，電気的観点では，電子が自由に動ける導体と，動けない絶縁体（誘電体）に分けられた。磁気的観点では，大きく分けて，磁石になる（磁石につく）物質（強磁性体）と磁石にならない物質（非磁性体）に分けられる。これまでは真空中の電磁気学を扱ってきた。物質中でもこれまでのマクスウェル方程式を適用できるが，物質中を考えるときは少し書き直したほうが便利である。本章では，電磁気学の体系に影響を与える2つの物質群，誘電体と磁性体の性質ついて学び，マクスウェル方程式がどのように書き換えられるかを見る。

12.1　誘電体

12.1.1　誘電体と誘電分極

木材やプラスチック，セラミック，紙，布等，電気を通さない物質を絶縁体という★。特に，物質の電気的な偏りに注目する場合，絶縁体のことを誘電体とよぶことが多い。

★ 補足
最近では，導電性のプラスチックやセラミックも開発されているが，それらは除く。

誘電体中の電子は，物質中を自由に動きまわることはできない。電子は原子核のまわりに束縛され雲のように分布しているが，電場中におかれると電子雲が原子核に対して相対的にずれて，電荷の分布に偏りができる（図12.1）。すなわち，電子の分布の重心が原子核（正電荷）の分布の重心から少しずれる。このように電荷分布が偏ることを「分極する」といい，正と負の電荷対（電気双極子）ができる。この結果，誘電体が分子の集団として電気的に偏ることを誘電分極（電気分極）という。

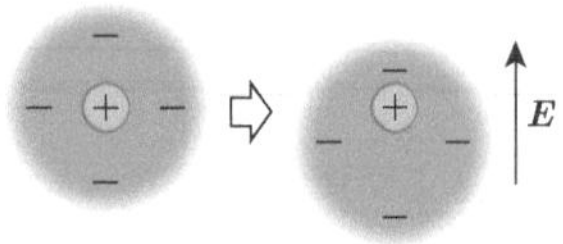

図 12.1

分極で現れた正の電荷をq，正と負の電荷間の距離をdとする（図12.2）。ここで，電荷の負から正に向かう向きの情報をdに与えて，長さベクトル$\boldsymbol{d}$とする。このとき，

$$\boldsymbol{p} = q\boldsymbol{d} \tag{12.1}$$

を電気双極子モーメント$\boldsymbol{p}$という。単位は〔C・m〕である。

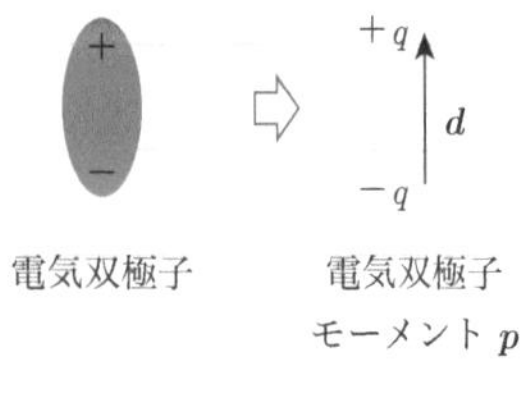

図 12.2

単位体積あたりにn個の原子（あるいは分子）があるとき，誘電体全体としては，単位体積あたりに$n\boldsymbol{p}$の電気双極子モーメントを持つことになる。これは電気双極子モーメントの密度を表しており，これを

$$\boldsymbol{P} = n\boldsymbol{p} = nq\boldsymbol{d} \tag{12.2}$$

と定義する。この$\boldsymbol{P}$を分極（分極ベクトル）とよび，単位体積あたりの電気双極子モーメントを表しているので，その単位は〔C・m〕を〔m^3〕

で割って，〔C/m^2〕となる。

誘電分極した状況をイメージしよう。正電荷だけからなる直方体と，電子だけからなる直方体を考え，誘電体をこれらの重ね合わせと考える。電場がないときは，両者は完全に重なっているので，いたる所で電荷は打ち消し合っており分極は生じない。しかし電場がかかると，正電荷と負電荷の直方体はそれぞれ逆方向にずれる（図 12.3）。両者が重なっているところの電荷は引き続き打ち消し合うが，両端にはみ出したところは電荷が残る。この電荷を**分極電荷**という。はみ出した長さは電気双極子モーメントの長さ d に相当し，直方体の端面の面積を S，単位体積あたりの原子数（分子数）を n とすると，直方体の端面に現れる電荷量は $nqSd$，したがって，電荷の面密度は nqd となる。このように，(12.2) 式★で表される分極 $\boldsymbol{P}$ の大きさは，誘電体表面に生じる電荷の面密度（面電荷密度）を表していることがわかる。

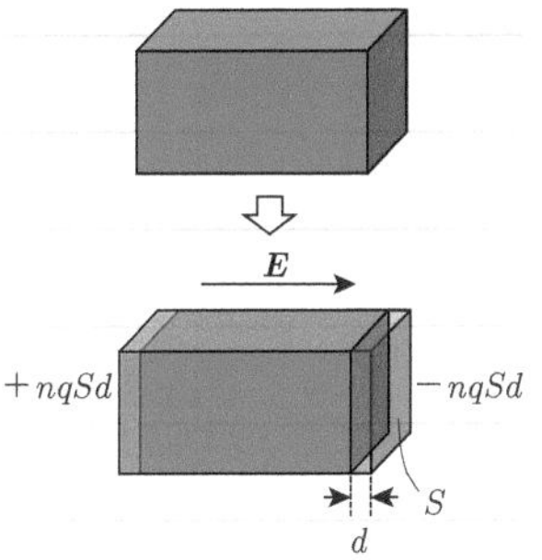

図 12.3

★ 補足
(12.2) 式
$\boldsymbol{P} = n\boldsymbol{p} = nq\boldsymbol{d}$

電流は $I = \dfrac{dQ}{dt}$ で表されるので，分極電荷が時間的に変動すると，それにともなって**分極電流**が生じる。上記では直方体を考えたので，端面の電荷量は，面電荷密度 nqd に端面面積 S をかけた形になっていた。一般的には，分極電荷は，面電荷密度 $nq\boldsymbol{d}$ と微小面積 $d\boldsymbol{S}$ の面 S について内積を面積積分したものとなるから，分極電流 I_P はこの分極電荷の時間微分で与えられる。

$$I_P = \frac{d}{dt}\left(\iint_S nq\boldsymbol{d}\cdot d\boldsymbol{S}\right) = \frac{d}{dt}\left(\iint_S \boldsymbol{P}\cdot d\boldsymbol{S}\right) = \iint_S \frac{d\boldsymbol{P}}{dt}\cdot d\boldsymbol{S}$$

したがって，

分極電流

分極電流 $\boldsymbol{I}_P$ は分極 $\boldsymbol{P}$ を用いて，

$$I_P = \iint_S \frac{d\boldsymbol{P}}{dt}\cdot d\boldsymbol{S} \tag{12.3}$$

と表される★。また，電流密度（**分極電流密度（分極電流）**★）で表すと，

$$\boldsymbol{j}_P = \frac{d\boldsymbol{P}}{dt} \tag{12.4}$$

★ 補足
この関係は，分極による効果をマクスウェル方程式に取り入れる際に必要である。

★ 補足
分極電流密度のことを分極電流とよぶこともよくある。

誘電体の中には，分極した後に電場をゼロに戻しても分極状態が残るものがある。このように電場がなくても分極している状態を**自発分極**といい，自発分極を起こす物質のことを**強誘電体**という。強誘電体は，圧力を加えることによって分極が誘起されたり，電圧をかけると変形したりといった**圧電効果**を示す。これらの性質は，ライターの着火素子（**圧電素子**），スピーカー，アクチュエーターなどに応用されている。

12.1.2 電束密度と誘電率

まず電束密度について定義しよう。ある面を貫く電気力線の本数は，SI単位系では電場（電気力線の面密度）と電場が貫く面積（面積ベクトル）との内積によって与えられ，電場束とよぶのであった。さらに電気力線を数えやすいように束(たば)にしたような概念が電束であり，電束も電気力線の本数のようなものと思っても差し支えない★。しかし，あとでわかるように電場束に誘電率をかけたものが電束であり，数値的には ε_0 倍（物質中では ε 倍）の違いが生じることに注意しよう。電束は電荷のまわりに放射状に伸びており，その大きさは電荷量に比例する。SI単位系ではその比例係数は1とされ，電束の単位は電荷と同じ〔C〕で表される。また，単位面積あたりの電束の数を電束密度 D といい，その単位は〔C/m^2〕となる。

★ 補足
あとでわかるように，電気力線は真の電荷からのみ出たものと考え，電束は分極電荷の影響も含めた場合の実効的な電気力線と考えることができる。

電場は電荷にはたらく力から定義された★。しかし，電束密度は上記の考え方を考慮すると，ガウスの法則から定義されるべきだろう。真空中において，電場 $\boldsymbol{E}$ に関するガウスの法則★は，

★ 補足
電場の定義は（2.8）式。

★ 補足
電場に関するガウスの法則は（2.20）式。

$$\varepsilon_0 \iint_{\text{閉曲面}} \boldsymbol{E}\cdot d\boldsymbol{S} = Q_{\text{enc}} \tag{12.5}$$

であった。ここで，$\varepsilon_0\boldsymbol{E}$ の単位は〔C/m^2〕になっており，単位的にも電束密度に対応する量となっていることがわかる★。したがって，$\varepsilon_0\boldsymbol{E}$ を電束密度 $\boldsymbol{D}=\varepsilon_0\boldsymbol{E}$ として，ガウスの法則を書き直すと，

★ 補足
$\varepsilon_0\boldsymbol{E}$ を面積分したものが Q であるから，$\varepsilon_0\boldsymbol{E}$ は〔C〕を〔m^2〕で割ったものとなる。

$$\iint_{\text{閉曲面}} \boldsymbol{D}\cdot d\boldsymbol{S} = Q_{\text{enc}} \tag{12.6}$$

となる。このように電束密度は，(12.6) 式を満たすようなベクトル場として定義される。電束密度は電場と定数倍だけ異なっているだけで，真空中では両者の意味に大きな差はない。しかし，誘電体中では分極電荷の扱いによって違いが現れることとなる。

それでは，誘電体がある場合について考えよう。誘電体の外から電場 $\boldsymbol{E}$ を加えると，電場が小さいとき，誘電体に現れる分極 $\boldsymbol{P}$ は電場に近似的に比例する★。このとき $\boldsymbol{P}$ は

★ 補足
強誘電体の場合は，自発分極が生じるため，このような比例関係は成り立たない。

$$\boldsymbol{P} = \chi_e \varepsilon_0 \boldsymbol{E} \tag{12.7}$$

と表され，χ_e を電気感受率という。$\boldsymbol{P}$ と $\varepsilon_0\boldsymbol{E}$ の単位はともに〔C/m^2〕であるので，電気感受率は無次元の量である。

電場に関するガウスの法則を適用する場合，ガウス面内の電荷は，分極によって生じる電荷も考える必要がある。コンデンサーの間に誘電体が満たされているときを考えよう。図12.4のようにガウス面をとると，ガウス面内の正味の電荷は，電極に蓄えられている真の電荷 Q に加えて，誘電体から生じた分極電荷 q も含まれなくてはいけない。この場合，誘電体表面には電極にある電荷と逆符号の電荷が誘導されていることから $\boldsymbol{P}$ には負符号をつけ，分極電荷は次のように表される。

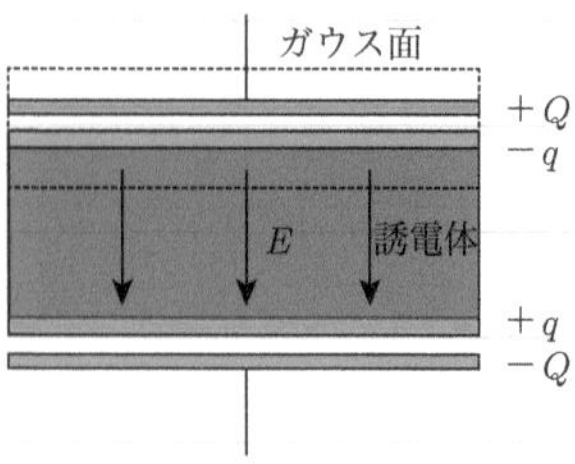

図 12.4

分極電荷

分極電荷 q は分極ベクトル $\boldsymbol{P}$ を用いて,

$$q = \iint_{\text{閉曲面}} (-\boldsymbol{P}) \cdot d\boldsymbol{S} \tag{12.8}$$

と表せる。ここで,$\boldsymbol{P} = \chi_e \varepsilon_0 \boldsymbol{E}^\star$($\chi_e$ は電気感受率)である。

★ 補足
$\boldsymbol{P} = \chi_e \varepsilon_0 \boldsymbol{E}$ は(12.7)式

したがって,(12.5)式のガウスの法則は,電荷として分極電荷も加えて,

$$\varepsilon_0 \iint_{\text{閉曲面}} \boldsymbol{E} \cdot d\boldsymbol{S} = Q + \iint_{\text{閉曲面}} (-\boldsymbol{P}) \cdot d\boldsymbol{S} \tag{12.9}$$

$$\therefore \iint_{\text{閉曲面}} (\varepsilon_0 \boldsymbol{E} + \boldsymbol{P}) \cdot d\boldsymbol{S} = Q \tag{12.10}$$

となる。分極電荷の項を左辺に移項したことから,(12.10)式の右辺は真の電荷のみとなっている。一方,左辺の積分内は $\varepsilon_0 \boldsymbol{E} + \boldsymbol{P}$ となっており,この部分が電束密度に対応していることがわかる。したがって,電束密度を改めて以下のように定義する。

電束密度 D

$$\boldsymbol{D} = \varepsilon_0 \boldsymbol{E} + \boldsymbol{P} = \varepsilon_0 (1 + \chi_e) \boldsymbol{E} = \varepsilon_0 \varepsilon_r \boldsymbol{E} = \varepsilon \boldsymbol{E} \tag{12.11}$$

ここで,χ_e は電気感受率,比例係数の ε_r は比誘電率,ε は誘電率という。これらの関係は以下のようになる。

$$\varepsilon_r = \frac{\varepsilon}{\varepsilon_0} = 1 + \chi_e \tag{12.12}$$

真空中では,$\boldsymbol{P} = 0$ に対応している。

このように定義された電束密度を用いると,ガウスの法則は,真空中・物質中にかかわらず次式で表される。

電束に関するガウスの法則

$$\iint_{\text{閉曲面}} \boldsymbol{D} \cdot d\boldsymbol{S} = Q_{\text{enc}} \tag{12.13}$$

ここで Q は閉曲面内に含まれる真の電荷だけ考えればよい。
(分極電荷がある場合,その影響は電束密度 $\boldsymbol{D}$ の中に含まれる)

例題 12.1　誘電体を満たしたコンデンサーの電気容量

図 12.5 のような極板面積 S，極板間隔 d の平行板コンデンサーがあり，極板間には比誘電率 $\varepsilon_r(\varepsilon_r>1)$ の誘電体が満たされている。真空の誘電率を ε_0 として，このコンデンサーの静電容量を求めよ。

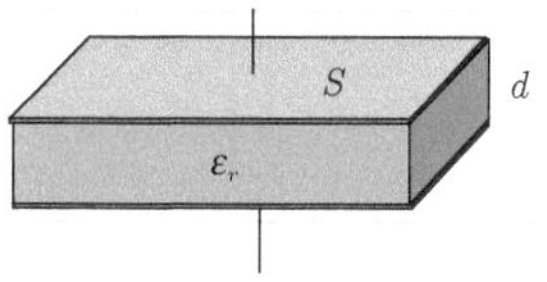

図 12.5

解説＆解答

極板間には電位差 V が加えられており，極板には電荷 Q が蓄えられているものとして考える。

まず極板間の電場を計算する★。図 12.6 のようにガウス面をとり，(12.13) 式の電束に関するガウスの法則を用いると，左辺は

★ 補足
電束に関するガウスの法則を用いるだけで，基本的には 3.1.2 節と同様に解けばよい。

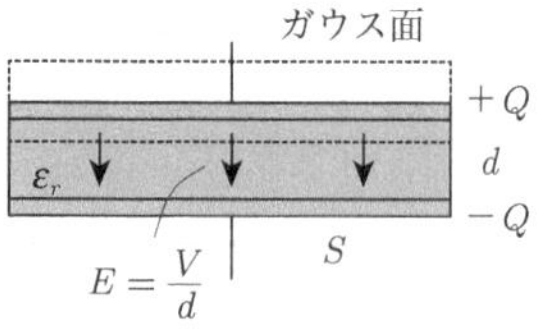

図 12.6

$$\iint_{閉曲面} \boldsymbol{D}\cdot d\boldsymbol{S} = \iint_{閉曲面} \varepsilon_r\varepsilon_0\boldsymbol{E}\cdot d\boldsymbol{S} = \varepsilon_r\varepsilon_0 ES \qquad ①$$

左辺は電束密度を用いているので，右辺は真の電荷 Q だけ考えればよい。したがって，

$$\varepsilon_r\varepsilon_0 ES = Q$$

$$\therefore E = \frac{Q}{\varepsilon_r\varepsilon_0 S} \qquad ②$$

【電場の求め方（別解）：電場に関するガウスの法則を用いる方法】

電場に関するガウスの法則から出発する方法で電場を求めてみよう。電場に関するガウスの法則★を適用する場合は，誘電体による分極電荷も考慮する必要がある。この誘電体の電気感受率を χ_e とすると，(12.8) 式★より分極電荷 q は

★ 補足
電場に関するガウスの法則は（12.5）式。

★ 補足
(12.8) 式

$$q = \iint_{閉曲面} (-\boldsymbol{P})\cdot d\boldsymbol{S},\quad \boldsymbol{P} = \chi_e\varepsilon_0\boldsymbol{E}$$

$$q = -\chi_e\varepsilon_0 ES \qquad ③$$

したがって，ガウスの法則より，

$$\varepsilon_0\iint_{閉曲面} \boldsymbol{E}\cdot d\boldsymbol{S} = Q + q = Q - \chi_e\varepsilon_0 ES \qquad ④$$

上式の左辺は $\varepsilon_0 ES$ となるから，

$$\varepsilon_0 ES = Q - \chi_e\varepsilon_0 ES \qquad \therefore E = \frac{Q}{(1+\chi_e)\varepsilon_0 S} \qquad ⑤$$

ここで（12.12）式★より $\varepsilon_r = 1+\chi_e$ であるから，比誘電率 ε_r を用いて

★ 補足
(12.12) 式

$$\varepsilon_r = \frac{\varepsilon}{\varepsilon_0} = 1+\chi_e$$

$$E = \frac{Q}{\varepsilon_r\varepsilon_0 S} \qquad ⑥$$

このように②と同じ式が得られたが，こちらのほうが少々面倒であることがわかるであろう。物質中では電束密度を用いたほうが簡単である。

【電場の求め方（別解）：ここまで】

一方，コンデンサー間の電場と電位差の関係★は，

$$E = \frac{V}{d} \qquad ⑦$$

であるので，②（もしくは⑥）と⑦の関係から，

$$Q = \frac{\varepsilon_r \varepsilon_0 S}{d} V \qquad \therefore C = \frac{Q}{V} = \frac{\varepsilon_r \varepsilon_0 S}{d} \qquad ⑧$$

静電容量は，誘電体を満たされていないときに比べ，ε_r 倍になっていることがわかる。このようにコンデンサーに誘電体を満たすと，静電容量は増加する。すなわち，多くの電荷を蓄えられるようになる。誘電率 $\varepsilon = \varepsilon_r \varepsilon_0$ を用いると，静電容量は次のように書ける。

$$C = \frac{\varepsilon_r \varepsilon_0 S}{d} = \frac{\varepsilon S}{d} \qquad ⑨ \quad ■$$

★ 補足
電場と電位差の関係は，誘電体の有無とは関係ない。

12.1.3 誘電体の境界条件

誘電体と真空，あるいは別の誘電体との境界では，$\boldsymbol{E}$ や $\boldsymbol{D}$ はどのようにつながっているのだろうか。その境界条件について調べてみよう。

◎ E の境界条件

静電場 $\boldsymbol{E}$ は保存場であった★。誘電体境界において，この保存場の条件を適用してみよう。誘電体境界面付近で，図 12.7 のように長方形の閉経路 C を考え，長方形の上辺と下辺は境界面に平行にとる。この閉経路にそって一周積分を考える。

★ 補足
保存場の条件は
$\oint \boldsymbol{E} \cdot d\boldsymbol{s} = 0$ （9.10）式

$$\oint \boldsymbol{E} \cdot d\boldsymbol{s} = \int_{\text{下辺}} \boldsymbol{E} \cdot d\boldsymbol{s} + \int_{\text{右辺}} \boldsymbol{E} \cdot d\boldsymbol{s} + \int_{\text{上辺}} \boldsymbol{E} \cdot d\boldsymbol{s} + \int_{\text{左辺}} \boldsymbol{E} \cdot d\boldsymbol{s} \qquad (12.14)$$

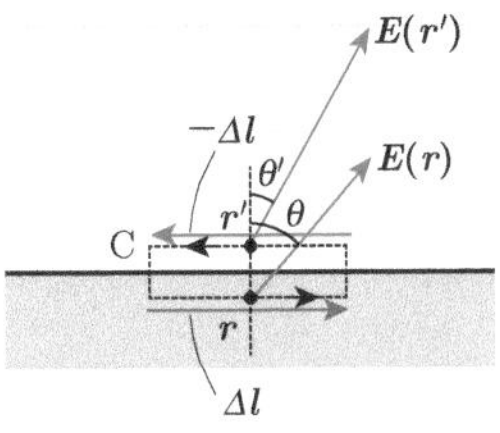

図 12.7

この閉経路は十分に小さく，上辺，下辺の長さを Δl とすると，Δl 内では $\boldsymbol{E}$ は一定であるとする。また，上辺と下辺を限りなく境界面に近づけることにより側辺の寄与はゼロとなる。図 12.7 において，右向きの長さベクトルを $\Delta \boldsymbol{l}$（$|\Delta \boldsymbol{l}| = \Delta l$）とすると，保存場の条件は

$$\oint \boldsymbol{E} \cdot d\boldsymbol{s} = E(\boldsymbol{r}) \sin\theta \cdot \Delta l - E(\boldsymbol{r}') \sin\theta' \cdot \Delta l$$

$$= \left(E(\boldsymbol{r}) \sin\theta - E(\boldsymbol{r}') \sin\theta'\right) \cdot \Delta l = 0$$

と表される。上辺と下辺を限りなく境界面に近づけると $\boldsymbol{r}' = \boldsymbol{r}$ となり，$E(\boldsymbol{r}) = E$，$E(\boldsymbol{r}') = E'$ と書き直すと，以下の条件が導かれる。

E の境界条件（図 12.8）

$$E \sin\theta = E' \sin\theta' \qquad (12.15)$$

誘電体境界面において，$\boldsymbol{E}$ の接線成分は保存される。
すなわち，**E の接線成分は連続**である。

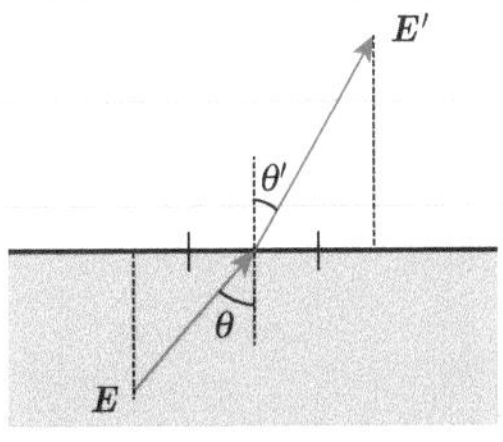

図 12.8

◎ D の境界条件

誘電体の境界面付近で，図 12.9 のように円筒状のガウス面 S を考え，電束密度に関するガウスの法則★を適用する。円筒面の上面と下面は，境界面に平行な面積 ΔS の面であるとする。

★ 補足
電束密度に関するガウスの法則は (12.13) 式

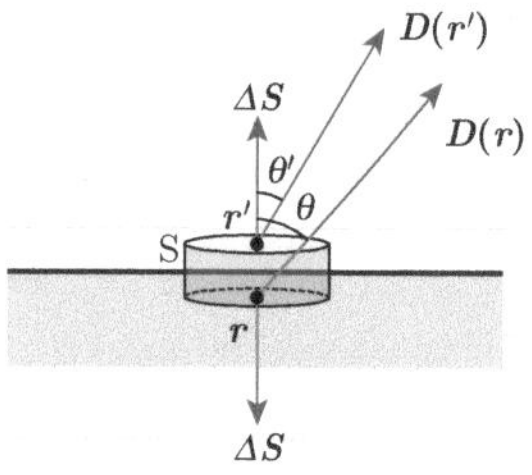

図 12.9

$$\iint_{\text{閉曲面}} \boldsymbol{D}\cdot d\boldsymbol{S} = \iint_{\text{下面}} \boldsymbol{D}\cdot d\boldsymbol{S} + \iint_{\text{上面}} \boldsymbol{D}\cdot d\boldsymbol{S} + \iint_{\text{側面}} \boldsymbol{D}\cdot d\boldsymbol{S} \qquad (12.16)$$

ガウス面は十分に小さく，上面，下面の面積 ΔS 内において $\boldsymbol{D}$ は一定であるとする。また，上面と下面を限りなく境界面に近づけることにより側面の寄与はゼロとなり，ガウス面内の体積もゼロとなるので，ガウス面内の電荷はゼロと考えてよい。図 12.9 において，外向きの面積ベクトルを $\Delta\boldsymbol{S}$ （$|\Delta\boldsymbol{S}| = \Delta S$）とすると，

$$\iint_{\text{閉曲面}} \boldsymbol{D}\cdot d\boldsymbol{S} = -D(\boldsymbol{r})\cos\theta\cdot\Delta S + D(\boldsymbol{r}')\cos\theta'\cdot\Delta S$$

$$= \left(-D(\boldsymbol{r})\cos\theta + D(\boldsymbol{r}')\cos\theta'\right)\Delta S = 0$$

上辺と下辺を限りなく境界面に近づけると $\boldsymbol{r}' = \boldsymbol{r}$ となり，$D(\boldsymbol{r}) = D$，$D(\boldsymbol{r}') = D'$ として，以下の条件が導かれる。

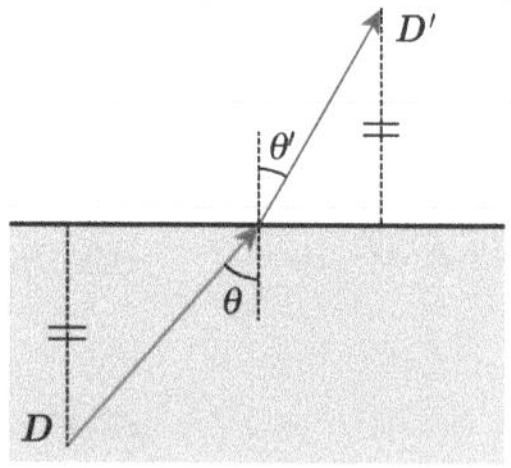

図 12.10

> D の境界条件（図 12.10）
>
> $$D\cos\theta = D'\cos\theta' \qquad (12.17)$$
>
> 誘電体境界面において，$\boldsymbol{D}$ の法線成分は保存される。
> すなわち，$\boldsymbol{D}$ の法線成分は連続である。

★ 補足
$\boldsymbol{D} = \varepsilon\boldsymbol{E}$ は，(12.9) 式。

◎ 電場の屈折

誘電率が ε_1 と ε_2 の誘電体の界面について考えよう（図 12.11）。$\boldsymbol{D} = \varepsilon\boldsymbol{E}$★の関係が成り立つような誘電体の場合，$\boldsymbol{E}$ や $\boldsymbol{D}$ の界面への入射角を θ_1，出射角を θ_2 とすると，(12.15) 式，(12.17) 式から，

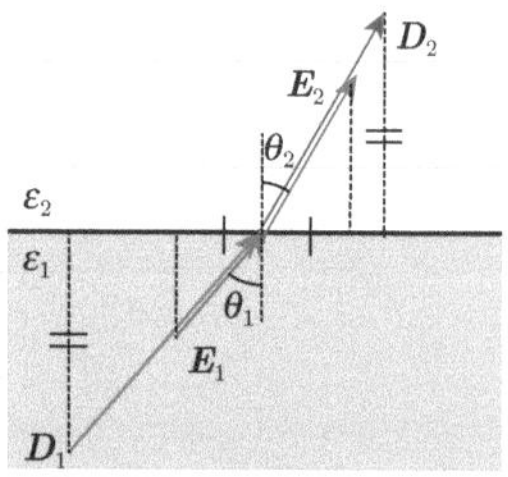

図 12.11

$$\frac{D_1\cos\theta_1}{E_1\sin\theta_1} = \frac{D_2\cos\theta_2}{E_2\sin\theta_2}$$

$$\therefore \frac{\varepsilon_1}{\tan\theta_1} = \frac{\varepsilon_2}{\tan\theta_2} \qquad (12.18)$$

が得られる。これを電場の屈折の法則という。

12.2 磁性体

12.2.1 磁性体

磁性体というと，磁石になったり磁石についたりする物質を思い浮かべ

るが，すべての物質に何らかの磁気的性質（磁性）がある。磁石につくような物質を特に強磁性体といい，磁石につかない物質のことを非磁性体という。しかしこれらのよび方は，磁石につくか，つかないか，といった非常に荒く分けた分類である。ここではもう少し細かく物質の磁性についてみてみよう。

物質の磁性は，物質中の磁気モーメントのそろいやすさや，そろい方によって決まる。磁気モーメントとは，磁力の大きさとその向きを表すベクトル量のことである。磁気モーメントには，電子（や原子）のスピンに起因するスピン磁気モーメントと，電子の軌道運動に起因する軌道磁気モーメントがある★。電子の「スピン」は，よく電子の自転の向きに例えられるが，実際に自転しているわけではなく，量子力学的に導入される電子の自由度の１つである。磁性の大部分は，スピン磁気モーメントの寄与で決まる。また，電子の軌道磁気モーメントは，電子の軌道運動による円電流のような効果で磁気を発生するものである。磁気モーメントがそろうことを「磁化する（動詞）」という。また，単位体積あたりの磁気モーメントのことを磁化（名詞）という。

★ 補足
原子核も核スピンを持っているが，これは非常に小さいので磁性にはほとんど寄与しない。
電子の軌道運動は，太陽を回る惑星のように円軌道を描いているわけではない。雲のように軌道は広がっており，確率分布にしたがって動き回っている。

常磁性（図 12.12）

磁場がかけられていない状態では，磁気モーメントの向きがバラバラで，物質全体では打ち消し合っている。このため磁化は生じない。磁場をかけると，磁気モーメントが磁場の向きにわずかにそろい，非常に小さな磁化が生じる。しかしこの効果は非常に小さく，磁石にはつかない。

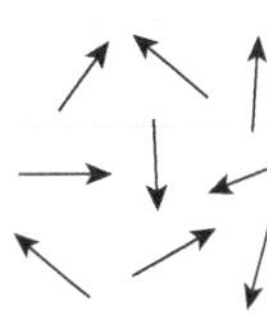
図 12.12

強磁性（図 12.13）

磁場がない状態でも，物質内の磁気モーメントはそろっている。このことを，自発磁化を持つという。磁気モーメントの向きがそろっている領域のことを磁区とよぶ。外部磁場がないときは磁性体内はいくつかの磁区に分割され，全体としては外部に磁場が発生しないような磁区構造をとる。磁場がかけられると，磁場の向きと同じ向きの磁区が大きくなり，磁場が十分に大きければすべての磁気モーメントの向きはそろう。しかし，磁場をゼロに戻すと外部に発生する磁場を小さくするような磁区構造に再び分割されるものが多い★。磁場をゼロに戻しても全体の磁化がそろった状態を維持するものが永久磁石である。

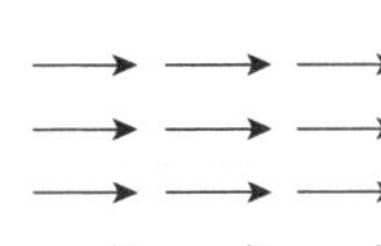
図 12.13

★ 補足
磁区構造をとる理由については，12.2.4 節でもう少し詳しく説明する。基本的には系のエネルギーを下げるためである。

反強磁性（図 12.14）

磁気モーメントはそろっているのであるが，その向きは互い違いである。このため磁気モーメントはお互いに打ち消し合っており，物質全体として磁化は生じない。磁場をかけると，磁場の向きにわずかに磁気モーメントが傾くため非常に小さな磁化が生じる。この磁場応答の様子は常磁性と似ており，温度変化等の観測もしないと常磁性と区別するのは難しい。

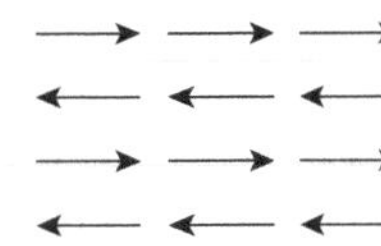
図 12.14

フェリ磁性（図 12.15）

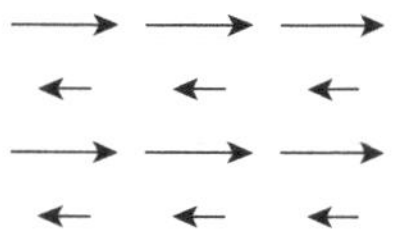

図 12.15

磁気モーメントの並びは反強磁性のように互い違いであるが，それぞれの向きの磁気モーメントの大きさが異なっていたり，数が異なっていたりすることにより，正味の磁化が残っている。この磁場応答の様子は強磁性と同様であり，強磁性の一種として強磁性に含まれることも多い。永久磁石の物質としても用いられている。

反磁性

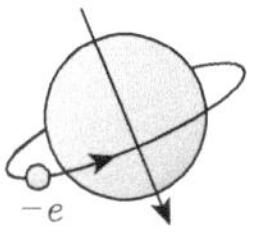

図 12.16

これまでの磁性は磁気モーメントの並び方で決まっていた。しかし，反磁性の起源は全く異なる。外から磁場をかけると，物質内ではその磁場を打ち消そうとするように電子の軌道運動（図 12.16）が変化する。すなわち，電磁誘導と似たようなことが起こる。したがって，かけられた磁場と反対向きの磁場を発生し，反発する。電子はすべての物質に存在するため，反磁性はすべての物質にある性質である。しかし，常磁性や強磁性等の効果のほうがはるかに大きいため，他の磁性を持つ物質では，反磁性は他の効果に隠れて見えない。他の磁性がない場合にのみ，反磁性が観測される。水は比較的大きな反磁性を示す代表的な反磁性物質である。

超伝導体では電気抵抗がゼロなので，物質内部に侵入する磁場を完全に打ち消す電流が流れ続ける。このため，磁場は超伝導体内に侵入できない。これを**完全反磁性**といい，**マイスナー効果**ともよばれる★。

★ 補足
よく見る超伝導体の浮上実験は，この性質を使っている。

このように，反磁性は磁性の分類という意味では，他のものと根本的に起源が違うことに注意しよう。

代表的なもののみ紹介したが，これらの他にも，らせん磁性等，もっと複雑な磁性を示すものもある。上記に示した分類がすべてではない。

12.2.2 磁化と透磁率

★ 補足
電流ループによる磁気モーメント
$\boldsymbol{m} = IS\boldsymbol{n} = I\boldsymbol{S}$ (8.12)，(8.12′) 式

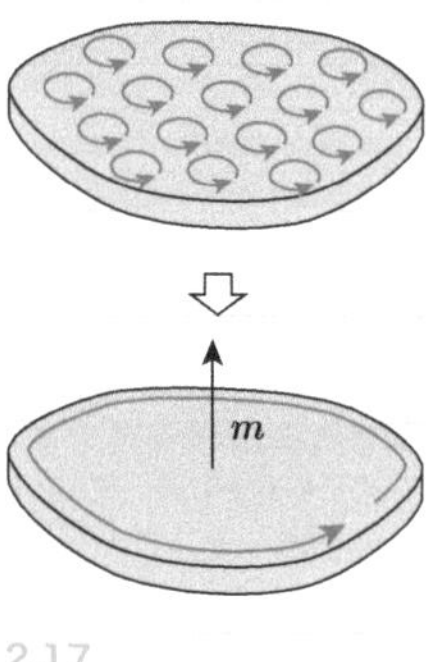

図 12.17

電流ループによる磁気モーメント $\boldsymbol{m}$〔$\mathrm{Am^2}$〕を，(8.12) 式★で定義した。物質の磁気モーメントの起源は電流ループではないが，仮想的な「**磁化電流**」によって磁気モーメントが発生していると考えることができる。

図 12.17 のように磁性体のいたる所で微小な電流ループ（**分子電流**）が流れていると考えると，隣同士では反対向きの電流が流れていて打ち消し合うので，結局磁性体の側面のみに磁化電流が流れているように見える。この電流が磁気モーメントを発生すると考える。物質中の磁気モーメントが磁場から受ける力のモーメントは，(8.13) 式★で与えられ，物質の磁気モーメントがまわりに作る磁場も，電流ループが作る磁場と同等となる。

★ 補足
磁気モーメントが磁場から受ける力のモーメント
$\boldsymbol{T} = \boldsymbol{m} \times \boldsymbol{B}$ (8.13) 式

磁性体では，磁力の強さとして単位体積あたりの磁気モーメントを考え，これを**磁化 M** という。単位は〔A/m〕であり，磁気モーメント〔$\mathrm{Am^2}$〕を体積で割った単位となっている。磁化電流と磁化の関係は，単位に注意してアンペールの法則と同様に書くと，次のようになる★。

★ 補足
以下 SI 単位系で進める。

磁化と磁化電流の関係

磁化 $\boldsymbol{M}$ は磁化電流 I_M を用いて,

$$\oint \boldsymbol{M} \cdot d\boldsymbol{s} = I_M \qquad (12.19)$$

の関係が成り立つ★。

★ 補足
この関係は，磁化による効果をマクスウェル方程式に取り入れる際に必要になる。磁化電流は実在するものでなく，磁化を形式的に電流で表すためのものである。

ここで，もう一つの磁場を表す量 $\boldsymbol{H}$ を導入する。歴史的には，はじめ $\boldsymbol{H}$ が磁場とよばれていたが，本書では $\boldsymbol{B}$ を磁場とよんでいるので，ここでは呼び名はつけずに単に $\boldsymbol{H}$ と書く。$\boldsymbol{H}$ は

$$\boldsymbol{H} = \frac{1}{\mu_0}\boldsymbol{B} - \boldsymbol{M} \qquad (12.20)$$

のように定義され，単位は〔A/m〕である★。これは，磁場 $\boldsymbol{B}$ から物質の磁化 $\boldsymbol{M}$ の寄与を差し引いた分と見ることができる。(12.20) 式は，次のようにも書き換えられる。

★ 補足
MKSA 単位系 E-H 対応では,
$\boldsymbol{B} = \mu_0\boldsymbol{H} + \boldsymbol{M}$
なので，$\boldsymbol{B}$ と $\boldsymbol{M}$ が同じ単位〔T〕となる。

$$\boldsymbol{B} = \mu_0(\boldsymbol{H} + \boldsymbol{M}) \qquad (12.21)$$

ここで，物質のない空間であれば $\boldsymbol{M} = 0$ であるので，これは真空中の $\boldsymbol{B}$ と $\boldsymbol{H}$ の関係式，$\boldsymbol{B} = \mu_0\boldsymbol{H}$★も含んだ定義となっている。

★ 補足
$\boldsymbol{B} = \mu_0\boldsymbol{H}$ は (7.1) 式。

常磁性体や反磁性体では，磁場が小さいとき磁化 $\boldsymbol{M}$ は $\boldsymbol{H}$ に近似的に比例するので,

$$\boldsymbol{M} = \chi_m \boldsymbol{H} \qquad (12.22)$$

と表すことができる★。このときの比例係数 χ_m を**磁化率**とよび，χ_m は無次元量である。$\chi_m < 0$ となる物質は反磁性を表し，磁場の向きと反対向きの磁化を生じる。(12.21) 式，(12.22) 式から，次の $\boldsymbol{B}$, $\boldsymbol{H}$, $\boldsymbol{M}$ の関係が得られる。

★ 補足
強磁性体は磁場に比例はしないので，(12.22) 式は使えない。強磁性体については，12.1.4 節で解説する。

B, H, M の関係

$$\boldsymbol{B} = \mu_0(\boldsymbol{H} + \boldsymbol{M}) = \mu_0(1 + \chi_m)\boldsymbol{H} = \mu_0\mu_r\boldsymbol{H} = \mu\boldsymbol{H} \qquad (12.23)$$

ここで，χ_m は**磁化率**，比例係数の μ_r は**比透磁率**，μ は**透磁率**という。これらの関係は以下のようになる。

$$\mu_r = \frac{\mu}{\mu_0} = 1 + \chi_m \qquad (12.24)$$

また，真空中では，$\boldsymbol{M} = 0$ に対応している。

12.2.3 磁性体の境界条件

誘電体のときと同様に，$\boldsymbol{H}$ と $\boldsymbol{B}$ の境界条件について調べよう。

◎ H の境界条件

★ 補足
アンペールの法則

$$\oint \boldsymbol{B}\cdot d\boldsymbol{s} = \mu_0 I_{\mathrm{enc}} \qquad (7.9)\text{ 式}$$

において両辺を μ_0 で割り，$I_{\mathrm{enc}} = 0$ ならば

$$\oint \boldsymbol{H}\cdot d\boldsymbol{s} = 0$$

と書ける。

磁性体の境界面付近で，図 12.18 のように長方形の閉経路を考え，この閉経路 C にそって一周積分を考える★。長方形の上辺と下辺は境界面に平行にとり，

$$\oint \boldsymbol{H}\cdot d\boldsymbol{s} = \int_{\text{下辺}} \boldsymbol{H}\cdot d\boldsymbol{s} + \int_{\text{右辺}} \boldsymbol{H}\cdot d\boldsymbol{s} + \int_{\text{上辺}} \boldsymbol{H}\cdot d\boldsymbol{s} + \int_{\text{左辺}} \boldsymbol{H}\cdot d\boldsymbol{s} \quad (12.25)$$

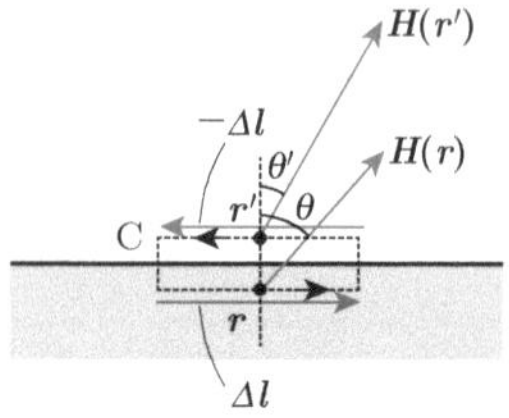

図 12.18

この閉経路は十分に小さく，上辺，下辺の長さを Δl とすると，Δl 内では $\boldsymbol{H}$ は一定であるとする。また，上辺と下辺を限りなく境界面に近づけることにより側辺の寄与はゼロであり，また，この閉経路内の電流はゼロとしてよい。図において，右向きの長さベクトルを $\Delta\boldsymbol{l}$（$|\Delta\boldsymbol{l}| = \Delta l$）とすると，

$$\oint \boldsymbol{H}\cdot d\boldsymbol{s} = H(\boldsymbol{r})\sin\theta\cdot\Delta l - H(\boldsymbol{r}')\sin\theta'\cdot\Delta l$$

$$= \left(H(\boldsymbol{r})\sin\theta - H(\boldsymbol{r}')\sin\theta'\right)\Delta l = 0$$

が得られる。上辺と下辺を限りなく境界面に近づけると $\boldsymbol{r}' = \boldsymbol{r}$ となり，$H(\boldsymbol{r}) = H$，$H(\boldsymbol{r}') = H'$ と書き直すと，以下の条件が導かれる。

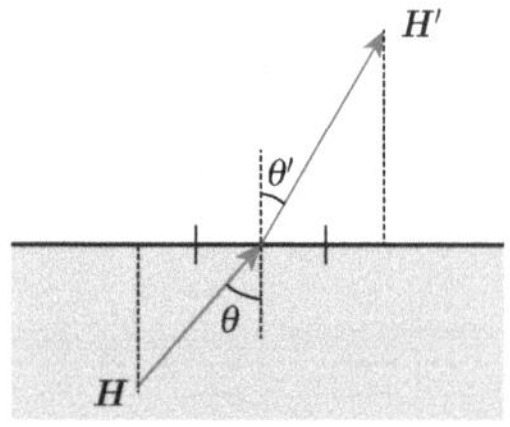

図 12.19

> **H の境界条件**（図 12.19）
>
> $$H\sin\theta = H'\sin\theta' \qquad (12.26)$$
>
> 磁性体境界面において，$\boldsymbol{H}$ の接線成分は保存される。
> すなわち，**H の接線成分は連続**である。

◎ B の境界条件

★ 補足
電束密度に関するガウスの法則は (12.10) 式

磁性体の境界面付近で，図 12.20 のように円筒状のガウス面 S を考え，$\boldsymbol{B}$ に関するガウスの法則★を適用する。円筒面の上面と下面は境界面に平行な面積 ΔS の面であるとする。

$$\iint_{\text{閉曲面}} \boldsymbol{B}\cdot d\boldsymbol{S} = \iint_{\text{下面}} \boldsymbol{B}\cdot d\boldsymbol{S} + \iint_{\text{上面}} \boldsymbol{B}\cdot d\boldsymbol{S} + \iint_{\text{側面}} \boldsymbol{B}\cdot d\boldsymbol{S} \qquad (12.27)$$

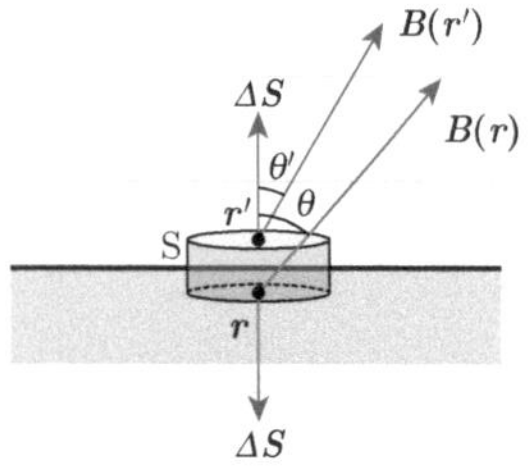

図 12.20

ガウス面は十分に小さく，上面，下面の面積 ΔS 内において $\boldsymbol{B}$ は一定とする。また，上面と下面を限りなく境界面に近づけることにより側面の寄与はゼロとなる。図の外向きの面積ベクトルを $\Delta\boldsymbol{S}$（$|\Delta\boldsymbol{S}| = \Delta S$）とすると，

$$\iint_{\text{閉曲面}} \boldsymbol{B} \cdot d\boldsymbol{S} = -B(\boldsymbol{r})\cos\boldsymbol{\theta} \cdot \Delta S + B(\boldsymbol{r}')\cos\boldsymbol{\theta}' \cdot \Delta S$$

$$= \left(-B(\boldsymbol{r})\cos\boldsymbol{\theta} + B(\boldsymbol{r}')\cos\boldsymbol{\theta}'\right)\Delta S = 0$$

上辺と下辺を限りなく境界面に近づけると $\boldsymbol{r}' = \boldsymbol{r}$ となり，$B(\boldsymbol{r}) = B$, $B(\boldsymbol{r}') = B'$ として，以下の条件が導かれる。

B の境界条件（図 12.21）

$$B\cos\boldsymbol{\theta} = B'\cos\boldsymbol{\theta}' \tag{12.28}$$

磁性体境界面において，$\boldsymbol{B}$ の法線成分は保存される。
すなわち，**B の法線成分は連続**である。

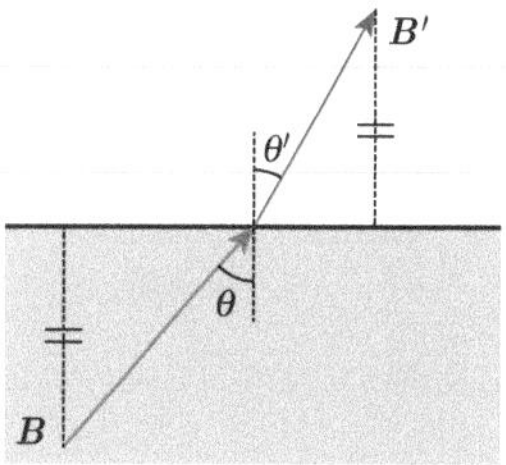

図 12.21

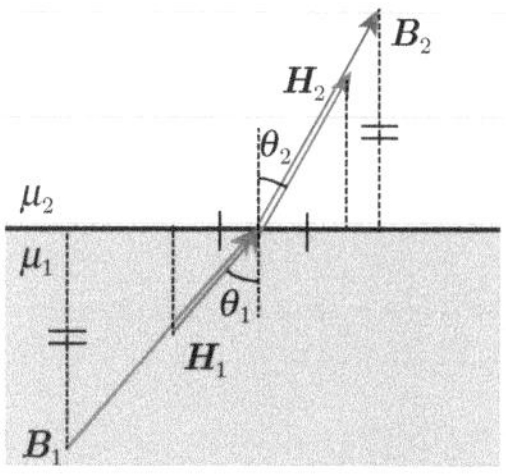

図 12.22

★ 補足
$\boldsymbol{B} = \mu\boldsymbol{H}$ は，(12.18) 式。

◎ 磁場の屈折

透磁率が μ_1 と μ_2 の磁性体の界面について考えよう（図 12.22)。$\boldsymbol{B} = \mu\boldsymbol{H}$★の関係が成り立つような磁性体の場合，$\boldsymbol{H}$ や $\boldsymbol{B}$ の界面への入射角を $\boldsymbol{\theta}_1$，出射角を $\boldsymbol{\theta}_2$ とすると，(12.26) 式，(12.28) 式から，

$$\frac{B_1\cos\boldsymbol{\theta}_1}{H_1\sin\boldsymbol{\theta}_1} = \frac{B_2\cos\boldsymbol{\theta}_2}{H_2\sin\boldsymbol{\theta}_2}$$

$$\therefore \frac{\mu_1}{\tan\boldsymbol{\theta}_1} = \frac{\mu_2}{\tan\boldsymbol{\theta}_2} \tag{12.29}$$

が得られる。これを**磁場の屈折の法則**という。

12.2.4 強磁性体

強磁性体は，多くが Fe，Ni，Co を含んだ合金であり，交換相互作用とよばれる量子力学的効果により，磁場がない状態でも磁気モーメントの向きがそろった物質である。強磁性については磁性の分類で説明したが，ここではもう少し詳しく強磁性体の特性について説明する。

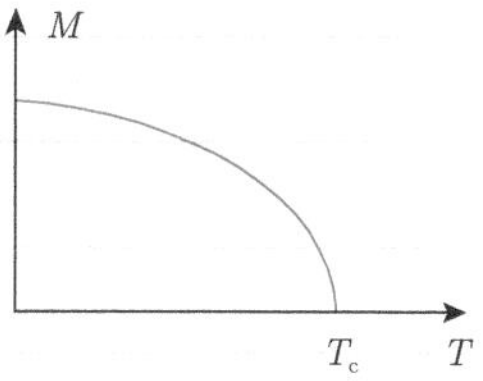

図 12.23

◎ キュリー温度

図 12.23 のように，強磁性体は温度 T を上げていくと磁化 M が減少し，ある温度以上になると磁化は消失する。強磁性の性質を失う温度のことを**キュリー温度 T_c** という。これは，熱エネルギーによって磁気モーメントの整列状態が揺らぎ，その向きがバラバラになっていくためである（側注★も参照)。キュリー温度を超えると，強磁性体も常磁性を示す。

★ 補足
磁気モーメントを矢印で書くモデルは，主に電子が局在している物質（酸化物系）を想定した説明である。温度が変わっても矢印の大きさは変わらないので，磁性の消失は，向きがバラバラになることによる。
一方，金属はバンドのスピン分裂によるスピン数の差から磁気モーメントが発生している。温度上昇によってこの差に揺らぎが生じるため，磁気モーメントの大きさ，すなわち矢印の大きさも小さくなる。金属で磁性が失われるのは，矢印の向きがバラバラになる効果と，矢印の大きさが小さくなる効果の両方による。

◎ 磁区と磁区構造

キュリー温度以下であれば，磁気モーメントの向きはそろっている。しかし，鉄は代表的な強磁性体であるが，磁場★がかかっていなければ永久磁石になっていない。これは以下のような理由による。

★ 補足
ここでは説明の都合（磁性体の効果を含まない磁場が必要）上，$\boldsymbol{H}$ を磁場とよぶ。

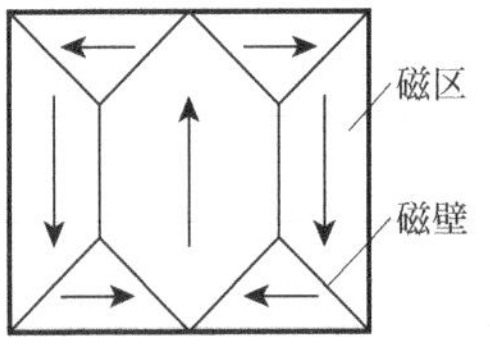

図 12.24

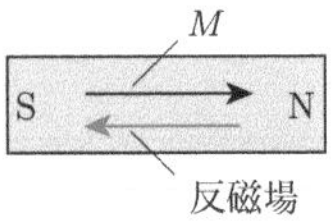

図 12.25

磁気モーメントの向きがそろっている領域のことを磁区，磁区と磁区の境界のことを磁壁とよぶ（図 12.24）。また，磁化 $\boldsymbol{M}$ と磁場 $\boldsymbol{H}$ の内積によって決まる磁気的なポテンシャルエネルギー（$U = -\boldsymbol{M}\cdot\boldsymbol{H}$）を静磁エネルギーという。磁化されると，図 12.25 のように端面に磁極（N 極と S 極）が現れ，磁性体内に磁化と反対向きの磁場を発生する。この磁場のことを反磁場とよぶ。このため，外部磁場がなくても静磁エネルギーが生じる。このとき，$\boldsymbol{M}$ と $\boldsymbol{H}$ は反対向きであるから，静磁エネルギーは増加しており不安定な状態になる。したがって，この静磁エネルギーを小さくするため，すなわち反磁場を生じないようにするために，磁区が分割された構造（磁区構造）をとる。図 12.24 のように，結晶全体では磁区の向きはほとんど打ち消し合し合うような磁区構造になり，外部に磁場を発生しない。

磁場がかかっていない状況でも，全体の磁気モーメントの向きを保つようにしたものが永久磁石である。このため外部に磁場を発生できる。Fe, Ni, Co に，他の元素を混ぜたり，製法を工夫することにより，反磁場に負けない磁気的結合を実現し，無磁場下でも特定の向きの磁化状態を保てるようにしているのである。

◎ 磁化曲線

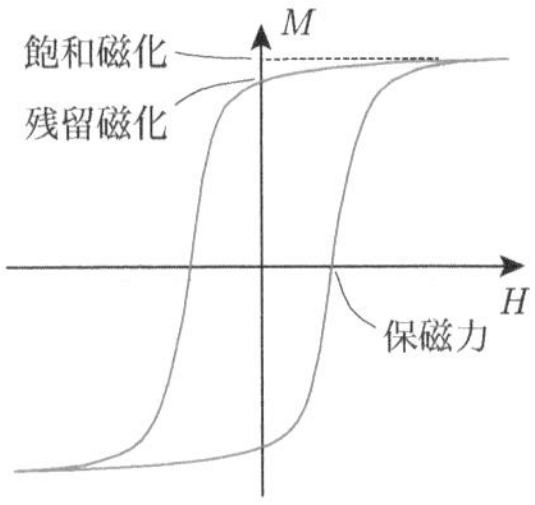

図 12.26
磁化曲線（ヒステリシスループ）

強磁性体に磁場をかけると，一般に磁化の増加のしかたは磁場に比例せず，また，磁場を戻しても同じ曲線上は戻らない。この様子を調べたものが磁化曲線であり，ヒステリシスループともいう（図 12.26）。ヒステリシスとは「履歴現象」であり，もとに戻そうとしたときに同じ曲線をたどらないことを意味している。

強磁性体に大きな磁場をかけると，磁気モーメントはすべてそろい，磁化の値は飽和する。このときの磁化の値を飽和磁化という。また，磁場をゼロに戻したときに残っている磁化の値を残留磁化という。さらに反対向きに磁場をかけていくと，ある磁場で磁化がゼロになる。この磁場の大きさを保磁力という。このように，M と H の関係は比例関係になっていないので，磁化率を定義通りに決めることはできない。このため，磁化率の目安としていくつかの決め方があるので，2 つほど紹介する。

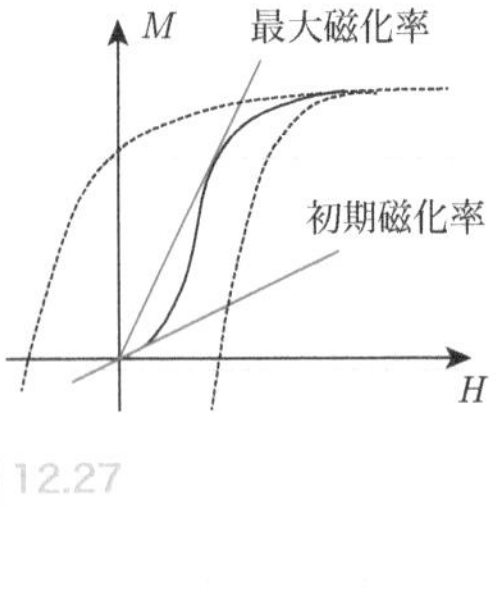

図 12.27

初期磁化率：初めて物質を磁化するときの磁化曲線（初磁化曲線）における $H = 0$ 付近の傾き（図 12.27）

$$\chi_{m\ \mathrm{ini}} = \left(\frac{dM}{dH}\right)_{H\to 0}$$

最大磁化率：初磁化曲線で，M/H が最大となる傾き（図 12.27）

$$\chi_{m\ \max} = \left(\frac{M}{H}\right)_{\max}$$

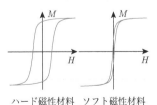

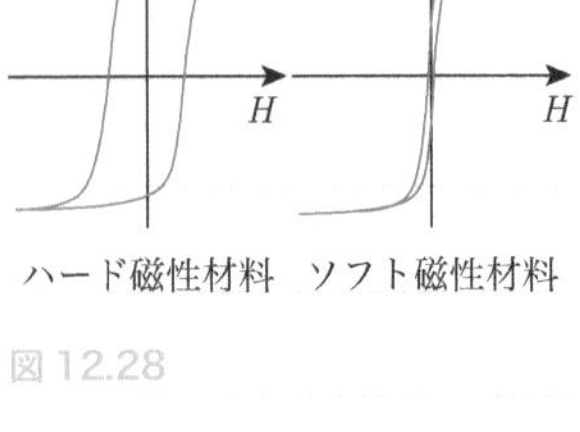

図 12.28

強磁性体は，磁化曲線の形によって大きく 2 つの種類に分けられる（図 12.28）。残留磁化や保磁力が大きく，磁化曲線のループが大きく開いている材料はハード磁性材料（硬磁性材料）とよばれ，永久磁石や磁気記録媒体に適している。一方，保磁力が小さく磁化曲線のループがほとんど開かない材料は**ソフト磁性材料（軟磁性材料）**とよばれ，コイルやトランスの鉄芯やハードディスクドライブ（HDD）の磁気ヘッド等に使われている。

12.3 物質中のマクスウェル方程式

真空中におけるマクスウェル方程式★は

$$\varepsilon_0 \iint_{\text{閉曲面}} \boldsymbol{E}\cdot d\boldsymbol{S} = Q_{\text{enc}} \tag{12.30}$$

$$\iint_{\text{閉曲面}} \boldsymbol{B}\cdot d\boldsymbol{S} = 0 \tag{12.31}$$

$$\oint \boldsymbol{E}\cdot d\boldsymbol{s} = -\frac{\partial}{\partial t}\left(\iint_{\mathrm{S}} \boldsymbol{B}\cdot d\boldsymbol{S}\right) \tag{12.32}$$

$$\oint \boldsymbol{B}\cdot d\boldsymbol{s} = \mu_0 I_{\text{enc}} + \mu_0\varepsilon_0 \frac{\partial}{\partial t}\left(\iint_{\mathrm{S}} \boldsymbol{E}\cdot d\boldsymbol{S}\right) \tag{12.33}$$

であった。物質中を考える場合でも，誘電体の分極による分極電荷や分極電流を考慮し，磁性体の磁化は磁化電流から生じると考えれば，すべてこれらの式で対応可能である。しかし，分極電荷や磁化電流をいちいち考えて計算に取り入れなくてはいけないのは大変である。そこで，これらの効果をあらかじめ取り入れるために，分極電流 I_P と磁化電流 I_M について，次の関係を用いる★。

$$I_P = \iint_{\mathrm{S}} \frac{\partial \boldsymbol{P}}{\partial t}\cdot d\boldsymbol{S} \tag{12.34}$$

$$I_M = \oint \boldsymbol{M}\cdot d\boldsymbol{s} \tag{12.35}$$

また，$\boldsymbol{E}$ と $\boldsymbol{D}$，$\boldsymbol{B}$ と $\boldsymbol{H}$ の間には，次のような関係があった★。

$$\boldsymbol{D} = \varepsilon_0\boldsymbol{E} + \boldsymbol{P} = \varepsilon\boldsymbol{E} \tag{12.36}$$

$$\boldsymbol{B} = \mu_0(\boldsymbol{H} + \boldsymbol{M}) = \mu\boldsymbol{H} \tag{12.37}$$

（12.30）式については，すでに $\boldsymbol{D}$ の導入の際に分極電荷の影響を含めて，次のように書き換えた★。

$$\iint_{\text{閉曲面}} \boldsymbol{D}\cdot d\boldsymbol{S} = Q_{\text{enc}} \tag{12.38}$$

（12.31）式，（12.32）式については，分極電荷や磁化電流を含める余地がない（もともと電荷や電流の項がない）ため，変更の必要はない。

（12.33）式については，物質の影響を取り入れるために，実在電流の他に分極電流 I_P と磁化電流 I_M を加える必要がある。

$$\oint \boldsymbol{B}\cdot d\boldsymbol{s} = \mu_0(I_{\text{enc}} + I_P + I_M) + \mu_0\varepsilon_0 \frac{\partial}{\partial t}\left(\iint_{\mathrm{S}} \boldsymbol{E}\cdot d\boldsymbol{S}\right)$$

★ 補足
以前出てきた式番号との対応関係を示しておく
(12.30) ← (11.8)
(12.31) ← (11.9)
(12.32) ← (11.10)
(12.33) ← (11.11)
ここで，(12.26) 式と (12.27) 式にあった磁束と電場束は，曲面 S に関する積分の形にしている。
大文字の $\boldsymbol{S}$ は面積、小文字の $\boldsymbol{s}$ は経路を表す。混同しないように注意しよう。

★ 補足
(12.34) ← (12.3)
(12.35) ← (12.19)

★ 補足
(12.36) ← (12.11)
(12.37) ← (12.23)

★ 補足
(12.38) ← (12.13)

$$\oint \frac{\boldsymbol{B}}{\mu_0}\cdot d\boldsymbol{s} = I_{\text{enc}} + \iint_{\text{S}} \frac{\partial \boldsymbol{P}}{\partial t}\cdot d\boldsymbol{S} + \oint \boldsymbol{M}\cdot d\boldsymbol{s} + \frac{\partial}{\partial t}\left(\iint_{\text{S}} \varepsilon_0 \boldsymbol{E}\cdot d\boldsymbol{S}\right)$$

$$\oint \left(\frac{\boldsymbol{B}}{\mu_0} - \boldsymbol{M}\right)\cdot d\boldsymbol{s} = I_{\text{enc}} + \frac{\partial}{\partial t}\left(\iint_{\text{S}} (\varepsilon_0 \boldsymbol{E} + \boldsymbol{P})\cdot d\boldsymbol{S}\right)$$

したがって，$\boldsymbol{H}$ と $\boldsymbol{D}$ を用いれば，★

★ 補足
$\boldsymbol{D} = \varepsilon_0 \boldsymbol{E} + \boldsymbol{P}$ (12.36) 式
$\boldsymbol{H} = \dfrac{\boldsymbol{B}}{\mu_0} - \boldsymbol{M}$ (12.37) 式改

$$\oint \boldsymbol{H}\cdot d\boldsymbol{s} = I_{\text{enc}} + \frac{\partial}{\partial t}\left(\iint_{\text{S}} \boldsymbol{D}\cdot d\boldsymbol{S}\right) \tag{12.39}$$

となる。以上より，物質中のマクスウェルの方程式をまとめると，

物質中のマクスウェル方程式（積分形）★

★ 補足
上記の式番号との対応関係を示しておく。
(12.40) ← (12.38)
(12.41) ← (12.31)
(12.42) ← (12.32)
(12.43) ← (12.39)

電場に関するガウスの法則

$$\iint_{\text{閉曲面}} \boldsymbol{D}\cdot d\boldsymbol{S} = Q_{\text{enc}} \tag{12.40}$$

磁場に関するガウスの法則

$$\iint_{\text{閉曲面}} \boldsymbol{B}\cdot d\boldsymbol{S} = 0 \tag{12.41}$$

ファラデーの法則

$$\oint \boldsymbol{E}\cdot d\boldsymbol{s} = -\frac{\partial}{\partial t}\left(\iint_{\text{S}} \boldsymbol{B}\cdot d\boldsymbol{S}\right) \tag{12.42}$$

アンペール-マクスウェルの法則

$$\oint \boldsymbol{H}\cdot d\boldsymbol{s} = I_{\text{enc}} + \frac{\partial}{\partial t}\left(\iint_{\text{S}} \boldsymbol{D}\cdot d\boldsymbol{S}\right) \tag{12.43}$$

このままでは，4つのベクトルが未知数であり，未知数が多すぎて解けない★。このため，$\boldsymbol{E}$ と $\boldsymbol{D}$，$\boldsymbol{B}$ と $\boldsymbol{H}$ の間の関係式も必要である。

★ 補足
未知数の数と方程式の数の関係については第 14 章 p.148 の側注を参照。

E と D，B と H の間の関係式

物質の性質を表す物質定数，誘電率 ε と透磁率 μ を用いて

$$\boldsymbol{D} = \varepsilon \boldsymbol{E} \tag{12.36}$$

$$\boldsymbol{B} = \mu \boldsymbol{H} \tag{12.37}$$

なお，電場や磁場が小さいときには，$\boldsymbol{E}$ と $\boldsymbol{D}$，$\boldsymbol{B}$ と $\boldsymbol{H}$ の間の関係は (12.36) 式や (12.37) 式のように比例関係で近似できるが，大きくなると比例しなくなる。強誘電体や強磁性体では，もともと比例関係では記述できない。また，結晶方向によって ε や μ が異なる場合（**異方性**という）もある。さらに，$\boldsymbol{E}$ と $\boldsymbol{D}$，$\boldsymbol{B}$ と $\boldsymbol{H}$ が平行にならない場合もある。これらの場合，ε や μ はスカラーではなく，行列（テンソル）で表される。

第V部 発展

第13章 電磁波

マクスウェルは，提唱した電磁気学の統一理論から，時間変動する電場と磁場は，波動方程式を満たすことを示した。これが**電磁波**の存在の予言である。本章では，まずは波動方程式について簡単に解説し，マクスウェル方程式から電場と磁場の波動方程式を導出する。そして，この結果から得られる電磁波の速度やそのエネルギーについて学ぶ。さらに電磁波の様々な性質について紹介する。

13.1 電磁波

13.1.1 波動方程式★

波として最も基本的なものは**正弦波**である。図 13.1（a）は，ある時刻における正弦波の形（波形）を表す。山の高さをこの波の**振幅**といい，波形の山から次の山までの距離を**波長** λ という。そして，長さ 2π の中にある波の数を**波数** k といい，$k=\dfrac{2\pi}{\lambda}$ と表す。一方，図 13.1（b）は，ある位置における波の時間変化を表す。この時間の波形の山から次の山までの時間を**周期** T という。そして，この波が 1 秒の間に振動する回数を**振動数（周波数）**といい，$f=\dfrac{1}{T}$ と表す。また波の変化を，円上を運動する点の射影と考えて，点が一周するときの角度の速度を**角速度** ω といい，2π を周期 T で割ったものとして，$\omega=\dfrac{2\pi}{T}=2\pi f$ のように表される。角速度はこのような振動現象のときは，**角振動数**や**角周波数**ともよばれる。波が一波長だけ動くのにかかる時間が周期 T であるので，波の速さは

$$v=\frac{\lambda}{T}=f\lambda=\frac{\omega}{k} \tag{13.1}$$

と表される。特に最後の表式は，波数空間（k と E で表される関係）で速度を考える際に重要である（E は f や ω の場合もある）。

それでは，上記のようなパラメータを用いて，図 13.2 のような正弦波の数式表現を与えよう。時刻 t，位置 x における正弦波の変位 $y(x,\ t)$ は，振幅 A，波数 k，角振動数 ω を用いて

$$y(x,t)=A\sin(kx-\omega t+\phi) \tag{13.2}$$

と表される★。ここで ϕ は定数で**初期位相**である。このように波の変化を表す関数を**波動関数**という。

この波について，ある時間における位置 x に関する微分★を考えると

$$\frac{\partial y}{\partial x}=kA\cos(kx-\omega t+\phi) \tag{13.3}$$

★補足
波の表現については，力学や振動波動論等で学ぶと思われるので，ここでは簡単に用語・定義のみ確認する。

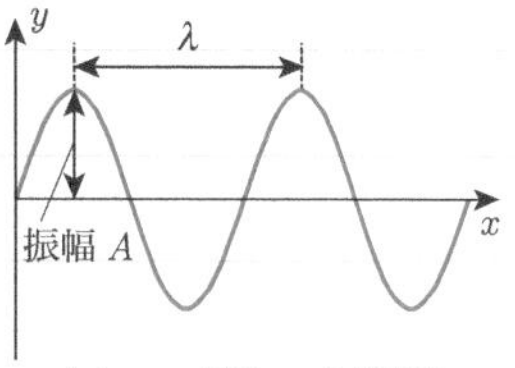

（a）x-y グラフ（t 固定）

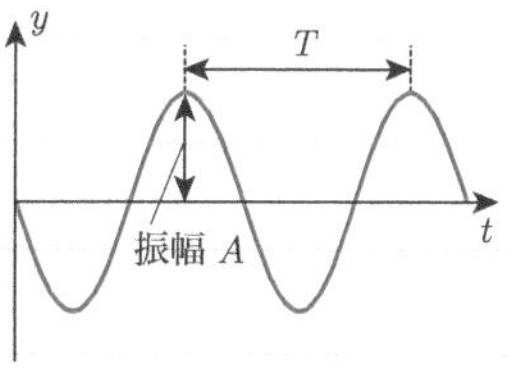

（b）t-y グラフ（x 固定）
（x=0 における変位に相当）

図 13.1 波形のグラフ

★補足
変位 $y(x,\ t)$ において，(13.2) 式で ωt の符号が負になるのは，時刻 0 における位置 x での $y(x,\ 0)$ が，t 秒後における位置 $x+vt$ での $y(x+vt,\ t)$ と等しいため，t 秒後の位置の変化 vt 分を差し引くためである。(13.2) 式（$\phi=0$ とする）を変形すると

$$\begin{aligned}y(x,t)&=A\sin(kx-\omega t)\\&=A\sin\left(\frac{2\pi}{\lambda}x-\frac{2\pi}{T}t\right)\\&=A\sin\frac{2\pi}{\lambda}(x-vt)\end{aligned}$$

であり，

$$y(x,0)=A\sin\frac{2\pi}{\lambda}x$$

$$\begin{aligned}&y(x+vt,t)\\&=A\sin\frac{2\pi}{\lambda}((x+vt)-vt)\\&=A\sin\frac{2\pi}{\lambda}x\end{aligned}$$

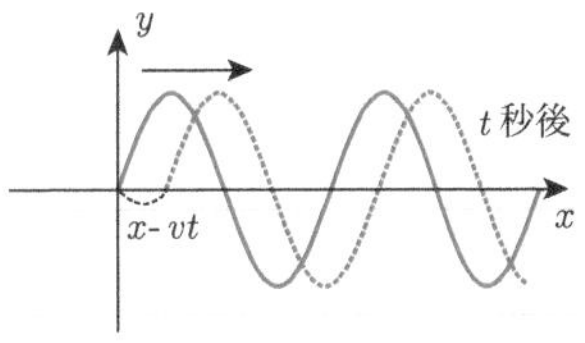

図 13.2　x 方向に進行する波

★補足
時刻 t を固定してみたときの x に関する微分なので，偏微分となる。

★補足
ここでの時間微分は，各位置 x を固定してみたときの微分なので，偏微分となる。

★補足
(13.1) 式
$v = \dfrac{\omega}{k}$

$$\frac{\partial^2 y}{\partial x^2} = -k^2 A\sin(kx - \omega t + \phi) \tag{13.4}$$

一方，各位置 x における速度と加速度は，x を固定して時間で微分★することによって得られ，

$$\frac{\partial y}{\partial t} = -\omega A\cos(kx - \omega t + \phi) \tag{13.5}$$

$$\frac{\partial^2 y}{\partial t^2} = -\omega^2 A\sin(kx - \omega t + \phi) \tag{13.6}$$

(13.4) 式と (13.6) 式を比べてみると，

$$A\sin(kx - \omega t + \phi) = -\frac{1}{k^2}\frac{\partial^2 y}{\partial x^2} = -\frac{1}{\omega^2}\frac{\partial^2 y}{\partial t^2}$$

$$\therefore \frac{\partial^2 y}{\partial t^2} = \frac{\omega^2}{k^2}\frac{\partial^2 y}{\partial x^2} \tag{13.7}$$

ここで，(13.1) 式★を用いると次のような波動方程式が得られる。

波動方程式（一次元）

$$\frac{\partial^2 y(x,\ t)}{\partial t^2} = v^2 \frac{\partial^2 y(x,t)}{\partial x^2} \tag{13.8}$$

の形を持つ方程式を波動方程式とよぶ。$y(x,t)$ は時刻 t，位置 x における波の変位であり，v は波の伝わる速度である。

13.1.2　電磁波

★補足
ファラデーの法則
(11.10) 式
アンペール-マクスウェルの法則
(11.11) 式

マクスウェル方程式のファラデーの法則★とアンペール-マクスウェルの法則を思い出そう。ここでは電磁波について考えるので，アンペール-マクスウェルの法則において定常電流の項はゼロとすると，

$$\oint \boldsymbol{E}\cdot d\boldsymbol{s} = -\frac{\partial}{\partial t}\left(\iint_S \boldsymbol{B}\cdot d\boldsymbol{S}\right) \tag{13.9}$$

$$\oint \boldsymbol{B}\cdot d\boldsymbol{s} = \varepsilon_0\mu_0\frac{\partial}{\partial t}\left(\iint_S \boldsymbol{E}\cdot d\boldsymbol{S}\right) \tag{13.10}$$

(13.9) 式では変動する磁場が電場を誘導し，(13.10) 式では変動する電場が磁場を誘導することを示している。すなわち，電場と磁場がお互いを誘導し合う。これが波として伝搬するのが**電磁波**であり，1871 年にマクスウェルが理論的に導いた。17 年後の 1888 年にヘルツが実験により検証し，1895 年にマルコーニによって無線電信の実験が成功した。

それでは，電磁波の存在をこれらの式から導いてみよう。図 13.3 は電磁波が $+x$ 方向に伝搬しているときの様子を表したもので，ある瞬間におけるスナップショットを表している。電場は $+y$ 方向，磁場は $+z$ 方向に

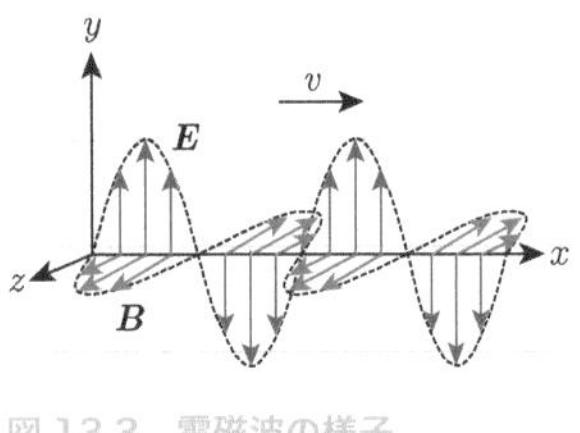

図 13.3　電磁波の様子

向いているとし，両者は直交している。

xy 平面内に微小な長さ dx と dy を 2 辺とする長方形の閉曲線を考える（図 13.4）。$\boldsymbol{E}$ の電場の位置から dx 離れた位置の電場は，線形近似により $\boldsymbol{E}+\dfrac{\partial \boldsymbol{E}}{\partial x}dx$ と表される。(13.9) 式を適用して経路にそって左回りに一周積分を考えると，長方形の上下の辺では電場と積分経路が直交するのでこの部分の内積はゼロとなる。したがって，(13.9) 式の左辺は

$$\oint \boldsymbol{E}\cdot d\boldsymbol{s}=\left(E+\frac{\partial E}{\partial x}dx\right)dy-Edy=\frac{\partial E}{\partial x}dxdy \tag{13.11}$$

となる。また右辺は，

$$-\frac{\partial}{\partial t}\left(\iint_S \boldsymbol{B}\cdot d\boldsymbol{S}\right)=-\frac{\partial B}{\partial t}dxdy^{\star} \tag{13.12}$$

なので，

$$-\frac{\partial B}{\partial t}dxdy=\frac{\partial E}{\partial x}dxdy$$

$$\therefore \frac{\partial B}{\partial t}=-\frac{\partial E}{\partial x} \tag{13.13}$$

続いて，xz 平面内に微小な長さ dx と dz を 2 辺とする長方形の閉曲線を考え（図 13.5），(13.10) 式を適用すると，長方形の奥と手前の辺では磁場と積分経路が直交しているので，積分はゼロである。よって (13.10) 式の左辺は

$$\oint \boldsymbol{B}\cdot d\boldsymbol{s}=-\left(B+\frac{\partial B}{\partial x}dx\right)dz+Bdz=-\frac{\partial B}{\partial x}dxdz \tag{13.14}$$

となる。また右辺は，

$$\varepsilon_0\mu_0\frac{\partial}{\partial t}\left(\iint_S \boldsymbol{E}\cdot d\boldsymbol{S}\right)=\varepsilon_0\mu_0\frac{\partial E}{\partial t}dxdz^{\star} \tag{13.15}$$

なので，

$$\varepsilon_0\mu_0\frac{\partial E}{\partial t}dxdz=-\frac{\partial B}{\partial x}dxdz$$

$$\therefore \varepsilon_0\mu_0\frac{\partial E}{\partial t}=-\frac{\partial B}{\partial x} \tag{13.16}$$

これを t で微分した式に，(13.13) 式を代入すると，

$$\varepsilon_0\mu_0\frac{\partial^2 E}{\partial t^2}=-\frac{\partial}{\partial t}\frac{\partial B}{\partial x}=-\frac{\partial}{\partial x}\frac{\partial B}{\partial t}=\frac{\partial^2 E}{\partial x^2}^{\star}$$

$$\therefore \frac{\partial^2 E}{\partial t^2}=\frac{1}{\varepsilon_0\mu_0}\frac{\partial^2 E}{\partial x^2} \tag{13.17}$$

同様に，(13.13) 式を t で微分した式に，(13.16) 式を代入すると，

$$\frac{\partial^2 B}{\partial t^2}=\frac{1}{\varepsilon_0\mu_0}\frac{\partial^2 B}{\partial x^2} \tag{13.18}$$

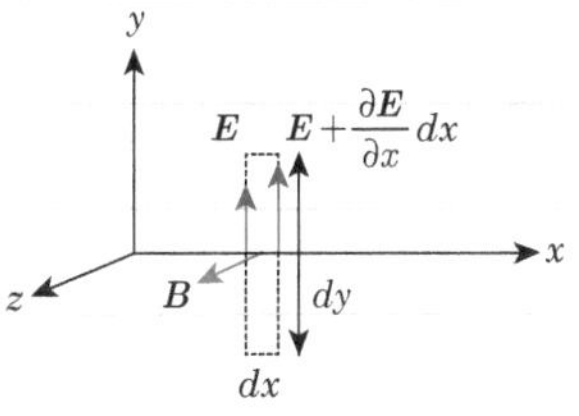

図 13.4
$\boldsymbol{E}$ の微分に偏微分を使っているのは，特定の時刻 t における x に対する変化率であるためである。

★補足
$dS = dxdy$

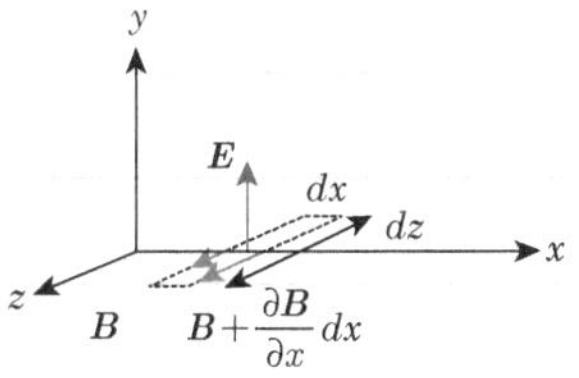

図 13.5
$\boldsymbol{B}$ の微分に偏微分を使っているのは，特定の時刻 t における x に対する変化率であるためである。

★補足
$dS = dxdz$

★補足
ここで，x による偏微分と t による偏微分の順を交換している。考えている関数について，これらの偏微分が連続であるなら，交換可能である（交換可能な厳密な条件については，ここでは省略する）。

となる。(13.17) 式も (13.18) 式も波動方程式の形をしているので,

$$v = \frac{1}{\sqrt{\varepsilon_0 \mu_0}} \tag{13.19}$$

であり，電場と磁場は波として伝搬することがわかる。$\varepsilon_0 = 8.85 \times 10^{-12}$ F/m，$\mu_0 = 4\pi \times 10^{-7}$ H/m を代入すると，$v = 3.00 \times 10^8$ m/s となる。これは，当時実験的に知られていた光の速度に非常に近いことから，マクスウェルは「光は電磁波である」という結論にたどりついた。

13.1.3 電磁波における電場と磁場の関係

電磁波の電場と磁場は，互いに垂直に同じ周期を持って振動しており，

$$E(x,t) = E_0 \sin(kx - \omega t) \tag{13.20}$$

$$B(x,t) = B_0 \sin(kx - \omega t) \tag{13.21}$$

のように与えられる。ここで，E_0，B_0 はそれぞれの場の振幅である。E と B の関係を考えるために，これらに (13.13) 式★の適用を考えよう。(13.20) 式を x で微分し，(13.21) 式を t で微分して (13.13) 式に代入すると,

$$kE_0 = \omega B_0 \tag{13.22}$$

$$\therefore \frac{E_0}{B_0} = \frac{\omega}{k} = c \ \star \tag{13.23}$$

(13.20) 式，(13.21) 式を再び使えば,

$$\frac{E}{B} = c \tag{13.24}$$

が得られ，すべての時刻で電場の大きさと磁場の大きさの比は光速 c に等しいという結果が導かれる。すなわち，電磁波において電場と磁場は光速 c だけ異なる次元を持つのである。

★補足
(13.13) 式
$\frac{\partial B}{\partial t} = -\frac{\partial E}{\partial x}$

★補足
(13.1) 式
$v = \frac{\omega}{k}$
において，$v = c$

13.2 電磁波のエネルギーと運動量

電磁波は，電磁場のエネルギーを運ぶ。電場と磁場のエネルギー密度はそれぞれ，次のようなものであった。

$$u_E = \frac{1}{2}\varepsilon_0 E^2, \quad u_B = \frac{1}{2\mu_0} B^2 \ \star \tag{13.25}$$

(13.24) 式を考えると，これら 2 つのエネルギー u_E と u_B は等しいことがわかる。すなわち，電磁波のどの場所でも

$$u_E = u_B \tag{13.26}$$

である。電磁場のエネルギー密度 u は，これらを合わせたもので,

$$u = u_E + u_B = \frac{1}{2}\varepsilon_0 E^2 + \frac{1}{2\mu_0} B^2 = \varepsilon_0 E^2 = c\varepsilon_0 EB \tag{13.27}$$

となる。単位時間，単位断面積あたりに流れるエネルギー流を**エネルギー流束密度**という。エネルギー流束密度の大きさ S は，(エネルギー密度) × (速度) で表される。電磁波は速さ c で伝わるので，S は,

★補足
u_E (3.15) 式
u_B (10.14) 式
(13.19) 式で $v = c$，(13.24) 式より
$c = \frac{1}{\sqrt{\varepsilon_0 \mu_0}} = \frac{E}{B}$

$$S = uc = c\varepsilon_0 EB \cdot c = \frac{1}{\mu_0} EB \;\star \qquad \therefore S = \frac{1}{\mu_0} EB \tag{13.28}$$

ここでエネルギーの輸送方向も考えるため，$\boldsymbol{E} \perp \boldsymbol{B}$ より $\boldsymbol{E}$ から $\boldsymbol{B}$ の向きに回したとき右ねじが進む向きになるように，新しくベクトル $\boldsymbol{S}$ を定義する。このベクトル $\boldsymbol{S}$ を，発案者のポインティングにちなんで，**ポインティング・ベクトル**という★。

★補足

$$c = \frac{1}{\sqrt{\varepsilon_0 \mu_0}}$$

★補足
「ポインティング」というと，方向を指し示すイメージを持つが，これは人名である。
John Henry Poynting（1852～1914）

ポインティング・ベクトル（Poynting vector）（図 13.6）

電磁波が運ぶエネルギー流束密度は次式のように与えられる。

$$\boldsymbol{S} = \frac{1}{\mu_0} \boldsymbol{E} \times \boldsymbol{B} \tag{13.29}$$

また，$\boldsymbol{B} = \mu_0 \boldsymbol{H}$ より

$$\boldsymbol{S} = \boldsymbol{E} \times \boldsymbol{H} \tag{13.29$'$}$$

ポインティング・ベクトルの向きは電磁波の進行方向を表す。

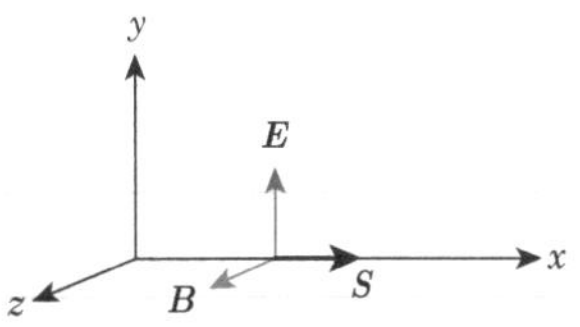

図 13.6　ポインティング・ベクトル

電磁波はエネルギーだけでなく運動量も運ぶ。電磁波の運動量密度 $\boldsymbol{p}$ は，

$$\boldsymbol{p} = \frac{\boldsymbol{S}}{c^2} \tag{13.30}$$

と表される★。光の運動量は，物体に光があたると，光が吸収されたり反射され，その結果として物体の運動量が変化することから確認された。このとき，物体は光から圧力を受ける。これを光の**放射圧**という。(13.28) 式から $S = uc$ であるため，運動量密度の大きさを考えると，

$$p = \frac{uc}{c^2} = \frac{u}{c} \tag{13.31}$$

となり，電磁波のエネルギー密度を光速で割っている形になっている。このように，エネルギーと運動量の「密度」に関する関係式となっているが，光の粒（光子）という概念を導入すると，エネルギー E と運動量 p を持つ光子において，$E = cp$ の関係があることに対応している。

★補足
電磁波の運動量の導出は，少々面倒であるため，ここでは省略する。

13.3 電磁波の性質

13.3.1 電磁波の発生

電磁波の発生の要（かなめ）の部分は LC 共振回路である。図 13.7 のような，インダクタンス L のコイル，静電容量 C のコンデンサーからなる LC 回路を考えると，この回路の**共振周波数**は

$$f_0 = \frac{\omega}{2\pi} = \frac{1}{2\pi\sqrt{LC}} \tag{13.32}$$

のように与えられる。図 13.8 のように，電源から共振周波数

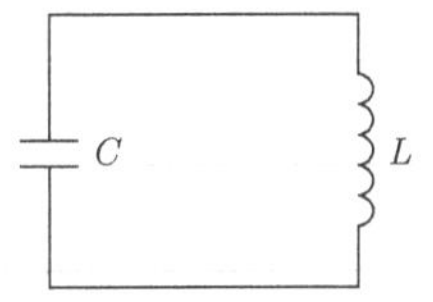

図 13.7　LC 回路
LC 回路の共振周波数については，15.4 節で導出する。

$f_0 = \dfrac{1}{2\pi\sqrt{LC}}$ の交流電圧を与えると，コイルを介してLC共振回路に振動電流が発生する。コンデンサーの極板間の距離を広げ，コンデンサーの電気容量を変化させ，図中に示したようにコンデンサーが棒状になるまで極板間隔を広げても共振回路となる。このときの電気容量を C''' とすると，共振周波数は $f''' = \dfrac{1}{2\pi\sqrt{LC'''}}$ となる。電源の周波数も f''' にすると，棒状の回路の内部にも振動電流が流れる。このような棒状の回路をダイポール・アンテナという。

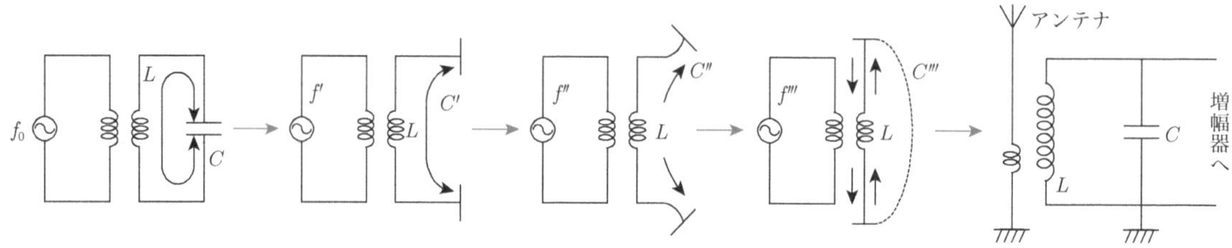

図 13.8　振動回路とアンテナ

ダイポール・アンテナで電荷の振動が繰り返されると，図 13.9 に示すように，電場はしだいに空間を一定の速さで四方八方に向かって広がり，誘導される磁場も一定の速さで，図 13.10 のように広がっていく。このとき電場と磁場は，互いに直角を保ちながら，磁場はアンテナを垂直 2 等分する平面上を広がっていく。

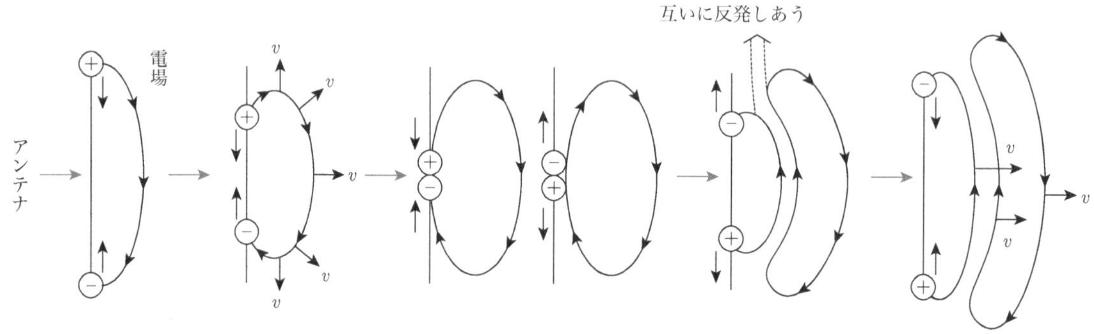

図 13.9　アンテナからの電場の放出

電磁波は，振動電流，すなわち電荷の振動にともなって発生するが，このとき電荷は加速度運動をしている。一般に，電磁波は，加速度運動をする電荷にともなって発生する。また，電場と磁場は互いに直角方向に同位相で，進行方向に直角に振動している。このことから，電磁波は横波であるといえる。

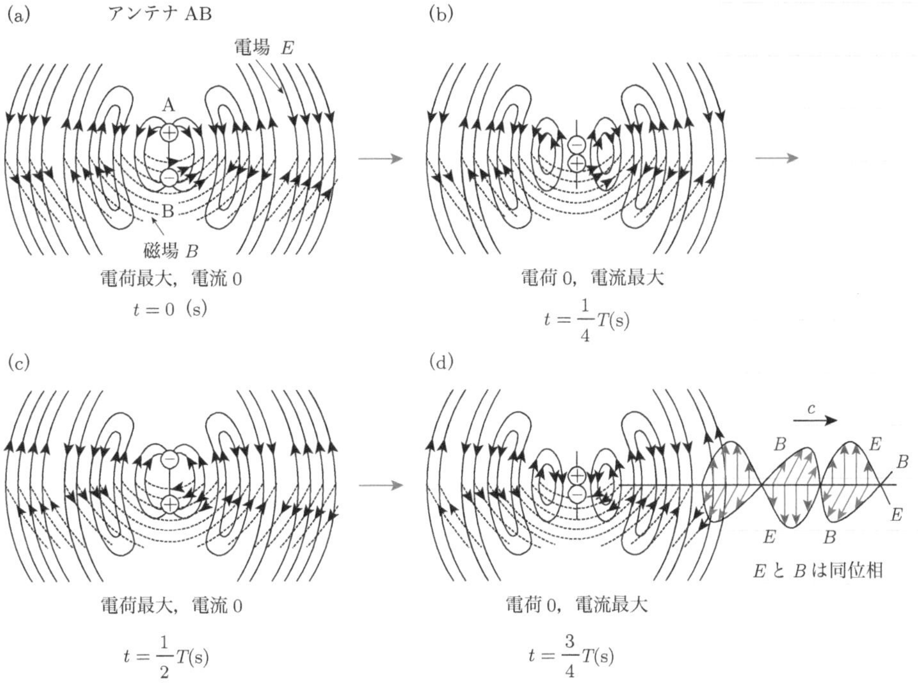

図 13.10　アンテナからの電磁波の放出

13.3.2 様々な電磁波

現在では，様々な波長を持った電磁波が知られている。図 13.11 に，電磁波の種類と波長（振動数）の関係を示した。

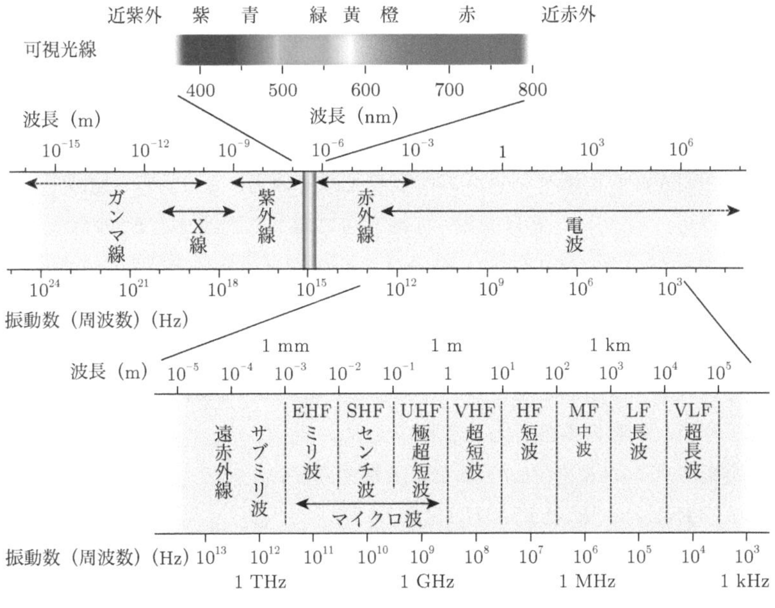

図 13.11　電磁波のスペクトル

γ線：γ線はエネルギーが高く透過力が強いため，生体に大量に照射されると健康に深刻な影響を及ぼす。波長領域はX線と重なっており，その区別は波長範囲ではなく発生機構による。

X線：X線も透過力が強く，レントゲン撮影に使われるが，X線も生体組織を壊すため過度の照射は避ける必要がある。X線の波長は結晶内の原子の間隔程度のため，結晶構造の研究に使われる。

★補足
紫外線　Ultraviolet（UV）

紫外線★：紫より波長が短く，生体には有害である。このため殺菌にも使われ，人間には日焼けの原因になる。半導体微細加工におけるフォトリソグラフィ工程の露光光源としても用いられている。

可視光線：人間が光として感じることができる最もなじみ深い電磁波である。波長は約380〜780 nmぐらいであり，色としては短波長側から紫，青，緑，黄，橙，赤のように分布している★。

★補足
実際のところ780 nmはほとんど見えないが，大まかに400〜800 nmと思って，20 nm位引いた範囲と覚えておくとよいだろう。

★補足
赤外線　Infrared（IR）

赤外線★：赤より波長が長く，熱を伝える電磁波である。波長によって近赤外線，中赤外線，遠赤外線などに分けられる。応用面では，サーモグラフィ，光ファイバーによる通信，テレビなどのリモコンなどに使われている。

電波：比較的周波数の低い電磁波全般。マイクロ波やミリ波も含まれる。テレビやラジオや携帯電話等の通信，レーダー，電子レンジ等，様々な応用がある。物質中のスピンを調べる研究にも使われる。

13.3.3 偏光

光が固体や液体中を透過したり，それらの表面で反射したり，あるいはコロイド液中で散乱するとき，物質中の電子と光の持つ電場との相互作用は，光の振動数だけでなく電場の振動方向にも依存する。自然光は，広い振動数領域と様々な振動方向を持つ光の集合体であるが，偏光板を透過した光は，一定の振動方向を持つ。このような光を**偏光**という。

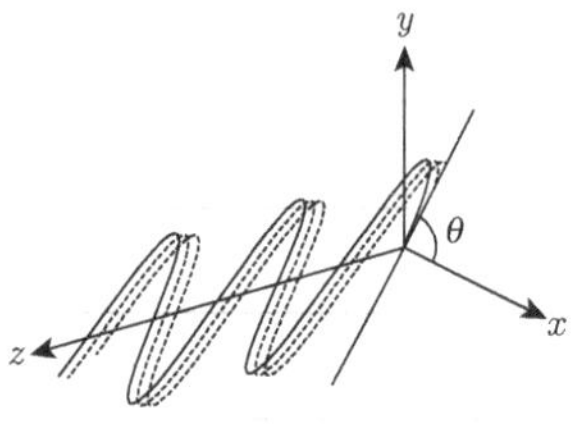

図 13.12　振動面が x 軸に対し θ だけ傾き，z 方向に進む偏光

x, y, z 座標系において，振動面が x 軸に対し θ だけ傾いた偏光波が，図 13.12 のように，z 方向に進行しているとする。

この偏光波を電場ベクトル $\boldsymbol{E}$ で表すと，その大きさは，$E\cos(\omega t - kz)$ と書ける。ベクトル $\boldsymbol{E}$ は x 軸，y 軸方向に偏った光波 $\boldsymbol{E}_x$, $\boldsymbol{E}_y$ の合成と考えることができ（図 13.13），磁場はこれら電場成分に直交した振動面を持つので，磁場を考えれば偏光面は $\theta + \dfrac{\pi}{2}$ 方向といえる。しかし，光学現象の大部分は電場を主として考えることによって説明できる．したがって，今後，電場のみを考えることにする。

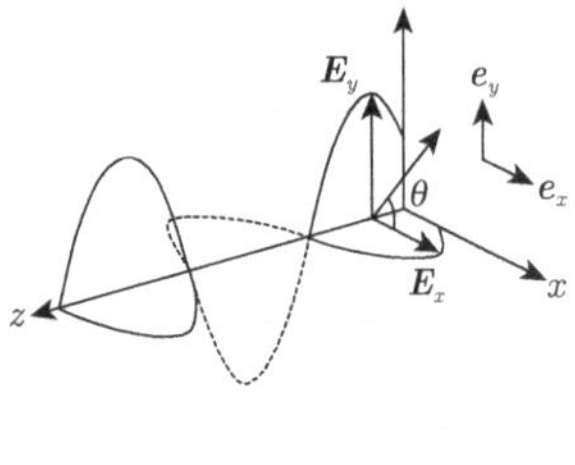

図 13.13　偏光の x，y 成分

電場ベクトル $\boldsymbol{E}$ を，x，y 成分に分解すると，

$$\boldsymbol{E}(z,t) = \boldsymbol{E}_x(z,t) + \boldsymbol{E}_y(z,t) \tag{13.33}$$

$$\boldsymbol{E}_x(z,t) = \boldsymbol{E}_x\cos(\omega t - kz),\quad E_x = E\cos\theta \tag{13.34}$$

$$\boldsymbol{E}_y(z,t) = \boldsymbol{E}_y\cos(\omega t - kz),\quad E_y = E\sin\theta \tag{13.35}$$

のように表わされる。

楕円偏光・円偏光　x, y の2方向の直線偏光波 $E_x\cos(\omega t - kz)$ と，$E_y\cos(\omega t - kz)$ を合成してみよう。これは2方向の調和振動の合成の問題であり，zを固定（例えば $z = 0$）した場合は，まさにリサジュー図形の問題と同様である★。図13.14，図13.15にまとめたように，E_x と E_y の位相差 ϕ が $\phi = 0$ のとき，合成波は直線偏光となり，$\phi = \dfrac{\pi}{2}$ のとき，合成波の電場 $\boldsymbol{E}(\boldsymbol{E} = \boldsymbol{E}_x + \boldsymbol{E}_y)$ は角速度 ωt で円を描くので円偏光となる。その中間の値の場合，楕円を描くので楕円偏光となる。

★補足
リサジュー図形（Lissajous figure）（" リサージュ " と表記されることもある）は，互いに直交する2つの単振動を合成して得られる平面図形のこと。それぞれの振幅，振動数，また両者の位相差によってさまざまな図形が得られる。

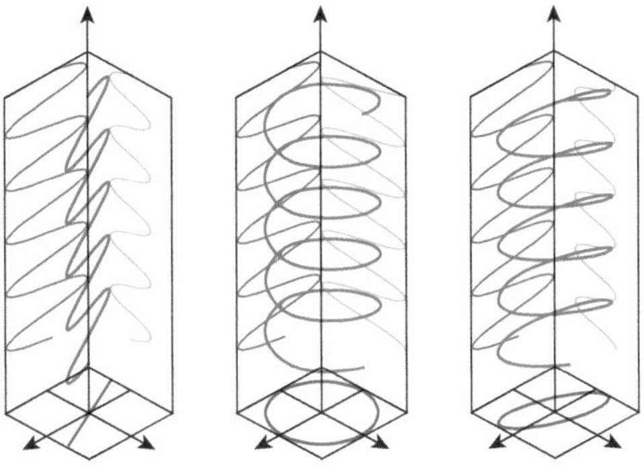

図13.14　　直線偏光　　円偏光　　楕円偏光

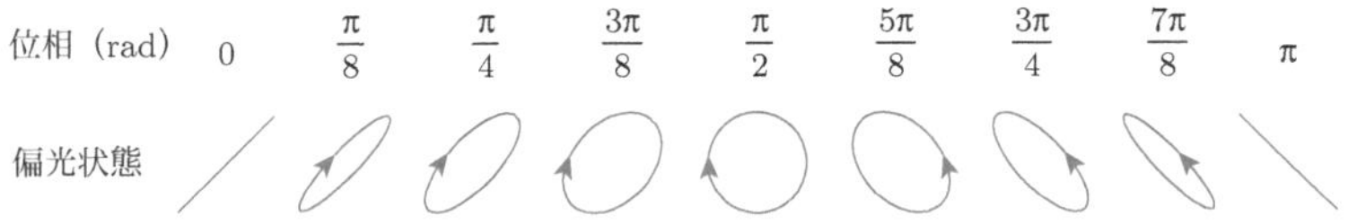

図13.15　位相と偏光状態の関係

直線偏光の分離と検出　自然光から直線偏光波を分離するには**偏光板**（**偏光子**）を用いる。偏光子は入射光のうち透過軸に平行な方向の波動のみを透過し，他の向きのものは吸収する。もう1枚偏光子を用意し，1枚目の偏光子を透過した光をさらに透過させると，光の透過度を調整することができる。この2枚目の偏光子を特に**検光子**という。透過軸が平行になるように配置した2枚の偏光板を平行偏光板といい，この配置をオープンニコルとよぶ。一方，2枚の偏光板を直角になるように配置したものを直交偏光板といい，この配置をクロスニコルとよぶ。偏光子と検光子の相対角度を θ とすると，入射光 E_i と透過光 E_t の強度の関係は $E_t^{\,2} = E_i^{\,2}\cos^2\theta$ であり，これを**マリュスの法則**という。

複屈折　直交偏光板の間に，透明な物質をおき，これに光を入射したときに透過光に変化が現れる場合がある。変化が現れない物質は，光学的に等方な物質といい，ガラスやアクリル，純水などが挙げられる。一方，変化が現れる物質があり，これを**光学的異方性**を持つ物質という。代表的なものは，雲母や砂糖水などである。このように異方性物質が示す性質を**複**

屈折という。

異方性物質は１本または２本の光学軸を持ち，光の屈折率は偏光方向によって変化する。屈折率が変化する範囲の最大の方向と最小となる方向は直交し，この２軸を f 軸および s 軸とよぶ。f 軸方向の偏光成分に対する屈折率 n_f は，s 軸方向の偏光成分に対する屈折率 n_s より小さい $(n_f < n_s)$。屈折率が大きい s 軸方向の透過速度 v_s は小さく，屈折率が小さい f 軸方向の透過速度 v_f は大きい。一定の厚さの複屈折物質に，f 軸方向と s 軸方向が同位相の直線偏光波が入射した場合，透過後に位相差が生じる。

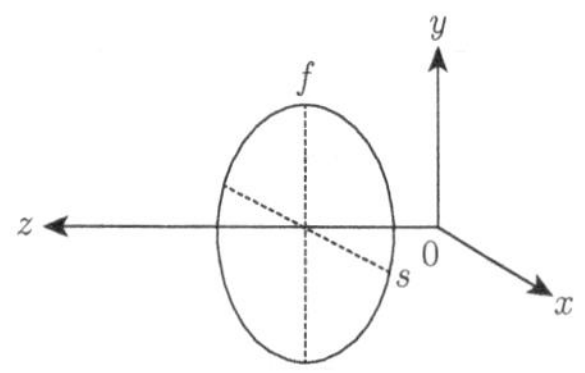

図 13.16　複屈折物質への入射

z 軸正の方向に進行する光が厚さ d の複屈折物質を透過する場合について，図 13.16 に示すように複屈折物質の s 軸に x 軸を，f 軸に y 軸をあわせ，f 軸方向と s 軸方向の振幅をそれぞれ E_f，E_s，屈折率を $n_f = \dfrac{c}{v_f}$，$n_s = \dfrac{c}{v_f}$ とする。$z < 0$，$z > d$ では真空，$z = 0$ における f 成分，s 成分の初期位相を θ_s, θ_f とすると，$z = 0$ と $z = d$ での光波は，

$$z = 0$$

$$\boldsymbol{E}(0,t) = \left(\boldsymbol{e}_x E_s e^{i\theta_s} + \boldsymbol{e}_y E_f e^{i\theta_f}\right) e^{i\omega t}$$

$$z = d$$

$$\boldsymbol{E}(d,t) = \left[\boldsymbol{e}_x E_s e^{i\left(\theta_s - n_s \frac{\omega}{c} d\right)} + \boldsymbol{e}_y E_f e^{i\left(\theta_f - n_f \frac{\omega}{c} d\right)}\right] e^{i\omega t}$$

である。

s 軸方向の偏光と f 軸方向の偏光との間に生じる位相差 Δ は，

$$\Delta = (n_s - n_f)\frac{\omega}{c} d = (n_s - n_f) 2\pi \frac{d}{\lambda}$$

である★。このように，直交した電場成分に位相差が生じるので，複屈折物質を透過した光波は，一般に楕円偏光になる。特に $\Delta = 0$，$\dfrac{\pi}{2}$，および π ではそれぞれ傾き $+1$ の直線，円，および傾き -1 の直線となる。このような複屈折物質の板を位相差板といい，$\Delta = \dfrac{\pi}{2}$，π のときその位相差は波長にして，$\dfrac{\lambda}{4}$，$\dfrac{\lambda}{2}$ であるからそれぞれ $\dfrac{1}{4}$ 波長板，$\dfrac{1}{2}$ 波長板という。$\dfrac{1}{4}$ 波長板では円偏光を，$\dfrac{1}{2}$ 波長板では直線偏光を作ることができる。

★補足
$\omega = 2\pi f$，$c = f\lambda$

第V部　発展

第14章 積分形から微分形へ

これまで，様々な電磁気学の法則を積分形で表してきた。これは積分形のほうが物理的イメージをつかみやすいためである。しかし，現代の物理学は近接作用の考え方で理解されており，微小空間を物理量が順に伝わっていくような表現が必要である。すなわち，近接作用では微分形での表現が不可欠であり，電磁気学の本質は微分形にあるといっても過言ではない。本章では，代表的なベクトルの定理を説明した後，マクスウェル方程式を微分形に書き換える。また，ベクトルポテンシャルを導入し，電磁ポテンシャルによるマクスウェル方程式を導出する。

14.1 ガウスの定理★

★補足
ガウスの法則ではないので注意。

ガウスの定理は発散定理ともよばれ，閉曲面S上の面積分から，閉曲面で囲まれる体積領域Vでの積分に変換する定理である★。

★補足
先を急ぐ読者は，数学的な側面はとりあえず飛ばし，これらの定理は成り立つものとして進んでもよい。
ガウスの定理とストークスの定理を用いると，マクスウェルの方程式の微分系が導ける。

ガウスの定理（発散定理）

ベクトル場 $\boldsymbol{A}$ に対して，閉曲面Sをとり，閉曲面内の領域をVとすると，次の関係が成り立つ。

$$\iint_{\text{閉曲面S}} \boldsymbol{A}\cdot d\boldsymbol{S} = \iiint_{\text{V}} \mathrm{div}\,\boldsymbol{A}\cdot dV \tag{14.1}$$

これは2次元積分と3次元積分を変換する定理ともいえる。

発散のイメージ

ベクトル場は，「流れ」を表すような場である★。ここでは，まず発散定理のイメージをつかもう。あるイベント会場での人の流れに例えて説明する。

★補足
電場や磁場は流れているわけではないが，流れと同様なベクトル表現になる。

図14.1のように，イベント会場は4つの部屋に分かれていて，左が入口で右が出口である。今，2つめの部屋に1人，4つめの部屋に2人入っていて，入口に2人待っている。入口で待っている人が中を通り抜けて出口から出てきた時点で，このイベント会場の中に，はじめ何人いたかを当ててみよう。しかし，あなたは各部屋に現在何人いるか直接見ることはできない。わかるのは入口から入った人数，出口から出てきた人数，各部屋に入った人数と出た人数の差のみである。どのように考えればよいだろうか。

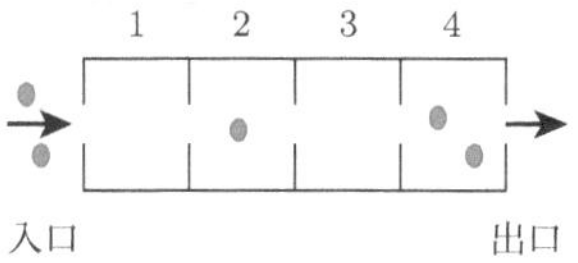

図14.1

1 つめの方法（(14.1) 式の左辺に相当）

出口から出てきた人数から入口から入った人数を引けば，もともと会場内に何人いたかわかるだろう。この場合，入口から入った人数は 2 人，出口から出てきた人数は 5 人となる。したがって，この差として 3 人が会場の中にいたと考えられる。

2 つめの方法（(14.1) 式の右辺に相当）

会場内を分割して考える。ここでは分割した領域を各部屋と思って，各部屋の出た人数から入った人数を引いた差を考える。内訳も書いておくが，これは本来知ることはできない。

1 つめの部屋：0（内訳：入った人数 2 人，出た人数 2 人）
2 つめの部屋：1（内訳：入った人数 2 人，出た人数 3 人）
3 つめの部屋：0（内訳：入った人数 3 人，出た人数 3 人）
4 つめの部屋：2（内訳：入った人数 3 人，出た人数 5 人）

したがって，はじめ 2 つめの部屋には 1 人，4 つめの部屋に 2 人いたことがわかる。したがって，これらを足し合わせて，中にいた人数は 3 人となる。また内訳を見ると，ある部屋から出た人数は，隣の部屋の入った人数と同じであることに気がつく。すなわち，隣の部屋との仕切りをとってしまっても最終結果は変わらない（図 14.2）。すべての仕切りをとってしまえば，結局会場の入口と出口で人数を数えるのと同じことになる。

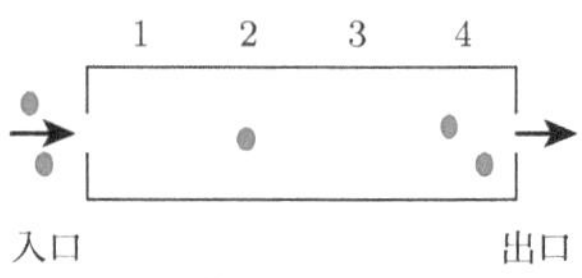

図 14.2

このように，どちらの考え方でも同じ答えを導き出すことができた。この両者の方法を結ぶ式が，ガウスの定理（発散定理）である。

数式による説明

(14.1) 式の左辺

ベクトル場 $\boldsymbol{A}$ のある空間に，閉曲面 S を考える（図 14.3）。ここで $\boldsymbol{A}$ は流体を表しているイメージである。この閉曲面を微小な面に分割し，微小面積 dS，向きが閉曲面の外向きとなるような面積ベクトルを $d\boldsymbol{S}$ とする。$\boldsymbol{A}$ が閉曲面内に出入りする量は，面に垂直な $\boldsymbol{A}$ の成分（$d\boldsymbol{S}$ に平行な成分）を考えればよいので，微小面積 $d\boldsymbol{S}$ に出入りする $\boldsymbol{A}$ の量は $\boldsymbol{A}\cdot d\boldsymbol{S}$ で与えられる。$d\boldsymbol{S}$ は外向きなので，$\boldsymbol{A}\cdot d\boldsymbol{S}$ が正のときは出ていく量，$\boldsymbol{A}\cdot d\boldsymbol{S}$ が負のときは入ってくる量となる。閉曲面に出入りした正味の $\boldsymbol{A}$ は，$\boldsymbol{A}\cdot d\boldsymbol{S}$ を閉曲面全体にわたって足し合わせればよいので，

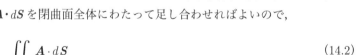

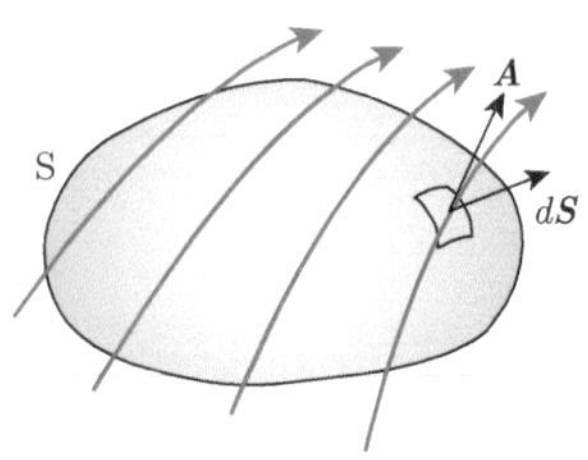

図 14.3

$$\iint_{\text{閉曲面S}} \boldsymbol{A}\cdot d\boldsymbol{S} \tag{14.2}$$

と表される。

(14.1) 式の右辺

閉曲面Sの内側を，微小な体積領域に分割する（図 14.4）。この微小な体積を，$\boldsymbol{r}(x,\ y,\ z)$ の位置を中心とした微小直方体であるとし，各辺の長さを $\Delta x,\ \Delta y,\ \Delta z$ とすると，その体積は $\Delta V = \Delta x \Delta y \Delta z$ である。

微小直方体への x 方向の $\boldsymbol{A}$ の出入りは，図 14.5 のように $d\boldsymbol{S}$ を $+x$ 方向，$d\boldsymbol{S}'$ を $-x$ 方向，$|d\boldsymbol{S}| = |d\boldsymbol{S}'| = \Delta y \Delta z$ とすると，図 14.6 より，

$$\iint_{\text{右面}} \boldsymbol{A}\cdot d\boldsymbol{S} + \iint_{\text{左面}} \boldsymbol{A}\cdot d\boldsymbol{S}'$$

$$= \boldsymbol{A}\left(x+\frac{\Delta x}{2},\ \ y,\ \ z\right)\Delta y\Delta z - \boldsymbol{A}\left(x-\frac{\Delta x}{2},\ \ y,\ \ z\right)\Delta y\Delta z$$

$$= \left(\boldsymbol{A}(x,y,z)+\frac{\partial A_x}{\partial x}\frac{\Delta x}{2}\right)\Delta y\Delta z - \left(\boldsymbol{A}(x,y,z)-\frac{\partial A_x}{\partial x}\frac{\Delta x}{2}\right)\Delta y\Delta z$$

$$= \frac{\partial A_x}{\partial x}\Delta x\Delta y\Delta z$$

$$= \frac{\partial A_x}{\partial x}\Delta V$$

となる。同様に y 方向と z 方向も考えられるので，この微小直方体のすべての面の寄与を考えると，

$$\iint_{\text{微小直方体}} \boldsymbol{A}\cdot d\boldsymbol{S} = \left(\frac{\partial A_x}{\partial x}+\frac{\partial A_y}{\partial y}+\frac{\partial A_z}{\partial z}\right)\Delta V = \nabla\cdot\boldsymbol{A}\Delta V = \operatorname{div}\boldsymbol{A}\Delta V$$

となる。これは微小直方体の $\boldsymbol{A}$ の正味の出入り量を表している。ここで，∇（ナブラ）はベクトルの微分演算子であり，

$$\nabla = \left(\frac{\partial}{\partial x},\ \frac{\partial}{\partial y},\ \frac{\partial}{\partial z}\right) \tag{14.3}$$

である。また，

$$\operatorname{div}\boldsymbol{A} = \nabla\cdot\boldsymbol{A} = \frac{\partial A_x}{\partial x}+\frac{\partial A_y}{\partial y}+\frac{\partial A_z}{\partial z} \tag{14.4}$$

のように，「$\nabla\cdot$」の演算子に div という名前をつけており，$\operatorname{div}\boldsymbol{A}$ を $\boldsymbol{A}$ の**発散（divergence）**という。$\operatorname{div}\boldsymbol{A}$ はスカラー量であることに注意しよう。ΔV を十分小さくとれば $\Delta V \to dV$ となり，$\operatorname{div}\boldsymbol{A}\,\Delta V$ は $\operatorname{div}\boldsymbol{A}\,dV$ となる。これまでの導出からわかるように，$\operatorname{div}\boldsymbol{A}\,dV$ は微小直方体への流体の出入り量を計算した結果であり，$\operatorname{div}\boldsymbol{A}>0$ であれば領域 dV からの「わきだし」の量を表し，$\operatorname{div}\boldsymbol{A}<0$ であれば「吸いこみ」の量を表す。$\operatorname{div}\boldsymbol{A}=0$ であれば，流体は通り抜けるだけで流体量は変化しない。したがって，閉曲面内に出入りした正味の $\boldsymbol{A}$ は，閉曲面内のすべての微小直方体の $\operatorname{div}\boldsymbol{A}\,dV$ を足し合わせて，

$$\iiint_{\mathrm{V}} \operatorname{div}\boldsymbol{A}\,dV \tag{14.5}$$

と表される。

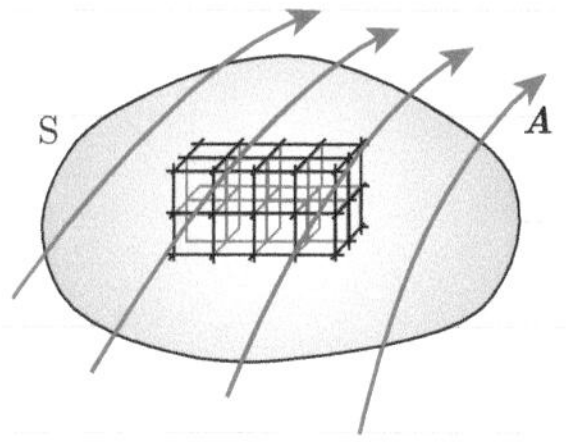

図 14.4

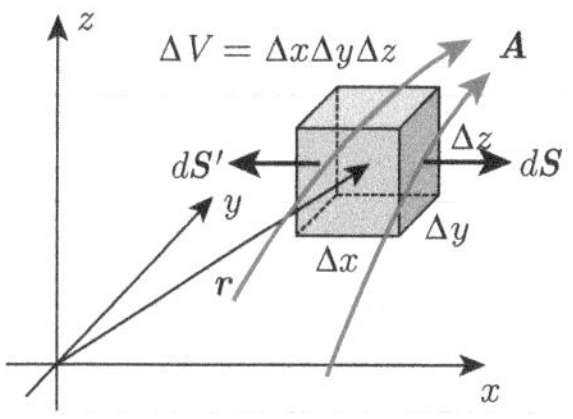

図 14.5

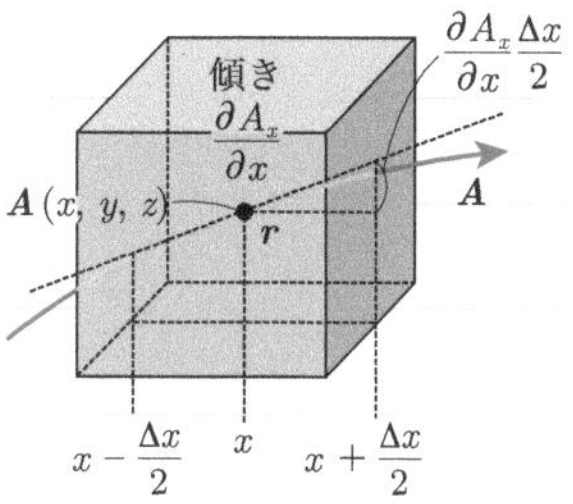

図 14.6

ここで，(14.2) 式と (14.5) 式は同じものを表しているので，両者を等しくおくことにより，ガウスの定理が得られる。

$$\iint_{\text{閉曲面S}} \boldsymbol{A}\cdot d\boldsymbol{S} = \iiint_{\mathrm{V}} \mathrm{div}\,\boldsymbol{A}\cdot dV$$

この式は，次のことを意味している。

(領域表面で出入りした正味の量) = (領域内での増減)

14.2 ストークスの定理

ストークスの定理は回転定理ともよばれ，閉経路 C 上の線積分から，C を縁とする曲面 S 上での積分に変換する定理である。

ストークスの定理（回転定理）

ベクトル場 $\boldsymbol{A}$ に対して，閉経路 C を縁とする曲面を S とすると，次の関係が成り立つ。

$$\oint_{\text{閉経路C}} \boldsymbol{A}\cdot d\boldsymbol{s} = \iint_{\mathrm{S}} \mathrm{rot}\,\boldsymbol{A}\cdot d\boldsymbol{S}^{\bigstar} \qquad (14.6)$$

★補足
左辺は経路積分で $d\boldsymbol{s}$ ($\boldsymbol{s}$ は小文字)，右辺は面積分で $d\boldsymbol{S}$ ($\boldsymbol{S}$ は大文字) であることに注意。

これは 1 次元積分と 2 次元積分を変換する定理ともいえる。

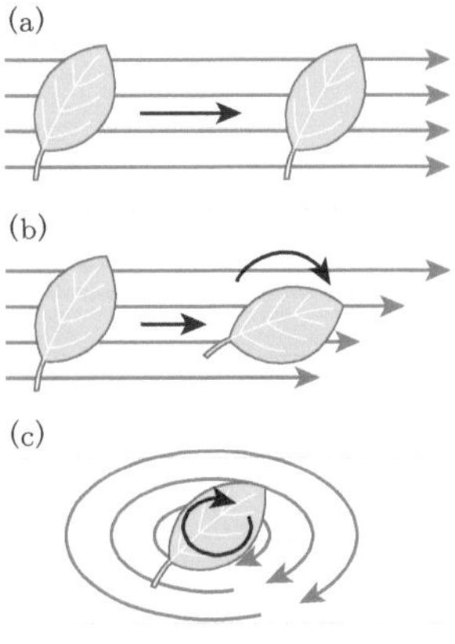

図 14.7

回転のイメージ

ベクトル場 $\boldsymbol{A}$ を水の流れと考えよう。流速が一様の流れに葉が落ちた場合，図 14.7 (a) のように葉は向きを変えずまっすぐ流れていく。それでは流速が一様でなければどうなるだろうか。図 14.7 (b) のように，流れに分布があれば葉は回転しながら流れる。また，図 14.7 (c) のように，流れが渦を巻いていれば，流れずに葉も回転する。このように，流れに浮かべたものが回ってしまうような流れには「渦がある」という。その場でぐるぐる回転するものだけではないことに注意しよう。

流れている領域を 4 つの領域に分割して，具体的に考えてみよう (図 14.8)。右向きの流れがあり，その流れは一様ではないとする。分割した辺上の流れの強さを矢印の数で表した。隣り合う辺の矢印の数が違えば，その領域では回転させる力が生まれる。しがたって，渦の強さは，領域の辺を一周したときの矢印の数の差で決めることができる。このとき一周する向きと同じ矢印は正，反対向きの矢印は負として数える。渦の強さが 0 の場合は，その領域で渦は生じていないことになる。

全体の渦の強さを次の 2 つの方法で考えてみよう。

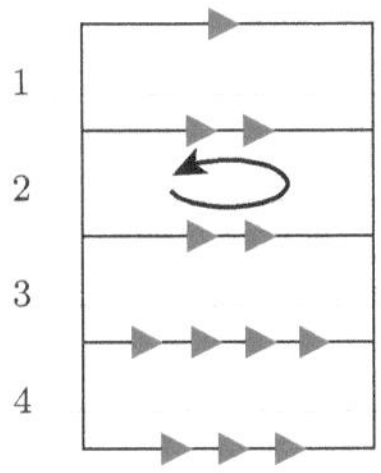

図 14.8

1つめの方法（(14.6) 式の左辺に相当。図 14.9 (a)）

一番外側の辺にそって一周しながら矢印を数えていくと，同じ向き 3，反対向き 1 となり，正味の矢印は 2 つ。すなわち，渦の強さは 2 となる。

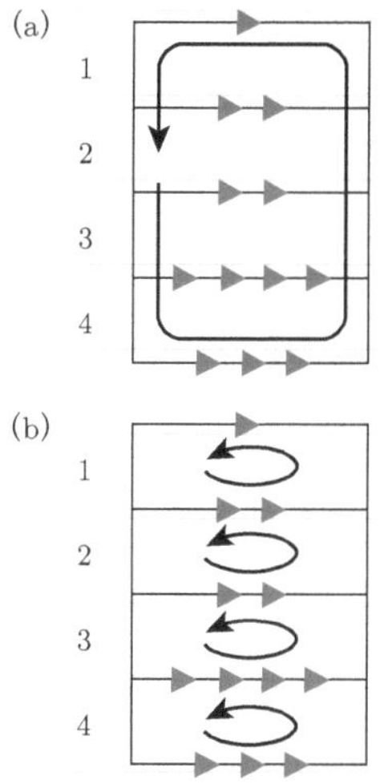

図 14.9

2つめの方法（(14.6) 式の右辺に相当。図 14.9 (b)）

分割した各領域について，同様に一周しながら矢印を数え，最後にそれらをすべて足すことによって求める。

1 つめの領域：1（内訳：同じ向き 2，反対向き 1）

2 つめの領域：0（内訳：同じ向き 2，反対向き 2）

3 つめの領域：2（内訳：同じ向き 4，反対向き 2）

4 つめの領域：−1（内訳：同じ向き 3，反対向き 4）

各領域の結果をすべて足し合わせると 2 となる。すなわち，渦の強さは 2 となり，1 つめの方法で得た答えと同じである。隣り合う領域では，その回転の向きが反対になっているので互いに打ち消し合い，結局一番外側にそった経路で考えるのと同じになることを意味している。

このように，どちらの考え方でも同じ渦の強さを導き出すことができた。この両者の方法を結ぶ式が，ストークスの定理（回転定理）である。

数式による説明

(14.6) 式の左辺

ベクトル場 $\boldsymbol{A}$ のある空間に，閉経路 C を考える（図 14.10）。この閉経路を微小な長さに分割し，経路にそった向きに微小長さを ds とした長さベクトル $\boldsymbol{ds}$ を考える。渦の強さは，経路にそった $\boldsymbol{A}$ の成分を一周足し合わせたもので定義するので，$\boldsymbol{A}\cdot\boldsymbol{ds}$ を一周積分した量となる。したがって，次のように表される。

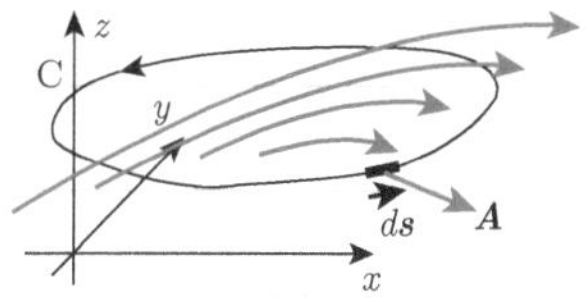

図 14.10

$$\oint_{\text{閉経路C}} \boldsymbol{A}\cdot\boldsymbol{ds} \tag{14.7}$$

(14.6) 式の左辺

簡単のため，xy 平面に平行な閉経路 C があるとし，その内側を微小な面積領域に分割する（図 14.11）。この微小面積領域（図 14.12）は，$\boldsymbol{r}\,(x, y, z)$ の位置を中心とした微小長方形であるとし，各辺の長さを Δx，Δy とすると，その面積は $\Delta S_z = \Delta x \Delta y$ である。S の添え字 z はこの面の法線ベクトルの向きとした。この微小長方形について，渦の強さを求めると，

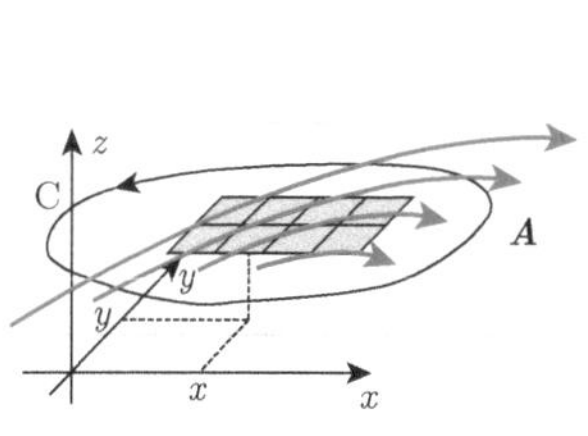

図 14.11

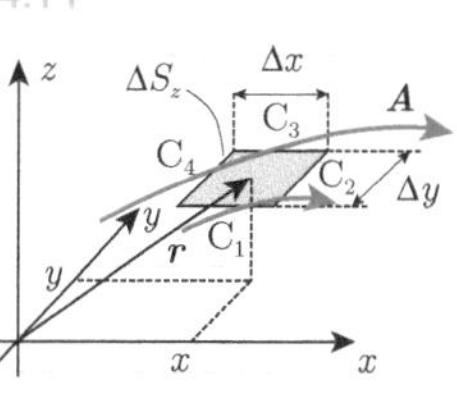

図 14.12

$$\oint_{\text{微小長方形}} \boldsymbol{A}\cdot\boldsymbol{ds} = \int_{C_1} \boldsymbol{A}\cdot\boldsymbol{ds} + \int_{C_2} \boldsymbol{A}\cdot\boldsymbol{ds} + \int_{C_3} \boldsymbol{A}\cdot\boldsymbol{ds} + \int_{C_4} \boldsymbol{A}\cdot\boldsymbol{ds}$$

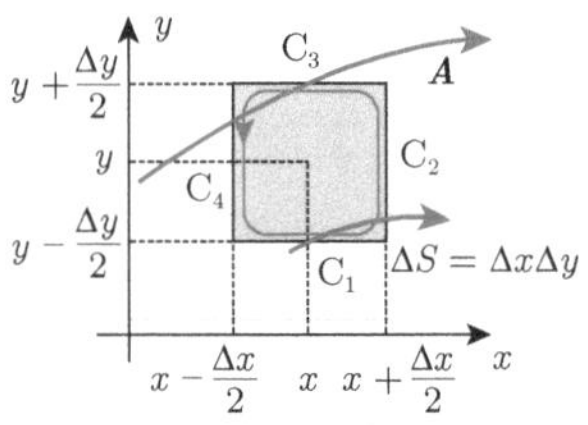

図 14.13

$$
= \int_{x-\frac{\Delta x}{2}}^{x+\frac{\Delta x}{2}} \boldsymbol{A}\left(x,\ y-\frac{\Delta y}{2}, z\right)\cdot dx + \int_{y-\frac{\Delta y}{2}}^{y+\frac{\Delta y}{2}} \boldsymbol{A}\left(x+\frac{\Delta x}{2},\ y, z\right)\cdot dy
$$

$$
+ \int_{x+\frac{\Delta x}{2}}^{x-\frac{\Delta x}{2}} \boldsymbol{A}\left(x,\ y+\frac{\Delta y}{2}, z\right)\cdot dx + \int_{y+\frac{\Delta y}{2}}^{y-\frac{\Delta y}{2}} \boldsymbol{A}\left(x-\frac{\Delta x}{2},\ y, z\right)\cdot dy
$$

$$
= A_x\left(x, y-\frac{\Delta y}{2}, z\right)\Delta x - A_x\left(x, y+\frac{\Delta y}{2}, z\right)\Delta x + A_y\left(x+\frac{\Delta x}{2}, y, z\right)\Delta y
$$

★

$$
- A_y\left(x-\frac{\Delta x}{2}, y, z\right)\Delta y
$$

★補足
次の計算が見えやすいように，第 2 項と第 3 項の順が入れ替わっていることに注意。

$$
= -\frac{\partial A_x}{\partial y}\Delta x\Delta y + \frac{\partial A_y}{\partial x}\Delta x\Delta y
$$

$$
= \left(\frac{\partial A_y}{\partial x} - \frac{\partial A_x}{\partial y}\right)\Delta S_z = (\nabla\times\boldsymbol{A})_z\,\Delta S_z
$$

ΔS_z を十分小さくとれば $\Delta S_z \to dS_z$ となる。経路は xy 平面上だけとは限らない。yz 平面，zx 平面上に閉経路をとったときも同様に求められ，

$$
\left(\frac{\partial A_z}{\partial y} - \frac{\partial A_y}{\partial z}\right)dS_x = (\nabla\times\boldsymbol{A})_x\,dS_x
$$

$$
\left(\frac{\partial A_x}{\partial z} - \frac{\partial A_z}{\partial x}\right)dS_y = (\nabla\times\boldsymbol{A})_y\,dS_y
$$

が得られる。3 次元的な一般的な経路に関しては，経路を各平面に射影してそれぞれ得た解をベクトル的に合成すること表され，

$$
\oint_{\text{微小経路}} \boldsymbol{A}\cdot d\boldsymbol{s} = (\nabla\times\boldsymbol{A})\cdot d\boldsymbol{S} = \mathrm{rot}\,\boldsymbol{A}\cdot d\boldsymbol{S}
$$

となる。これは微小経路における $\boldsymbol{A}$ の渦の強さを表している。ここで，

$$
\mathrm{rot}\,\boldsymbol{A} = \nabla\times\boldsymbol{A} = \begin{pmatrix} \dfrac{\partial A_z}{\partial y} - \dfrac{\partial A_y}{\partial z} \\ \dfrac{\partial A_x}{\partial z} - \dfrac{\partial A_z}{\partial x} \\ \dfrac{\partial A_y}{\partial x} - \dfrac{\partial A_x}{\partial y} \end{pmatrix} \tag{14.8}
$$

★補足
rot は curl と書かれることもある。

であり，「∇×」の演算子に rot という名前をつけている★。この rot$\boldsymbol{A}$ を $\boldsymbol{A}$ の**回転（rotation）**という。rot$\boldsymbol{A}$ はベクトル量であり，その向きは渦の向きに右ねじを回したときに，ねじの進む向きである。すなわち，回転軸の向きを表している。

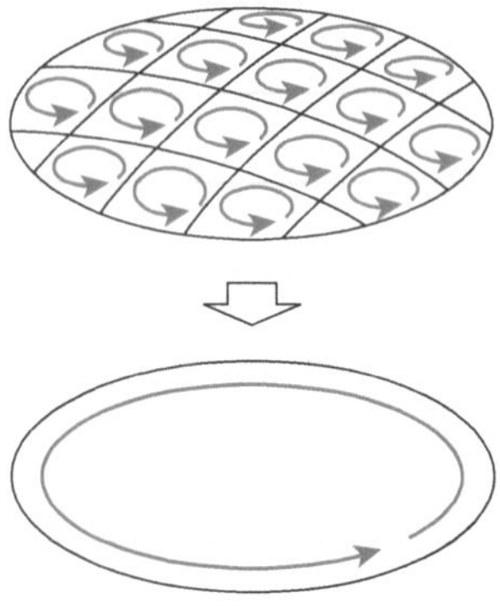

図 14.14

これをすべての微小経路について足し合わせれば，全体の渦の強さになる（図 14.14）。

$$
\iint_{S} \mathrm{rot}\,\boldsymbol{A}\cdot d\boldsymbol{S} \tag{14.9}
$$

(14.7) 式と (14.9) 式は同じものを表しているので，両者を等しくおくことにより，ストークスの定理

$$\oint_{閉経路C} \boldsymbol{A}\cdot d\boldsymbol{s} = \iint_{S} \mathrm{rot}\,\boldsymbol{A}\cdot d\boldsymbol{S}$$

が得られる。渦の強さは内部を細かく分けて考えても，すべてを足すと残るのは外側だけということを示している。

14.3 微分形のマクスウェル方程式

ガウスの定理とストークスの定理を使えるようになり，微分形のマクスウェル方程式を導く準備ができた。まずは，積分形のマクスウェル方程式を改めて確認しよう★。

$$\varepsilon_0 \iint_{閉曲面S} \boldsymbol{E}\cdot d\boldsymbol{S} = Q_{\mathrm{enc}} \tag{14.10}$$

$$\iint_{閉曲面S} \boldsymbol{B}\cdot d\boldsymbol{S} = 0 \tag{14.11}$$

$$\oint \boldsymbol{E}\cdot d\boldsymbol{s} = -\frac{\partial}{\partial t}\left(\iint_{S} \boldsymbol{B}\cdot d\boldsymbol{S}\right) \tag{14.12}$$

$$\oint \boldsymbol{B}\cdot d\boldsymbol{s} = \mu_0 I_{\mathrm{enc}} + \mu_0\varepsilon_0 \frac{\partial}{\partial t}\left(\iint_{S} \boldsymbol{E}\cdot d\boldsymbol{S}\right) \tag{14.13}$$

★ 補足
以前出てきた式番号との対応関係を示しておく
(14.10) ← (11.8)
(14.11) ← (11.9)
(14.12) ← (11.10)
(14.13) ← (11.11)
ここで，(11.10) 式と (11.11) 式にあった磁束と電場束は積分の形に戻している。

◎ 電場に関するガウスの法則

(14.10) 式の左辺にガウスの定理★を用いると，

$$\varepsilon_0 \iint_{閉曲面S} \boldsymbol{E}\cdot d\boldsymbol{S} = \iiint_{V} \varepsilon_0\,\mathrm{div}\boldsymbol{E}\cdot dV \tag{14.14}$$

★ 補足
ガウスの定理 (14.1) 式
$$\iint_{S} \boldsymbol{A}\cdot d\boldsymbol{S} = \iiint_{V} \mathrm{div}\,\boldsymbol{A}\cdot dV$$

一方，(14.10) 式の右辺は，閉曲面 S 内の電荷の総量であり，電荷密度 ρ を用いると

$$Q_{\mathrm{enc}} = \iiint_{V} \rho\cdot dV \tag{14.15}$$

したがって，(14.10) 式は

$$\iiint_{V} \varepsilon_0\,\mathrm{div}\boldsymbol{E}\cdot dV = \iiint_{V} \rho\cdot dV$$

$$\iiint_{V} (\varepsilon_0 \mathrm{div}\boldsymbol{E} - \rho)\cdot dV = 0 \tag{14.16}$$

これが任意の体積領域 V について成り立つためには，(　) 内の関数は 0 でなければならない。したがって，次が成り立つ (図 14.15)。

$$\mathrm{div}\boldsymbol{E} = \frac{\rho}{\varepsilon_0} \tag{14.17}$$

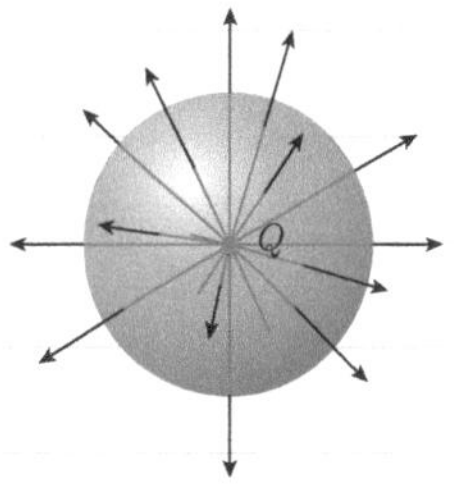

図 14.15
$\mathrm{div}\boldsymbol{E} = \dfrac{\rho}{\varepsilon_0}$ のイメージ

◎ 磁場に関するガウスの法則

同様に，(14.11) 式の左辺にガウスの定理を用いることにより，

$$\iint_{閉曲面S} \boldsymbol{B}\cdot d\boldsymbol{S} = \iiint_{V} \mathrm{div}\boldsymbol{B}\cdot dV = 0 \tag{14.18}$$

これが任意の体積領域 V について成り立つためには，div$\boldsymbol{B}$ は 0 でなければならない。したがって，次が成り立つ（図 14.16）。

$$\mathrm{div}\boldsymbol{B} = 0 \tag{14.19}$$

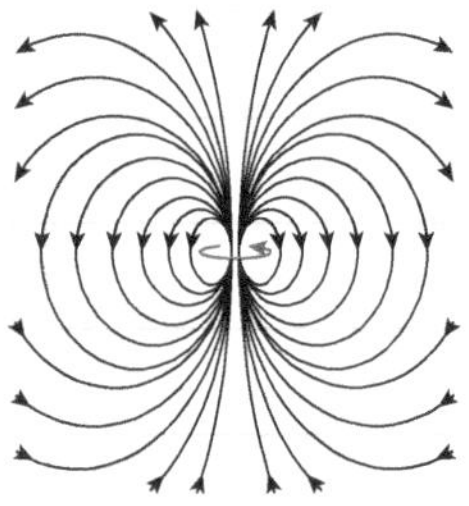

図 14.16
div$\boldsymbol{B}$ = 0 のイメージ

◎ ファラデーの法則

(14.12) 式に対して，左辺にストークスの定理★を用いて書き換えると

★補足
ストークスの定理（14.6）式

$$\oint_{C} \boldsymbol{A}\cdot d\boldsymbol{s} = \iint_{S} \mathrm{rot}\boldsymbol{A}\cdot d\boldsymbol{S}$$

$$\oint \boldsymbol{E}\cdot d\boldsymbol{s} = \iint_{S} \mathrm{rot}\boldsymbol{E}\cdot d\boldsymbol{S} = -\frac{\partial}{\partial t}\left(\iint_{S} \boldsymbol{B}\cdot d\boldsymbol{S}\right)$$

$$\therefore \iint_{S}\left(\mathrm{rot}\boldsymbol{E} + \frac{\partial \boldsymbol{B}}{\partial t}\right)\cdot d\boldsymbol{S} = 0 \tag{14.20}$$

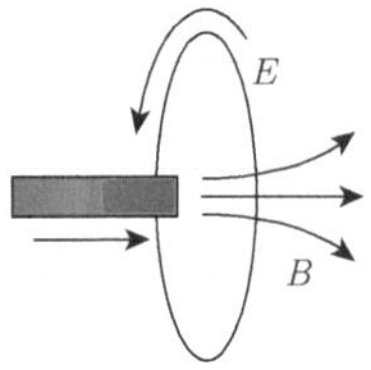

図 14.17
rot$\boldsymbol{E} = -\dfrac{\partial \boldsymbol{B}}{\partial t}$ のイメージ

これが任意の曲面 S について成り立つためには，(　) 内の関数は 0 でなければならない。したがって，次が成り立つ（図 14.17）。

$$\mathrm{rot}\boldsymbol{E} = -\frac{\partial \boldsymbol{B}}{\partial t} \tag{14.21}$$

◎ アンペール−マクスウェルの法則

同様に，(14.13) 式の左辺にストークスの定理を用いると

$$\oint \boldsymbol{B}\cdot d\boldsymbol{s} = \iint_{S} \mathrm{rot}\boldsymbol{B}\cdot d\boldsymbol{S} \tag{14.22}$$

一方，(14.13) 式の右辺の I_{enc} は，曲面 S を貫く電流の総量なので，電流密度 $\boldsymbol{j}$ を用いて，

$$I_{\mathrm{enc}} = \iint_{S} \boldsymbol{j}\cdot d\boldsymbol{S} \tag{14.23}$$

と表される。したがって，

$$\iint_{S} \mathrm{rot}\boldsymbol{B}\cdot d\boldsymbol{S} = \mu_0 \iint_{S} \boldsymbol{j}\cdot d\boldsymbol{S} + \mu_0\varepsilon_0 \frac{\partial}{\partial t}\left(\iint_{S} \boldsymbol{E}\cdot d\boldsymbol{S}\right)$$

$$\therefore \iint_{S}\left(\mathrm{rot}\boldsymbol{B} - \mu_0\boldsymbol{j} - \mu_0\varepsilon_0\frac{\partial \boldsymbol{E}}{\partial t}\right)\cdot d\boldsymbol{S} = 0 \tag{14.24}$$

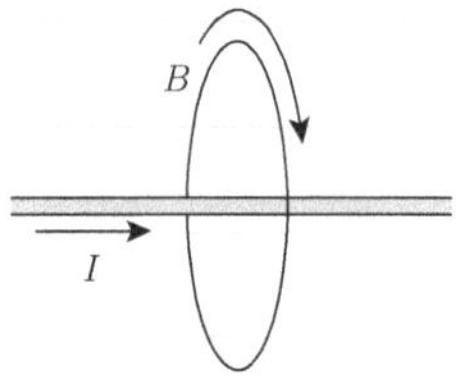

図 14.18
rot$\boldsymbol{B} = \mu_0\boldsymbol{j} + \mu_0\varepsilon_0\dfrac{\partial \boldsymbol{E}}{\partial t}$ のイメージ

これが任意の曲面 S について成り立つためには，(　) 内の関数は 0 でなければならない。したがって，次が成り立つ（図 14.18）。

$$\mathrm{rot}\boldsymbol{B} = \mu_0\boldsymbol{j} + \mu_0\varepsilon_0\frac{\partial \boldsymbol{E}}{\partial t} \tag{14.25}$$

以上をまとめると，

マクスウェル方程式（微分形）★

電場に関するガウスの法則

$$\mathrm{div}\boldsymbol{E} = \frac{\rho}{\varepsilon_0} \tag{14.26}$$

磁場に関するガウスの法則

$$\mathrm{div}\boldsymbol{B} = 0 \tag{14.27}$$

ファラデーの法則

$$\mathrm{rot}\boldsymbol{E} = -\frac{\partial \boldsymbol{B}}{\partial t} \tag{14.28}$$

アンペール–マクスウェルの法則

$$\mathrm{rot}\boldsymbol{B} = \mu_0 \boldsymbol{j} + \varepsilon_0 \mu_0 \frac{\partial \boldsymbol{E}}{\partial t} \tag{14.29}$$

★ 補足
上記の式番号との対応関係を示しておく。
(14.26) ← (14.17)
(14.27) ← (14.19)
(14.28) ← (14.21)
(14.29) ← (14.25)

このようにマクスウェル方程式は，非常に美しくまとまっている。
統計力学で有名なボルツマンは，マクスウェル方程式を見て「神の作った芸術品」と評したそうである。

また，導出は省略するが，物質中のマクスウェル方程式の微分形は次のように書ける★。ここで，$\boldsymbol{E}$ と $\boldsymbol{D}$，$\boldsymbol{B}$ と $\boldsymbol{H}$ の間には，物質の性質を表す物質定数，誘電率 ε と透磁率 μ を用いて，次の関係がある。

$$\boldsymbol{D} = \varepsilon \boldsymbol{E}$$

$$\boldsymbol{B} = \mu \boldsymbol{H}$$

これらを用いて，

★ 補足
積分形のときと同じ考え方で，上記のマクスウェル方程式から，物質中のマクスウェル方程式も導出することができる。

$\boldsymbol{D} = \varepsilon \boldsymbol{E}$　(12.36) 式
$\boldsymbol{B} = \mu \boldsymbol{H}$　(12.37) 式

物質中のマクスウェル方程式（微分形）★

電場に関するガウスの法則

$$\mathrm{div}\boldsymbol{D} = \rho \tag{14.26$'$}$$

磁場に関するガウスの法則

$$\mathrm{div}\boldsymbol{B} = 0 \tag{14.27$'$}$$

ファラデーの法則

$$\mathrm{rot}\boldsymbol{E} = -\frac{\partial \boldsymbol{B}}{\partial t} \tag{14.28$'$}$$

アンペール–マクスウェルの法則

$$\mathrm{rot}\boldsymbol{H} = \boldsymbol{j} + \frac{\partial \boldsymbol{D}}{\partial t} \tag{14.29$'$}$$

★ 補足
電荷 ρ と電流 $\boldsymbol{j}$ は与えられた条件とする。未知数は $\boldsymbol{D}$，$\boldsymbol{E}$，$\boldsymbol{H}$，$\boldsymbol{B}$ の各 3 成分で合計 12 個。方程式の数は div がスカラーで rot がベクトルなので，合計 8 個。このままでは，方程式の数が足りないことになる。$\boldsymbol{D}$ と $\boldsymbol{E}$，$\boldsymbol{H}$ と $\boldsymbol{B}$ の関係を用いると未知数は $\boldsymbol{E}$，$\boldsymbol{B}$ だけになるので未知数は 6 個。今度は方程式の数のほうが多くなり，解がないという心配がでてくる。しかし，div の 2 式は初期条件を表しているに過ぎないため，方程式の数に入れなくてよい。rot の 2 式が，電磁場のその後の時間発展を記述している方程式である。したがって，未知数は $\boldsymbol{E}$，$\boldsymbol{B}$ の各成分で 6 個，rot の式から各成分で 6 個となり，必要十分な条件となっている。

14.4 スカラーポテンシャルとベクトルポテンシャル

まずベクトルの微分公式を一通り確認したのち，スカラーポテンシャルとベクトルポテンシャルを定義し，これらを用いたマクスウェル方程式を導出する。

★ 補足
先を急ぐ読者は，ベクトル公式の確認はとりあえず飛ばし，これらは成り立つものとして進んでもよい。

14.4.1 ベクトルの微分★

ベクトルの微分演算子はすでに出てきたが，改めてまとめておく。

∇（ナブラ★）は各成分に偏微分として作用する演算子で

★ 補足
∇（ナブラ）は 2.4.2 節において，電位から電場を得るときや，14.1 節のガウスの定理，14.2 節のストークスの定理の導出で用いた。

$$\nabla = \begin{pmatrix} \dfrac{\partial}{\partial x} \\ \dfrac{\partial}{\partial y} \\ \dfrac{\partial}{\partial z} \end{pmatrix} \tag{14.30}$$

で表される。これはスカラー，ベクトル，いずれにも作用する。ベクトルに作用させる場合，∇の後ろに内積の場合は「・」，外積の場合は「×」がつくので注意すること。

★ 補足
具体的な成分を示す。

$$\nabla f = \mathrm{grad} f = \begin{pmatrix} \dfrac{\partial f}{\partial x} \\ \dfrac{\partial f}{\partial y} \\ \dfrac{\partial f}{\partial z} \end{pmatrix}$$

$$\nabla \cdot \boldsymbol{F} = \mathrm{div}\boldsymbol{F} = \frac{\partial F_x}{\partial x} + \frac{\partial F_y}{\partial y} + \frac{\partial F_z}{\partial z}$$

$$\nabla \times \boldsymbol{F} = \mathrm{rot}\boldsymbol{F} = \begin{pmatrix} \dfrac{\partial F_z}{\partial y} - \dfrac{\partial F_y}{\partial z} \\ \dfrac{\partial F_x}{\partial z} - \dfrac{\partial F_z}{\partial x} \\ \dfrac{\partial F_y}{\partial x} - \dfrac{\partial F_x}{\partial y} \end{pmatrix}$$

1 階微分（以下の 3 種類）★

(1) スカラー場の勾配（gradient）：「∇」は grad と書かれる。

$$\nabla f = \mathrm{grad} f \tag{14.31}$$

(2) ベクトル場の発散（divergence）：「∇・」は div と書かれる。

$$\nabla \cdot \boldsymbol{F} = \mathrm{div}\boldsymbol{F} \tag{14.32}$$

(3) ベクトル場の回転（rotation）：「∇×」は rot と書かれる。

$$\nabla \times \boldsymbol{F} = \mathrm{rot}\boldsymbol{F} \tag{14.33}$$

2 階微分（以下の 5 種類）★

★ 補足

$$\mathrm{div}(\mathrm{grad} f) = \nabla \cdot \nabla f = \nabla^2 f = \frac{\partial^2 f}{\partial x^2} + \frac{\partial^2 f}{\partial y^2} + \frac{\partial^2 f}{\partial z^2}$$

$$\mathrm{grad}(\mathrm{div}\boldsymbol{F}) = \nabla(\nabla \cdot \boldsymbol{F}) = \begin{pmatrix} \dfrac{\partial^2 F_x}{\partial x^2} + \dfrac{\partial^2 F_y}{\partial x \partial y} + \dfrac{\partial^2 F_z}{\partial z \partial x} \\ \dfrac{\partial^2 F_x}{\partial x \partial y} + \dfrac{\partial^2 F_y}{\partial y^2} + \dfrac{\partial^2 F_z}{\partial y \partial z} \\ \dfrac{\partial^2 F_x}{\partial z \partial x} + \dfrac{\partial^2 F_y}{\partial y \partial z} + \dfrac{\partial^2 F_z}{\partial z^2} \end{pmatrix}$$

(1) ベクトル場の回転の発散：　ベクトルポテンシャルの定義に重要

$$\mathrm{div}(\mathrm{rot}\boldsymbol{F}) = \nabla \cdot (\nabla \times \boldsymbol{F}) = 0 \quad \text{（恒等的に 0）} \tag{14.34}$$

(2) スカラー場の勾配の回転：　スカラーポテンシャルの定義に重要

$$\mathrm{rot}(\mathrm{grad} f) = \nabla \times \nabla f = 0 \quad \text{（恒等的に 0）} \tag{14.35}$$

(3) スカラー場の勾配の発散：　ラプラシアン

$$\mathrm{div}(\mathrm{grad} f) = \nabla \cdot (\nabla f) = \nabla^2 f = \triangle f \tag{14.36}$$

(4) ベクトル場の発散の勾配：　(5) の計算に必要

$$\mathrm{grad}(\mathrm{div}\boldsymbol{F}) = \nabla(\nabla \cdot \boldsymbol{F}) \tag{14.37}$$

(5) ベクトル場の回転の回転：　ベクトルポテンシャル＆アンペール

$$\begin{aligned} \mathrm{rot}(\mathrm{rot}\boldsymbol{F}) &= \nabla \times (\nabla \times \boldsymbol{F}) = \nabla(\nabla \cdot \boldsymbol{F}) - \nabla^2 \boldsymbol{F} \\ &= \mathrm{grad}(\mathrm{div}\boldsymbol{F}) - \mathrm{div}(\mathrm{grad}\boldsymbol{F}) \end{aligned} \tag{14.38}$$

例題 14.1

2 階微分の微分公式について，

[1]，[2] について恒等的に 0 になっていることを証明せよ。

[3]，[4] について側注の表現になることを確認せよ。

[5] についてはこのように書き換えられることを証明せよ。

ただし，必要に応じて，

スカラー 3 重積　$\boldsymbol{a}\cdot(\boldsymbol{b}\times\boldsymbol{c}) = \boldsymbol{b}\cdot(\boldsymbol{c}\times\boldsymbol{a})$

ベクトル 3 重積　$\boldsymbol{a}\times(\boldsymbol{b}\times\boldsymbol{c}) = \boldsymbol{b}(\boldsymbol{a}\cdot\boldsymbol{c}) - (\boldsymbol{a}\cdot\boldsymbol{b})\boldsymbol{c}$ ★

の公式を用いてよい。

解説 & 解答

[1] スカラー 3 重積において，$\boldsymbol{a} = \boldsymbol{b} = \nabla$，$\boldsymbol{c} = \boldsymbol{F}$ とすると

$$\nabla\cdot(\nabla\times\boldsymbol{F}) = \nabla\cdot(\boldsymbol{F}\times\nabla) = -\nabla\cdot(\nabla\times\boldsymbol{F})$$

$$2\nabla\cdot(\nabla\times\boldsymbol{F}) = 0 \qquad \therefore\ \nabla\cdot(\nabla\times\boldsymbol{F}) = 0$$ ★

[2] f はスカラーなので，先にベクトル同士の計算をしてもよい。

$$\nabla\times\nabla f = (\nabla\times\nabla)f = 0 \qquad (\because\ \nabla\times\nabla = 0)$$ ★

[3] f はスカラーなので，同様に

$$\nabla\cdot(\nabla f) = (\nabla\cdot\nabla)f = \nabla^2 f = \frac{\partial^2 f}{\partial x^2} + \frac{\partial^2 f}{\partial y^2} + \frac{\partial^2 f}{\partial z^2}$$

[4] 順に計算していけば結果は得られる。

$$\nabla(\nabla\cdot\boldsymbol{F}) = \nabla\left(\frac{\partial F_x}{\partial x} + \frac{\partial F_y}{\partial y} + \frac{\partial F_z}{\partial z}\right) = \begin{pmatrix} \frac{\partial}{\partial x}\left(\frac{\partial F_x}{\partial x} + \frac{\partial F_y}{\partial y} + \frac{\partial F_z}{\partial z}\right) \\ \frac{\partial}{\partial y}\left(\frac{\partial F_x}{\partial x} + \frac{\partial F_y}{\partial y} + \frac{\partial F_z}{\partial z}\right) \\ \frac{\partial}{\partial z}\left(\frac{\partial F_x}{\partial x} + \frac{\partial F_y}{\partial y} + \frac{\partial F_z}{\partial z}\right) \end{pmatrix}$$

$$= \begin{pmatrix} \frac{\partial^2 F_x}{\partial x^2} + \frac{\partial^2 F_y}{\partial x\,\partial y} + \frac{\partial^2 F_z}{\partial z\,\partial x} \\ \frac{\partial^2 F_x}{\partial x\,\partial y} + \frac{\partial^2 F_y}{\partial y^2} + \frac{\partial^2 F_z}{\partial y\,\partial z} \\ \frac{\partial^2 F_x}{\partial z\,\partial x} + \frac{\partial^2 F_y}{\partial y\,\partial z} + \frac{\partial^2 F_z}{\partial z^2} \end{pmatrix}$$

[5] ベクトル 3 重積において，$\boldsymbol{a} = \boldsymbol{b} = \nabla$，$\boldsymbol{c} = \boldsymbol{F}$

$$\nabla\times(\nabla\times\boldsymbol{F}) = \nabla(\nabla\cdot\boldsymbol{F}) - (\nabla\cdot\nabla)\boldsymbol{F} = \nabla(\nabla\cdot\boldsymbol{F}) - \nabla^2\boldsymbol{F}$$ ■

★ 補足

ベクトル 3 重積

ここでは $\boldsymbol{a}$ と $\boldsymbol{b}$ は交換可能な微分演算子にするので，$\boldsymbol{a}$ と $\boldsymbol{b}$ は交換可，$\boldsymbol{b}$ と $\boldsymbol{c}$ は交換不可なので，このような順に書いている。演算子を用いなければ，通常

$$\boldsymbol{a}\times(\boldsymbol{b}\times\boldsymbol{c}) = (\boldsymbol{a}\cdot\boldsymbol{c})\boldsymbol{b} - (\boldsymbol{a}\cdot\boldsymbol{b})\boldsymbol{c}$$

の形まで整理されて書かれる。

★ 補足

[1] 渦巻きの軸方向のベクトルは閉じていることを意味している。電流のまわりに磁場ができている（$\mathrm{rot}\,\boldsymbol{B} = \mu_0\boldsymbol{j}$）とき，電流が渦巻きの軸方向ベクトルに相当するが，電流経路は必ず閉じていること（電流の保存）に対応。

[2] もし，勾配（grad f）の回転（rot）が 0 でなければ，一周したときの f の値が異なることになる。すなわち，らせん階段のように数値が増えていくので，スカラー場が任意の位置で，唯一の値を持つことに反する。

14.4.2 スカラーポテンシャル ϕ

電位（静電ポテンシャル）についてはすでに学んだが，マクスウェル方程式から要請されるポテンシャルについて再度考えてみよう。

静電場は（14.28）式★において，右辺を0としたものである。

★ 補足
（14.28）式　ファラデーの法則
$\mathrm{rot}\boldsymbol{E} = -\dfrac{\partial \boldsymbol{B}}{\partial t}$

$$\mathrm{rot}\boldsymbol{E} = 0 \tag{14.39}$$

これを常に満たすような $\boldsymbol{E}$ の表現を見つけたいと考えると，スカラーの勾配の回転（$\mathrm{rot}(\mathrm{grad}f)$）が恒等的に0★であるので，

★ 補足
$\mathrm{rot}(\mathrm{grad}f) = 0$（14.35）式

$$\boldsymbol{E} = -\mathrm{grad}\ \phi \tag{14.40}$$

となる静電ポテンシャル ϕ を定義することができる。すなわち，静電場は静電ポテンシャルの傾き（勾配：gradient）を表している。負号がつくのは電場に逆らってする仕事をポテンシャルエネルギーとするからである。この ϕ は，あとで出てくるベクトルポテンシャルとの対応で，スカラーポテンシャルともよばれる。このようにスカラーポテンシャルが定義できる場を保存場という。逆に言えば，ベクトル場 $\boldsymbol{F}$ が保存場である条件は，$\mathrm{rot}\boldsymbol{F} = 0$ が満たされていることである。このような場は「渦なし場」ともいわれる。

それでは，$\boldsymbol{E} = -\mathrm{grad}\ \phi$ のように表される電場を，もう一つの $\boldsymbol{E}$ に関する方程式（14.26）式★に代入してみよう。左辺は

★ 補足
（14.26）式
電場に関するガウスの法則
$\mathrm{div}\boldsymbol{E} = \dfrac{\rho}{\varepsilon_0}$

$$\mathrm{div}\boldsymbol{E} = -\mathrm{div}(\mathrm{grad}\phi) = -\nabla\cdot\nabla\phi = -\nabla^2\phi = -\triangle\phi \tag{14.41}$$

となる。ここで，$\nabla^2 = \triangle$ の微分演算子をラプラシアンという。したがって，（14.26）式は

$$\triangle\phi(\boldsymbol{r}) = -\frac{\rho(\boldsymbol{r})}{\varepsilon_0} \tag{14.42}$$

と表される。これをポアソン方程式という。この方程式を満たす解は，

$$\phi(\boldsymbol{r}) = \frac{1}{4\pi\varepsilon_0}\iiint \frac{\rho(\boldsymbol{R})}{|\boldsymbol{r}-\boldsymbol{R}|}dV \tag{14.43}$$

と与えられる★。この式は，電位の重ね合わせで出てきたように，$\boldsymbol{R}$ における電荷密度 $\rho(\boldsymbol{R})$ が $\boldsymbol{r}$ に作るスカラーポテンシャルを全空間にわたって重ね合わせたものである。

★ 補足
（14.43）式は，（2.34）式と同じになっている。

また，空間に電荷がない場所では $\rho = 0$ であるので，

$$\triangle\phi(\boldsymbol{r}) = 0 \tag{14.44}$$

となり，これをラプラス方程式という。

静電場を求めるためには，考えている空間の境界条件を満たすように，ポアソン方程式もしくはラプラス方程式を用いてスカラーポテンシャルを求め，その勾配（grad）をとればよい。

14.4.3 ベクトルポテンシャルA

静磁場についても，マクスウェル方程式を満たすようなポテンシャルを見つけよう。ここで，磁場に関するガウスの法則★に注目する。

$$\mathrm{div}\boldsymbol{B} = 0$$

ベクトルの回転の発散（$\mathrm{div}(\mathrm{rot}\boldsymbol{F})$）は恒等的に 0★になるので，

$$\boldsymbol{B} = \mathrm{rot}\boldsymbol{A} \tag{14.45}$$

で定義されるようなベクトル場 $\boldsymbol{A}$ であれば，磁場に関するガウスの法則は自動的に満たされる。このように定義されるベクトル $\boldsymbol{A}$ をベクトルポテンシャルという。

スカラーポテンシャル ϕ は基準の取り方に任意性があった。これは $\boldsymbol{E}$ を求める際に ϕ を微分するので，定数分の違いは消えてしまうためである。$\boldsymbol{B}$ も $\boldsymbol{A}$ の微分として求めるのであるから，$\boldsymbol{A}$ にも基準の取り方の任意性があってもよいはずである。そこで $\boldsymbol{A}$ の代わりに

$$\boldsymbol{A}' = \boldsymbol{A} + \mathrm{grad}\chi \tag{14.46}$$

とおいてみよう。$\mathrm{rot}(\mathrm{grad}f)$ は恒等的に 0 となる。$\mathrm{grad}\chi$ で表される違いは $\boldsymbol{B}$ を求める際に消えてしまうので，$\boldsymbol{A}'$ も同じ $\boldsymbol{B}$ を与えるベクトルポテンシャルである。したがって，$\boldsymbol{A}$ は（14.46）式のように変換してもよい。このような変換をゲージ変換という。このように，$\boldsymbol{A}$ には $\mathrm{grad}\chi$ の任意性がある。

★ 補足
磁場に関するガウスの法則
$\mathrm{div}\boldsymbol{B} = 0$ （14.27）式

★ 補足
$\mathrm{div}(\mathrm{rot}\boldsymbol{F}) = 0$ （14.34）式

それでは，このように表される磁場を，もう一つの $\boldsymbol{B}$ に関する方程式（14.29）式★に入れてみよう。今は静磁場を考えているので，時間変化の項を 0 として，

$$\mathrm{rot}\boldsymbol{B} = \mu_0 \boldsymbol{j} \tag{14.47}$$

である。この左辺は

$$\begin{aligned}\mathrm{rot}\boldsymbol{B} &= \mathrm{rot}(\mathrm{rot}\boldsymbol{A}) = \mathrm{grad}(\mathrm{div}\boldsymbol{A}) - \mathrm{div}(\mathrm{grad}\boldsymbol{A}) \\ &= \nabla(\nabla\cdot\boldsymbol{A}) - \nabla^2\boldsymbol{A} = \nabla(\nabla\cdot\boldsymbol{A}) - \triangle\boldsymbol{A}\end{aligned} \tag{14.48}$$

これを満たすような $\boldsymbol{A}$ を求めるのは少し面倒である。そこで，

$$\nabla\cdot\boldsymbol{A} = 0 \tag{14.49}$$

と決めてしまおう。$\boldsymbol{A}$ は $\boldsymbol{A}' = \boldsymbol{A} + \mathrm{grad}\chi$ で表されるものであればなんでもよいので，$\boldsymbol{A}$ の $\boldsymbol{A}'$ を代わりに入れてみると，

$$\nabla\cdot\boldsymbol{A}' = \nabla\cdot(\boldsymbol{A}+\mathrm{grad}\chi) = \nabla\cdot\boldsymbol{A} + \nabla^2\chi = \nabla\cdot\boldsymbol{A} + \triangle\chi \tag{14.50}$$

となる。すなわち，$\triangle\chi = 0$★となるような χ を見つけられれば，（14.50）式は（14.49）式の形に戻すことができる。無限遠でゼロとなるような境界条件であれば，実際に見つけることは可能なので，$\boldsymbol{A}$ について（14.49）式のような条件をつけるのは妥当である。これをクーロンゲージという。したがって，（14.48）式は $-\triangle\boldsymbol{A}$ だけとなり，（14.47）式は

$$\triangle\boldsymbol{A}(\boldsymbol{r}) = -\mu_0\boldsymbol{j}(\boldsymbol{r}) \tag{14.51}$$

となる。これはポアソン方程式と同じ形をしているので，解も同じ形になり，次のように表される。

★ 補足
（14.29）式
マクスウェル－アンペールの法則
$\mathrm{rot}\boldsymbol{B} = \mu_0\boldsymbol{j} + \varepsilon_0\mu_0\dfrac{\partial\boldsymbol{E}}{\partial t}$

★ 補足
$\triangle\chi = 0$ はポアソン方程式である。無限遠でゼロとなるような解は必ず見つかる。見つかることさえわかれば，この後の議論は進むので，解自体は必要ない。

★ 補足
前に出てきたポアソン方程式に比べて，変数がベクトルになっているが，各成分に分けて考えたものをまとめて書いたにすぎないので，同じ形の解となる。

$$\boldsymbol{A}(\boldsymbol{r}) = \frac{\mu_0}{4\pi}\iiint \frac{\boldsymbol{j}(\boldsymbol{R})}{|\boldsymbol{r}-\boldsymbol{R}|}dV \quad (14.52)$$ ★

これは，$\boldsymbol{R}$ における電流密度 $\boldsymbol{j}(\boldsymbol{R})$ が，$\boldsymbol{r}$ に作るベクトルポテンシャルを全空間にわたって重ね合わせたものである。静磁場を求めるには，考えている空間の境界条件を満たすように，(14.51) 式からベクトルポテンシャルを求め，その回転 (rot) をとればよい。

★ 補足
霜田光一先生の計算による（大学の物理教育 27, 108-109 (2021)）。

ここで典型的なベクトルポテンシャルの分布図★を紹介しよう。

○ 直線電流のまわりのベクトルポテンシャル (図 14.19)

ベクトルポテンシャルは電流に平行であり，同心円状に減衰していく。

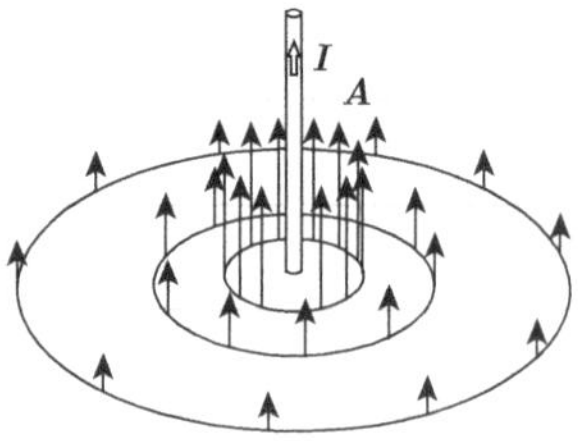

図 14.19

○ ソレノイドのまわりのベクトルポテンシャル (図 14.20)

ソレノイドでは，磁場の場合は内部が均一，外側はゼロになるが，ベクトルポテンシャルの場合は，内部が半径に比例して増加し，外側では反比例して減少する。ベクトルポテンシャルは外側でもゼロではないことに注意しよう。

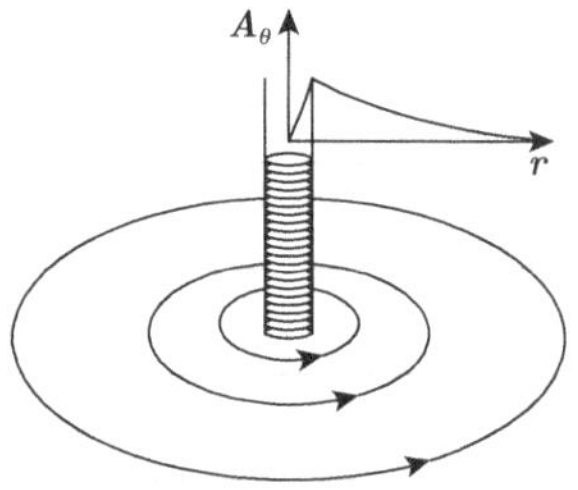

図 14.20

○ 円電流のまわりのベクトルポテンシャル (図 14.21)

図 14.21 の左図は円電流を真上から見た様子。右図は斜め上から見た様子である。ベクトルポテンシャルは，円電流に平行な円形である。

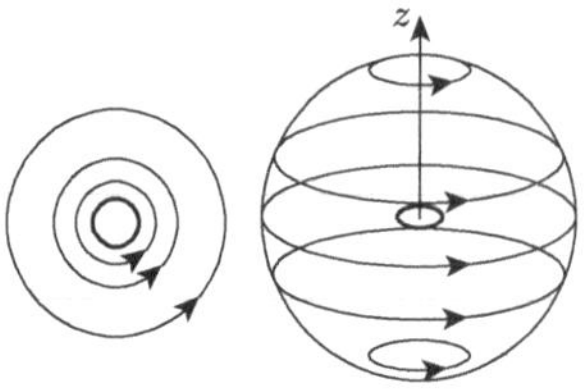

図 14.21

14.4.4 ϕ と A によるマクスウェル方程式

上記では，時間的に変動しない場合について扱った。磁場が時間的に変化すると，rot$\boldsymbol{E}=0$★はもはや成り立たないので，静電ポテンシャルは定義できなくなる。一方，磁場に関するガウスの法則は常に成り立つので，こちらから出発しよう。まず，14.4.3 節と同様に

★ 補足
rot$\boldsymbol{E}=0$ (14.39) 式

$$\boldsymbol{B} = \mathrm{rot}\,\boldsymbol{A}$$ ★

★ 補足
$\boldsymbol{B}=\mathrm{rot}\,\boldsymbol{A}$ (14.45) 式

となるベクトルポテンシャル $\boldsymbol{A}(\boldsymbol{r},t)$ を定義する。このようにベクトルポテンシャルは，実は時間変動の有無に無関係に定義できる量だったのである。これを (14.28) 式★に代入すると，

★ 補足
(14.28) 式　ファラデーの法則
$\mathrm{rot}\,\boldsymbol{E} = -\dfrac{\partial \boldsymbol{B}}{\partial t}$

$$\mathrm{rot}\,\boldsymbol{E} = -\frac{d\boldsymbol{B}}{dt} = -\frac{\partial}{\partial t}\mathrm{rot}\,\boldsymbol{A}$$

$$\therefore \mathrm{rot}\left(\boldsymbol{E}+\frac{\partial \boldsymbol{A}}{\partial t}\right)=0 \tag{14.53}$$

スカラーの勾配の回転（rot(gradϕ)）が恒等的に0★になることから

$$\boldsymbol{E}+\frac{\partial \boldsymbol{A}}{\partial t}=-\mathrm{grad}\phi \tag{14.54}$$

となるスカラーポテンシャルϕを定義できる。すなわち，磁場が時間変動するときの電場は，

$$\boldsymbol{E}(\boldsymbol{r},\ t)=-\mathrm{grad}\phi(\boldsymbol{r},\ t)-\frac{\partial \boldsymbol{A}(\boldsymbol{r},\ t)}{\partial t} \tag{14.55}$$

のように表すことができるのである。上式から，$\boldsymbol{A}$をゲージ変換すると$\boldsymbol{E}$にも影響が出ることがわかるだろう。したがって，$\boldsymbol{A}'=\boldsymbol{A}+\mathrm{grad}\chi$と変換したときに余分に出てくる時間微分の項を打ち消すようにϕも変換しておく必要がある。このとき，

$$\phi'=\phi-\frac{\partial \chi}{\partial t} \tag{14.56}$$

のように変換しておくとつじつまが合う★。したがって，ϕと$\boldsymbol{A}$の組み合わせは，χを変えることによっていくらでも作り出せる。ϕと$\boldsymbol{A}$をまとめて**電磁ポテンシャル**といい，本来この$\boldsymbol{A}$とϕのセットで変換を考えたものを**ゲージ変換**という。

それでは，マクスウェル方程式のうち，使っていない残りの2式にこれらを入れて，ϕと$\boldsymbol{A}$が満たすべき方程式を考えよう。

（14.26）式★に（14.55）を代入し，

$$\mathrm{div}\boldsymbol{E}=\mathrm{div}\left(-\mathrm{grad}\phi-\frac{\partial \boldsymbol{A}}{\partial t}\right)=-\nabla^2\phi-\frac{\partial}{\partial t}(\nabla\cdot\boldsymbol{A})=\frac{\rho}{\varepsilon_0}$$

$$\therefore \nabla^2\phi+\frac{\partial}{\partial t}(\nabla\cdot\boldsymbol{A})=-\frac{\rho}{\varepsilon_0} \tag{14.57}$$

アンペール-マクスウェルの法則（14.29）式★に（14.45），（14.55）★を代入し，

$$\mathrm{rot}\boldsymbol{B}=\mu_0\boldsymbol{j}+\varepsilon_0\mu_0\frac{\partial \boldsymbol{E}}{\partial t}$$

$$\mathrm{rot}(\mathrm{rot}\boldsymbol{A})=\mu_0\boldsymbol{j}-\varepsilon_0\mu_0\frac{\partial}{\partial t}\left(\mathrm{grad}\phi+\frac{\partial \boldsymbol{A}}{\partial t}\right)$$

$$\nabla(\nabla\cdot\boldsymbol{A})-\nabla^2\boldsymbol{A}=\mu_0\boldsymbol{j}-\left(\nabla\varepsilon_0\mu_0\frac{\partial \phi}{\partial t}+\varepsilon_0\mu_0\frac{\partial^2 \boldsymbol{A}}{\partial t^2}\right)^{\star}$$

$$\therefore \nabla^2\boldsymbol{A}-\varepsilon_0\mu_0\frac{\partial^2 \boldsymbol{A}}{\partial t^2}-\nabla\left(\nabla\cdot\boldsymbol{A}+\varepsilon_0\mu_0\frac{\partial \phi}{\partial t}\right)=-\mu_0\boldsymbol{j} \tag{14.58}$$

前節では$\nabla\cdot\boldsymbol{A}=0$としたが，今回は左辺の（　）内を

$$\nabla\cdot\boldsymbol{A}+\varepsilon_0\mu_0\frac{\partial \phi}{\partial t}=0 \tag{14.59}$$

としよう★。これを**ローレンツゲージ**という。

★ 補足
rot(grad$f$) = 0 （14.35）式

★ 補足

$\phi'=\phi-\dfrac{\partial \chi}{\partial t}$，　$\boldsymbol{A}'=\boldsymbol{A}+\mathrm{grad}\chi$

とすると

$$\begin{aligned}\boldsymbol{E}&=-\mathrm{grad}\phi'-\frac{\partial \boldsymbol{A}'}{\partial t}\\&=-\mathrm{grad}\left(\phi-\frac{\partial \chi}{\partial t}\right)\\&\quad-\left(\frac{\partial \boldsymbol{A}}{\partial t}+\frac{\partial}{\partial t}\mathrm{grad}\chi\right)\\&=-\mathrm{grad}\phi+\mathrm{grad}\frac{\partial \chi}{\partial t}-\frac{\partial \boldsymbol{A}}{\partial t}\\&\quad-\mathrm{grad}\frac{\partial \chi}{\partial t}\\&=-\mathrm{grad}\phi-\frac{\partial \boldsymbol{A}}{\partial t}\end{aligned}$$

となり（14.55）式と同じになる。

★ 補足
（14.26）式
電場に関するガウスの法則

$$\mathrm{div}\boldsymbol{E}=\frac{\rho}{\varepsilon_0}$$

★ 補足
（14.29）式
マクスウェル-アンペールの法則

$$\mathrm{rot}\boldsymbol{B}=\mu_0\boldsymbol{j}+\varepsilon_0\mu_0\frac{\partial \boldsymbol{E}}{\partial t}$$

（14.45）式

$$\boldsymbol{B}=\mathrm{rot}\boldsymbol{A}$$

（14.55）式

$$\boldsymbol{E}(\boldsymbol{r},\ t)=-\mathrm{grad}\phi(\boldsymbol{r},\ t)-\frac{\partial \boldsymbol{A}(\boldsymbol{r},\ t)}{\partial t}$$

★ 補足

$$\mathrm{rot}(\mathrm{rot})\boldsymbol{F}=\nabla(\nabla\cdot\boldsymbol{F})-\nabla^2\boldsymbol{F}$$

（14.38）式

★ 補足

$$\nabla\cdot\boldsymbol{A}+\varepsilon_0\mu_0\frac{\partial \phi}{\partial t}=0$$

なぜこのように決められるかは，ここでは立ち入らない。このような条件を満たす$\boldsymbol{A}$とϕを決める式を分離したと見てもよい。
クーロンゲージは，この時間変化の項0になったことに相当している。

このように決めると，

$$\nabla^2 \boldsymbol{A} - \varepsilon_0\mu_0 \frac{\partial^2 \boldsymbol{A}}{\partial t^2} = -\mu_0 \boldsymbol{j} \tag{14.60}$$

また，(14.57) 式も，(14.59) 式を用いて，

$$\nabla^2 \phi - \varepsilon_0\mu_0 \frac{\partial^2 \phi}{\partial t^2} = -\frac{\rho}{\varepsilon_0} \tag{14.61}$$

とできる。したがって，$\boldsymbol{A}$ と ϕ が満たすべきマクスウェル方程式を得ることができた。$\varepsilon_0\mu_0$ を光速度 c を用いて★，以下のように書き換える。

★補足

$c^2 = \dfrac{1}{\varepsilon_0\mu_0}$

A と ϕ によるマクスウェル方程式★

$$\left(\nabla^2 - \frac{1}{c^2}\frac{\partial^2}{\partial t^2}\right)\boldsymbol{A} = -\mu_0 \boldsymbol{j} \tag{14.62}$$

$$\left(\nabla^2 - \frac{1}{c^2}\frac{\partial^2}{\partial t^2}\right)\phi = -\frac{\rho}{\varepsilon_0} \tag{14.63}$$

このときの付帯条件として

$$\text{ローレンツゲージ：} \nabla \cdot \boldsymbol{A} + \frac{1}{c^2}\frac{\partial \phi}{\partial t} = 0 \tag{14.64}$$

また，$\boldsymbol{A}$，ϕ より電場と磁場は次のように求まる。

$$\boldsymbol{E}(\boldsymbol{r}, t) = -\mathrm{grad}\phi(\boldsymbol{r}, t) - \frac{\partial \boldsymbol{A}(\boldsymbol{r}, t)}{\partial t} \tag{14.65}$$

$$\boldsymbol{B}(\boldsymbol{r}, t) = \mathrm{rot}\boldsymbol{A}(\boldsymbol{r}, t) \tag{14.66}$$

★補足
上記の式番号との対応関係を示しておく。
(14.62) ← (14.60)
(14.63) ← (14.61)
(14.64) ← (14.59)
(14.65) ← (14.55)
(14.66) ← (14.45)

これらの式から，ベクトルポテンシャルは電流密度に，スカラーポテンシャルは電荷密度に関係づけられていることがわかる。式の形もほぼ同じであり非常に美しい。

第VI部　電気回路

第15章 電気回路と過渡現象

本章では電気回路と電磁気学の関わりとして，電荷の保存則とキルヒホッフの法則を学ぶ。電気回路の範囲は非常に広いため，様々な電気回路の解法や交流理論等ついては電気回路の専門書に譲り，ここでは電磁気学の範囲内でよく扱われるRC回路，RL回路の過渡現象，LC共振回路について考えよう。

15.1 キルヒホッフの法則

15.1.1 電荷保存則

電荷保存則とは，「孤立系における電荷の総量は不変である」という法則である。または「正味の電荷は，発生も消滅もしない」と言ってもよい。この法則は自然界のあらゆる場面で成り立っていることが経験的に確認されており，電磁気学ではマクスウェル方程式に含まれている。

まず電荷の保存を表す式を考えよう。いま，空間に閉曲面Sで囲まれた領域Vを考える（図15.1）。$\boldsymbol{j}(\boldsymbol{r},t)$ を電流密度，$d\boldsymbol{S}$ を閉曲面の微小面積ベクトルとすると，閉曲面Sを通って単位時間当たりに流出する総量は

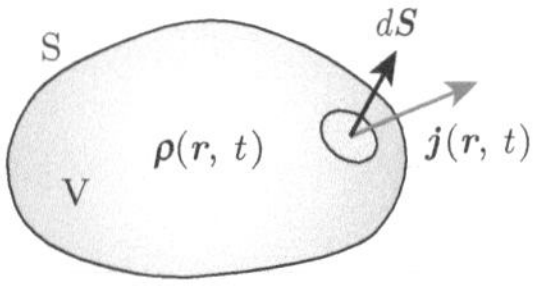

図15.1

$$\iint_{\text{閉曲面S}} \boldsymbol{j}(\boldsymbol{r},t)\cdot d\boldsymbol{S} \tag{15.1}$$

と表される。一方，電荷密度を $\rho(\boldsymbol{r})$ とすると，領域V内の電荷の総量は

$$\iiint_{\text{V}} \rho(\boldsymbol{r},t)dV \tag{15.2}$$

であるから，電荷が保存するためには，(15.2) 式の単位時間当たり減少量が (15.1) 式に等しくならなければならない。時間微分をとり，「減少量」なので正の値にするために負号をつけて，

$$\iint_{\text{閉曲面S}} \boldsymbol{j}(\boldsymbol{r},t)\cdot d\boldsymbol{S} = -\frac{d}{dt}\iiint_{\text{V}} \rho(\boldsymbol{r},t)dV \tag{15.3}$$

左辺をガウスの定理を用いて変形★すると，

★ 補足
(15.3) 式の左辺にガウスの定理を用いると，

$$\iint_{\text{閉曲面S}} \boldsymbol{j}\cdot d\boldsymbol{S} = \iiint_{\text{V}} \mathrm{div}\boldsymbol{j}\,dV$$

$$\iiint_{\text{V}} \mathrm{div}\boldsymbol{j}(\boldsymbol{r},t)dV = -\frac{d}{dt}\iiint_{\text{V}} \rho(\boldsymbol{r},t)dV$$

$$\therefore \iiint_{\text{V}} \left(\frac{d\rho(\boldsymbol{r},t)}{dt} + \mathrm{div}\boldsymbol{j}(\boldsymbol{r},t)\right)dV = 0 \tag{15.5}$$

これがどのような領域Vでも成り立つためには（　）内が常にゼロに

なる必要があり，

$$\frac{d\rho}{dt} + \mathrm{div}\boldsymbol{j} = 0 \tag{15.6}$$

が成り立つ。これが電荷保存則を表す式であり，連続の式ともよばれる。

これをマクスウェル方程式（微分形）から導いてみよう★。ここでは，

$$\mathrm{div}\boldsymbol{E} = \frac{\rho}{\varepsilon_0} \tag{15.7}$$

$$\mathrm{rot}\boldsymbol{B} = \mu_0\boldsymbol{j} + \varepsilon_0\mu_0\frac{\partial \boldsymbol{E}}{\partial t} \tag{15.8}$$

の 2 式を用いる。$\mathrm{div}(\mathrm{rot}\boldsymbol{F})$ は恒等的にゼロ★になるので，（15.8）式の発散 (div) をとり，μ_0 で割ると，

$$0 = \mathrm{div}\boldsymbol{j} + \mathrm{div}\ \varepsilon_0\frac{\partial \boldsymbol{E}}{\partial t} = \mathrm{div}\boldsymbol{j} + \frac{\partial(\varepsilon_0\mathrm{div}\boldsymbol{E})}{\partial t} \tag{15.9}$$

これに（15.7）式を用いると

$$\frac{\partial\rho}{\partial t} + \mathrm{div}\boldsymbol{j} = 0 \tag{15.10}$$

となり，（15.6）式と同じ電荷保存則の式が得られた。このように，電荷保存則はマクスウェル方程式に内包されているのである。

★ 補足
以前の式番号との対応関係を示しておく。
電場に関するガウスの法則
(15.7) ← (14.26)
アンペール マクスウェルの法則
(15.8) ← (14.29)

★ 補足
$\mathrm{div}(\mathrm{rot}\boldsymbol{F}) = 0$ （14.34）式

15.1.2 キルヒホッフの法則

◎ キルヒホッフの第 1 法則

電気回路に電荷保存則を用いると，キルヒホッフ★の第 1 法則が得られる。これは電気回路における電流の保存則である。

★ 補足
Gustav Robert Kirchhoff, 1824～1887
ドイツの物理学者

キルヒホッフの第 1 法則（電流則）

回路の任意の分岐点において，流入・流出する電流の総和はゼロである。図 15.2 のように，分岐点に流入する電流を I_1, ..., I_n（流出する場合は負とする）とすると，

$$\sum_{k=1}^{n} I_k = 0 \tag{15.11}$$

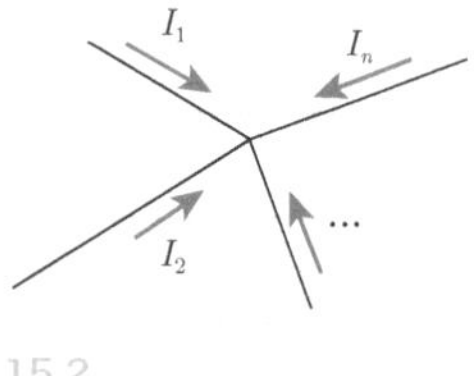

図 15.2

【証明】

図 15.3 のように，分岐点のまわりに閉曲面 S を考える。分岐点まわりが導線だけであれば S 内の電荷の総量は変化しないので，（15.10）式★において電荷密度の時間変動の項はゼロとなる。したがって，

$$\mathrm{div}\boldsymbol{j} = 0 \tag{15.12}$$

これは電流の発散はないことを示しており，電流はわき出したり吸い込まれて消滅したりすることはない。すなわち，キルヒホッフの第 1 法則を表している。分岐路を考えて積分すれば，（15.11）式と同等の式が得られる。

★ 補足
$\frac{\partial\rho}{\partial t} + \mathrm{div}\boldsymbol{j} = 0$ （15.10）式

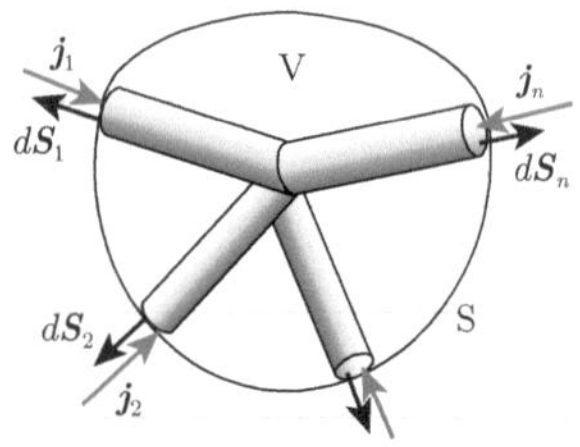

図 15.3

◎ キルヒホッフの第2法則

電気回路においてもう一つ重要な法則として，キルヒホッフの第2法則がある。これは電圧に関する法則である。

キルヒホッフの第2法則（電圧則）

回路において，任意の閉路にそって一周するとき，抵抗における電圧降下の総和は，起電力の総和に等しい。もしくは，任意の閉路にそって一周して元の位置に戻ったとき，電位の変化はゼロである。

i 番目の起電力を V_i，j 番目の抵抗による電圧降下を $R_j I_j$ とすると，

$$\sum_i V_i = \sum_j R_j I_j \tag{15.13}$$

$$\sum_i V_i - \sum_j R_j I_j = 0 \tag{15.13$'$}$$

【証明】

電荷から生じる静電場 $\boldsymbol{E}$（クーロン電場）では，$\boldsymbol{E}$ は保存場であり，$\oint \boldsymbol{E}\cdot d\boldsymbol{s} = 0$ であった。一方，電池は化学反応で電荷を運び，起電力を発生する。この電荷を運ぶはたらきを形式的に電場として表し，この電場を $\boldsymbol{E}_{\mathrm{emf}}$ と書く★。このように電場の発生源が電荷ではない電場を，非クーロン電場という★。非クーロン電場は保存場ではなく，$\oint \boldsymbol{E}\cdot d\boldsymbol{s} = 0$ の式は成り立たない。図 15.4 において，端子 P，Q 間の起電力を，$\boldsymbol{E}_{\mathrm{emf}}$ を用いて書くと

$$\mathcal{E} = \int_{\mathrm{Q}}^{\mathrm{P}} \boldsymbol{E}_{\mathrm{emf}}\cdot d\boldsymbol{s} \tag{15.14}$$

のように表される。

外に回路がつながれていないときの電池を考えよう。電池の正極は正電荷が帯電しており，負極は負電荷が帯電している。電池の内部では，各極に帯電した電荷によるクーロン電場 $\boldsymbol{E}'$ が生じており，起電力の電場 $\boldsymbol{E}_{\mathrm{emf}}$ とつりあっているので

$$\int_{\mathrm{Q(内)}}^{\mathrm{P(内)}} (\boldsymbol{E}_{\mathrm{emf}} + \boldsymbol{E}')\cdot d\boldsymbol{s} = 0 \tag{15.15}$$

一方，クーロン電場 $\boldsymbol{E}$ は保存場であるから，図 15.5 のように電池に導線をつなげた回路において，$\boldsymbol{E}$ だけについての一周の経路積分を考えると，$\oint \boldsymbol{E}\cdot d\boldsymbol{s} = 0$ となる。これを，電池内外の経路に分けて考えれば，

$$\oint \boldsymbol{E}\cdot d\boldsymbol{s} = \int_{\mathrm{Q(内)}}^{\mathrm{P(内)}} \boldsymbol{E}'\cdot d\boldsymbol{s} + \int_{\mathrm{P(外)}}^{\mathrm{Q(外)}} \boldsymbol{E}''\cdot d\boldsymbol{s} = 0 \tag{15.16}$$

★ 補足
emf は，electromotive force（起電力）からとった略称である。

★ 補足
誘導電場も非クーロン電場である。

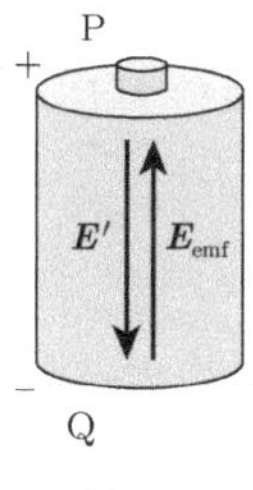

図 15.4

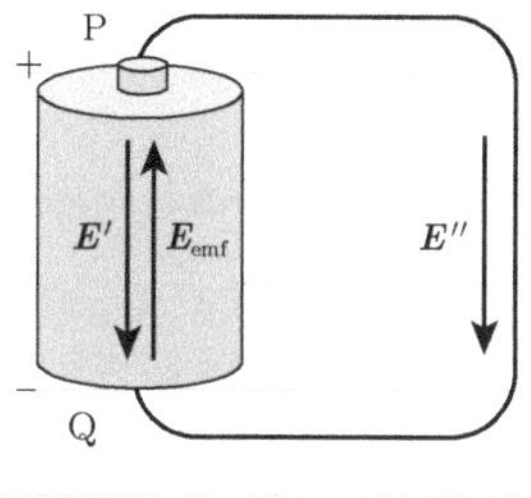

図 15.5

ここで，(15.15) 式から (15.16) 式を引くと，

$$\int_{\mathrm{Q(内)}}^{\mathrm{P(内)}} \boldsymbol{E}_{\mathrm{emf}} \cdot d\boldsymbol{s} - \int_{\mathrm{P(外)}}^{\mathrm{Q(外)}} \boldsymbol{E}'' \cdot d\boldsymbol{s} = 0 \tag{15.17}$$

$$\therefore \int_{\mathrm{Q(内)}}^{\mathrm{P(内)}} \boldsymbol{E}_{\mathrm{emf}} \cdot d\boldsymbol{s} = \int_{\mathrm{P(外)}}^{\mathrm{Q(外)}} \boldsymbol{E}'' \cdot d\boldsymbol{s} \tag{15.18}$$

ここで，左辺は起電力 $\mathcal{E}$，右辺は外側の回路の P-Q 間の電圧降下 V_{PQ} を表しており，

$$\mathcal{E} = V_{\mathrm{PQ}} \tag{15.19}$$

すなわち，起電力 = 電圧降下（キルヒホッフの第 2 法則）となる。起電力や電圧降下は，それぞれ複数あっても同様に成り立つ。

閉回路中に起電力が含まれていない場合は，$\oint \boldsymbol{E} \cdot d\boldsymbol{s} = 0$ がそのままキルヒホッフの第 2 法則を表している。

15.1.3 キルヒホッフの法則の活用

簡単な電気回路を例にとって，キルヒホッフの法則を実践してみよう。

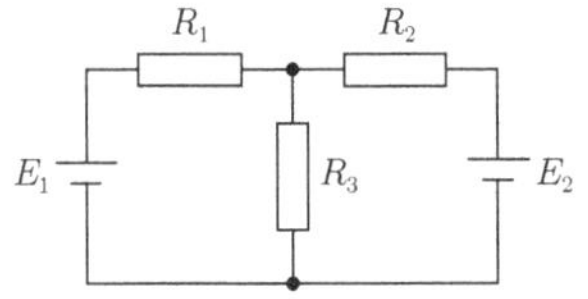

図 15.6

★ 補足
電池の起電力は V ではなく，E がよく用いられる。電場と混同しないようにしよう。

★ 補足
枝路（えだみち）電流法は，枝電流法ともよばれる。

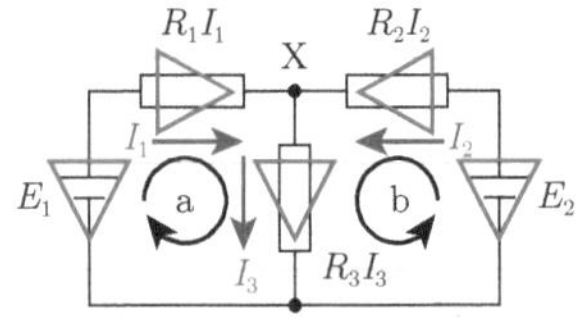

図 15.7

例題 15.1

図 15.6 の回路において，電池の起電力は E_1，E_2 とする★。抵抗値 R_1，R_2，R_3 の抵抗に流れる電流をそれぞれ求めよ。

解説＆解答

◎ 枝路電流法

まず電流を仮定する。今回は図 15.7 のように，それぞれの抵抗のある経路に流れる電流を，I_1，I_2，I_3 とする。このように回路の各枝路に未知の電流値を仮定して求める方法を**枝路電流法**という★。仮定する電流の向きはどのように決めてもよい。答えが負符号で出た場合は仮定した電流の向きと逆であるだけである。

キルヒホッフの第 1 法則（電流則）から，分岐点における電流保存の式をたてる。X 点について考えると，

$I_1 + I_2 = I_3$ ①

次にキルヒホッフの第 2 法則（電圧則）を考える。以下簡単に電圧則とよぶが，この法則を適用する準備として，次のように考えると間違えない。電池については電池の正極・負極の線の長さに合わせて三角形を書く。抵抗については抵抗に流れる電流の向きに合わせて三角形を書き，電圧降下量を書く。これらの三角形を不等号のように感じて電位の増減を各閉路一周についてすべて加算した結果がゼロになればよい。

電圧則★

経路 a：$E_1 - R_1I_1 - R_3I_3 = 0$ ②

経路 b：$E_2 - R_2I_2 - R_3I_3 = 0$ ③

これら①～③の連立方程式を解くことによって

★ 補足
閉路の取り方も自由である。外側をまわる閉路でもよい。
今回は未知数が 3 つある。電流則から 1 つ式があるので，あと 2 つ式をたてればよい（外側をまわる閉路による式は，②，③式から作れる（独立ではない）ので，電圧則だけで 3 つの式を作っても解けない）。

$$I_1 = \frac{(R_2 + R_3)E_1 - R_3 E_2}{R_1 R_2 + R_2 R_3 + R_3 R_1},\quad I_2 = \frac{(R_1 + R_3)E_2 - R_3 E_1}{R_1 R_2 + R_2 R_3 + R_3 R_1}$$

$$I_3 = \frac{R_2 E_1 + R_1 E_2}{R_1 R_2 + R_2 R_3 + R_3 R_1}$$

が得られる。■

◎ 網目電流法

まず電流を仮定する。今回は図 15.8 のように，閉路 a，閉路 b に流れるループ電流をそれぞれ I_a，I_b とする。このように各閉路に未知の電流値を仮定して求める方法を網目電流法という。この場合も，電流の向きはどのように決めてもよい。2 つ以上の電流が重なる部分は，正の電流の向きを決め，正味の電流の和をとればよい。

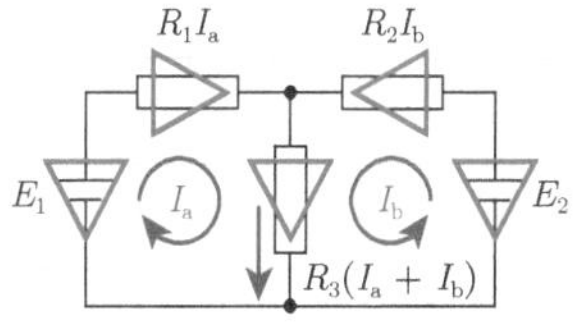

図 15.8

網目電流法の場合は，キルヒホッフの第 1 法則を適用する必要はない。これは，電流が重なる部分で電流の正味の和をとるため，すでにキルヒホッフの第 1 法則を使っているためである。

キルヒホッフの第 2 法則（電圧則）を考える。三角印のつけ方は先ほどと同様である。各閉路について式をたてると，

電圧則★

経路 a：$E_1 - R_1 I_a - R_3(I_a + I_b) = 0$ ①

経路 b：$E_2 - R_2 I_b - R_3(I_a + I_b) = 0$ ②

★ 補足
閉路の取り方も自由である。ループ電流の経路と一致している必要はないが，同じ経路を使うことが多い。
今回は未知数が 2 つなので，2 つ式をたてればよい。

R_3 を流れる電流において，あらかじめ電流保存を考慮していることがわかるだろう。この連立方程式を解くことによって

$$I_a = I_1 = \frac{(R_2 + R_3)E_1 - R_3 E_2}{R_1 R_2 + R_2 R_3 + R_3 R_1},\quad I_b = I_2 = \frac{(R_1 + R_3)E_2 - R_3 E_1}{R_1 R_2 + R_2 R_3 + R_3 R_1}$$

$$I_3 = I_a + I_b = \frac{R_2 E_1 + R_1 E_2}{R_1 R_2 + R_2 R_3 + R_3 R_1}$$

となる。このように，網目電流法のほうがあらかじめ未知数を 1 つ減らせるので，少し計算が楽になる。■

15.2 RC 回路の過渡現象

スイッチを切り替えた場合等，ある定常状態から別の定常状態に移るまでに起こる現象を過渡現象という。ここでは，コンデンサーを含む回路の過渡現象を見てみよう。例えばコンデンサーのある直流回路では，回路のスイッチを入れたとき，はじめコンデンサーにも電流が流れ込むが，十分電荷が蓄積（充電）されれば電流は流れなくなる。このように，2 つの定常状態の間の途中経過が過渡現象である。

図 15.9 のような，抵抗値 R の抵抗，静電容量 C のコンデンサー，起電力 E の電池，スイッチからなる回路を考える。はじめ，コンデンサーには電荷は蓄えられていなかったものとする。

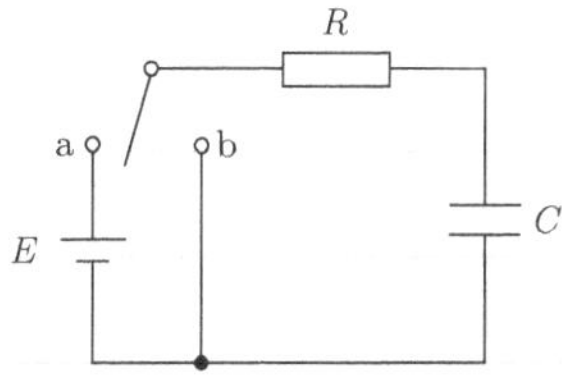

図 15.9

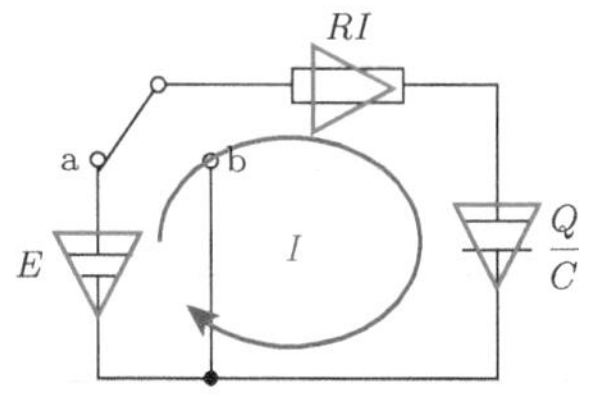

図 15.10

(1)　$t=0$ でスイッチを a に入れる（図 15.10）。

電流は右回りに I とする。

コンデンサーにかかる電圧は $\dfrac{Q}{C}$ であり，これは電流の向きにそって電圧が減少するので電圧降下と考えてよい。すなわち，コンデンサーは大きさ $\dfrac{Q}{C}$ の抵抗と思ってもよく，抵抗のときと同様に電流の向きに合わせて三角形を書き，電圧降下として $\dfrac{Q}{C}$ と書く。したがって，

電圧則

$$E-RI-\frac{Q}{C}=0 \tag{15.20}$$

ここで，$I=\dfrac{dQ}{dt}$ なので，Q に関する微分方程式となる。

$$E-R\frac{dQ}{dt}-\frac{Q}{C}=0$$

$$\frac{dQ}{dt}=\frac{1}{RC}(CE-Q) \tag{15.21}$$

これを変数分離法によって解くと，

$$Q=CE-e^{-\frac{t}{RC}}e^{-a} \quad (a：積分定数)^{\star}$$

ここで，初期条件として $t=0$ で $Q=0$ を用いると，

$$Q(t)=CE\left(1-e^{-\frac{t}{RC}}\right) \tag{15.22}$$

電流 $I(t)$ は，これを t で微分すれば得られる。

$$I(t)=\frac{dQ}{dt}=CE\left(-\frac{1}{RC}\right)\left(-e^{-\frac{t}{RC}}\right)=\frac{E}{R}e^{-\frac{t}{RC}} \tag{15.23}$$

これはコンデンサーへの充電過程である。$t\to\infty$ で，$Q=CE$，$I=0$ となり充電完了となる。コンデンサーにかかる電圧 $V(t)$ を調べたい場合は，$V(t)=\dfrac{Q(t)}{C}$ とすればよい。

ここで，指数関数の肩を見てみよう。$-\dfrac{t}{RC}$ は無次元量になっていなければならないので★，$\tau=RC$ として，

$$e^{-\frac{t}{RC}}=e^{-\frac{t}{\tau}} \tag{15.24}$$

と書ける。この τ をこの回路の**時定数**といい，現象が変化していくときの目安となる時間を表す。$t=\tau$ としたとき指数関数の部分は $\dfrac{1}{e}$ となる★。

★ 補足

（15.21）式の微分方程式の解法

$$\frac{dQ}{dt}=\frac{1}{RC}(CE-Q)$$

（Q の係数を 1 にしておいたほうが積分でのミスを防ぎやすい）

$$\int\frac{dQ}{CE-Q}=\int\frac{1}{RC}dt$$

$$-\ln(CE-Q)=\frac{t}{RC}+a$$

（a：積分定数）

$$CE-Q=e^{-\frac{t}{RC}-a}$$

$$Q=CE-e^{-\frac{t}{RC}}e^{-a}$$

初期条件 $t=0$ で $Q=0$ を用いると，

$$e^{-a}=CE$$

（e^{-a} の部分を決めたいのであって，a まで求める必要はない）

$$\therefore\ Q(t)=CE\left(1-e^{-\frac{t}{RC}}\right)$$

★ 補足

物理において，べき乗の肩の値に単位が残ることはあり得ない。

★ 補足

$e=2.718...$ であるので，$1/e$ は約 1/3 である。

(15.23) 式で考えてみると，$t=\tau=RC$ で電流は $\dfrac{1}{e}$ になることがわかる。すなわち，時定数はある量が $\dfrac{1}{e}$ に減少する時間であるといえる★。

(b)　十分時間が経過した後で，$t=t_1$ でスイッチを b に切り替える（図 15.11）。

電流の向きの決め方はそのままで，起電力 E をゼロとすればよい。

電圧則

$$-RI-\frac{Q}{C}=0 \tag{15.25}$$

$I=\dfrac{dQ}{dt}$ とし，(a) と同様に微分方程式を解き，初期条件として $t=t_1$ で $Q=CE$ を用いると，

$$Q(t)=CEe^{-\frac{t-t_1}{RC}} \tag{15.26}$$

$$I(t)=\frac{dQ}{dt}=-\frac{E}{R}e^{-\frac{t-t_1}{RC}} \tag{15.27}$$

が得られる。電荷は放出されていき，電荷がなくなるにつれて流れる電流も少なくなる。これはコンデンサーの放電過程を表している。

これらの変化をグラフにまとめると図 15.12，図 15.13 のようになる。

★ 補足
時定数 τ 秒だけがたてば，充電完了のように考える人が多いので注意しよう。変化する目安という意味では，放射線の半減期のようなものである。

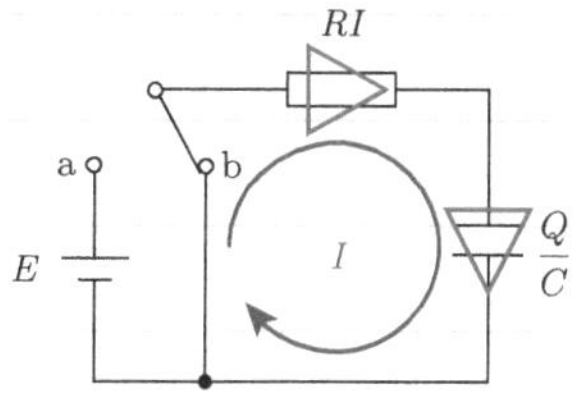

図 15.11

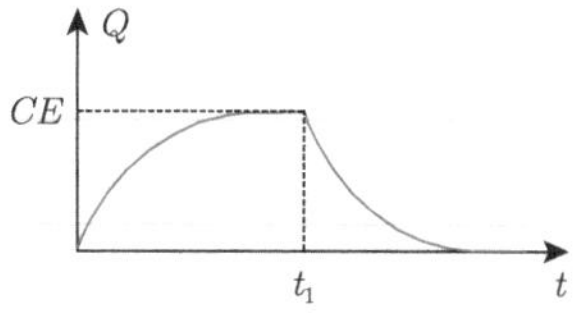

図 15.12

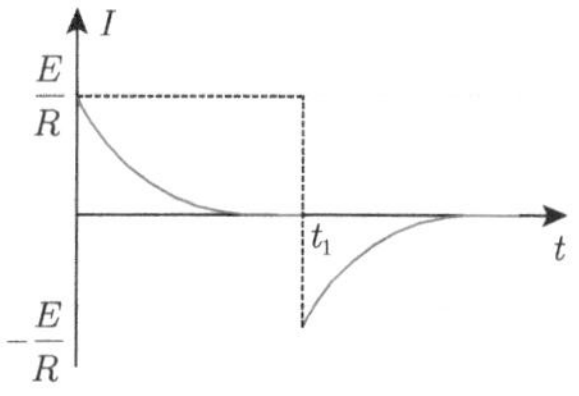

図 15.13

例題 15.2

上記の回路において，スイッチを a 側に接続しコンデンサーを充電する。はじめコンデンサーには電荷は蓄えられていないものとする。コンデンサーが 70% 充電される時間，90% 充電される時間は時定数の何倍か。

解説 & 解答

コンデンサーが完全に充電された状態は，(15.22) 式★において，$t\to\infty$ としたときであるから，このとき蓄えられる電荷は $Q_\infty=CE$ である。この 70% 蓄えられる時間は，(15.22) 式の Q に $0.70Q_\infty$ を代入し，t について解けばよい。ここで時定数は $\tau=RC$ である。

$$Q=0.70Q_\infty=0.70CE=CE\left(1-e^{-\frac{t}{\tau}}\right)$$

$$e^{-\frac{t}{\tau}}=0.30$$

$$\therefore\ t=-(\ln 0.30)\tau=1.2\tau$$

したがって，70% 充電される時間は，時定数の 1.2 倍である。

90% 充電される時間は，同様に考えて $t=2.3\tau$ が得られるので，時定数の 2.3 倍となる★。■

★ 補足
(15.22) 式

$$Q(t)=CE\left(1-e^{-\frac{t}{RC}}\right)$$

★ 補足
70% 充電したところから，さらに 90% まで充電しようと思うと，70% 充電に要した時間と同じぐらい時間がかかるということである。

15.3 RL 回路の過渡現象

コイルを含む回路の過渡現象を見てみよう。コイルでは流れる電流が変化すると自己誘導★が生じるのであった。電流が流れ始めるとコイル内に磁場が発生するので，これを妨げようとして電流の向きとは反対向きの誘導起電力★，すなわち逆起電力を発生する。また，電流が流れているときに突然電流をゼロにすると，それまでに発生した磁場を維持しようとして，電流を流し続けようとする誘導起電力が生じる。

★ 補足
自己誘導については，10.1 節

★ 補足
自己誘導起電力は（10.2）式

$$\varepsilon = -L\frac{dI}{dt}$$

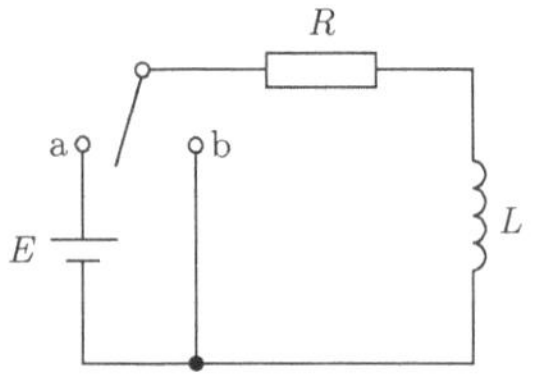

図 15.14

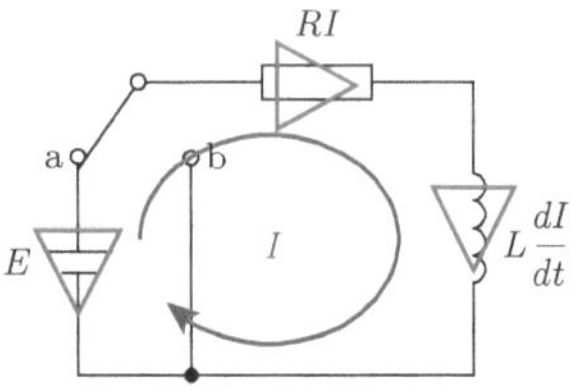

図 15.15

図 15.14 のように，抵抗値 R の抵抗，インダクタンス L のコイル，起電力 E の電池，スイッチからなる回路を考える。

(1)　$t=0$ でスイッチを a に入れる（図 15.15）。

電流は右回りに I とする。

コイルには大きさ $L\frac{dI}{dt}$ の逆起電力が生じる。これは，電流の向きにそって $L\frac{dI}{dt}$ の電圧降下と考えるのと同じである。すなわち，コイルは $L\frac{dI}{dt}$ の抵抗と思ってもよく，抵抗の場合と同様に電流の向きに合わせて三角形を書き，電圧降下として $L\frac{dI}{dt}$ と書く。したがって，

電圧則

$$E - RI - L\frac{dI}{dt} = 0 \tag{15.28}$$

すなわち，I に関する微分方程式となっている

$$\frac{dI}{dt} = \frac{R}{L}\left(\frac{E}{R} - I\right) \tag{15.29}$$

これを変数分離法によって解くと，

$$I = \frac{E}{R} - e^{-\frac{R}{L}t}e^{-a} \quad (a：積分定数)★$$

★ 補足
(15.29) 式の微分方程式の解法

$$\frac{dI}{dt} = \frac{R}{L}\left(\frac{E}{R} - I\right)$$

（I の係数を 1 にしておいたほうが積分でのミスを防ぎやすい）

$$\int \frac{dI}{\frac{E}{R} - I} = \int \frac{R}{L}dt$$

$$-\ln\left(\frac{E}{R} - I\right) = \frac{R}{L}t + a$$

（a：積分定数）

$$\frac{E}{R} - I = e^{-\frac{R}{L}t - a}$$

$$I = \frac{E}{R} - e^{-\frac{R}{L}t}e^{-a}$$

初期条件 $t=0$ で $I=0$ を用いると，

$$e^{-a} = \frac{E}{R}$$

（e^{-a} の部分を決めたいのであって，a まで求める必要はない）

$$\therefore I(t) = \frac{E}{R}\left(1 - e^{-\frac{R}{L}t}\right)$$

ここで，初期条件として $t=0$ で $I=0$ を用いると，

$$I(t) = \frac{E}{R}\left(1 - e^{-\frac{R}{L}t}\right) \tag{15.30}$$

誘導起電力 $V(t)$ は，誘導起電力の式から求まる。

$$V(t) = -L\frac{dI}{dt} = -L\frac{E}{R}\left(-\frac{R}{L}\right)\left(-e^{-\frac{R}{L}t}\right) = -Ee^{-\frac{R}{L}t} \tag{15.31}$$

$t=0$ では，コイルに生じる逆起電力は E であり，電池の起電力と打ち消し合うので電流は流れない。すなわち，スイッチを入れた直後は，コイルは断線している状態と変わらない。その後，徐々に電流は増加し，$t \to \infty$ では $I = \frac{E}{R}$ となる。このとき，コイルはただの導線と同じ状態となる。

ここで，この回路の**時定数**は

$$e^{-\frac{R}{L}t} = e^{-\frac{t}{\tau}} \tag{15.32}$$

と書けるので，$\tau = \dfrac{L}{R}$ である。

(b)　十分時間が経過した後で，$t = t_1$ でスイッチを b に切り替える（図 15.16）。

電流の向きの決め方はそのままで，起電力 E をゼロとすればよい。

電圧則

$$-RI - L\frac{dI}{dt} = 0 \tag{15.33}$$

(a) と同様に I に関する微分方程式を解き，初期条件として $t = t_1$ で $I = \dfrac{E}{R}$ を用いると，

$$I(t) = \frac{E}{R}e^{-\frac{R}{L}(t-t_1)} \tag{15.34}$$

$$V(t) = -L\frac{dI}{dt} = Ee^{-\frac{R}{L}(t-t_1)} \tag{15.35}$$

が得られる。

これらの変化をグラフにまとめると図 15.17，図 15.18 のようになる。

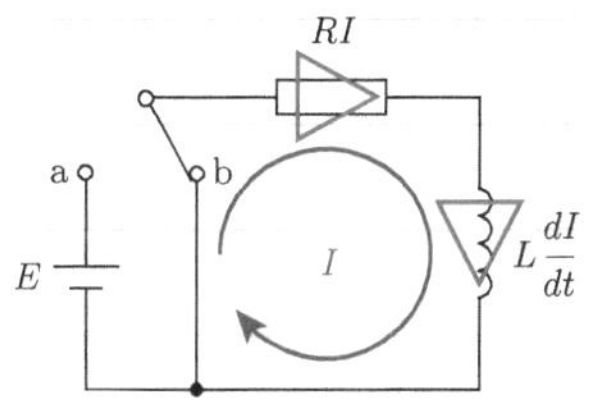

図 15.16

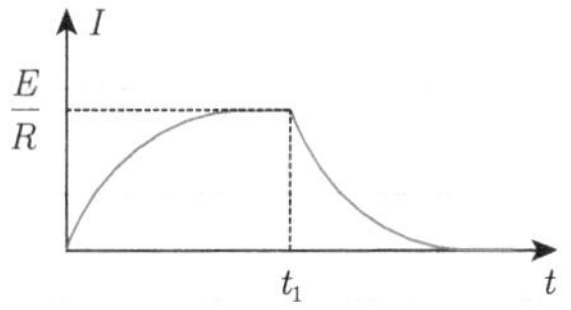

図 15.17

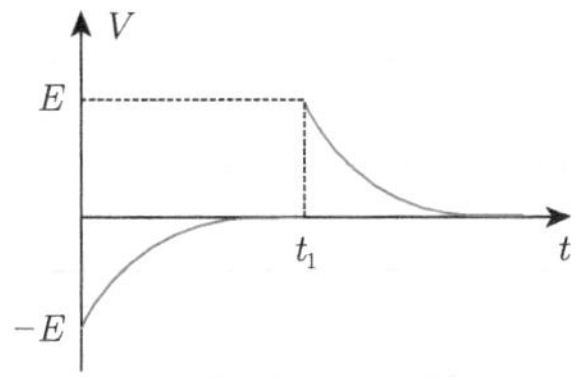

図 15.18

例題 15.3

自己インダクタンスが 60 mH，抵抗が 0.40 Ω のソレノイドに，起電力が 6.0 V の電池を接続した。

[1]　この回路の時定数を求めよ。

[2]　電流が最終的に流れている定常状態の 99% になるまでの時間を求めよ。

解説 & 解答

[1]　時定数は $\tau = \dfrac{L}{R}$ であるから，

$$\tau = \frac{L}{R} = \frac{60\times10^{-3}\ \mathrm{H}}{0.40\ \Omega} = 0.15\ \mathrm{s}$$

[2]　定常電流は（15.30）式★において，$t\to\infty$ としたときであるから，$I_\infty = \dfrac{E}{R}$ である。電流がこの 99% になる時間は，③式の I に $0.99I_\infty$ を代入し t について解けばよい。

$$I_\infty = 0.99\frac{E}{R} = \frac{E}{R}\left(1-e^{-\frac{R}{L}t}\right)$$

$$e^{-\frac{t}{\tau}} = 0.01$$

$$\therefore t = -(\ln 0.01)\tau = 0.69\ \mathrm{s}$$ ■

★ 補足

（15.30）式

$$I(t) = \frac{E}{R}\left(1-e^{-\frac{R}{L}t}\right)$$

15.4 LC 回路

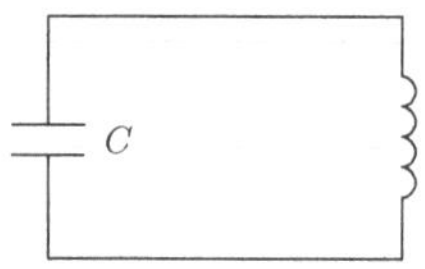

図 15.19

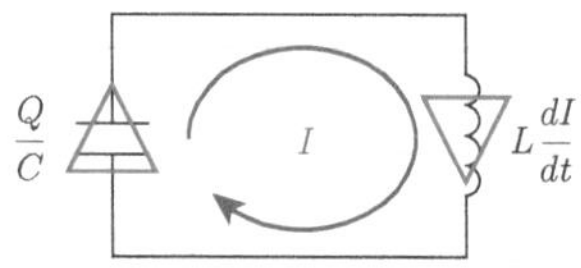

図 15.20

ここでは電磁波の発生に重要な LC 回路について考えよう。図 15.19 のような，インダクタンス L のコイル，静電容量 C のコンデンサーからなる LC 回路について考える。$t=0$ において電流は流れておらず，コンデンサーに電荷 Q_0 が蓄えられていたとする。図 15.20 のように，電流は右回りに I として，電圧則を適用すると，

$$-\frac{Q}{C}-L\frac{dI}{dt}=0 \tag{15.36}$$

電流は電荷の時間変化 $I=\dfrac{dQ}{dt}$ であることを思い出すと，

$$L\frac{d^2Q}{dt^2}=-\frac{Q}{C} \qquad \therefore \frac{d^2Q}{dt^2}=-\frac{1}{LC}Q \tag{15.37}$$

この微分方程式は単振動の微分方程式になっており，$\omega=\dfrac{1}{\sqrt{LC}}$ とおくと，

$$Q=A\cos(\omega t+\phi)$$

が解になっていることがわかる。ここで初期条件★を満たすように解を決めると，

★ 補足
初期条件 $t=0$ で $Q=Q_0$

$$Q=Q_0\cos\omega t \tag{15.38}$$

となる。$I=\dfrac{dQ}{dt}$ であるから，この回路には

$$I=\frac{dQ}{dt}=-\omega Q_0\sin\omega t=-I_0\sin\omega t \tag{15.39}$$

の電流が流れることになる。このように，電荷はコイルを経由してコンデンサーの電極間を行ったりきたりするため，回路には振動電流が流れる。実際には導線には抵抗成分があるので，この振動電流は減衰していく。定常的に振動させるには，外部からエネルギーを供給しなければならない★。

★ 補足
例えば，コイルの部分に別のコイルを近接させ，相互誘導によってこの回路に電流を誘導し続けることができる。

ここで得られた角振動数 ω を周波数に直すと，

$$f_0=\frac{\omega}{2\pi}=\frac{1}{2\pi\sqrt{LC}} \tag{15.40}$$

となる。この周波数 f_0 のことを LC 回路の**共振周波数**という。

1.［キルヒホッフの法則 1］

図のような回路について，各枝路に流れる電流を，枝路電流法を用いて求めよ。

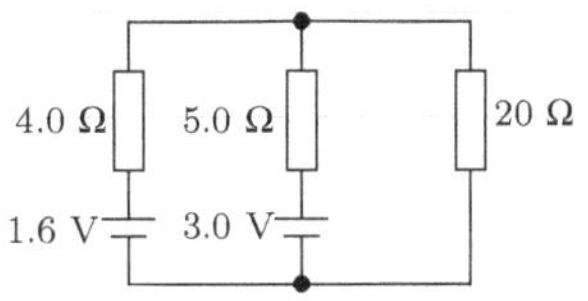

2.［キルヒホッフ法則 2］

図のような回路について，各枝路に流れる電流を，網目電流法を用いて求めよ。

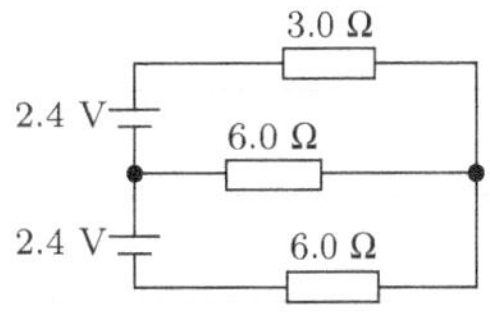

3.［キルヒホッフの法則 3］

図のような回路について，各枝路に流れる電流を求めよ。

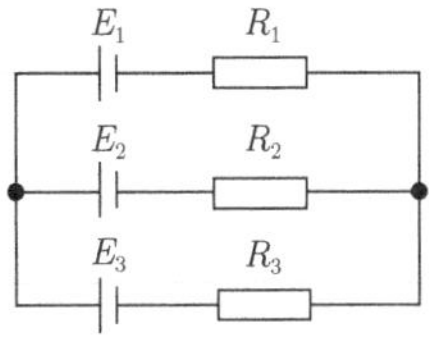

4.［RC 回路］

静電容量 C のコンデンサーと抵抗 R を直列につないだ回路において，コンデンサーに蓄えられていた電荷 Q_0 が抵抗を通して放電する。

(1) コンデンサーに蓄えられていた電荷が，半分になる時間を求めよ。

(2) コンデンサーに蓄えられていたエネルギーが，半分になる時間を求めよ。

(3) 蓄えられていた電荷を全て放電した。抵抗 R で消費される熱エネルギーが，コンデンサーに蓄えられていたエネルギーに等しいことを示せ。

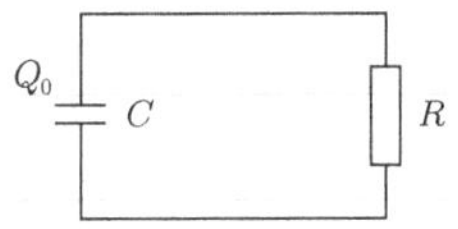

5.［RL 回路］

自己インダクタンス L のコイルと抵抗 R を直列につないだ回路において，流していた電流 I_0 を突然切った。

(1) 流れている電流が，半分になる時間を求めよ。

(2) I_0 を切ってからゼロになるまでに抵抗 R で消費される熱エネルギーが，コイルに蓄えられていた磁気エネルギーに等しいことを示せ。

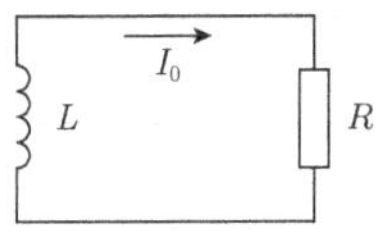

6.［LC 回路］

自己インダクタンス L のコイルと静電容量 C のコンデンサーからなる共振回路において，コンデンサーとコイルのエネルギーの和が常に一定であることを示せ。

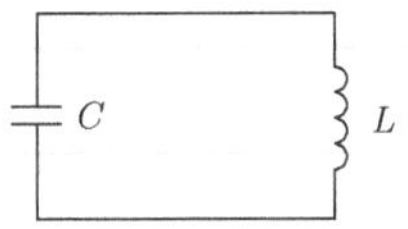

演習問題解答

【第 I 部】

【1】(1)　$F = \dfrac{1}{4\pi\varepsilon_0}\dfrac{|q||Q|}{r^2}$ より，8.2×10^{-8} N

(2)　$F = G\dfrac{m_1 m_2}{r^2}$ より，3.7×10^{-47} N

(3)　両者の比をとって，2.2×10^{39} 倍★

★ 補足
このように静電気力は万有引力に比べ，桁違いに大きい。

【2】　クーロン力の大きさは，$F = \dfrac{1}{4\pi\varepsilon_0}\dfrac{q^2}{d^2}$

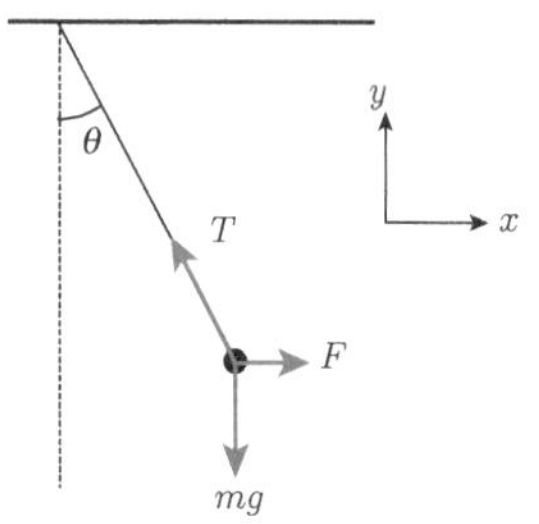

水平右向きを x 軸，鉛直上向きを y 軸にとり，糸の張力を T とする。右側の小球について運動方程式をたてると，

x 方向：$m\ddot{x} = F - T\sin\theta$

y 方向：$m\ddot{y} = T\cos\theta - mg$

つりあっているので，$\ddot{x} = \ddot{y} = 0$ として d について整理すると，

$$d = \frac{q}{2\sqrt{\pi\varepsilon_0 mg\tan\theta}}$$

【3】(1)　各電荷が作る電場を重ね合わせ（足し合わせ）ればよい。

$$\boldsymbol{E}(\boldsymbol{r}) = \frac{1}{4\pi\varepsilon_0}\frac{q_1}{|\boldsymbol{r}-\boldsymbol{r}_1|^2}\frac{\boldsymbol{r}-\boldsymbol{r}_1}{|\boldsymbol{r}-\boldsymbol{r}_1|} + \frac{1}{4\pi\varepsilon_0}\frac{q_2}{|\boldsymbol{r}-\boldsymbol{r}_2|^2}\frac{\boldsymbol{r}-\boldsymbol{r}_2}{|\boldsymbol{r}-\boldsymbol{r}_2|}$$

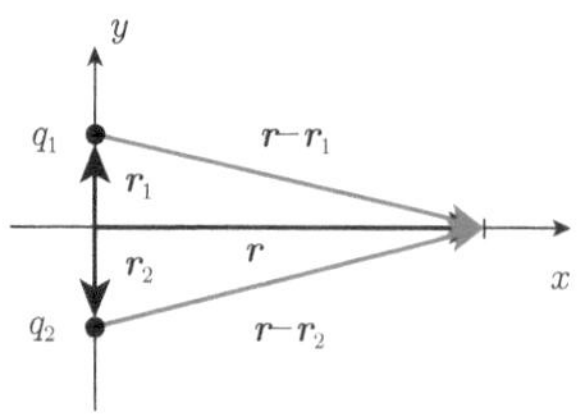

(2)　(1) の式において，$|\boldsymbol{r}-\boldsymbol{r}_1| = |\boldsymbol{r}-\boldsymbol{r}_2| = \sqrt{d^2+r^2}$，

$\boldsymbol{r}-\boldsymbol{r}_1 = r\boldsymbol{i} - d\boldsymbol{j}$，$\boldsymbol{r}-\boldsymbol{r}_2 = r\boldsymbol{i} + d\boldsymbol{j}$

これらを代入して整理すると，

$$\boldsymbol{E}(\boldsymbol{r}) = \frac{1}{4\pi\varepsilon_0}\frac{q_1}{d^2+r^2}\frac{r\boldsymbol{i}-d\boldsymbol{j}}{\sqrt{d^2+r^2}} + \frac{1}{4\pi\varepsilon_0}\frac{q_2}{d^2+r^2}\frac{r\boldsymbol{i}+d\boldsymbol{j}}{\sqrt{d^2+r^2}}$$

$$= \frac{1}{4\pi\varepsilon_0(d^2+r^2)^{\frac{3}{2}}}((q_1+q_2)r\boldsymbol{i} + (-q_1+q_2)d\boldsymbol{j})$$

★ 補足
成分表示

$$\boldsymbol{E}(\boldsymbol{r}) = \begin{pmatrix} \dfrac{(q_1+q_2)r}{4\pi\varepsilon_0(d^2+r^2)^{\frac{3}{2}}} \\ \dfrac{(-q_1+q_2)d}{4\pi\varepsilon_0(d^2+r^2)^{\frac{3}{2}}} \end{pmatrix}$$

$q_1 = q_2 = q$ のとき，$\boldsymbol{E}(\boldsymbol{r}) = \dfrac{qr}{2\pi\varepsilon_0(d^2+r^2)^{\frac{3}{2}}}\boldsymbol{i}$，

$+x$ 向きに $E(r) = \dfrac{qr}{2\pi\varepsilon_0(d^2+r^2)^{\frac{3}{2}}}$

(3)　$q_1 = q$，$q_2 = -q$ のとき，$\boldsymbol{E}(\boldsymbol{r}) = \dfrac{-qd}{2\pi\varepsilon_0(d^2+r^2)^{\frac{3}{2}}}\boldsymbol{j}$，

$-y$ 向きに $E(r) = \dfrac{qd}{2\pi\varepsilon_0(d^2+r^2)^{\frac{3}{2}}}$

(4)　$r \gg d$ とすると，

$$E(r)=\frac{qr}{2\pi\varepsilon_0(d^2+r^2)^{\frac{3}{2}}}=\frac{qr}{2\pi\varepsilon_0 r^3\left(\left(\frac{d}{r}\right)^2+1\right)^{\frac{3}{2}}}\rightarrow\frac{q}{2\pi\varepsilon_0 r^2}\left(\frac{d}{r}\ll 1\right)^{\star}$$

★ 補足
遠く離れると，単に電荷が 2 倍になったように見える。

$$E(r)=\frac{qd}{2\pi\varepsilon_0(d^2+r^2)^{\frac{3}{2}}}=\frac{qd}{2\pi\varepsilon_0 r^3\left(\left(\frac{d}{r}\right)^2+1\right)^{\frac{3}{2}}}\rightarrow\frac{qd}{2\pi\varepsilon_0 r^3}\left(\frac{d}{r}\ll 1\right)^{\star}$$

★ 補足
電気双極子のため，遠く離れると r^3 に反比例の形になる。

【4】(1)　電荷 Q を長さ L で割ればよい。線電荷密度 $\lambda=\dfrac{Q}{L}$

(2)　微小部分の微小電荷 $dq=\lambda dx=\dfrac{Q}{L}dx$

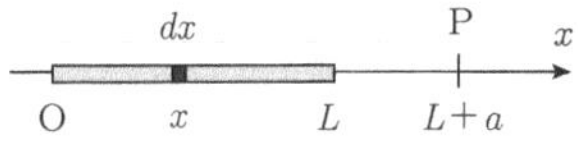

(3)　棒の左端を $x=0$ として，x の位置にある微小電荷 dq が $L+a$ の位置に作る電場の大きさ dE は，

$$dE=\frac{1}{4\pi\varepsilon_0 r^2}dq=\frac{1}{4\pi\varepsilon_0(L+a-x)^2}\frac{Q}{L}dx$$

これを x について 0 から L まで積分すればよい。

$$E=\int dE=\int_0^L\frac{1}{4\pi\varepsilon_0(L+a-x)^2}\frac{Q}{L}dx=\frac{Q}{4\pi\varepsilon_0 a(L+a)}\ \star$$

★ 補足

$$\int_0^L\frac{1}{(L+a-x)^2}dx=\left[\frac{1}{L+a-x}\right]_0^L=\frac{1}{a}-\frac{1}{L+a}=\frac{L}{a(L+a)}$$

(4)　$a\gg L$ のとき，

$$E=\frac{Q}{4\pi\varepsilon_0 a^2\left(\frac{L}{a}+1\right)}\rightarrow\frac{Q}{4\pi\varepsilon_0 a^2}\quad\left(\frac{L}{a}\ll 1\right)^{\star}$$

★ 補足
遠く離れると，点電荷になったように見える。

【5】　半径 r，幅 dr の微小リングを考え，長さ ds の微小部分が作る電場を求め，対称性から z 成分 dE_z を考えると★，

★ 補足
例題 2.4 を参照。

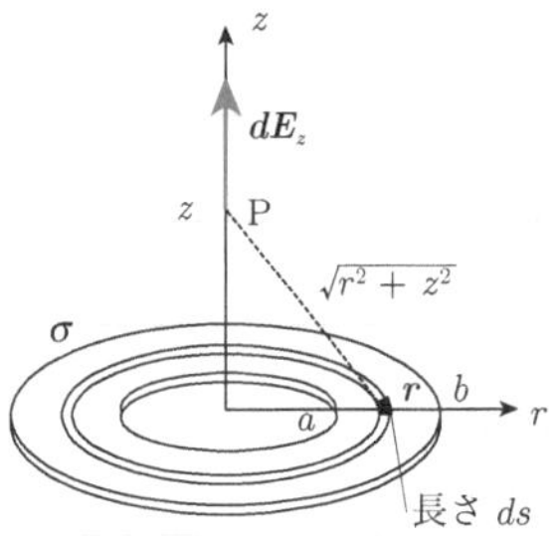

$$dE_z=\frac{\sigma z}{4\pi\varepsilon_0(r^2+z^2)^{\frac{3}{2}}}dsdr$$

これをリングにそって一周積分（積分範囲は $0\leqq s\leqq 2\pi r$）し，さらに半径方向に積分（積分範囲は $a\leqq r\leqq b$）すればよい。

$$E=\frac{\sigma z}{2\varepsilon_0}\left(\frac{1}{\sqrt{a^2+z^2}}-\frac{1}{\sqrt{b^2+z^2}}\right)$$

(別解) 例題 2.4 の解を用いて，半径 b の円板の作る電場から，半径 a の円板の作る電場を引くことでも得られる。

★ 補足
(1)，(2) については例題 2.7 を参照。

【6】　対称性から，電場は等方的に放射状に広がり，中心から半径 r における電場の大きさ $E(r)$ はどこも同じと考えられる。ガウス面は中心から半径 r の球面をとると良い★。

(1)　$r<a$　$E(r)=0$，(2)　$a\leqq r<b$　$E(r)=\dfrac{Q}{4\pi\varepsilon_0 r^2}$

(3)　$b\leqq r<c$ については金属内部であるため，$E(r)=0$ である★。逆にこれから外球殻での電荷分布がわかる。$b\leqq r<c$ の r を持つガウス面を考え，外球殻上のガウス面内にある電荷 Q' とすると

★ 補足
金属内の電場は，電圧を加えていない限り常に $E(r)=0$

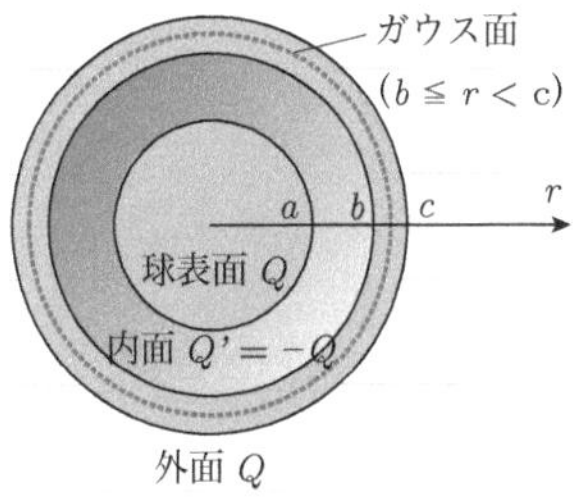

$$\varepsilon_0 \iint_{閉曲面} \boldsymbol{E} \cdot d\boldsymbol{S} = \varepsilon_0 E \cdot 4\pi r^2 = Q + Q'$$

$E(r) = 0$ であるから，$Q' = -Q$ である。r は限りなく b に近づけて考えてよいので，$-Q$ は外球殻<u>内面</u>に一様に分布する。一方，外球殻内では電荷は中性である必要があり，また $E(r) = 0$ になるためには，Q は外球殻<u>外面</u>に一様に分布する。

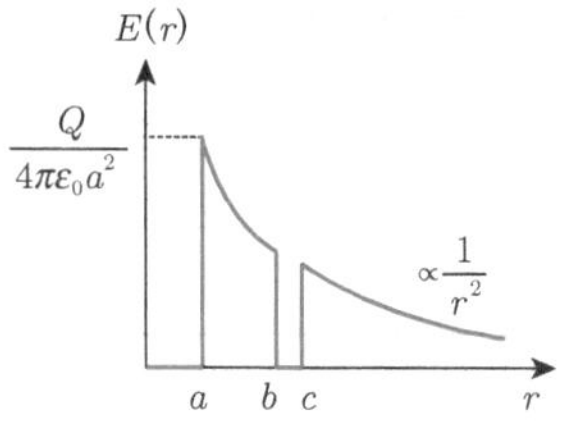

(4)　$c \leqq r$ の r を持つガウス面を考えると，

$$Q_{\rm inc} = Q(内球) - Q(外球殻内面) + Q(外球殻外面) = Q$$

であるから，

$$\varepsilon_0 \iint_{閉曲面} \boldsymbol{E} \cdot d\boldsymbol{S} = \varepsilon_0 E \cdot 4\pi r^2 = Q \qquad \therefore\ E(r) = \frac{Q}{4\pi\varepsilon_0 r^2}$$

【7】 円柱中心に軸をとると，対称性から電場は z 軸に垂直な方向に放射状に分布し，z 軸から r だけ離れたところの電場の大きさ $E(r)$ はどこも同じである★。この様子は導体内部でも同じである。

★ 補足
例題 2.9 を参照。

ガウス面として，z 軸にそって半径 r，長さ l の円筒を考える。

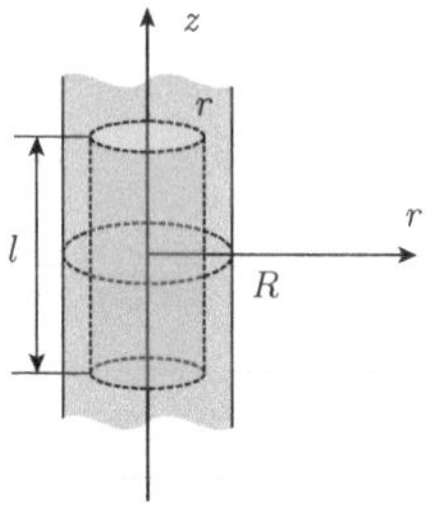

$r \leqq R$ のとき

$$\varepsilon_0 \iint_{円筒} \boldsymbol{E}(r) \cdot d\boldsymbol{S} = \varepsilon_0 E(r) \cdot 2\pi r l$$

ガウス面内の電荷は一様に分布しているので，電荷密度にガウス面内の体積をかければよい。

$Q_{\rm inc} = \rho \cdot \pi r^2 l$

したがって，

$$\varepsilon_0 E(r) \cdot 2\pi r l = \rho \cdot \pi r^2 l \qquad \therefore\ E(r) = \frac{\rho r}{2\varepsilon_0}$$

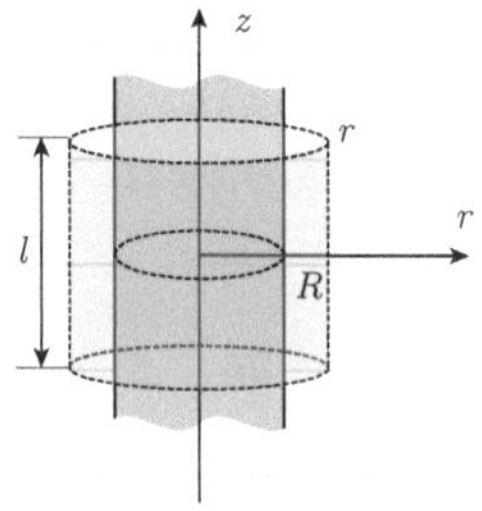

$r > R$ のとき

電場の面積分については変わらない。ガウス面内の電荷は，r に関わらず $Q_{\rm inc} = \rho \cdot \pi R^2 l$ である。したがって，

$$\varepsilon_0 E(r) \cdot 2\pi r l = \rho \cdot \pi R^2 l \qquad \therefore\ E(r) = \frac{\rho R^2}{2\varepsilon_0 r}$$

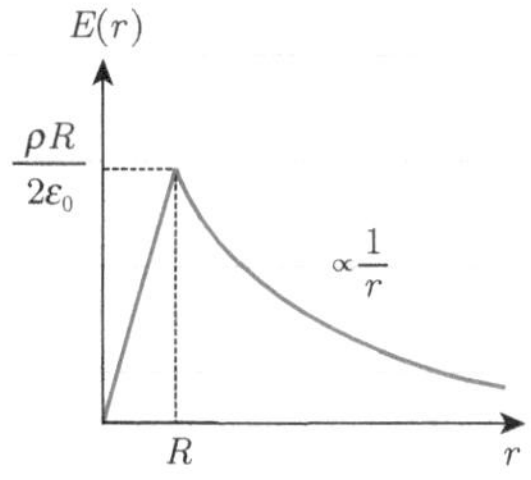

【8】 各平板は無限に広い平板と考えてよく，それぞれの平板が作る電場は独立であり，これらを重ね合わせればよい。1 枚の平板が作る電場の大きさは例題 2.10 で与えられ，ガウスの法則から，$E = \dfrac{\sigma}{2\varepsilon_0}$ である。電場は平面の上下に垂直に出ており，電場の大きさは平面からの距離には依存しない。よって，S_1，S_2 の距離に関わらず，各場所における面に垂直方向の電場を足し合わせればよい。図の上向きを正とする。

(1) S_1 の上側

$$E = \frac{\sigma_1 + \sigma_2}{2\varepsilon_0}，\ \sigma_1 = \sigma，\ \sigma_2 = -\sigma \text{ のとき，} E = 0$$

(2) S_1，S_2 の間

$$E=\frac{\sigma_1-\sigma_2}{2\varepsilon_0},\ \sigma_1=\sigma,\ \sigma_2=-\sigma \text{ のとき}, \ E=\frac{\sigma}{\varepsilon_0}$$

(3) S_2 の下側

$$E=-\frac{\sigma_1+\sigma_2}{2\varepsilon_0},\ \sigma_1=\sigma,\ \sigma_2=-\sigma \text{ のとき}, \ E=0$$

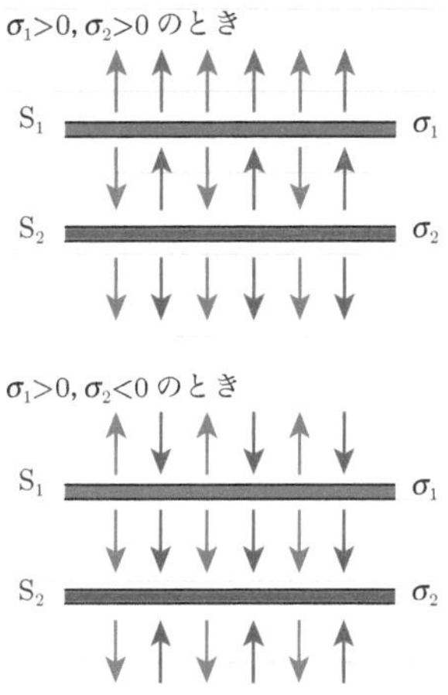

【9】 電位の基準（$\phi=0$）は無限遠なので，外側の領域から積分する。

(4) $c \leqq r$, $E(r)=\dfrac{Q}{4\pi\varepsilon_0 r^2}$

$$\phi(r)=-\int_{\infty}^{r}\frac{Q}{4\pi\varepsilon_0 r^2}dr=\frac{1}{4\pi\varepsilon_0}\frac{Q}{r}$$

(3) $b \leqq r < c$, $E(r)=0$

$$\phi(r)=-\int_{\infty}^{c}\frac{Q}{4\pi\varepsilon_0 r^2}dr-\int_{c}^{r}0\,dr=\frac{1}{4\pi\varepsilon_0}\frac{Q}{c}$$

(2) $a \leqq r < b$, $E(r)=\dfrac{Q}{4\pi\varepsilon_0 r^2}$

$$\phi(r)=-\int_{\infty}^{c}\frac{Q}{4\pi\varepsilon_0 r^2}dr-\int_{c}^{b}0\,dr-\int_{b}^{r}\frac{Q}{4\pi\varepsilon_0 r^2}dr$$

$$=\frac{1}{4\pi\varepsilon_0}\frac{Q}{c}+\frac{1}{4\pi\varepsilon_0}\frac{Q}{r}$$

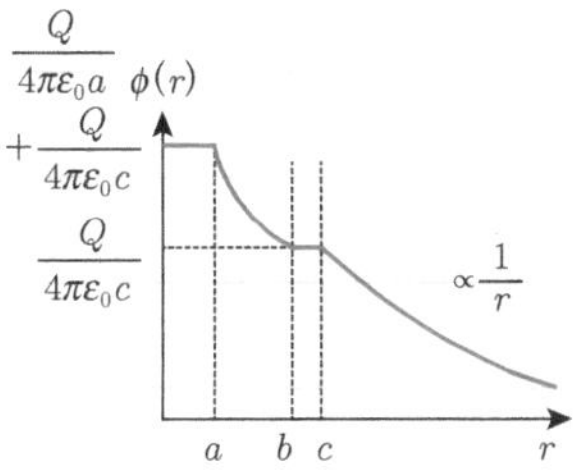

(1) $r < a$　$E(r)=0$

$$\phi(r)=-\int_{\infty}^{c}\frac{Q}{4\pi\varepsilon_0 r^2}dr-\int_{c}^{b}0\,dr-\int_{b}^{a}\frac{Q}{4\pi\varepsilon_0 r^2}dr-\int_{a}^{r}0\,dr$$

$$=\frac{1}{4\pi\varepsilon_0}\frac{Q}{c}+\frac{1}{4\pi\varepsilon_0}\frac{Q}{a}$$

【10】 大きな薄い平板（無限に広い平板と考える）が作る電場の大きさは例題2.10で与えられ，ガウスの法則から，$E=\dfrac{\sigma}{2\varepsilon_0}$ である。平板からの距離を $z(z>0)$ とすると

$$\phi(z)=\phi_0-\int_{0}^{z}\frac{\sigma}{2\varepsilon_0}dz=\phi_0-\frac{\sigma}{2\varepsilon_0}z^{\star}$$

★ 補足
無限遠に行っても電位はゼロにならない。

【11】 (1) 棒の線電荷密度は $\lambda=\dfrac{Q}{L}$。このため，微小長さ dx 内にある微小電荷は $dq=\lambda dx=\dfrac{Q}{L}dx$。$x(<0)$ の位置にある微小電荷 dq によって生じる点 $P(d, 0, 0)$ の電位 $d\phi$ は，

$$d\phi=\frac{1}{4\pi\varepsilon_0}\frac{dq}{r}=\frac{1}{4\pi\varepsilon_0}\frac{1}{d-x}\frac{Q}{L}dx$$

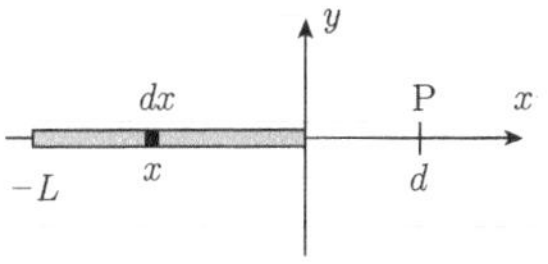

棒全体がPに作る電位は，この微小電位 $d\phi$ を $-L \leqq x \leqq 0$ で積分して

★ 補足
さらに整理すると
$\phi=\dfrac{Q}{4\pi\varepsilon_0 L}\ln\dfrac{d+L}{d}$

$$\phi=\int_{-L}^{0}\frac{Q}{4\pi\varepsilon_0 L}\frac{1}{(d-x)}dx=\frac{Q}{4\pi\varepsilon_0 L}(-\ln d+\ln(d+L))^{\star}$$

★ 補足
xで偏微分する。

(2) 電場は，上式の電位についてP点におけるx方向の微分を考えればよいので，まずdを一般のxと考え直す。ϕをxの関数とし，x軸にそって勾配（gradient）をとればよい★。

$$\phi(x)=\frac{Q}{4\pi\varepsilon_0 L}(\ln(x+L)-\ln x)$$

$$E(x)=-\frac{\partial\phi}{\partial x}=-\frac{Q}{4\pi\varepsilon_0 L}\left(\frac{1}{x+L}-\frac{1}{x}\right)=\frac{Q}{4\pi\varepsilon_0 x(x+L)}$$

【12】(1) リング上の線電荷密度は$\lambda=\dfrac{Q}{2\pi R}$。このため，微小長さ$ds$内にある微小電荷は$dq=\lambda ds=\dfrac{Q}{2\pi R}ds$。微小電荷$dq$によって生じる点P(0, 0, z)の電位$d\phi$は，

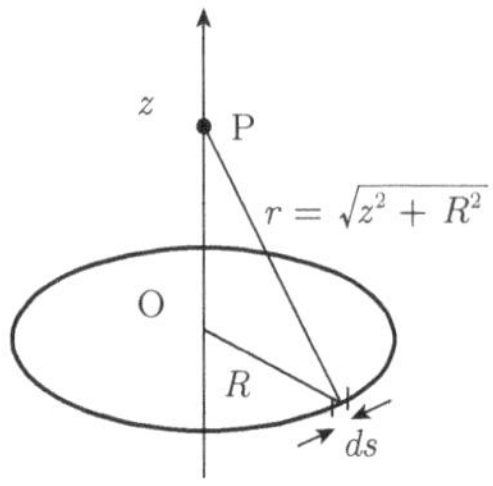

$$d\phi=\frac{1}{4\pi\varepsilon_0}\frac{dq}{r}=\frac{1}{4\pi\varepsilon_0}\frac{1}{\sqrt{z^2+R^2}}\frac{Q}{2\pi R}ds$$

リング全体がPに作る電位は，この微小電位$d\phi$を，リングを一周する経路（$0\leqq s\leqq 2\pi R$）で積分すればよい。

$$\phi=\int_0^{2\pi R}\frac{1}{4\pi\varepsilon_0}\frac{1}{\sqrt{z^2+R^2}}\frac{Q}{2\pi R}ds=\frac{1}{4\pi\varepsilon_0}\frac{1}{\sqrt{z^2+R^2}}\frac{Q}{2\pi R}2\pi R$$
$$=\frac{Q}{4\pi\varepsilon_0\sqrt{z^2+R^2}}^{\star}$$

★ 補足
積分の中にsは含まれていないので，この積分は結局円周の長さをかけるだけである。

(2) 電場はこのϕについて，勾配（gradient）をとればよい。

$$\boldsymbol{E}(\boldsymbol{r})=-\mathrm{grad}\phi=\begin{pmatrix}-\dfrac{\partial\phi}{\partial x}\\ -\dfrac{\partial\phi}{\partial y}\\ -\dfrac{\partial\phi}{\partial z}\end{pmatrix}=\begin{pmatrix}0\\ 0\\ \dfrac{1}{4\pi\varepsilon_0}\dfrac{Qz}{(z^2+R^2)^{\frac{3}{2}}}\end{pmatrix}$$

【13】円柱導体には，電荷はその表面（半径aの位置）に一様に分布する。したがって，電場は$a\leqq r\leqq b$にのみ生じる。

この電場をガウスの法則を用いて求める。ガウス面を中心軸にそって半径r，長さlの円筒にとる★。ガウス面内の電荷は$Q_{\mathrm{inc}}=\lambda l$であるから，

★ 補足
例題 2.9 参照。

$$\varepsilon_0\iint_{\text{円筒}}\boldsymbol{E}(\boldsymbol{r})\cdot d\boldsymbol{S}=\varepsilon_0 E(r)\cdot 2\pi rl=\lambda l\qquad\therefore\ E(r)=\frac{\lambda}{2\pi\varepsilon_0 r}$$

円柱導体と円筒導体の間の電位差は，

$$V=\int_{-}^{+}E(r)dr=\int_b^a\frac{\lambda}{2\pi\varepsilon_0 r}(-dr)=\frac{\lambda}{2\pi\varepsilon_0}\ln\frac{b}{a}$$

円筒コンデンサーの単位長さあたりの静電容量は★

★ 補足
単位長さあたりの静電容量は，静電容量Cを長さlで割ったものである。

$$\frac{C}{l}=\frac{Q}{Vl}=\frac{\lambda}{V}=\frac{2\pi\varepsilon_0}{\ln b/a}$$

【第II部】

【1】(1) $j=\dfrac{I}{S}=\dfrac{0.20\,\mathrm{A}}{\pi\times(0.50\times10^{-3})^2\,\mathrm{m}^2}=2.5\times10^5\,\mathrm{A/m^2}$ ★

★ 補足
接頭辞の「m」は 10^{-3} に置き換えて計算するのが間違いが少ない。

(2) $Q=I\Delta t=0.20\,\mathrm{A}\times20\,\mathrm{s}=4.0\,\mathrm{C}$ ★

★ 補足
〔A・s〕=〔C〕

(3) $N=\dfrac{Q}{e}=\dfrac{4.0\,\mathrm{C}}{1.6\times10^{-19}\,\mathrm{C/個}}=2.5\times10^{19}$ 個

【2】(1) 電子が t 秒間に進む距離は $v_\mathrm{d}t$

(2) t 秒間に断面Sを通過する電子数 N は，長さ $v_\mathrm{d}t$，断面積 S の円筒の体積に自由電子密度 n をかければよい。

$N=n\cdot v_\mathrm{d}tS$ ①

(3) t 秒間に断面Sを通過する電荷量 Q は，①に e をかければよい。

$Q=eN=en\cdot v_\mathrm{d}tS$ ②

(4) 電流は単位時間あたりに流れる電荷量であるから，②から

$$I=\frac{Q}{t}=enSv_\mathrm{d}$$

【3】(1) 銅原子一個あたり一個の伝導電子を出すことから，自由電子密度＝銅原子数密度である。よって，銅原子数密度を求めればよい。

$$n=\frac{8.96\times10^6\,\mathrm{g/m^3}\times6.02\times10^{23}\,\mathrm{個/mol}}{63.5\,\mathrm{g/mol}}=8.49_4\times10^{28}\,\mathrm{個/m^3}$$

★ 補足
〔$\mathrm{g/cm^3}$〕の接頭辞の「c」は 10^{-2} に置き換え，分母で3乗になっているので，10^6 かけることになる。
数密度は，単位を参考に最終的に〔$\mathrm{個/m^3}$〕となるように考えればよい。単位は式を表している。

(2) $I=enSv_\mathrm{d}$（(4.14) 式）を用いて，

$$v_\mathrm{d}=\frac{I}{enS}$$

$$=\frac{20.0\times10^{-3}\,\mathrm{A}}{1.60\times10^{-19}\,\mathrm{C/個}\times8.494\times10^{28}\,\mathrm{個/m^3}\times\pi(0.200\times10^{-3})^2\,\mathrm{m^2}}$$

$$=1.17\times10^{-5}\,\mathrm{m/s}$$

$I=enSv_\mathrm{d}$ の導出は問2も参照。

〔A〕は〔C/s〕なので，単位を変換すると v_d は〔m/s〕になっていることを確認してみよう。

【4】(1) まず，電子の運動方程式を考えて，加速度を求める。

$$m\frac{dv}{dt}=-eE \quad \therefore\frac{dv}{dt}=-\frac{e}{m}E$$

ドリフト速度は加速度を積分し，時間として平均衝突時間 τ を用いる。

$$v_\mathrm{d}=-\frac{e\tau}{m}E$$

この比例係数（符号は含まない）が移動度 μ である。

$$\mu=\frac{e\tau}{m}$$

(2) 一般的なオームの法則 $\rho=\dfrac{E}{j}$ と電流密度 $j=env_\mathrm{d}$ より，

$$\rho = \frac{E}{j} = \frac{E}{env_{\mathrm{d}}} = \frac{m}{e^2 n\tau}$$

【5】(1)　電場 E は電位差の勾配である。

$$E = \frac{V}{d} = \frac{1.5\,\mathrm{V}}{50\times10^{-2}\,\mathrm{m}} = 3.0\,\mathrm{V/m}$$

(2)　抵抗 R は，$R = \dfrac{V}{I} = \dfrac{1.5\,\mathrm{V}}{6.0\,\mathrm{A}} = 0.25\,\Omega$。

$R = \rho\dfrac{L}{S}$ より，抵抗率 ρ は，

$$\rho = R\frac{S}{L} = 0.25\,\Omega\times\frac{1.0\times10^{-6}\,\mathrm{m}^2}{50\times10^{-2}\,\mathrm{m}} = 5.0\times10^{-7}\,\Omega\cdot\mathrm{m}$$

(3)　$I = enSv_{\mathrm{d}}$（(4.14) 式）を用いて，

$$v_{\mathrm{d}} = \frac{I}{enS}$$

$$= \frac{6.0\,\mathrm{A}}{1.6\times10^{-19}\,\mathrm{C/個}\times6.4\times10^{28}\,\mathrm{個/m^3}\times1.0\times10^{-6}\,\mathrm{m}^2}\ ^{\star}$$

$$= 5.9\times10^{-4}\,\mathrm{m/s}$$

★ 補足
〔A〕=〔C/S〕

(4)　抵抗の微視的モデルから，$\rho = \dfrac{m}{e^2 n\tau}$（(5.24) 式）である★。

★ 補足
$\rho = \dfrac{m}{e^2 n\tau}$ の導出は問 4 も参照。

$$\tau = \frac{m}{e^2 n\rho}$$

$$= \frac{9.11\times10^{-31}\,\mathrm{kg/個}}{(1.6\times10^{-19}\,\mathrm{C/個})^2\times6.4\times10^{28}\,\mathrm{個/m^3}\times5.0\times10^{-7}\,\Omega\cdot\mathrm{m}}\ ^{\star}$$

$$= 1.1\times10^{-15}\,\mathrm{s}$$

★ 補足
電子の質量の単位は，電子一個あたりの質量として，〔kg/個〕とした。
こう考えると〔個〕の単位はすべて約分されて消える。他も単位変換して，最終的に〔s〕の単位になることを確かめてみると良いだろう。

(5)　電力 P は $P = IV = 6.0\,\mathrm{A}\times1.5\,\mathrm{V} = 9.0\,\mathrm{W}$★

★ 補足
電力の単位は〔W〕を使うこと。

【第 III 部】

【1】(a)　直線電流がその延長線上に作る磁場はゼロ。半円部分が円の中心に作る磁場の大きさは，ビオ・サバールの法則から，

$$dB = \frac{\mu_0 I}{4\pi}\frac{ds}{a^2},\quad \therefore\ B = \int_{半円} dB = \int_0^{\pi R}\frac{\mu_0 I}{4\pi}\frac{ds}{a^2} = \frac{\mu_0 I}{4a}$$

点 O の磁場の大きさは $B = \dfrac{\mu_0 I}{4a}$，向きは紙面奥向き★。

★ 補足
磁場の向きは，右ねじの法則もしくは右手ルールで考える。

(b)　半円部分が作る磁場については，(a) と同様。

半無限の直線 AB が点 O に作る磁場の大きさは，例題 7.1 の④式において，積分範囲を $-\infty < z \leqq 0$ とすればよい。

$$B = \int dB = \int_{-\infty}^{0}\frac{\mu_0 I}{4\pi}\frac{a}{(a^2+z^2)^{\frac{3}{2}}}dz = \frac{\mu_0 I}{4\pi a}\ ^{\star}$$

★ 補足
無限に長い直線で得られる解の半分の値になっている。

直線 CD も同様であり，磁場の向きは半円部分も含めすべて紙

面奥向きである。したがって点 O における磁場の大きさは，

$$B = \frac{\mu_0 I}{4a} + \frac{\mu_0 I}{4\pi a} \times 2 = \frac{\mu_0 I}{4\pi a}(\pi + 2), \quad \text{向きは紙面奥向き。}$$

【2】(1)　直線にそって x 軸をとり，P から直線に下した垂線の足を原点 O とする。x の位置にある電流素片 Idx が P に作る磁場は，P までの距離を $r = \sqrt{x^2 + R^2}$ とすると，

$$dB = \frac{\mu_0}{4\pi} \frac{Idx \sin\theta}{r^2}$$

ここで，$x = \dfrac{R}{\tan(\pi - \theta)} = -\dfrac{R}{\tan\theta}$ であるので，

$$r = \sqrt{x^2 + R^2} = \frac{R}{\sin\theta}\,{}^\star, \quad dx = \frac{R}{\sin^2\theta}d\theta\,{}^\star \text{であり，}$$

$$dB = \frac{\mu_0}{4\pi} \frac{Idx \sin\theta}{r^2} = \frac{\mu_0 I}{4\pi R} \sin\theta d\theta$$

積分範囲は $\theta_1 \leqq \theta \leqq \pi - \theta_2$ となるので，

$$B = \int dB = \int_{\theta_1}^{\pi - \theta_2} \frac{\mu_0 I}{4\pi R} \sin\theta\, d\theta = \frac{\mu_0 I}{4\pi R}(\cos\theta_2 + \cos\theta_1)$$

(2)　$\cos\theta_1 = \cos\theta_2 = \dfrac{a}{\sqrt{a^2 + b^2}}$，　$\cos\theta_1' = \cos\theta_2' = \dfrac{b}{\sqrt{a^2 + b^2}}$ より（側注図を参照），長さ $2a$ の辺が作る磁場 B_{2a}，長さ $2b$ の辺が作る磁場 B_{2b} はそれぞれ，

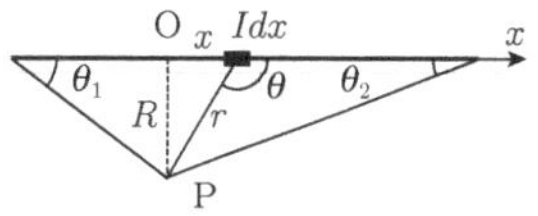

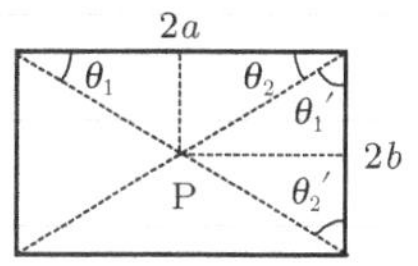

$$B_{2a} = \frac{\mu_0 I}{4\pi b} \frac{2a}{\sqrt{a^2 + b^2}}, \quad B_{2b} = \frac{\mu_0 I}{4\pi a} \frac{2b}{\sqrt{a^2 + b^2}}$$

したがって，

$$B = 2(B_{2a} + B_{2b}) = \frac{\mu_0 I}{\pi} \frac{\sqrt{a^2 + b^2}}{ab}$$

【3】　ソレノイドの微小長さ dx にある円電流は，$I \cdot ndx$。

点 P から x はなれた位置にある円電流 $nIdx$ が点 P に作る磁場は，例題 7.2 の④式を用いて*，

$$dB = \frac{\mu_0 nI}{2} \frac{R^2}{r^3} dx$$

ここで点 P を原点とすると，$x = -\dfrac{R}{\tan\theta}$ であるので，

$$r = \sqrt{x^2 + R^2} = \frac{R}{\sin\theta}, \quad dx = \frac{R}{\sin^2\theta}d\theta \text{ であり，}$$

$$dB = \frac{\mu_0 nI}{2} \sin\theta d\theta$$

積分範囲は $\theta_1 \leqq \theta \leqq \pi - \theta_2$ となるので，

$$B = \int dB = \int_{\theta_1}^{\pi - \theta_2} \frac{\mu_0 nI}{2} \sin\theta\, d\theta = \frac{\mu_0 nI}{2}(\cos\theta_2 + \cos\theta_1)$$

★ 補足
今回は θ で条件が与えられているので，θ を使いやすいよう置換の仕方を変えてみる。

★ 補足

$$\sqrt{x^2 + R^2} = \sqrt{\left(-\frac{R}{\tan\theta}\right)^2 + R^2}$$
$$= R\sqrt{\frac{1}{\tan^2\theta} + 1}$$
$$= R\sqrt{\frac{\cos^2\theta + \sin^2\theta}{\sin^2\theta}}$$
$$= \frac{R}{\sin^2\theta}$$

★ 補足

$$\frac{dx}{d\theta} = \frac{d}{d\theta}\left(-\frac{R\cos\theta}{\sin\theta}\right) \quad \text{（積の微分）}$$
$$= R\left(\frac{\sin\theta}{\sin\theta} + \frac{\cos^2\theta}{\sin^2\theta}\right)$$
$$= \frac{R}{\sin^2\theta}$$

★ 補足
例題 7.2 の④式

$$dB = \frac{\mu_0 nI}{2} \frac{R^2}{(z^2 + R^2)^{\frac{3}{2}}}$$

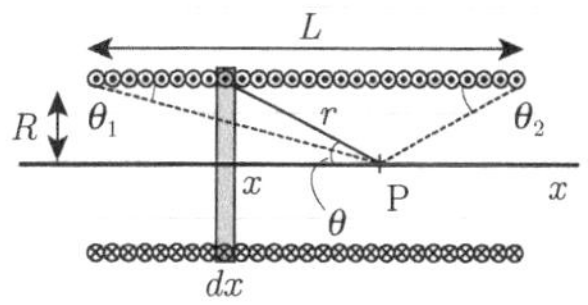

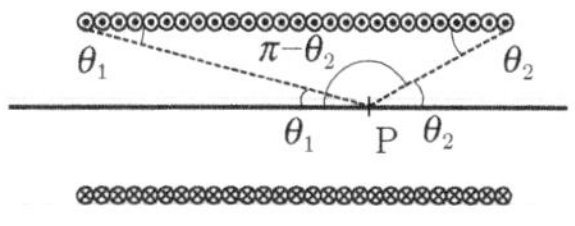

【4】 アンペールループを，導体の中心軸から半径 r の円にとる。

$$\oint \boldsymbol{B}\cdot d\boldsymbol{S} = \int_0^{2\pi r} B\,ds = B\cdot 2\pi r$$

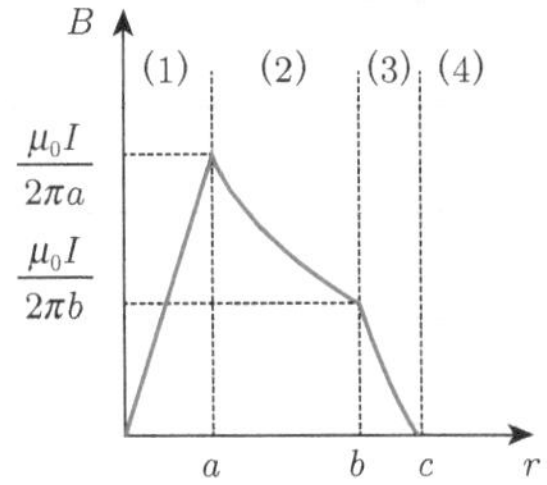

(3) の領域は反比例と線形減少の組み合わせのグラフとなっている。
同軸ケーブルでこのように電流を流すと，磁場が外部に漏れない。

(1) $r \leqq a$ $\quad I_{\mathrm{enc}} = \dfrac{I}{\pi a^2}\pi r^2 = I\dfrac{r^2}{a^2}$

$$B\cdot 2\pi r = \mu_0 I\frac{r^2}{a^2} \qquad \therefore\ B = \frac{\mu_0 I}{2\pi a^2}r$$

(2) $a < r \leqq b$ $\quad I_{\mathrm{enc}} = I$

$$B\cdot 2\pi r = \mu_0 I \qquad \therefore\ B = \frac{\mu_0 I}{2\pi r}$$

(3) $b < r \leqq c$ $\quad I_{\mathrm{enc}} = I - I\dfrac{\pi r^2 - \pi b^2}{\pi c^2 - \pi b^2}$

$$B\cdot 2\pi r = \mu_0 I\left(1 - \frac{r^2 - b^2}{c^2 - b^2}\right)$$

$$\therefore\ B = \frac{\mu_0 I}{2\pi r}\frac{c^2 - r^2}{c^2 - b^2}\left(= \frac{\mu_0 I}{2\pi}\frac{1}{c^2 - b^2}\left(\frac{c^2}{r} - r\right)\right)$$

(4) $c < r$ $\quad I_{\mathrm{enc}} = 0$ （正味電流はゼロ）

$$B\cdot 2\pi r = 0 \qquad \therefore\ B = 0$$

【5】 アンペールループを，導線の中心から半径 r の円にとる。

$$\oint \boldsymbol{B}\cdot d\boldsymbol{s} = \int_0^{2\pi r} B\,ds = B\cdot 2\pi r$$

★ 補足
I_{enc} を求めるにあたり，電流密度の面積積分に用いる微小面積は半径 r，幅 dr のリングを考え，$dS = 2\pi r dr$ とする。この微小面積を半径方向に積分すればよい。

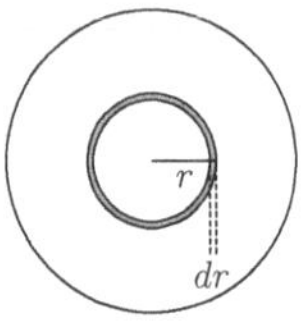

(1) $r \leqq R$ $\quad I_{\mathrm{enc}} = \displaystyle\int j\,dS = \int_0^r ar^2\cdot 2\pi r\,dr = \frac{a\pi r^4}{2}$ ★

$$B\cdot 2\pi r = \mu_0\frac{a\pi r^4}{2} \qquad \therefore\ B = \frac{\mu_0 a r^3}{4}$$

(2) $R < r$ $\quad I_{\mathrm{enc}} = \mu_0\dfrac{a\pi R^4}{2}$

$$B\cdot 2\pi r = \mu_0\frac{a\pi R^4}{2} \qquad \therefore\ B = \frac{\mu_0 a R^4}{4r}$$

【6】 アンペールループを，トロイダルコイルの中心から半径 r（コイル内）の円にとる。

$$\oint \boldsymbol{B}\cdot d\boldsymbol{s} = \int_0^{2\pi r} B\,ds = B\cdot 2\pi r$$

総巻数が N 回であることから，アンペールループ内の正味の電流は $I_{\mathrm{enc}} = NI$ となる。

$$B\cdot 2\pi r = \mu_0 NI \qquad \therefore\ B = \frac{\mu_0 NI}{2\pi r}$$

【7】(1) 荷電粒子が加速電圧 V で得るエネルギーは qV であり，これが荷電粒子の運動エネルギーになる。

$$\frac{1}{2}mv^2 = qV \quad \therefore\ v = \sqrt{\frac{2qV}{m}} \qquad ①$$

(2)　速度 v の荷電粒子が半径 R で円運動するときに，荷電粒子は検出器に到達する。この円運動の向心方向の運動方程式は，

$$m\frac{v^2}{R}=qvB \qquad ②$$

②に①の v を代入して，V について整理すると

$$V=\frac{qB^2R^2}{2m}$$

【8】(1)　電流密度と速度の関係の式，$j=qnv$ より，$v=\dfrac{j}{qn}$ ★

★ 補足
$q=-e$（電子）の場合，
$j=-env$（4.12）式

(2)　磁気力をうけたキャリアが試料側面に蓄積し，試料の幅方向に電場 E が生じる。定常状態ではキャリアにはたらく磁気力と電気力がつりあうため，

$$qvB=qE \quad \therefore\ E=vB=\frac{jB}{qn}$$

(3)　上式の jB の係数部分をとって，$R_{\mathrm{H}}=\dfrac{1}{qn}$ ★

★ 補足
ホール係数は，キャリアが電子の時は $R_{\mathrm{H}}<0$，正孔のときは $R_{\mathrm{H}}>0$ となる。

【9】(1)　電子：ホール電圧測定用の電圧計は，キャリアの符号が正，かつ正の磁場をかけたときに正の電圧が出るように接続される★。図（b）は，正の磁場のときに負のホール電圧を示すため，キャリアは電子と判断できる。

★ 補足
与えられている図が，そのように接続されていることを確認してみよう。

(2)　(a) のグラフの傾きが抵抗である。

$$R=\frac{\Delta V}{\Delta I}=\frac{1.0\,\mathrm{V}}{20\times10^{-3}\,\mathrm{A}}=50\,\Omega$$

したがって抵抗率は，

$$\rho=R\frac{S}{L}=50\,\Omega\times\frac{10\times10^{-6}\,\mathrm{m}\times100\times10^{-9}\,\mathrm{m}}{3.0\times10^{-3}\,\mathrm{m}}$$
$$=1.6_6\times10^{-8}\,\Omega\cdot\mathrm{m}=1.7\times10^{-8}\,\Omega\cdot\mathrm{m}$$

(3)　キャリア密度は，ある磁場におけるホール電圧（ホール電圧と磁場の間の比例係数）を用いて表される★。

★ 補足
〈キャリア密度の導出〉（8.2.2 章）
磁気力と電気力のつりあいから，
$v=\dfrac{E}{B}=\dfrac{V_H}{Bd}$
電流の式より，
$I=enSv=en(td)v$
n について解き，v を代入すると，
$n=\dfrac{I}{e(td)v}=\dfrac{IB}{etV_H}$

$$n=\frac{I}{et}\frac{B}{V_H}=\frac{100\times10^{-3}\,\mathrm{A}}{1.6\times10^{-19}\,\mathrm{C/個}\times100\times10^{-9}\,\mathrm{m}}\frac{1.0\,\mathrm{T}}{75\times10^{-6}\,\mathrm{V}}$$
$$=8.3_3\times10^{28}\,\mathrm{個/m^3}$$

(4)　移動度は，5.2 節側注の式★を用いて

★ 補足
5.2 節側注の式
$\mu=\dfrac{e\tau}{m}$（5.20）式，
$\rho=\dfrac{m}{e^2n\tau}$（5.24）式から，
$\mu=\dfrac{1}{en\rho}$

$$\mu=\frac{1}{en\rho}=\frac{1}{1.6\times10^{-19}\,\mathrm{C/個}\times8.33\times10^{28}\,\mathrm{個/m^3}\times1.66\times10^{-8}\,\Omega\cdot\mathrm{m}}$$
$$=4.5\times10^{-3}\,\mathrm{m^2/Vs}$$

【10】(1)　z 軸を中心軸とした半径 r の円をアンペールループにとり，アンペールの法則を用いると，

$$\oint \boldsymbol{B}\cdot d\boldsymbol{s}=\int_0^{2\pi r}B\,ds=B\cdot2\pi r,\quad I_{\mathrm{enc}}=I_1$$

$$B\cdot 2\pi r=\mu_0 I_1 \qquad \therefore\ B=\frac{\mu_0 I_1}{2\pi r}$$，向きは $-x$ 方向

(2)　導線 AB に作る磁場は $r=L$ なので，$B_{\mathrm{AB}}=\dfrac{\mu_0 I_1}{2\pi L}$ である。

導線 AB にはたらく力は

$$F_{\mathrm{AB}}=I_2 B_{\mathrm{AB}} l=\frac{\mu_0 I_1 I_2 l}{2\pi L}$$，向きは $+y$ 方向

(3)　導線 BC に作る磁場は y に依存し，$B_{\mathrm{BC}}=\dfrac{\mu_0 I_1}{2\pi y}$ （y は変数）。

このため，BC 上の微小長さ dy にある電流 I_2 にはたらく力を求め，$L\leqq y\leqq L+l$ の範囲で積分する必要がある★。

★ 補足
積分するものは力である。ここで磁場を積分しても意味はない。

$$F_{\mathrm{BC}}=\int_L^{L+l} I_2 B_{\mathrm{AB}}\,dy=\int_L^{L+l} I_2\frac{\mu_0 I_1}{2\pi y}\,dy=\frac{\mu_0 I_1 I_2}{2\pi}\ln\frac{L+l}{L}$$

向きは $-z$ 方向

(4)　導線 CD に作る磁場は $r=L+l$ なので，$B_{\mathrm{CD}}=\dfrac{\mu_0 I_1}{2\pi(L+l)}$。

導線 CD にはたらく力は，

$$F_{\mathrm{CD}}=I_2 B_{\mathrm{CD}} l=\frac{\mu_0 I_1 I_2 l}{2\pi(L+l)}$$，向きは $-y$ 方向

導線 DA にはたらく力は，

$$F_{\mathrm{DA}}=\int_{L+l}^{L} I_2 B_{\mathrm{DA}}(-dy)=\int_L^{L+l} I_2\frac{\mu_0 I_1}{2\pi y}\,dy=\frac{\mu_0 I_1 I_2}{2\pi}\ln\frac{L+l}{L}$$

向きは $+z$ 方向となり，F_{BC} と打ち消し合う。

したがって，コイル全体にはたらく力は，

$$F=F_{\mathrm{AB}}-F_{\mathrm{CD}}=\frac{\mu_0 I_1 I_2 l}{2\pi L}-\frac{\mu_0 I_1 I_2 l}{2\pi(L+l)}=\frac{\mu_0 I_1 I_2 l^2}{2\pi L(L+l)}\ \bigstar$$

向きは $+y$ 方向

★ 補足
式の形から $F_{\mathrm{AB}}>F_{\mathrm{CD}}$ であることがわかるので，$F=F_{\mathrm{AB}}-F_{\mathrm{CD}}$ とした。

【第 IV 部】

【1】(1)　$$\boldsymbol{\Phi}_B=\iint \boldsymbol{B}\cdot d\boldsymbol{S}=B(t)\cdot\pi r^2$$

$$=-a(t^2-10t)\cdot\pi r^2=-a\pi r^2((t-5)^2-25)$$

$$\mathcal{E}=-\frac{d\boldsymbol{\Phi}_B}{dt}=2a\pi r^2(t-5)$$

グラフは図のようになる。

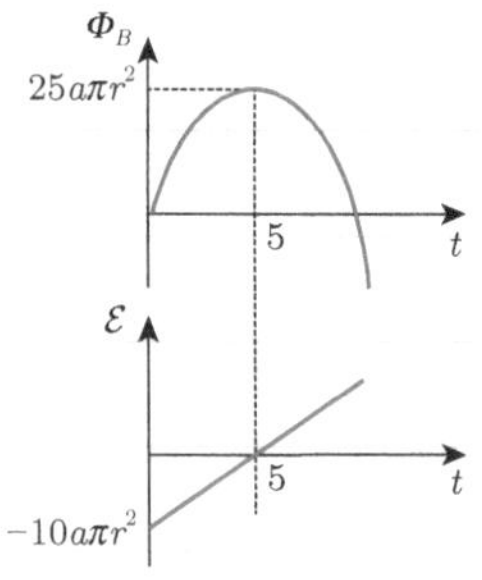

(2)　上記の結果から，$\mathcal{E}=0$ となるのは 5 秒後。

【2】(1)　直流電流から r はなれた位置における磁場の大きさは，

$B=\dfrac{\mu_0 I}{2\pi r}$，その向きはコイル面に垂直である。磁束は，この磁場をコイル内で面積分することによって求める。磁場は r に依存

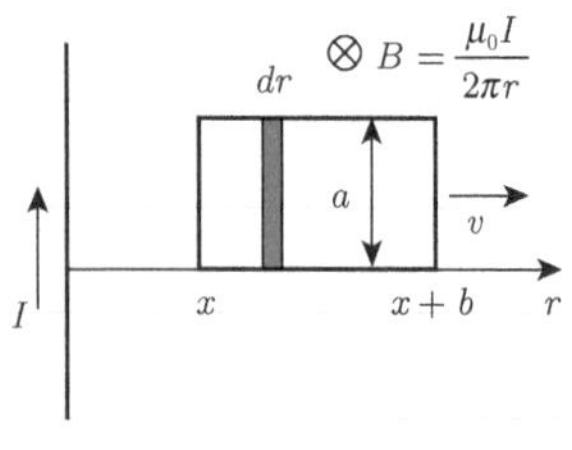

するため，図のようにコイル内を幅 dr，高さ a の微小面積 dS の帯に分割して考える。

$$\boldsymbol{\Phi}_B = \iint \boldsymbol{B}\cdot d\boldsymbol{S} = \int_x^{x+b} \frac{\mu_0 I}{2\pi r}\cdot a\,dr$$
$$= \frac{\mu_0 Ia}{2\pi}(\ln(x+b) - \ln x)\left(= \frac{\mu_0 Ia}{2\pi}\ln\frac{x+b}{x}\right)$$

(2)　コイルは速さ v で遠ざかるので，$\dfrac{dx}{dt} = v$。誘導起電力は

$$\mathcal{E} = -\frac{d\boldsymbol{\Phi}_B}{dt} = -\frac{\mu_0 Ia}{2\pi}\left(\frac{1}{x+b} - \frac{1}{x}\right)\frac{dx}{dt} = \frac{\mu_0 Iabv}{2\pi x(x+b)}$$

コイル内の磁束は減少するので，誘導電流は磁束を保とうとする方向に流れる。したがって，誘導起電力の向きは時計回り。

【3】　半径にそって中心から r の位置にある微小長さ dr の部分を考える。この部分の速度は $v = r\omega$ であるから，dr が磁場を横切ることによって生じる誘導起電力 $d\mathcal{E}$ は，

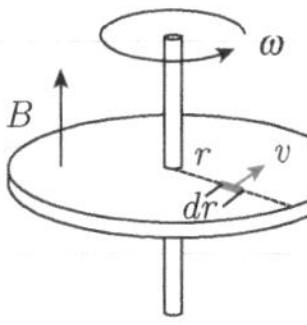

$$d\mathcal{E} = B\cdot v dr = r\omega B dr$$

半径の両端の間に発生する起電力は，これを半径方向に積分して，

$$\mathcal{E} = \int d\mathcal{E} = \int_0^R r\omega B\,dr = \frac{\omega BR^2}{2}$$

【4】　内側導体と外側導体の間（$a < r < b$）の磁場の大きさは，中心軸まわりに $B = \dfrac{\mu_0 I}{2\pi r}$ である。また，内側導体の内部，および外側導体より外部では磁場はゼロとなる。自己インダクタンス L は磁束と電流の比で与えられるため，この導体が作る磁束として，長さ l，幅 $b-a$ の長方形を貫く磁束を考える。

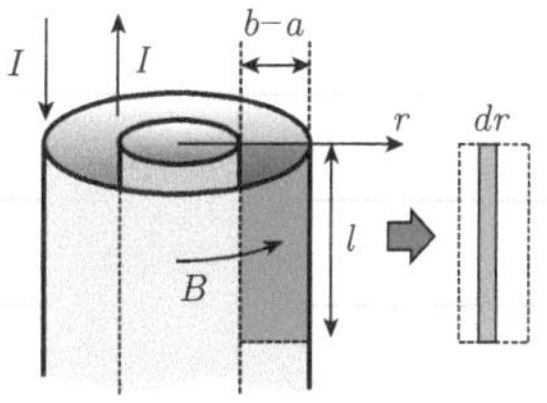

磁場は r に依存するので，この長方形を幅 dr，長さ l の微小面積 dS の帯に分割すると，長方形を貫く磁束は，

$$\boldsymbol{\Phi}_B = \iint \boldsymbol{B}\cdot d\boldsymbol{S} = \int_a^b \frac{\mu_0 I}{2\pi r}\cdot l\,dr = \frac{\mu_0 Il}{2\pi}\ln\frac{b}{a}$$

したがって自己インダクタンス L は

$$L = \frac{\boldsymbol{\Phi}_B}{I} = \frac{\mu_0 l}{2\pi}\ln\frac{b}{a}，\text{単位長さあたりでは，}\frac{L}{l} = \frac{\mu_0}{2\pi}\ln\frac{b}{a}$$

【5】　問題 2 と同様に，コイルを貫く磁束を求める。

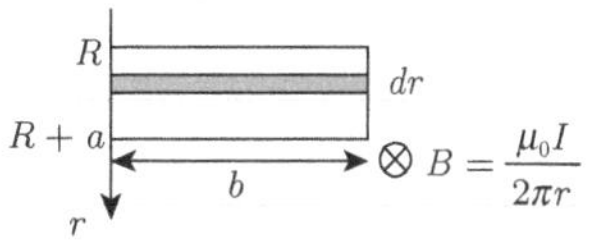

$$\boldsymbol{\Phi}_B = \iint \boldsymbol{B}\cdot d\boldsymbol{S} = \int_R^{R+a} \frac{\mu_0 I}{2\pi r}\cdot b\,dr = \frac{\mu_0 Ib}{2\pi}\ln\frac{R+a}{R}$$

N 回巻きコイルであり，相互インダクタンス M はコイルを貫く全磁束と電流の比で与えられるため，

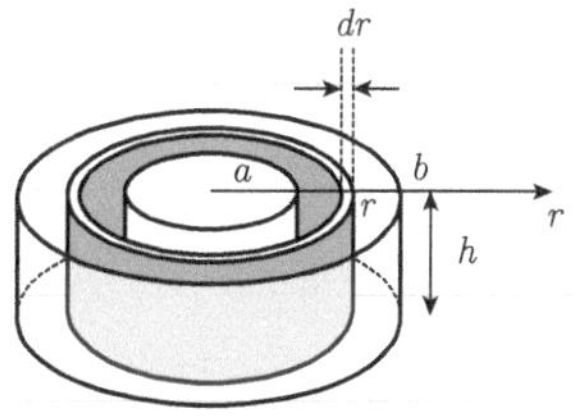

$$M = \frac{N\boldsymbol{\Phi}_B}{I} = \frac{\mu_0 b}{2\pi}\ln\frac{R+a}{R}$$

【6】(1)　第 III 部演習問題の問題 6 と同様である。$B = \dfrac{\mu_0 NI}{2\pi r}$

(2)　磁場はトロイダルコイル内に閉込められている。トロイダルコイル内で，半径 r，幅 dr，高さ h の微小円環を考え，この部分の磁場のエネルギー du_{B} を求めると，

$$du_B = \frac{B^2}{2\mu_0} \times 2\pi rh dr = \frac{\mu_0 h N^2 I^2}{4\pi} \frac{dr}{r}$$

トロイダルコイル内に蓄えられる磁場のエネルギーは，

$$U_B = \int du_B = \int_a^b \frac{\mu_0 h N^2 I^2}{4\pi} \frac{dr}{r} = \frac{\mu_0 h N^2 I^2}{4\pi} \ln \frac{b}{a}$$

【7】(1)　アンペールループを，円形コンデンサーの中心軸から半径 r の円にとる。極板間に存在するのは変位電流のみであり，アンペール-マクスウェルの法則より

$$\oint \boldsymbol{B} \cdot d\boldsymbol{S} = \mu_0 I_{\mathrm{d\,enc}}$$

ここで，

$$\oint \boldsymbol{B} \cdot d\boldsymbol{S} = \int_0^{2\pi r} B\, ds = B \cdot 2\pi r\,, \quad I_{\mathrm{d\,enc}} = j_{\mathrm{d}} \cdot \pi r^2$$

したがって，

$$B \cdot 2\pi r = j_{\mathrm{d}} \cdot \pi r^2 \quad \therefore\ B = \frac{\mu_0 j_{\mathrm{d}} r}{2}$$

(2)　$I_{\mathrm{d}} = \varepsilon_0 \dfrac{d\Phi_E}{dt}$ であるから，

$$j_{\mathrm{d}} \cdot \pi r^2 = \varepsilon_0 \frac{d}{dt}(E \cdot \pi r^2) \quad \therefore\ \frac{dE}{dt} = \frac{j_{\mathrm{d}}}{\varepsilon_0}$$

【第 VI 部】

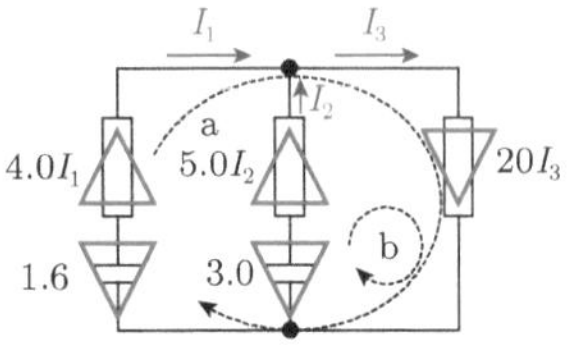

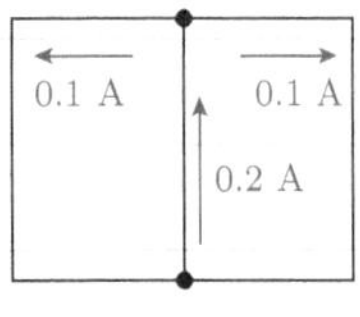

【1】　図のように，各枝路の電流 I_1，I_2，I_3 を仮定する。

電流保存則：　$I_1 + I_2 = I_3$

電圧則（経路 a）：$1.6 - 4.0I_1 - 20I_3 = 0$

電圧則（経路 b）：$3.0 - 5.0I_1 - 20I_3 = 0$

これらの連立方程式をといて，

$I_1 = -0.1\ \mathrm{A}$，$I_2 = 0.2\ \mathrm{A}$，$I_3 = 0.1\ \mathrm{A}$

I_1 に負号がついているので，これは始めに設定した電流の向きと反対であることを示している。したがって，電流分布は図のとおり。

（網目電流法でも解き，答えが一致することを確認せよ。）

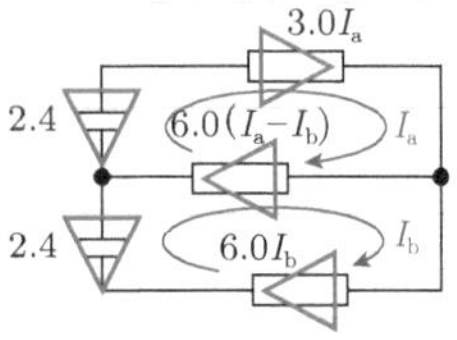

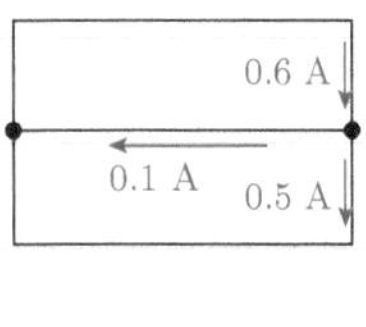

【2】　図のように，網目電流 I_{a}，I_{b} を仮定する。

電圧則（経路 a）：$2.4 - 3.0I_{\mathrm{a}} - 6.0(I_{\mathrm{a}} - I_{\mathrm{b}}) = 0$

電圧則（経路 b）：$2.4 + 6.0(I_{\mathrm{a}} - I_{\mathrm{b}}) - 6.0I_{\mathrm{b}} = 0$

これらの連立方程式をといて，

$I_{\mathrm{a}} = 0.6\ \mathrm{A}$，$I_{\mathrm{b}} = 0.5\ \mathrm{A}$，$I_{\mathrm{a}} - I_{\mathrm{b}} = 0.1\ \mathrm{A}$

したがって，電流分布は図のとおり。

（枝路電流法でも解き，答えが一致することを確認せよ。）

【3】 枝路電流法で解く。図のように各枝路の電流 I_1，I_2，I_3 を仮定する。

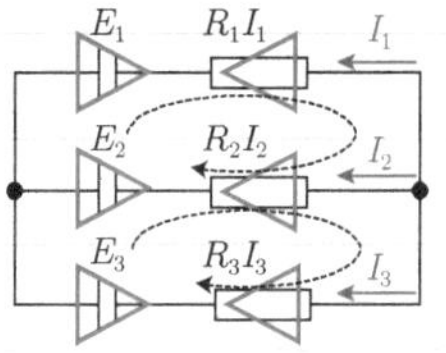

電流保存則： $I_1 + I_2 + I_3 = 0$

電圧則（経路 a）：$E_2 - E_1 + R_1I_1 - R_2I_2 = 0$

電圧則（経路 b）：$E_3 - E_2 + R_2I_2 - R_3I_3 = 0$

これらの連立方程式をといて，

$I_1 = R_3(E_1 - E_2) - R_2(E_3 - E_1)$

$I_2 = R_1(E_2 - E_3) - R_3(E_1 - E_2)$

$I_3 = R_2(E_3 - E_1) - R_1(E_2 - E_3)$

【4】 (1) RC 回路において，回路の方程式（電圧則）は，

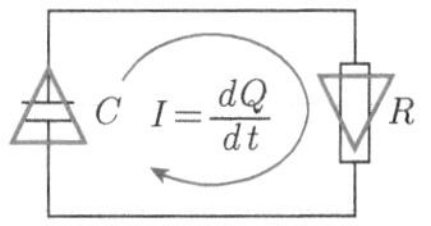

$$-\frac{Q}{C} - RI = 0$$

$I(t) = \dfrac{dQ}{dt}$，$t=0$ で $Q = Q_0$ として解を求めると，$Q(t) = Q_0 e^{-\frac{t}{RC}}$

$Q = \dfrac{1}{2}Q_0$ となる時間を求めるので，$\dfrac{1}{2}Q_0 = Q_0 e^{-\frac{t}{RC}}$

t について解くことにより，$t = RC\ln 2$

(2) コンデンサーに蓄えられているエネルギーは

$$U = \frac{Q^2}{2C} = \frac{Q_0^2}{2C} e^{-\frac{2t}{RC}} = U_0 e^{-\frac{2t}{RC}}$$

$U = \dfrac{1}{2}U_0$ となる時間を求めるので，$\dfrac{1}{2}U_0 = U_0 e^{-\frac{2t}{RC}}$

t について解くことにより，$t = \dfrac{RC}{2}\ln 2$

(3) 回路を流れる電流は，$I(t) = \dfrac{dQ}{dt} = -\dfrac{Q_0}{RC}e^{-\frac{t}{RC}}$。

抵抗で消費される熱エネルギーは，

$$\int_0^\infty RI^2\,dt = \int_0^\infty R\left(\frac{Q_0}{RC}\right)^2 e^{-\frac{2t}{RC}}\,dt = R\left(\frac{Q_0}{RC}\right)^2 \frac{RC}{2} = \frac{Q_0^2}{2C}$$

これは，コンデンサーに蓄えられていたエネルギーである。

【5】 (1) RL 回路において，回路の方程式（電圧則）は，

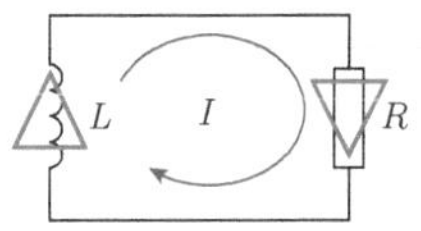

$$-L\frac{dI}{dt} - RI = 0$$

$t = 0$ で $I = I_0$ での解は，$I(t) = I_0 e^{-\frac{R}{L}t}$

$I = \dfrac{1}{2}I_0$ となる時間を求めるので，$\dfrac{1}{2}I_0 = I_0 e^{-\frac{R}{L}t}$

t について解くことにより，$t = \dfrac{L}{R}\ln 2$

(2) 抵抗で消費される熱エネルギーは，

$$\int_0^\infty RI^2\,dt = \int_0^\infty RI_0^2 e^{-\frac{2R}{L}t}\,dt = RI_0^2\frac{L}{2R} = \frac{1}{2}LI_0^2$$

これは，コイルに蓄えられていたエネルギーである。

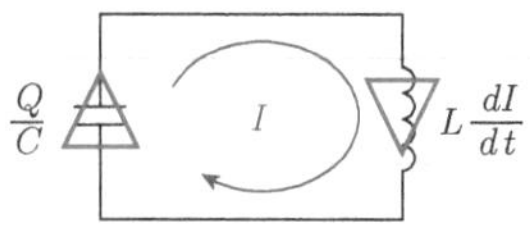

【6】 LC 回路において，回路の方程式（電圧則）は，$-\dfrac{Q}{C}-L\dfrac{dI}{dt}=0$。

この式に $I(t)=\dfrac{dQ}{dt}$ をかけると，

$$-\frac{Q}{C}I-LI\frac{dI}{dt}=0 \quad \therefore \ \frac{Q}{C}\frac{dQ}{dt}+LI\frac{dI}{dt}=0$$

Q，I が時間の関数であることに注意して，d/dt でくくると

$$\frac{d}{dt}\left(\frac{Q^2}{2C}+\frac{1}{2}LI^2\right)=0 \quad \therefore \ \frac{Q^2}{2C}+\frac{1}{2}LI^2=\text{一定}$$

この式はコンデンサーのエネルギーとコイルのエネルギーの和が常に一定であるというエネルギー保存則を表している。

付　録

A　物理量と単位

物理学では，さまざまな量を測定し，それらの量の関係を明らかにする。このように，測定できる量を物理量といい，物理量は数値と単位の積で表される。物理量には,次に示すような基本となる7つの基本量と，その組合せで表せる量がある。これらの7つの基本量には,国際単位系(SI:Système international d'unités(フランス語))によって，それぞれ定義定数と基本単位が定められている。

【SI 基本量と SI 基本単位】

基本量	長さ	質量	時間	電流	熱力学的温度	物質量	光度
主な量記号	l, x, rなど	m, M	t	I, i	T	n	l_V
基本単位	m	kg	s	A	K	mol	cd
	メートル	キログラム	秒	アンペア	ケルビン	モル	カンデラ

物理量の表し方　一般に，物理量は，物理量を表す文字記号の斜体で書くこととされ，物理量が，基本量の何倍であるかで示す。たとえば，電流の場合には $I=1.5$ A と書き，流れている電流が，1 A の 1.5 倍であることや，I の文字には，1.5 A という数値と単位が含まれていることが示されている。そのため，厳密に言うと I〔A〕という書き方は正しくない。また，グラフの軸とは数直線(数字が並んでいる線分)なので，厳密に言うと軸に単位があるのは正しくない。そのため，例えば，軸に電流を描く場合には，I／A として，軸の単位を消去するのが正しい表し方である。ただし，このテキストでは，上記のルールよりもわかりやすさを優先しているため，厳密な表現ではない部分もあることを補足しておく。

また，基本量ではない物理量を表す場合には，基本量の組合せや，基本単位の組合せ（組立単位という）を用いて表す。たとえば，電気量 Q は，$Q=It$ として表すことができるので，電気量の単位を組立単位として，As と表すことができる。ただし，電気量や電位のような一部の単位には，組立単位に基本単位以外の単位を定めていることがある。たとえば，電気量の単位として,As の代わりに C (クーロン) を用いたり，電位の単位の kgm^2／(As^3) の代わりに V（ボルト）を用いる。

測定と不確かさ　物理量を表すためには，物理量の測定をしなければならない。この測定に伴う数値のばらつきを不確かさという。普段の生活の中では，誤差という表現を使うことも多いが，誤差は，わかっている真値に対して，どれだけズレがあるかを示す量であるため，真値のわからない量に対しては誤差という表現を使わず，不確かさという表現を使う。

B　接頭語とギリシャ文字

SI では，これらの単位を補うものとして，次のような 10 のべき乗を示す 24 種類の SI 接頭語を決めている。物理量を表すときには，SI 接頭語と単位を組み合わせることで，見やすく，また，適切な有効数字で表現することができる。たとえば，5000 V と書くと有効数字が曖昧になってしまうので，有効数字が 2 桁なら，5.0×10^3 V としなければならないが，SI 接頭語を用いて表現すれば 10^3 の部分を k と置きかえて，5.0 kV と見やすくすることができる。

注：5000 と書いた場合は高校では有効数字 4 桁であるとするが，0 が続いているため，最初の数字の 1 桁であると考えたり，他の有効数字と合わせると考えたりする場合もある。有効数字をはっきりさせるためには，5.0×10^3 のような書き方をする。

【SI 接頭語】

名称	クエタ	ロナ	ヨタ	ゼタ	エクサ	ペタ	テラ	ギガ	メガ	キロ	ヘクト	デカ
記号	Q	R	Y	Z	E	P	T	G	M	k	h	da
指数表記	10^{30}	10^{27}	10^{24}	10^{21}	10^{18}	10^{15}	10^{12}	10^{9}	10^{6}	10^{3}	10^{2}	10^{1}
名称	デシ	センチ	ミリ	マイクロ	ナノ	ピコ	フェムト	アト	ゼプト	ヨクト	ロント	クエクト
記号	d	c	m	μ	n	p	f	a	z	y	r	q
指数表記	10^{-1}	10^{-2}	10^{-3}	10^{-6}	10^{-9}	10^{-12}	10^{-15}	10^{-18}	10^{-21}	10^{-24}	10^{-27}	10^{-30}

ギリシャ文字　さまざまな物理量を示すには，アルファベットを用いるだけでは足りないため，次の表に示すようなギリシャ文字を用いることがある。

【ギリシャ文字と物理量】

文字	大文字	A	B	Γ	Δ	E	Z	H	Θ
	小文字	α	β	γ	δ	ε	ζ	η	θ
読み		アルファ	ベータ	ガンマ	デルタ	イプシロン	ゼータ	イータ	シータ
代表的な物理量など		抵抗率の温度係数		比熱比	微小量	誘電率		効率	角度
文字	大文字	I	K	Λ	M	N	Ξ	O	Π
	小文字	ι	κ	λ	μ	ν	ξ	o	π
読み		イオタ	カッパ	ラムダ	ミュー	ニュー	グザイ	オミクロン	パイ
代表的な物理量など				波長，線密度	透磁率	振動数			円周率
文字	大文字	P	Σ	T	Υ	Φ	X	Ψ	Ω
	小文字	ρ	σ	τ	υ	φ, ϕ	χ	ψ	ω
読み		ロー	シグマ	タウ	ウプシロン	ファイ	カイ	プサイ	オメガ
代表的な物理量など		密度	面密度	時間		角度，磁束	磁化率，電気感受率		角速度，角振動数

C　さまざまな物理定数

物理量の中で，その値が変わらないものを物理定数という。電磁気の学習で必要な物理定数をまとめた。

【代表的な物理定数】

物理量	記号	数値	単位
真空中の光速	c	299792458	m/s
プランク定数	h	6.6261×10^{-34}	J s
アボガドロ定数	N_A	6.0221×10^{23}	1/mol
ボルツマン定数	k	1.3806×10^{-23}	J/K
真空の透磁率	μ_0	1.2566×10^{-6}	N/A^2
真空の誘電率	ε_0	8.8542×10^{-12}	F/m
電気素量	e	1.6022×10^{-19}	C
電子の比電荷	e/m_e	1.7588×10^{11}	C/kg
電子の静止質量	m_e	9.1094×10^{-31}	kg
陽子の静止質量	m_p	1.6726×10^{-27}	kg
中性子の静止質量	m_n	1.6749×10^{-27}	kg

【電磁気で用いられる組立単位】

	組立単位	読み	SI 基本単位
電気量	C	クーロン	A s
電位（電圧）	V	ボルト	J/C = kg m^2 s^{-3} A^{-1}
電気容量	F	ファラド	C/V = kg^{-1} m^{-2} s^4 A^2
インダクタンス	H	ヘンリー	Vs/A = kg m^2 s^{-2} A^{-2}
誘電率	F/m		C/(Vm) = kg^{-1} m^{-3} s^4 A^2
透磁率	H/m		Vs/(Am) = kg m s^{-2} A^{-2}
磁束	Wb	ウェーバ	Vs = kg m^2 s^{-2} A^{-1}
磁束密度	T	テスラ	Wb/m^2 = kg s^{-2} A^{-1}
電束密度	C/m^2		A s m^{-2}

D　物理学で使う数学

1．基本的な関数

力学や電磁気学に必要な数学の基本を確認しておく。

【三角関数】

下図のように，半径 r の円周上を反時計回りに移動できる点 A から，y 軸に平行に垂線を下ろすと，辺の長さが a，b，r で，原点に接する角度が θ の直角三角形ができる。このとき，角度 θ が決まると辺の比が一意に決まるので，三角関数は

$$\sin\theta = \frac{b}{r},\quad \cos\theta = \frac{a}{r},\quad \tan\theta = \frac{b}{a} = \frac{\sin\theta}{\cos\theta}$$

と定義される。

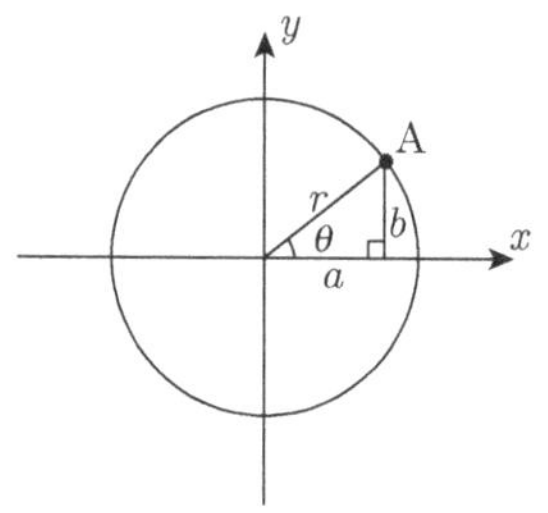

断りのない限り，角度は弧度法（rad）で示す。
$180^\circ = \pi$ rad
$360^\circ = 2\pi$ rad
$1^\circ = \pi/180 \fallingdotseq 0.017$ rad

(1) $\sin 0 = 0$, $\cos 0 = 1$, $\sin\dfrac{\pi}{2} = 1$, $\cos\dfrac{\pi}{2} = 0$

(2) $\sin(-\theta) = -\sin\theta$, $\cos(-\theta) = \cos\theta$

(3) $\sin^2\theta + \cos^2\theta = 1$, $1 + \tan^2\theta = \dfrac{1}{\cos^2\theta}$

注：三角関数では，$(\sin\theta)^2 = \sin^2\theta$, $(\cos\theta)^2 = \cos^2\theta$ と書く。

(4) $\sin\theta = \cos\left(\dfrac{\pi}{2} - \theta\right)$, $\cos\theta = \sin\left(\dfrac{\pi}{2} - \theta\right)$

(5) $\sin(\alpha \pm \beta) = \sin\alpha\cos\beta \pm \cos\alpha\sin\beta$,

$\cos(\alpha \pm \beta) = \cos\alpha\cos\beta \mp \sin\alpha\sin\beta$

辺の比がわかっている直角三角形の角度を求める関数(三角関数の逆関数という)として，逆三角関数(アークコサイン，アークサイン，など）がある。

(6) $\theta = \arcsin\left(\dfrac{b}{r}\right) = \sin^{-1}\left(\dfrac{b}{r}\right)$,

$\theta = \arccos\left(\dfrac{a}{r}\right) = \cos^{-1}\left(\dfrac{a}{r}\right)$

三角関数の逆関数の表し方として，$\arcsin\theta = \sin^{-1}\theta$ と書くが，$\sin^{-1}\theta = \dfrac{1}{\sin\theta}$ ではないので注意すること。逆数は，$\dfrac{1}{\sin\theta} = (\sin\theta)^{-1}$ と書く。

【指数関数・対数関数】

α を定数として，$f(x) = \alpha^x$ で表される関数を指数関数という。

(1) $(\alpha^x)^y = \alpha^{xy}$　　(2) $\alpha^x\alpha^y = \alpha^{x+y}$

(3) $\dfrac{\alpha^x}{\alpha^y} = \alpha^x(\alpha^y)^{-1} = \alpha^{x-y}$　　(4) $\alpha^0 = 1$

特に，定数 α が特別な数（ネイピア数：e で表す）である場合には，数学として便利に使えることがわかっているため，定数が e の場合を指数関数と呼ぶことがある。

また，指数関数の逆関数を対数関数という。指数関数 $x = \alpha^y$ で表される関数があるとき，$y = \log_\alpha x$ となり，y は，α を底とする x の対数である，という。底が 10 の場合を常用対数（$\log_{10}x$），底がネイピア数 e の場合を自然対数（$\ln x$）という。この本では自然対数を $\ln x$ で表す。ln は natural logarithm の略。

注：工学的には、底を省略すると常用対数（底が 10）と見なされるので注意しよう。

(1) $\ln xy = \ln x + \ln y$ (2) $\dfrac{\ln x}{\ln y} = \ln x - \ln y$

(3) $\ln x^y = y\ln x$　　(4) $\ln e^x = x$　(5) $e^{\ln x} = x$

【複素数】

$\sqrt{-1} = i$ で表される i を虚数単位といい，実数 a, b と虚数単位 i を含む数 $z = a + bi$ を複素数という。

(1) $\sqrt{-9} = \sqrt{9}\sqrt{-1} = 3i$

(2) $z^2 = (a + bi)^2 = (a^2 - b^2) + 2abi$

2. 関数の微分と積分，微分方程式

【微分】

図のように xy 平面上に y が x の関数として表すことのできるグラフがある。このとき，任意の x におけるグラフの傾きは，$\dfrac{(y + \Delta y) - y}{(x + \Delta x) - x} = \dfrac{\Delta y}{\Delta x}$ で与えられる。Δx を非常に小さくする（限りなく 0 に近づける）と，この傾きは $\lim_{\Delta x \to 0}\dfrac{\Delta y}{\Delta x} = \dfrac{dy}{dx}$ と表すことができ，これを関数 y の導関数という。

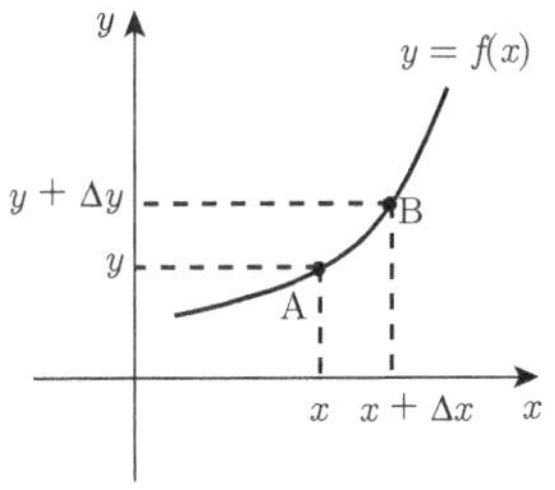

例) $\dfrac{d}{dx}x^n = nx^{n-1}$, $\dfrac{d}{dx}\ln x = \dfrac{1}{x}$, $\dfrac{d}{dx}e^x = e^x$,

$\dfrac{d}{dx}a^x = a^x\ln a$, $\dfrac{d}{dx}\sin x = \cos x$

$\dfrac{d}{dx}\cos x = -\sin x$, $\dfrac{d}{dx}\tan x = \dfrac{1}{\cos^2 x}$

【積分】

積分は，微分の逆の操作である。たとえば，ある関数 $F(x)$ について，$\dfrac{dF(x)}{dx} = f(x)$ で表せるとき，$F(x)$ を $f(x)$ の原始関数という。原始関数は $\int f(x)dx$ と表すことができ，原始関数を求めることが積分である。また，積分する関数の x の範囲が，$a < x < b$ のように決まっているときは，$\int_a^b f(x)dx$ のように表し，これを定積分という。

注：任意の定数 C を考えると，$\dfrac{d(F(t)+C)}{dx}=f(x)$ であるので，$\int f(x)dx=F(x)+C$ と表すことができる。

例）$\displaystyle\int x^n\,dx=\frac{1}{n+1}x^{n+1}+C$ （$n\neq -1$ のとき）

$$\int e^x\,dx=e^x+C\,,\quad \int \ln x\,dx=x(\ln x-1)+C$$

$$\int \sin x dx=-\cos x+C\,,$$

$$\int \cos x dx=\sin x+C$$

$$\int \tan x\,dx=-\ln(\cos x)+C$$

C は，積分定数

【微分方程式】

自然におこる現象を関数（$F(x)$）で表そうとするとき，直接，式に書けることはあまりない。実際には，その現象の変化の割合や，場所による違いなどを関数（$f(x)$）で表し，そこから，現象を表す関数（$F(x)$）を導き出すことが求められる。このように，変化の割合，つまり，微分によって表すことのできる関数（$f(x)$）を用いて表す等式を微分方程式といい，微分方程式から，現象を表す関数（$F(x)$）を求めることを「微分方程式を解く」という。

微分方程式の解き方にはいろいろな方法があるが，ここでは変数分離の方法を確認しておこう。微分方程式が $\dfrac{dF(x)}{dx}=f(x)$ のとき，一時的に $dF(x)=f(x)dx$ と書くことができる。両辺にインテグラルをつけると，$\int dF(x)=\int f(x)dx$ となるので，$F(x)=\int f(x)dx$ の積分をすれば求めることができる。

例）微分方程式が $\dfrac{dF(t)}{dt}=-aF(t)$（物体の量の変化は，物体の量に比例して減少していく，という状況）で表されるとき，$\ln(F(t))=-at+C$ となるので，$F(t)=C'e^{-at}$ である（半減期の式の導出）。

式の導出：微分方程式は，$\dfrac{dF(t)}{dt}=-aF(t)$ である。$F(t)$ と dt を移項してインテグラルをつけると，$\displaystyle\int\frac{1}{F(t)}dF(t)=-\int a\,dt$。この積分を解くと $\ln(F(t))=-at+C$ となる。対数関数なので，$e^{\ln F(t)}=F(t)=e^{-at+C}=e^Ce^{-at}$ となり，$e^C=C'$ とすると $F(t)=C'e^{-at}$ が導ける。

【関数の微分公式，積分公式】

以下の式では，$f=f(x)$，$g=g(x)$ は，微分可能な関数であり，$f'=\dfrac{df(x)}{dx}$，$g'=\dfrac{dg(x)}{dx}$ である。また，k は定数である。

(1) $(f\pm g)'=f'\pm g'$　　(2) $(kf)'=kf'$

(3) $(fg)'=f'g+fg'$

(4) $\left(\dfrac{f}{g}\right)'=\dfrac{f'g-fg'}{g^2}$　（$g(x)\neq 0$）

(5) $y=F(z)$，$z=G(x)$ のとき，

$$\frac{dy}{dx}=\frac{dy}{dz}\frac{dz}{dx}=\frac{dF(z)}{dz}\frac{dG(x)}{dx}$$
$$=F'(z)G'(x)=F'(G(x))G'(x)$$

(6) $x=f(y)$ が微分可能で $y=f^{-1}(x)$ とすれば，

$$\frac{dy}{dx}=\frac{1}{\dfrac{dx}{dy}}\quad\left(\text{ただし}\ \frac{dx}{dy}\neq 0\ \text{のとき}\right)$$

(7) $\displaystyle\frac{d}{dx}\int f(x)dx=f(x)$

(8) $\displaystyle\int F'(x)dx=\int\frac{dF(x)}{dx}dx=F(x)$

(9) $\displaystyle\int kf(x)dx=k\int f(x)dx$

(10) $\displaystyle\int(f+g)dx=\int f\,dx+\int g\,dx$

3．関数の級数展開

$x=0$ の近くで，関数 $f(x)$ が連続で，微分可能なときは

$$f(x)=f(0)+f'(0)x+\frac{1}{2!}f''(0)x^2$$
$$+\frac{1}{3!}f'''(0)x^3+\cdots+\frac{1}{n!}f^{(n)}(0)x^n+\cdots$$

のように x の無限項の多項式で表すことができ，これをマクローリン級数展開という。（$f'(x)$ は $f(x)$ の1階微分，$f^{(n)}(x)$ は $f(x)$ の n 階微分である。）

例）θ が0に近い，つまり，θ が1より十分に小さいときの級数展開

$$\cos\theta=1-\frac{1}{2!}\theta^2+\frac{1}{4!}\theta^4+\cdots,$$

$$\sin\theta = \theta - \frac{1}{3!}\theta^3 + \frac{1}{5!}\theta^5 + \cdots$$

※1次の項までの近似で，$\cos\theta = 1$，$\sin\theta = \theta$，$\tan\theta = \theta$ となる。

$$e^x = 1 + x + \frac{1}{2!}x^2 + \frac{1}{3!}x^3 + \cdots,$$

$$\ln(1+x) = x - \frac{1}{2}x^2 + \frac{1}{3}x^3 + \cdots$$

※これらより，$e^{ix} = \cos x + i\sin x$(オイラーの式)を確認できる。

$$(1+x)^\alpha = 1 + \alpha x + \frac{\alpha(\alpha-1)}{2!}x^2 + \frac{\alpha(\alpha-1)(\alpha-2)}{3!}x^3 + \cdots$$

※上記の式は，1次の項までの近似で$(1+x)^\alpha = 1+\alpha x$ となる。

4. ベクトル

【内積（スカラー積）】

2つのベクトルを $\boldsymbol{A}$ と $\boldsymbol{B}$，それぞれのベクトルの大きさを A と B，$\boldsymbol{A}$ と $\boldsymbol{B}$ のなす角を θ としたとき，

$$C = \boldsymbol{A}\cdot\boldsymbol{B} = AB\cos\theta$$

を内積（スカラー積）といい，C はスカラーである。図形的には，ベクトル $\boldsymbol{A}$ の長さ A と，$\boldsymbol{B}$ を A に射影した長さ $B\cos\theta$ の積となっている。

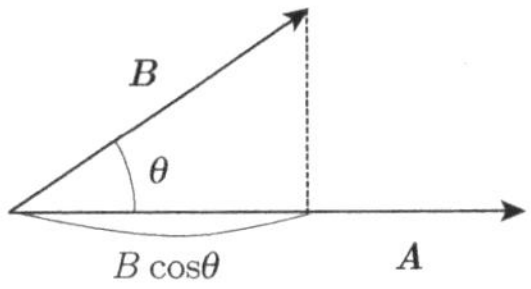

$\boldsymbol{A}$，$\boldsymbol{B}$ のベクトルの成分を

$$\boldsymbol{A} = \begin{pmatrix} a_x \\ a_y \\ a_z \end{pmatrix},\quad \boldsymbol{B} = \begin{pmatrix} b_x \\ b_y \\ b_z \end{pmatrix}$$

とおくと，

$$\boldsymbol{A}\cdot\boldsymbol{B} = a_x b_x + a_y b_y + a_z b_z$$

【外積（ベクトル積）】

2つのベクトル $\boldsymbol{A}$ と $\boldsymbol{B}$ があるとき，

$$\boldsymbol{C} = \boldsymbol{A}\times\boldsymbol{B}$$

を外積（ベクトル積）といい，$\boldsymbol{C}$ はベクトルである。

$\boldsymbol{C}$ の向き：

$\boldsymbol{A}$ と $\boldsymbol{B}$ の両方に垂直であり，$\boldsymbol{A}$ から $\boldsymbol{B}$ に向かうように右ねじを回したときにねじの進む向き。

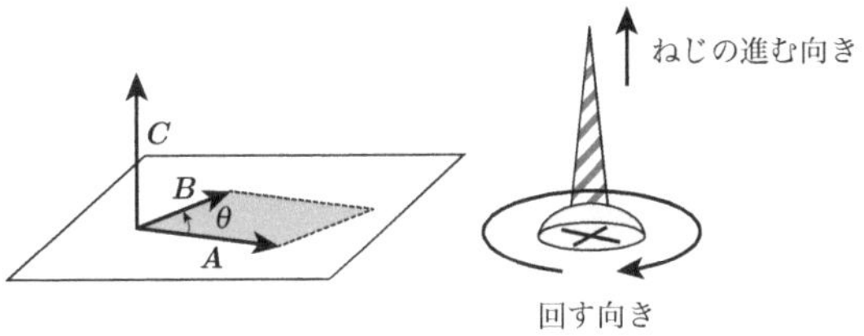

$\boldsymbol{C}$ の大きさ C：

$\boldsymbol{A}$ と $\boldsymbol{B}$ のベクトルの大きさをそれぞれ A と B，$\boldsymbol{A}$ と $\boldsymbol{B}$ のなす角を θ とすると，

$$C = AB\sin\theta$$

図形的には，$\boldsymbol{A}$ と $\boldsymbol{B}$ で作られる平行四辺形の面積を表している。

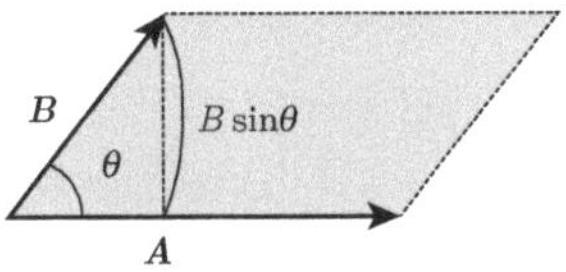

$\boldsymbol{A}$，$\boldsymbol{B}$ のベクトルの成分を

$$\boldsymbol{A} = \begin{pmatrix} a_x \\ a_y \\ a_z \end{pmatrix},\quad \boldsymbol{B} = \begin{pmatrix} b_x \\ b_y \\ b_z \end{pmatrix}$$

とおくと，

$$\boldsymbol{A}\times\boldsymbol{B} = \begin{pmatrix} a_y b_z - a_z b_y \\ a_z b_x - a_x b_z \\ a_x b_y - a_y b_x \end{pmatrix}$$

【ベクトル公式】

直交条件

$$\boldsymbol{A}\cdot\boldsymbol{B} = 0$$

平行条件

$$\boldsymbol{A}\times\boldsymbol{B} = 0$$

スカラー３重積

$$\boldsymbol{A}\cdot(\boldsymbol{B}\times\boldsymbol{C}) = \boldsymbol{B}\cdot(\boldsymbol{C}\times\boldsymbol{A}) = \boldsymbol{C}\cdot(\boldsymbol{A}\times\boldsymbol{B})$$

ベクトル３重積

$$\boldsymbol{A}\times(\boldsymbol{B}\times\boldsymbol{C}) = (\boldsymbol{A}\cdot\boldsymbol{C})\,\boldsymbol{B} - (\boldsymbol{A}\cdot\boldsymbol{B})\,\boldsymbol{C}$$

ベクトルの微分演算子（∇（ナブラ））

$$\nabla = \begin{pmatrix} \dfrac{\partial}{\partial x} \\ \dfrac{\partial}{\partial y} \\ \dfrac{\partial}{\partial z} \end{pmatrix}$$

○ 1 階微分

（1）スカラー場の勾配（gradient）

$$\nabla f = \mathrm{grad} f = \begin{pmatrix} \dfrac{\partial f}{\partial x} \\ \dfrac{\partial f}{\partial y} \\ \dfrac{\partial f}{\partial z} \end{pmatrix}$$

（2）ベクトル場の発散（divergence）

$$\nabla \cdot \boldsymbol{F} = \mathrm{div} \boldsymbol{F} = \frac{\partial F_x}{\partial x} + \frac{\partial F_y}{\partial y} + \frac{\partial F_z}{\partial z}$$

（3）ベクトル場の回転（rotation）

$$\nabla \times \boldsymbol{F} = \mathrm{rot} \boldsymbol{F} = \begin{pmatrix} \dfrac{\partial F_z}{\partial y} - \dfrac{\partial F_y}{\partial z} \\ \dfrac{\partial F_x}{\partial z} - \dfrac{\partial F_z}{\partial x} \\ \dfrac{\partial F_y}{\partial x} - \dfrac{\partial F_x}{\partial y} \end{pmatrix}$$

○ 2 階微分

（1）ベクトル場の回転の発散：

$$\mathrm{div}\,(\mathrm{rot} \boldsymbol{F}) = \nabla \cdot (\nabla \times \boldsymbol{F}) = 0$$

（2）スカラー場の勾配の回転：

$$\mathrm{rot}\,(\mathrm{grad} f) = \nabla \times \nabla f = 0$$

（3）スカラー場の勾配の発散：

$$\mathrm{div}\,(\mathrm{grad} f) = \nabla \cdot (\nabla f) = \nabla^2 f = \triangle f$$

（4）ベクトル場の発散の勾配：

$$\mathrm{grad}\,(\mathrm{div} \boldsymbol{F}) = \nabla\,(\nabla \cdot \boldsymbol{F})$$

（5）ベクトル場の回転の回転：

$$\mathrm{rot}\,(\mathrm{rot} \boldsymbol{F}) = \nabla \times (\nabla \times \boldsymbol{F})$$
$$= \nabla\,(\nabla \cdot \boldsymbol{F}) - \nabla^2 \boldsymbol{F}$$
$$= \mathrm{grad}\,(\mathrm{div} \boldsymbol{F}) - \mathrm{div}\,(\mathrm{grad} \boldsymbol{F})$$

索　引

【た】

編著者紹介

川村康文
東京理科大学理学部物理学科 教授
(13 章)

著者紹介

眞砂卓史
福岡大学理学部物理科学科 教授
(1 ～ 3 章，6 ～ 15 章，演習問題・解答)

林 壮一
福岡大学理学部物理科学科 准教授
(付録)

笠原健司
近畿大学産業理工学部電気電子工学科
講師
(4 ～ 5 章)

NDC427 191p 26cm

よくわかる電磁気学の基礎

2024 年 1 月 26 日 第 1 刷発行

編著者	川村 康文
著者	眞砂卓史，林 壮一，笠原健司
発行者	森田浩章
発行所	株式会社 講談社 〒 112-8001 東京都文京区音羽 2-12-21 販売 (03)5395-4415 業務 (03)5395-3615
編集	株式会社 講談社サイエンティフィク 代表 堀越 俊一 〒 162-0825 東京都新宿区神楽坂 2-14 ノービィビル 編集 (03)3235-3701
本文データ制作	株式会社 双文社印刷
印刷・製本	株式会社 ＫＰＳプロダクツ

KODANSHA

Printed in Japan

ISBN978-4-06-534496-5